北大社·“十四五”普通高等教育本科规划教材
高等院校机械类专业“互联网+”创新规划教材
“十二五”江苏省高等学校重点教材（编号：2015－1－045）

# 工程训练
## (第5版)

主　编　郭永环　姜银方　高　丽
副主编　雷　声　刘正义

## 内容简介

本书是2006年8月出版的《金工实习》一书的第5版。第1版到第4版共4次获得省级奖项，取得了骄人的成绩。现根据教育部高等学校工科基础课程教学指导委员会的机械制造实习课程教学最新基本要求，对《工程训练》(第4版)进行修订。

本书在体系上仍采用《工程训练》(第4版)的三个教学模块。模块1是传统加工技术，包括第1章工程材料及成形技术和第2章切削加工技术；模块2是现代加工技术，包括第3章特种加工技术与数控特种加工技术；模块3是综合与创新训练，包括第4章综合与创新训练。本书在更新教学内容的同时，保留了《工程训练》(第4版)中与教学相关的拓展视频、拓展图文等内容，学生只需扫描相应二维码即可学习。

本书可作为高等学校机械工程类、近机械工程类和非机械工程类专业本科、专科的工程训练教材或金工实习教材，教师使用本书时可根据专业情况进行调整。

**图书在版编目(CIP)数据**

工程训练/郭永环，姜银方，高丽主编. -- 5版. -- 北京：北京大学出版社，2024.7
高等院校机械类专业"互联网+"创新规划教材
ISBN 978-7-301-34952-6

Ⅰ. ①工… Ⅱ. ①郭… ②姜…③高… Ⅲ. ①机械制造工艺—高等学校—教材
Ⅳ. ①TH16

中国国家版本馆CIP数据核字(2024)第067281号

**书　　名**　工程训练(第5版)
GONGCHENG XUNLIAN (DI-WU BAN)
**著作责任者**　郭永环　姜银方　高　丽　主编
**策划编辑**　童君鑫
**责任编辑**　孙　丹　童君鑫
**数字编辑**　蒙俞材
**标准书号**　ISBN 978-7-301-34952-6
**出版发行**　北京大学出版社
**地　　址**　北京市海淀区成府路205号　100871
**网　　址**　http://www.pup.cn　新浪微博：@北京大学出版社
**电子邮箱**　编辑部 pup6@pup.cn　总编室 zpup@pup.cn
**电　　话**　邮购部 010-62752015　发行部 010-62750672　编辑部 010-62750667
**印 刷 者**　三河市北燕印装有限公司
**经 销 者**　新华书店
787毫米×1092毫米　16开本　16.5印张　402千字
2006年8月第1版　2010年1月第2版
2014年5月第3版　2017年6月第4版
2024年7月第5版　2024年7月第1次印刷
**定　　价**　59.00元

---

# 第 5 版前言

党的二十大报告指出，加快建设国家战略人才力量，努力培养造就更多大师、战略科学家、一流科技领军人才和创新团队、青年科技人才、卓越工程师、大国工匠、高技能人才。在机械类、近机械类人才培养中，“工程训练”课程发挥着重要的作用。本书是 2006 年 8 月出版的《金工实习》一书的第 5 版，该书自出版以来共印刷 22 次，计 7.2 万册，其间获评林业部“十一五”规划教材、首届淮海科学技术奖二等奖、江苏省高等学校立项建设精品教材、江苏省高等学校精品教材、“十二五”江苏省高等学校重点教材，深受广大读者的欢迎，这对编者也是极大的鼓舞和鞭策。现根据教育部高等学校工科基础课程教学指导委员会的机械制造实习课程教学最新基本要求，编者对《工程训练》（第 4 版）进行修订。

本书仍采用《工程训练》（第 4 版）的传统加工技术、现代加工技术、综合与创新训练三个教学模块，并保留了《工程训练》（第 4 版）中与教学相关的拓展视频、拓展图文等内容，学生只需扫描相应二维码即可学习。编者在修订过程中充分做到以下三点。

（1）坚持“互联网+”。每章节中的重点内容或难点内容都有相应的拓展视频或拓展图文，学生可以学习纸质版教材的内容，也可以扫描相应二维码深入学习；每章节都配有在线答题板块，学生扫描相应二维码即可进行测试，充分体现了本书的“互联网+”特性。

（2）进一步精益求精。对于不同高校，在二维码中放入不同的内容（如刨削加工等），便于各高校自行选择；将现代加工方法及其发展方向等内容放入二维码，便于以后更新内容。

（3）进一步推陈出新。更新了创新训练产品的彩色插图，删除了陈旧的工程训练产品图；重新编写了铸造及快速成形制造内容。

本书由郭永环、姜银方、高丽任主编，雷声、刘正义任副主编，由郭永环负责统稿和定稿。参加本书编写工作的有江苏师范大学郭永环（2.1～2.3 节、2.5 节及第 4 章）、范希营（3.6～3.8 节），南通理工学院姜银方（1.1.1 节、1.4 节），安徽建筑大学雷声、胡珊珊及雷经发（1.1.2 节、1.3 节及 3.5 节），上海海洋大学高丽（1.2 节），福建理工大学刘正义（2.4 节、3.1～3.4 节、3.9 节及附录）。

本书由教育部原高等学校机械学科教学指导委员会委员兼机械基础课程教学指导分委员会副主任委员、《金工研究》副主编、清华大学教授傅水根任主审。傅水根教授对本书提出了许多宝贵意见，在此表示衷心的感谢。向给本书提出许多宝贵意见的徐州重型机械有限公司的付玉琴正高级工程师、荣成华东锻压机床股份有限公司的邱玉良研究员表示衷心的感谢。在本书修订过程中，编者参考了大量文献资料，在此向有关作者表示衷心的感谢。

限于编者水平，书中难免有疏漏之处，敬请广大读者批评指正。

编　者

2024 年 4 月

资源索引

彩插

# 目　　录

# 第1章 工程材料及成形技术

本章主要内容：工程材料及热处理；铸造、锻压、焊接成形方法及热处理工艺对零件结构工艺性的要求。

本章主要知识点：钢的退火、正火、淬火、回火处理；钢的表面热处理；铸造工艺基本流程，各种铸造方法的特点及应用范围；自由锻造、模锻、板料冲压的工作原理；焊接的基本方法。

学生可以在掌握热处理原理和热处理工艺的基础上，掌握热处理的一般规律及典型零件热处理工艺的应用；了解铸造的工艺过程、特点和应用，重点熟悉砂型铸造的生产过程和技术特性，掌握铸造原理及砂型铸造技术；了解自由锻造、模锻、板料冲压的工作原理，熟悉其加工特点，在掌握锻压基本理论及基本知识的基础上，具备合理选择典型零件的锻压方法，分析锻件结构工艺性、锻件质量与成本的能力；了解气焊、气割、电阻焊等的特点和应用，熟悉常用焊接设备，配合实践教学，掌握焊条电弧焊、$CO_2$ 气体保护焊、气焊、气割的基本知识和操作方法，熟悉一般金属材料的焊接技术。

# 1.1　工程材料及热处理

## 1.1.1　工程材料

### 1. 工程材料概述

翻开人类进化史，不难发现，材料的开发、使用和完善贯穿始终。从天然材料使用到陶器和青铜器制造，从钢铁冶炼到材料合成，人类成功生产出满足自身需求的材料。

人类社会的发展历史证明，材料是人类生产与生活的物质基础，也是社会进步与发展的前提。当今社会，材料、信息和能源构成了“人类现代社会大厦”的三大支柱，因为能源和信息的发展都离不开材料，所以世界各国都重视研究、开发新材料。

【拓展视频】

材料是人类社会可接受的、能经济地制造有用器件（或物品）的固体物质。工程材料是在各工程领域中使用的材料。工程上使用的材料种类繁多，有许多分类方法。按化学成分、结合键的特点，工程材料可分为金属材料、非金属材料和复合材料三大类，见表1-1。

表1-1　工程材料的分类举例

| 金属材料 | | 非金属材料 | | | 复合材料 |
|---|---|---|---|---|---|
| 黑色金属材料 | 有色金属材料 | 无机非金属材料 | 有机高分子材料 | | |
| 碳素钢、合金钢、铸铁等 | 铝、镁、铜、锌及其合金等 | 水泥、陶瓷、玻璃等 | 合成高分子材料（如塑料、合成纤维、合成橡胶等） | 天然高分子材料（如木材、纸、纤维、皮革等） | 金属基复合材料、塑料基复合材料、橡胶基复合材料、陶瓷基复合材料等 |

金属材料可分为黑色金属材料和有色金属材料。黑色金属材料主要指铁、锰、铬及其合金，包括碳素钢、合金钢（如锰钢、铬钢等）、铸铁等；有色金属材料包括轻金属及其合金、重金属及其合金等。非金属材料可分为无机非金属材料和有机高分子材料。无机非金属材料包括水泥、陶瓷、玻璃等，有机高分子材料包括塑料、橡胶、合成纤维等。上述两种或两种以上材料经人工合成得到的优于组成材料特性的材料称为复合材料。

工程材料按照用途可分为两大类，即结构材料和功能材料。结构材料通常是指工程上对硬度、强度、塑性及耐磨性等力学性能有一定要求的材料，主要包括金属材料、陶瓷材料、高分子材料、复合材料等。功能材料是指具有光、电、磁、热、声等功能和效应的材料，包括半导体材料、磁性材料、光学材料、电解质材料、超导体材料、非晶材料和微晶材料、形状记忆合金等。

工程材料按照应用领域可分为信息材料、能源材料、建筑材料、生物材料、航空材料等。

**2. 金属材料**

金属材料是人们较熟悉的一种材料，由于机械制造、交通运输、建筑、航天航空、国防与科学技术等领域都需要使用大量金属材料，因此，金属材料在现代工、农业生产中占有极其重要的地位。

金属材料是由金属元素或以金属元素为主、以其他金属或非金属元素为辅构成的，并具有金属特性。金属材料品种繁多，工程上常用的金属材料有黑色金属材料及有色金属材料等。

黑色金属材料中使用最多的是钢铁，钢铁广泛用于工、农业生产及国民经济各部门。例如，机器设备上大量使用的轴、齿轮、弹簧，建筑上使用的钢筋、钢板，以及交通运输中的车辆、铁轨、船舶等都要使用钢铁。通常所说的钢铁是钢与铁的总称。实际上，钢铁是以铁为基体的铁碳合金，当碳的质量分数大于2.11%时称为铁，当碳的质量分数小于2.11%时称为钢，当碳的质量分数接近零时称为工业纯铁。

为了提高钢的性能，人们常在钢中加入硅、锰、铬、镍、钨、钼、钒等合金元素，它们有不同的作用，有的可以提高强度，有的可以提高耐磨性，有的可以提高耐蚀性，等等。冶炼时，有目的地向钢中加入合金元素可以形成合金钢。虽然合金钢中的合金元素含量不高，但其具有特殊的作用，就像炒菜时放入少量味精一样，含量不高但使菜肴味道鲜美。合金钢种类很多，按照性能与用途可分为合金结构钢、合金工具钢、不锈钢、耐热钢、超高强度钢等。

人们可以按照使用要求加入不同的合金元素，从而设计出不同的钢。例如，要求切削工具的硬度及耐磨性较高，当切削速度较高、温度升高时硬度不降低，按照这种使用要求，人们设计出一种称为高速工具钢的刀具材料，其含有钨、钼、铬等合金元素。又如，普通钢容易生锈，化工设备及船舶壳体等的损坏都与腐蚀有关。人们经过大量试验发现，在钢中加入13%的铬元素后，钢的耐蚀性显著提高；如果在钢中同时加入铬和镍，就可以形成具有新显微组织的不锈钢，于是人们设计出一种能够抵抗腐蚀的不锈钢。

有色金属包括铝、铜、钛、镁、锌、铅及其合金等，虽然它们的产量及使用量比钢铁低，但其因具有独特的性能而成为现代工业生产中不可缺少的材料。

金属材料在长期使用过程中经受了各种环境的考验，具有稳定、可靠的性能。金属材料的另一个突出优点是性价比高，在所有材料中，除水泥和木材外，钢铁是最便宜的材料，其使用可谓量大面广。由于金属材料具有成熟、稳定的工艺，而且赋予现代化制造装备较高的性价比，因此其具有强大的生命力，在国民经济中占有极其重要的位置。

此外，为了适应科学技术的高速发展，人们不断推陈出新，研制出新型、高性能的金属材料，如超高强度钢、高温合金、形状记忆合金、高性能磁性材料及储氢合金等。

1）碳素钢

碳素钢是指碳的质量分数小于2.11%并含有少量硅、锰、硫、磷等杂质元素的铁碳合金，简称碳钢。其中锰、硅是有益元素，对钢有一定的强化作用；硫和磷是有害元素，分别会提高钢的热脆性和冷脆性，应严格控制其含量。碳钢价格低廉、工艺性能良好，在机械制造中应用广泛。常用碳钢的牌号、应用及说明见表1-2。

表 1-2 常用碳钢的牌号、应用及说明

| 名称 | 牌号 | 应用 | 说明 |
| --- | --- | --- | --- |
| 碳素结构钢 | Q215A | 承受载荷不大的金属结构件，如薄板、铆钉、垫圈、地脚螺栓及焊接件等 | 牌号由代表屈服强度“屈”字的汉语拼音首字母 Q、屈服强度值（MPa）、质量等级符号、脱氧方法四部分组成。其中质量等级共分四级，分别用 A、B、C、D 表示，从 A 级到 D 级，钢中有害元素（硫、磷）的含量依次减少 |
| | Q235A | 金属结构件、钢板、钢筋、型钢、螺母、连杆、拉杆等，Q235C、Q235D 可用于制造重要的焊接结构 | |
| 优质碳素结构钢 | 15 | 强度低、塑性好，一般用于制造受力不大的压制件，如螺栓、螺母、垫圈等。经过渗碳处理或氰化处理后，可用于制造要求表面耐磨、耐腐蚀的机械零件，如凸轮、滑块等 | 牌号的两位数字表示碳的平均质量分数，45 钢即表示碳的平均质量分数为 0.45%。对于含锰量较高的钢，需加注化学元素符号 Mn |
| | 45 | 综合力学性能和切削加工性能均较好，用于制造强度要求较高的重要零件，如曲轴、传动轴、齿轮、连杆等 | |
| 铸造碳钢 | ZG200-400 | 具有良好的塑性、韧性和焊接性能，用于制造受力不大、要求韧性好的机械零件，如机座、变速箱壳等 | ZG 代表铸造碳钢。其后面第一组数字表示屈服强度（MPa）；第二组数字表示抗拉强度（MPa）。ZG200-400 表示屈服强度为 200MPa、抗拉强度为 400MPa 的铸造碳钢 |

2）合金钢

为了提高钢的性能，在碳钢的基础上加入其他合金元素的钢称为合金钢。常用的合金元素有硅、锰、铬、镍、钨、钼、钒及稀土元素等。合金钢还具有耐低温、耐腐蚀、高磁性、高耐磨性等特殊性能，广泛用于制造工具或对力学性能、工艺性能要求高的、形状复杂的大截面零件或有特殊性能要求的零件。常用合金钢的牌号、性能及用途见表 1-3。

表 1-3 常用合金钢的牌号、性能及用途

| 种类 | 牌号 | 性能及用途 |
| --- | --- | --- |
| 普通低合金结构钢 | Q295（09Mn2，12Mn）<br>Q345（16Mn，10MnSiCu，18Nb）<br>Q390（15MnTi，16MnNb）<br>Q420（15MnVN，14MnVTiRE） | 强度较高，塑性良好，具有焊接性能和耐蚀性，用于建造桥梁、车辆、船舶、锅炉、高压容器、电视塔等 |

续表

| 种类 | 牌号 | 性能及用途 |
| --- | --- | --- |
| 渗碳钢 | 20CrMnTi，20Mn2V，20Mn2TiB | 心部的强度较高，用于制造重要的或承受大载荷的大型渗碳零件 |
| 调质钢 | 40Cr，40Mn2，30CrMo，40CrMnSi | 具有良好的综合力学性能（高的强度和足够的韧性），用于制造复杂的机器零件 |
| 弹簧钢 | 65Mn，60Si2Mn，60Si2CrVA | 淬透性较好，组织经热处理后得到强化，用于制造承受大载荷的弹簧 |
| 滚动轴承钢 | GCr4，GCr15，GCr15SiMn | 用于制造滚动轴承的滚珠、套圈 |

注：括号内为旧标准牌号。

3）铸铁

碳的质量分数大于2.11%的铁碳合金称为铸铁。根据在结晶过程中石墨化程度的不同，铸铁分为白口铸铁、灰口铸铁和麻口铸铁，实际生产中使用的铸铁一般为灰口铸铁。根据石墨形态的不同，灰口铸铁又分为灰铸铁、球墨铸铁、可锻铸铁、蠕墨铸铁和特殊性能铸铁等。由于铸铁含有的碳和杂质较多，因此其力学性能比钢差，不能用于锻造。但铸铁具有优良的铸造性、减振性及耐磨性等，加之价格低廉、生产设备和工艺简单，因此是机械制造中应用最多的金属材料。相关资料表明，铸铁件质量占机器总质量的45%～90%。常用铸铁的牌号、应用及说明见表1-4。

表1-4 常用铸铁的牌号、应用及说明

| 名称 | 牌号 | 应用 | 说明 |
| --- | --- | --- | --- |
| 灰铸铁 | HT150 | 用于制造端盖、泵体、轴承座、阀壳、管子及管路附件、手轮、一般机床底座、床身、滑座、工作台等 | HT为“灰铁”两字汉语拼音的首字母，后面的数字表示$\phi$30mm试样灰铸铁的最低抗拉强度。如HT200表示$\phi$30mm试样灰铸铁的最低抗拉强度为200MPa |
| | HT200 | 用于制造承受较大载荷和较重要的零件，如气缸、齿轮、底座、飞轮、床身等 | |
| 球墨铸铁 | QT400-18<br>QT450-10<br>QT500-7<br>QT800-2 | 用于制造受磨损和受冲击的零件，如曲轴（一般用QT500-7）、齿轮（一般用QT450-10）、气缸套、活塞环、摩擦片、中低压阀门、千斤顶座、轴承座等 | QT是球墨铸铁的代号，它后面的数字表示最低抗拉强度和最低伸长率。如QT500-7表示球墨铸铁的最低抗拉强度为500MPa，最低伸长率为7% |
| 可锻铸铁 | KTH300-06<br>KTH330-08<br>KTZ450-06 | 用于制造受冲击、受振动的零件，如汽车零件、机床零件（如棘轮等）、管接头、低压阀门、农具等 | KTH和KTZ分别是黑心可锻铸铁和珠光体可锻铸铁的代号，其后面的两组数字分别代表抗拉强度和断后伸长率 |

【拓展图文】

4）有色金属及其合金

有色金属种类繁多，虽然其产量和使用量不及黑色金属，但是由于其具有某些特殊性能，因此成为现代工业中不可缺少的材料。常用有色金属及其合金的牌号、应用及说明见表1-5。

表1-5 常用有色金属及其合金的牌号、应用及说明

| 名称 | 牌号 | 应用 | 说明 |
| --- | --- | --- | --- |
| 纯铜 | T1 | 电线、导电螺钉、贮藏器、管道等 | 纯铜分为T1、T2、T3、T4四种，其中T1（一号铜）的铜平均质量分数为99.95%，T4的铜平均质量分数为99.50% |
| 黄铜 | H62 | 散热器、垫圈、弹簧、网、螺钉等 | H表示黄铜，后面的数字表示铜的平均质量分数。如62表示铜的平均质量分数为60.5%～63.5% |
| 纯铝 | 1070A<br>1060<br>1050A | 电缆、电器零件、装饰件、日常生活用品等 | 铝的质量分数为98%～99.7% |
| 铸铝合金 | ZL102 | 耐磨性中上等，用于制造承受载荷不大的薄壁零件等 | Z表示铸，L表示铝。后面的第一个数字表示合金系列，其中1、2、3、4分别表示铝硅、铝铜、铝镁、铝锌系列合金；第二个和第三个数字表示合金顺序号。如ZL102表示铝硅系列02号合金 |

【拓展视频】

5）金属材料的性能

金属材料的性能分为使用性能和工艺性能，见表1-6。

表1-6 金属材料的性能

| 性能名称 | | | 性能内容 |
| --- | --- | --- | --- |
| 使用性能 | 物理性能 | | 密度、熔点、导电性、导热性及磁性等 |
| | 化学性能 | | 金属材料抵抗各种介质侵蚀的能力，如耐蚀性等 |
| | 力学性能 | 强度 | 在外力作用下材料抵抗变形和破坏的能力，主要有下屈服强度 $R_{eL}$（$\sigma_s$）和抗拉强度 $R_m$（$\sigma_b$），单位均为MPa |
| | | 硬度 | 衡量材料软硬程度的指标，较常用的硬度有布氏硬度HBW（新标准取消了HBS）、洛氏硬度HR和维氏硬度HV等 |
| | | 塑性 | 在外力作用下材料产生永久变形而不发生破坏的能力。常用指标有断后伸长率 $A_{5.65}$（$\delta_5$）、$A_{11.3}$（$\delta_{10}$），单位为%；断面收缩率 $Z$（$\psi$），单位为%。$A_{5.65}$、$A_{11.3}$、$Z$ 越大，材料的塑性越好 |
| | | 冲击韧性 | 材料抵抗冲击力的能力。常把材料受到冲击破坏时消耗能量的数值作为冲击韧性的指标，用 $a_k$ 表示，单位为 J/cm$^2$。冲击韧性主要取决于塑性、硬度，温度对冲击韧性的影响有重要意义 |
| | | 疲劳强度 | 材料在多次交变载荷作用下不致引起断裂的最大应力 |

【拓展视频】

续表

| 性能名称 | 性能内容 |
|---|---|
| 工艺性能 | 热处理工艺性能、铸造性能、锻造性能、焊接性能及切削加工性能等 |

注：括号内为旧标准使用的符号。

【拓展视频】

**3. 非金属材料**

1）高分子材料

生活中很多物体都是用塑料做的，如包装用的塑料袋，装饮料的塑料瓶、塑料桶，计算机显示器外壳、键盘；车辆的轮胎都是用橡胶做的；钢铁的表面要涂覆涂料以防腐；家具的表面要刷油漆以更美观；导线要用塑料或橡胶包皮以绝缘；人们穿的衣物是用纤维做的，它们也许是天然的棉花、羊毛，也许是人造的涤纶、腈纶等，这些都是高分子材料（高分子材料既包括人们日常所见的塑料、橡胶和纤维（它们称为三大合成材料），又包括经常用到的涂料和胶黏剂，以及日常较少见到的功能高分子材料（如用于水净化的离子交换树脂、人造器官等）。

有机高分子材料是以一类称为“高分子”的化合物（或称树脂）为主要原料，加入各种填料或助剂制成的有机材料。高分子是由成千上万个原子通过共价键连接而成的分子量很大（通常为几万甚至几百万）的分子。它们可以是天然的，如蛋白质、纤维素，称为天然高分子；也可以是人工合成的，如聚乙烯、有机玻璃，称为合成高分子。组成高分子的原子排列不是杂乱无章的，而是有一定规律的。通常少数原子组成一定的结构单元，这些结构单元重复连接而形成高分子。图 1.1 所示为水分子和高分子（聚乙烯）结构示意图。

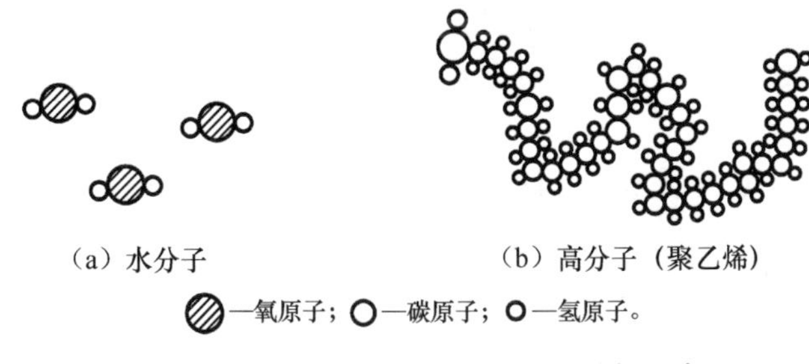


图 1.1　水分子和高分子（聚乙烯）结构示意图

高分子通常是由一种或几种带有活性官能团的小分子化合物经过一定的反应得到的。如有机玻璃是由甲基丙烯酸甲酯上的双键打开聚合而成的高分子化合物，蛋白质是由氨基酸上的氨基和羧基脱水而形成的。

（1）塑料。

塑料是以合成树脂为主要成分，加入适量的添加剂后形成的一种能加热融化、冷却后保持一定形状的材料。合成树脂是由低分子化合物经聚合反应得到的高分子化合物，如聚乙烯、聚氯乙烯、酚醛树脂等。树脂受热软化，起黏结作用，塑料的性能主要取决于树脂。绝大多数塑料都是以所用树脂的名称命名的。

加入添加剂的目的是弥补塑料某些性能的不足。添加剂有填料、增强材料、增塑剂、固化剂、润滑剂、着色剂、稳定剂及阻燃剂等。

塑料是产量最大的高分子材料，其品种繁多、用途广泛。塑料按使用性能可分为通用塑料、工程塑料和耐热塑料三类。通用塑料价格低、产量高，其产量超过塑料总产量的3/4，如聚乙烯、聚氯乙烯等。工程塑料是指用来制造工程结构件的塑料，其强度和刚度高、韧性好，如聚酰胺、聚甲醛、聚碳酸酯等。通用塑料改性后，也可作为工程塑料。耐热塑料的工作温度为150～200℃，但其成本高，如聚四氟乙烯、有机硅树脂、芳香尼龙及环氧树脂等。

塑料按受热后的性能分为热塑性塑料和热固性塑料。热塑性塑料受热熔融，并可反复加热使用。热固性塑料经一次成型后，受热不变形、不软化，但只能塑压一次，不能反复使用。

（2）橡胶。

橡胶一般在－40～80℃下具有高弹性，通常还具有储能、隔音、绝缘、耐磨等特性。橡胶广泛用于制造密封件、减振件、传动件、轮胎和导线等。

（3）合成纤维。

合成纤维是呈黏流态的高分子材料，它是经过喷丝工艺制成的。合成纤维一般都具有强度高、密度小、耐磨、耐腐蚀等特点，不仅广泛用于制作衣服等生活用品，还在工业、农业、交通、国防等部门有重要作用。常用的合成纤维有涤纶、锦纶和腈纶等。

2）陶瓷。

陶瓷是一种古老的材料。一般人们对陶瓷的理解，除日用陶瓷外就是精美的陶瓷工艺品，如唐代的“唐三彩”及“明如镜，薄如纸”的薄胎瓷等。传统陶瓷一般是指陶器、瓷器及建筑用瓷。然而在现代材料科学中，陶瓷被赋予了新的含义。

陶瓷与其他材料相比，具有耐高温、抗氧化、耐腐蚀、耐磨等优异性能，而且它可以用作有各种特殊功能要求的专门功能材料，如压电陶瓷、铁电陶瓷、半导体陶瓷及生物陶瓷等。特别是随着空间技术、电子信息技术、生物工程、高效热机等技术的发展，陶瓷显示出独特的作用。

人们把用于现代科学与技术方面的高性能陶瓷称为新型陶瓷或精细陶瓷。新型陶瓷在很多方面突破了传统陶瓷的概念和范畴，它是陶瓷发展史上的革命性产品。例如，原料由天然矿物发展为人工合成的超细、高纯的化工原料；工艺由传统手工工艺发展为连续、自动，甚至超高温、超高压及微波烧结等新工艺；性能和应用范围由传统的仅用于生活和艺术的简单功能产品，发展为具有电、声、光、磁、热和力学等功能的高科技产品。

【拓展图文】

新型陶瓷按化学成分主要可分为以下三种。

（1）氧化物陶瓷。氧化物陶瓷主要包括氧化铝、氧化锆、氧化镁、氧化铍、氧化钛等。

（2）氮化物陶瓷。氮化物陶瓷主要包括氮化硅、氮化铝、氮化硼等。

（3）碳化物陶瓷。碳化物陶瓷主要包括碳化硅、碳化钨、碳化硼等。

新型陶瓷按使用性能可分为结构陶瓷和功能陶瓷两大类。

**4. 复合材料**

复合材料是由两种或两种以上材料，即基体材料和增强材料复合而成的一类多相材料。基体材料主要包括有机聚合物、金属、陶瓷、水泥和碳（石墨）等。增强材料包括纤维、丝、颗粒、片材、织物等。纤维增强材料包括玻璃纤维、碳纤维、硼纤维、芳纶纤维、碳化硅纤维、氮化硅纤维等。复合材料保留了各组成材料的优点，且具有单一材料不具备的优良综合性能。复合材料已成为结构材料发展的一个重要趋势。玻璃纤维增强树脂基复合材料为第一代复合材料，碳纤维增强树脂基复合材料为第二代复合材料，金属基复合材料、陶瓷基复合材料及碳基复合材料等是正在发展的第三代复合材料。

【拓展视频】

复合材料种类繁多，按基体分为金属基复合材料和非金属基复合材料两类。金属基主要有铝、镁、钛、铜等及其合金；非金属基主要有合成树脂、碳、石墨、橡胶、陶瓷、水泥等。复合材料按使用性能分为结构复合材料和功能复合材料。

(1) 树脂基复合材料。树脂基（又称聚合物基）复合材料以树脂为黏结材料，以纤维为增强材料，其比强度高、比模量大、耐疲劳、耐腐蚀、吸振性好、耐烧蚀、电绝缘性能好。树脂基复合材料包括玻璃纤维增强热固性塑料、玻璃纤维增强热塑性塑料、石棉纤维增强塑料、碳纤维增强塑料、芳纶纤维增强塑料、混杂纤维增强塑料等。

(2) 碳-碳复合材料。碳-碳复合材料是指用碳纤维、石墨纤维或其织物作为碳基体骨架，埋入碳基质中增强基质所制成的复合材料。碳-碳复合材料可制成刚度大的复合材料。当温度高于1300℃时，许多高温金属和无机耐高温材料都失去强度，唯独碳-碳复合材料的强度稍有升高。但碳-碳复合材料在垂直于增强方向的强度低。

(3) 金属基复合材料。金属基复合材料是以金属、合金或金属间化合物为基体，含有增强成分的复合材料。与树脂基复合材料相比，金属基复合材料有较高的综合力学性能和高温强度，不吸湿，导电、导热，无高分子复合材料常见的老化现象。

### 5. 工程材料应用举例

从制造、装配的角度出发，机器都是由若干几何形状和尺寸不同的零件按照一定方式装配而成的，而每一种零件又是由各种材料经过一系列成形或加工而成的。以某款汽车为例，图1.2 (a) 所示为车身总成，图1.2 (b) 所示为发动机、驱动装置和车轮部分。其零部件名称、材料及加工方法见表1-7。

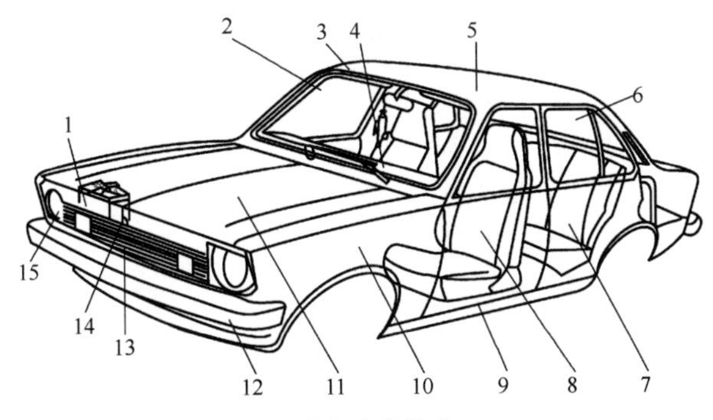


(a) 车身总成

1—蓄电池；2—前风窗玻璃；3—遮阳板；4—仪表板；5—车身；
6—侧风窗玻璃；7—坐垫包皮；8—缓冲垫；9—车门；10—挡泥板；11—发动机罩；
12—保险杠；13—散热器格栅；14—标牌；15—前照灯。

图1.2 某款汽车的车身总成及发动机、驱动装置和车轮部分

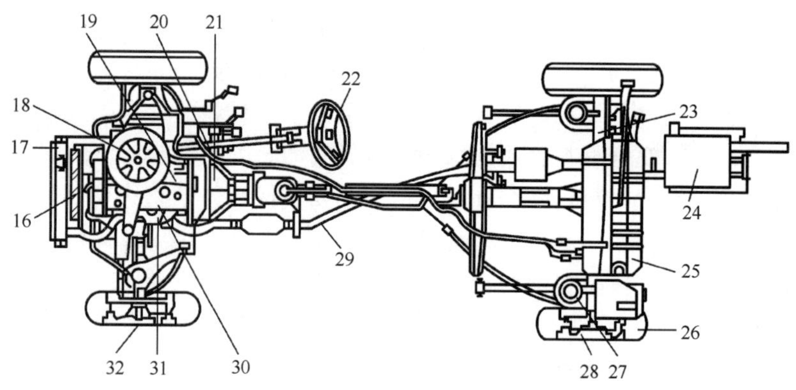


（b）发动机、驱动装置和车轮部分

16—冷却风扇；17—散热器；18—空气滤清器；19—进气总管；
20—操纵杆；21—离合器壳体；22—转向盘；23—后桥壳；24—消声器；25—油箱；26—轮胎；
27—卷簧；28—制动鼓；29—排气管；30—发动机；31—排气总管；32—制动盘。

图 1.2 某款汽车的车身总成及发动机、驱动装置和车轮部分（续）

表 1-7 某款汽车零部件名称、材料及加工方法

| 件号 | 名称 | | 材料 | 加工方法 |
|---|---|---|---|---|
| 1 | 蓄电池 | 壳体 | 塑料 | 注射成形 |
| | | 极板 | 铅板 | |
| | | 电解液 | 稀硫酸 | |
| 2 | 前风窗玻璃 | | 钢化玻璃或夹层玻璃 | 浇注 |
| 3 | 遮阳板 | | 聚氯乙烯薄板＋脲烷泡沫 | 注射成形等 |
| 4 | 仪表板 | | 钢板 | 冲压 |
| | | | 塑料 | 注射成形 |
| 5 | 车身 | | 钢板 | 冲压 |
| 6 | 侧风窗玻璃 | | 钢化玻璃 | |
| 7 | 坐垫包皮 | | 乙烯或纺织品 | |
| 8 | 缓冲垫 | | 脲烷泡沫 | |
| 9 | 车门 | | 钢板 | 冲压 |
| 10 | 挡泥板 | | | |
| 11 | 发动机罩 | | | |
| 12 | 保险杠 | | | |
| 13 | 散热器格栅 | | 塑料 | 注射成形 |
| 14 | 标牌 | | | 注射成形、电镀 |
| 15 | 前照灯 | 透镜 | 玻璃 | |
| | | 聚光罩 | 钢板 | 冲压、电镀 |

续表

<table>
<tr><th>件号</th><th colspan="2">名称</th><th>材料</th><th>加工方法</th></tr>
<tr><td>16</td><td colspan="2">冷却风扇</td><td>塑料</td><td>注射成形</td></tr>
<tr><td>17</td><td colspan="2">散热器</td><td></td><td></td></tr>
<tr><td>18</td><td colspan="2">空气滤清器</td><td>钢板等</td><td>冲压等</td></tr>
<tr><td>19</td><td colspan="2">进气总管</td><td>铝</td><td>铸造</td></tr>
<tr><td>20</td><td colspan="2">操纵杆</td><td>钢管</td><td></td></tr>
<tr><td>21</td><td colspan="2">离合器壳体</td><td>铝</td><td>铸造</td></tr>
<tr><td>22</td><td colspan="2">转向盘</td><td>塑料</td><td>注射成形</td></tr>
<tr><td>23</td><td colspan="2">后桥壳</td><td rowspan="3">钢板</td><td rowspan="3">冲压</td></tr>
<tr><td>24</td><td colspan="2">消声器</td></tr>
<tr><td>25</td><td colspan="2">油箱</td></tr>
<tr><td>26</td><td colspan="2">轮胎</td><td>合成橡胶</td><td></td></tr>
<tr><td>27</td><td colspan="2">卷簧</td><td>弹簧钢</td><td></td></tr>
<tr><td>28</td><td colspan="2">制动鼓</td><td>铸铁</td><td>铸铁</td></tr>
<tr><td>29</td><td colspan="2">排气管</td><td>钢管</td><td></td></tr>
<tr><td rowspan="4">30</td><td rowspan="4">发动机</td><td>气缸体</td><td>铸铁</td><td>铸造</td></tr>
<tr><td>气缸盖</td><td>铝</td><td>铸造</td></tr>
<tr><td>曲轴</td><td>铸钢</td><td>锻造</td></tr>
<tr><td>凸轮轴</td><td>铸铁</td><td>铸造</td></tr>
<tr><td>31</td><td colspan="2">排气总管</td><td>铸铁</td><td>铸造</td></tr>
<tr><td>32</td><td colspan="2">制动盘</td><td>铸铁</td><td>铸造</td></tr>
</table>

由表1-7可知，汽车零件是由多种材料制成的，采用的加工方法有铸造、锻造、冲压、注射成形等。还有一些加工方法没有列出来，如焊接（用于板料的连接和棒料的连接）、机械零件的精加工（切削、磨削）等。

从现阶段汽车零件的质量构成比来看，黑色金属占75%，有色金属占5%，非金属材料占10%～20%。汽车使用的大多材料为金属材料。

黑色金属材料有钢板、钢材和铸铁。钢板大多采用冲压成形，用于制造汽车的车身和大梁；钢材的种类有圆钢和型钢。

黑色金属的强度较高、价格低廉，使用较多。黑色金属的使用场合不同，对其性能的要求也不同。例如，制造汽车车身时需使钢板产生较大的弯曲变形，应采用容易进行变形处理的钢板，如果外观差，就会影响销售，故应采用表面美观、易弯曲的钢板；与之相反，车架厚且要求强度高，价格应低廉，故应采用表面美观、要求不高且较厚的钢板。

有色金属材料以铝合金应用最广，用于制造发动机的活塞、变速器箱体、带轮等。铝合金质量轻、美观，主要用于制造汽车零件。铜常用于制造电气产品、散热器。铅、锡与铜构成的合金用于制造轴承。锌合金用于制造装饰品和车门手柄（表面电镀）。

在非金属材料中，大多采用工程塑料、橡胶、石棉、玻璃、纤维等。由于工程塑料具有密度小、成型性和着色性好、不生锈等性能，因此可用于制造薄板、手轮、电气零件、装饰品等。随着塑料的性能不断提高，玻璃纤维增强塑料（fiberglass reinforced plastics，FRP）可用于制造车身和发动机零件。

由此可见，机械产品的可靠性和先进性除取决于设计因素外，还在很大程度上取决于材料的质量和性能。新型材料是发展新型产品和提高产品质量的物质基础。高强度材料的发展为发展大型结构件和逐步提高材料的使用强度等级、减轻产品自重提供了条件，高性能的耐温材料、耐腐蚀材料为开发和利用新能源开辟了新的途径。新型材料（如新型纤维材料、功能性高分子材料、非晶体材料、单晶体材料、新型陶瓷和新合金材料等）对研制新一代机械产品有重要意义。如碳纤维的强度和弹性比玻璃纤维高，制造飞机和汽车等结构件时可显著减轻自重而节约能源。新型陶瓷（如热压氮化硅和部分稳定结晶氧化锆）有足够的强度，比合金材料的耐热性好，能大幅度提高热机的效率，它是绝热发动机的关键材料。很多与能源利用和转换密切相关的功能材料的开发及应用将会引起机电产品的巨大变革。

### 1.1.2 钢的热处理

热处理是一种重要的金属加工工艺，它是采用适当的方式对固态金属或合金**进行加热、保温和冷却，改变其表面或内部组织结构以获得所需组织结构与性能的工艺方法。**

热处理是机械零件及工模具制造过程中的重要工序。热处理一般不改变工件的形状和整体化学成分，而赋予或提高工件的使用性能。为使金属工件具有所需力学性能、物理性能和化学性能，除合理选用材料和成形工艺外，热处理工艺往往是必不可少的。因此，**在汽车、拖拉机及机床上，要对70%～80%的钢铁零件进行热处理，工具、模具、量具和轴承等则全部需要热处理。**

进行热处理时，由于零件的成分、形状、尺寸、工艺性能及使用性能不同，因此采用不同的加热速度、加热温度、保温时间及冷却速度。常用的热处理方法有普通热处理（退火、正火、淬火和回火，如图1.3所示）、表面热处理（表面淬火、化学热处理）和特殊热处理等。

【拓展视频】

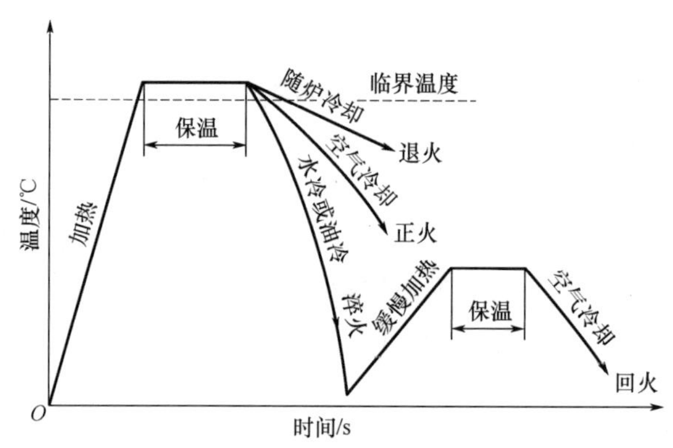


图1.3 普通热处理

热处理分为预备热处理和最终热处理两种。预备热处理的目的是消除前道工序遗留的缺陷和为后续加工做准备，最终热处理的目的是满足零件的使用性能要求。

**1. 普通热处理**

1）退火

退火是将金属缓慢加热到一定温度并保温足够时间，然后以适宜速度冷却（通常是缓慢冷却，有时是控制冷却）的一种金属热处理工艺。退火的主要目的是降低材料硬度、提高切削加工性能、细化材料内部晶粒、使组织均匀及消除毛坯在成形（锻造、铸造、焊接）过程中产生的内应力，为后续机械加工和热处理做准备。常用的退火方法有消除中碳钢铸件缺陷的完全退火、提高高碳钢切削加工性能的球化退火和去除大型铸锻件应力的去应力退火等。

2）正火

【拓展视频】

【拓展视频】

正火是将工件加热至 $A_{c3}$ 或 $A_{ccm}$ 以上 30～50℃并保温一段时间，从炉中取出后在空气中或喷水、喷雾或吹风冷却的金属热处理工艺。由于正火的冷却速度稍高于退火，因此经正火的零件的强度和硬度比退火零件高，而塑性、韧性略有下降。此外，由于正火采用空气冷却，因此消除内应力不如退火彻底。但对于有些塑性和韧性较好、硬度低的材料（如低碳钢），可以用正火代替退火，以提高零件硬度和切削加工性能，这对缩短生产周期、提高劳动生产率及加热炉使用率均有较好的实用意义。对某些使用要求不太高的零件，可采用正火提高其强度、硬度，并把正火作为最终热处理。

3）淬火

淬火是将钢加热到临界温度 $A_{c3}$（亚共析钢）或 $A_{c1}$（共析钢与过共析钢）以上某温度并保温一段时间，使之全部或部分奥氏体化，然后以大于临界冷却速度的速度快速冷却到 $M_s$ 以下（或 $M_s$ 附近等温）进行马氏体（或贝氏体）相变的金属热处理工艺。

淬火的主要目的是提高零件的强度和硬度、增强耐磨性。淬火是钢件强化的经济有效的热处理工艺，几乎所有工具、模具和重要零部件都需要淬火。淬火后，必须进行回火，以获得具有优良综合力学性能的零件。

影响淬火质量的主要因素是淬火加热温度、冷却剂的冷却能力及将零件浸入冷却剂的方式等。一般情况下，常用碳钢的加热温度取决于钢中碳的质量分数。淬火保温时间主要根据零件的有效厚度确定。保温时间过长会增强钢的氧化脱碳，保温时间过短会导致组织转变不完全。对零件进行淬火冷却所使用的介质称为淬火介质。纯水便宜且冷却能力较强，适用于尺寸不大、形状简单的碳钢零件的淬火。浓度为 10%的 NaCl 和 10%的 NaOH 的水溶液与纯水相比，冷却能力更强。油也是一种常用的淬火介质，早期采用动、植物油脂，目前工业上主要采用矿物油，如锭子油、全损耗系统用油（俗称机油）、柴油等，多用于合金钢的淬火。此外，还必须注意将零件浸入冷却剂的方式，如果浸入方式不当，就会使零件因冷却不均匀而硬度不均匀，产生较大的内应力，从而产生变形甚至裂纹。

4）回火

虽然经过淬火的钢有较高的硬度，但韧性和塑性较差、组织不稳定、有较大的内应力。为了降低淬火后的脆性、消除内应力和获得所需组织及综合力学性能，要对淬火后的钢进行回火。

将淬火后的零件重新加热到低于临界温度 $A_{c1}$ 的某温度并保温一段时间，冷却到室温的金属热处理工艺称为回火。

回火可以消除或部分消除在淬火时存在的内应力，调整硬度，降低脆性，获得具有较高综合力学性能的零件。

回火主要应控制回火温度。回火温度越高，零件的韧性越好，内应力越小，但硬度、强度下降得越多。根据加热温度的不同，回火常分为低温回火、中温回火和高温回火。

(1) 低温回火。低温回火温度为150～250℃。经低温回火的零件可以减小淬火应力、降低脆性、保持高硬度及高耐磨性。低温回火广泛用于要求硬度高、耐磨性好的零件，如由高碳工具钢、低合金工具钢制作的刃具，冷变形模具、量具，滚珠轴承及表面淬火件，等等。

【拓展视频】

(2) 中温回火。中温回火温度为350～500℃。经中温回火的零件的内应力进一步减小，组织基本恢复正常，因而具有很高的弹性和一定的韧性、强度。中温回火主要用于弹簧、热锻模具及某些要求较高强度的轴、轴套、刀杆。

(3) 高温回火。高温回火温度为500～650℃。高温回火可以消除零件淬火后的大部分内应力，获得强度、韧性、塑性都较好的综合力学性能。生产中，通常把淬火加高温回火称为调质处理。重要的结构件，特别是在交变载荷下工作的零件（如连杆、螺栓、齿轮、轴等）都需调质处理后使用。

回火决定了零件的最终使用性能，直接影响零件的质量和使用寿命。

**2. 表面热处理**

要求在动载荷和强烈摩擦条件下工作的零件（如齿轮、凸轮轴、床身导轨等）的表面具有高硬度和高耐磨性，而心部具有足够的塑性和韧性，这些要求很难通过选材满足，可以采用表面热处理，仅对零件表面进行强化热处理，以改变表面的组织和性能，而心部基本保持处理前的组织和性能。

【拓展视频】

常用的钢的表面热处理有表面淬火及化学热处理两大类。

1) 表面淬火

表面淬火是将零件表面快速加热到淬火温度，然后迅速冷却，仅表面层获得淬火组织，而心部仍保持未淬火状态的热处理工艺。淬火后需进行低温回火，以减小内应力，提高表面硬化层的韧性及耐磨性。

根据热源的不同，表面淬火可分为火焰加热表面淬火和感应加热表面淬火等。火焰加热表面淬火是指应用氧乙炔（或其他可燃气体）火焰对零件表面进行加热，随后淬火的工艺。火焰加热表面淬火设备简单、操作简便、成本低，且不受零件体积的限制，但因氧乙炔火焰温度较高，零件表面容易过热，而且淬火层质量控制比较困难，故应用较少。感应加热表面淬火是应用较广的一种表面淬火方法，它是利用零件在交变磁场中产生感应电流，将零件表面加热到所需淬火温度，然后喷水冷却的淬火方法。感应加热表面淬火质量稳定，容易控制淬火层深度，生产效率极高，加热零件时只需几秒至几十秒即可达到淬火温度。由于感应加热表面淬火的加热时间短，因此零件表面氧化、脱碳现象极少，变形量也小，还可以实现局部加热、连续加热，便于实现机械化和自动化；但高频感应设备复杂、成本高，故适合形状简单、大批量生产的零件。

2）化学热处理

【拓展视频】

【拓展视频】

化学热处理与其他热处理不同，它是利用介质中某些元素（如碳、氮、硅、铝等）的原子在高温下渗入零件表面，从而改变零件表面的成分和组织，以满足零件特殊需要的热处理工艺。化学热处理一般可以强化零件表面，提高零件表面的硬度、耐磨性、耐蚀性、耐热性及其他性能，而心部仍保持原有性能。常用的化学热处理方法有渗碳、渗氮、碳氮共渗（或称氰化）及渗金属元素（如铝、硅、硼等）。

渗碳是将钢件置于渗碳介质中加热并保温，使碳原子渗入钢件表面，增加表面碳含量及获得一定碳浓度梯度的工艺。渗碳适用于碳的质量分数为0.1%～0.25%的低碳钢或低碳合金钢，如20钢、20Cr、20CrMnTi等。零件经渗碳后，碳的质量分数从表面到心部逐渐减少，表面碳的质量分数为0.80%～1.05%，而心部仍为低碳。渗碳后经淬火加低温回火，零件表面具有高硬度及高耐磨性，而心部具有良好的塑性和韧性，零件既能承受磨损和较大的表面接触应力，又能承受弯曲应力及冲击载荷。渗碳用于在摩擦冲击条件下工作的零件，如汽车齿轮、活塞销等。

渗氮是在一定温度下将零件置于渗氮介质中加热并保温，使活性氮原子渗入零件表面的工艺。零件经渗氮后，表面形成氮化层，氮化后不需要淬火，零件的表面硬度为950～1200HV，这种高硬度和高耐磨性可保持到560～600℃不降低，故零件具有很好的热稳定性、抗疲劳性和耐蚀性，且变形量很小。渗氮在机械工业中获得了广泛应用，特别适合作为许多精密零件（如磨床主轴、精密机床丝杠、内燃机曲轴、精密齿轮和量具等）的最终热处理。

3）其他热处理

【拓展视频】

【拓展视频】

（1）真空热处理。在低于一个大气压的环境下进行加热的热处理工艺称为真空热处理。其特点是零件在真空中加热时表面质量好，不会产生氧化、脱碳现象；无对流传热现象，升温速度高，零件截面温差小，热处理后变形量小；减少了零件的清理和磨削工序，生产效率较高。

（2）激光相变硬化。激光相变硬化又称激光淬火，它是利用激光扫描零件表面，在极短时间内零件被加热到淬火温度，当激光束离开零件表面时，零件表面的高温迅速向基体内部传导，表面冷却且硬化。其特点是加热速度高，不需要淬火冷却介质，零件变形量小；表面硬度大于常规淬火硬度；能精确控制硬化深度；改善了劳动条件，减少了环境污染。

（3）形变热处理。形变热处理是将塑性变形和热处理工艺有机结合，以提高材料力学性能的复合工艺。它是对热加工成形后的锻件（轧制件等）在锻造温度与淬火温度之间进行塑性变形，然后立即淬火冷却的热处理工艺。其特点是零件同时受形变和相变，内部组织更为细化；有利于位错密度增大和碳化物弥散度增大，使零件具有较高的强韧性；简化了生产流程，节省了能源、设备，具有很好的经济效益。

（4）离子轰击热处理。离子轰击热处理是利用阴极（零件）和阳极间的辉光放电产生的等离子体轰击零件，使零件表层的成分、组织及性能发生变化的热处理工艺。常用的离子轰击热处理方法是离子渗氮。离子渗氮后，零件表面形成的氮化层具有优异的力学性能，如高硬度、高耐磨性、良好的韧性和疲劳强度等，零件的使用寿命成倍提高。此外，采用离子渗氮可以节约能源，操作环境无污染。但其设备昂贵、工艺成本高，不适合大批量生产。

**3. 常用热处理设备**

热处理设备可分为主要设备和辅助设备两大类。主要设备包括热处理炉、热处理加热装置、冷却设备、温度测量和控制仪表等。辅助设备包括检测设备、校正设备和消防安全设备等。

1）热处理炉

常用的热处理炉有箱式电阻炉、井式电阻炉、盐浴炉等。

（1）箱式电阻炉（图 1.4）。箱式电阻炉的工作原理是利用电流通过炉膛内的电热元件（电阻丝）发热，采用对流和辐射对零件进行加热。它是热处理车间应用广泛的加热设备，适用于钢铁材料和非钢铁材料（有色金属）的退火、正火、淬火、回火、固体渗碳等的加热，具有操作简便、控温准确、可通入保护性气体而防止零件加热时氧化、劳动条件好等优点。

【拓展视频】

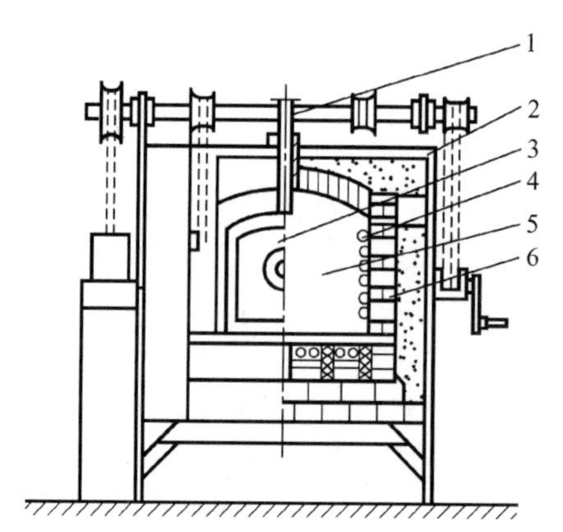


1—热电偶；2—炉壳；3—炉门；4—电热元件；5—炉膛；6—耐火砖。

图 1.4　箱式电阻炉

（2）井式电阻炉（图 1.5）。井式电阻炉的工作原理与箱式电阻炉相同，其因炉口向上、形状如井而得名。常用的井式电阻炉有中温井式炉、低温井式炉和气体渗碳炉三种。井式电阻炉采用吊车起吊零件，能降低劳动强度，应用较广。

中温井式炉主要适用于杆类零件、长轴类零件的热处理，其最高工作温度为 950℃。与箱式电阻炉相比，井式电阻炉热量传递效果好，炉顶可装风扇，使温度分布均匀，细长零件垂直放置可克服零件水平放置时由自重引起的弯曲。

（3）盐浴炉。盐浴炉是以熔盐为加热介质的热处理炉。盐浴炉结构简单、制造方便、费用低、加热质量好、加热快，因而应用较广。但零件在盐浴炉中加热时存在绑扎、夹持等工序，操作复杂，劳动强度大，工作条件差；同时存在启动时升温时间长等缺点。因此，盐浴炉常用于中、小型对表面质量要求高的零件。

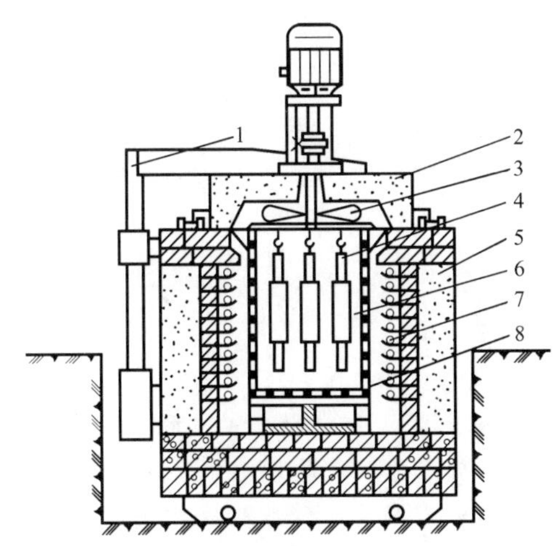


1—炉盖升降机构；2—炉盖；3—风扇；4—零件；5—炉体；
6—炉膛；7—电热元件；8—装料筐。

图 1.5 井式电阻炉

2）温度测量和控制仪表

加热炉的温度测量和控制主要是利用热电偶、温度控制仪表及开关器件进行的。热电偶的原理是将温度转换成电势，温度控制仪表的原理是将热电偶产生的热电势转变成温度的数字显示或指针偏转角度显示。热电偶应放在能代表零件温度的位置，温度控制仪表应放在便于观察且能避免热源、磁场等影响的位置。

常用的冷却设备有水槽、水浴锅、油槽等。检测设备包括布氏硬度计、洛氏硬度计、金相显微镜、制样设备及无损检测设备等。随着工业的发展，热处理设备将向着自动化方向发展。

**4. 常见热处理缺陷**

【拓展图文】

热处理工艺选择不当会对零件的质量产生较大影响。如淬火工艺的选择对淬火零件的质量影响较大，如果选择不当，就容易使淬火零件的力学性能不足或产生过热、晶粒粗大和变形开裂等缺陷，严重时会造成零件报废。

加热不当会造成过热、过烧、表面氧化、脱碳和裂纹等问题。过热会使零件的塑性、韧性显著降低，冷却时产生裂纹，可通过正火消除；过烧是加热温度接近开始熔化温度，过烧后的零件强度低、脆性大，只能报废。生产上，应严格控制加热温度和保温时间。在高温加热过程中，炉内的氧化性气氛会造成零件氧化和脱碳。氧化消耗金属，使零件表面硬度不均匀；脱碳使零件淬火后的硬度、耐磨性、疲劳强度下降。为防止出现氧化和脱碳，常采用保护气氛加热或盐浴加热等措施。

在冷却过程中，有时会产生变形和开裂现象，变形和开裂主要是由加热或冷却速度过高、加热或冷却不均匀等产生的内应力造成的，常通过正确选择热处理工艺、淬火后及时回火等措施来防止。

加热温度或保温时间不够、冷却速度太低会造成零件表面脱碳而使淬火零件硬度不足；加热不均匀、淬火剂温度过高或冷却方式不当会造成冷却速度不均匀，从而带来表面硬度不均匀等缺陷，这些都是制定热处理工艺时必须考虑的基本问题。

## 1.2 铸　　造

### 1.2.1 铸造概述

【拓展图文】

**1. 铸造概念**

铸造是将金属熔融后得到的液态金属注入预制好的铸型中冷却、凝固，获得具有一定形状和性能的铸件的金属成形方法。铸件一般作为毛坯，需要经过机械加工成为机器零件，少数对尺寸精度和表面粗糙度要求不高的零件也可以直接应用铸件。

铸造是机械制造工业中毛坯和零件的主要加工工艺。铸件在一般机器中占总质量的40%～80%，在内燃机中占总质量的70%～90%，在机床、液压泵、阀中占总质量的65%～80%，在拖拉机中占总质量的50%～70%。铸造广泛应用于机床制造、动力机械、冶金机械、重型机械、航空航天等领域。

**2. 铸造工艺特点**

铸造工艺具有以下特点。

(1) 适用范围广。几乎不受零件的形状复杂程度、尺寸、生产批量的限制，可以铸造壁厚为0.3mm～1m、质量为几克到三百多吨的金属铸件。

(2) 可制造合金铸件。很多能熔化成液态的金属材料（如铸钢、铸铁、铝合金、铜合金、镁合金、钛合金及锌合金等）都可以用于铸造生产。生产中，铸铁产量最大，约占铸件总产量的70%以上。

(3) 铸件的形状和尺寸与图样设计零件非常接近，其机械加工余量小，尺寸精度一般比锻件、焊接件高。

(4) 成本低廉。由于铸造容易实现机械化生产，铸造原料可以大量利用废、旧金属材料，加之铸造动能消耗比锻造动能消耗小，因此铸造的综合经济效益较好。

**3. 砂型铸造的生产工序**

铸造按生产方法分为砂型铸造和特种铸造。砂型铸造应用广泛，砂型铸件产量占铸件总产量的80%以上，其铸型（砂型和型芯）是由型砂制作的。本节主要介绍广泛用于铸铁件生产的砂型铸造方法。

砂型铸造的主要生产工序有制模、配砂、造型、造芯、合型、熔炼、浇注、落砂、清理和检验。套筒铸件砂型铸造的生产过程如下：根据零件形状和尺寸，设计并制造模样和芯盒；配制型砂和芯砂；利用模样及芯盒等工艺装备分别制作砂型和型芯；将砂型和型芯合为整体铸型；将熔融的金属浇注入铸型，完成充型过程；冷却凝固后落砂，取出铸件；对铸件进行清理和检验。

**4. 特种铸造**

随着科学技术的发展，人们对铸件提出了更高的要求，逐渐出现了区别于普通砂型铸造的铸造方法。通常把不同于普通砂型铸造的铸造方法统称为特种铸造。特种铸造在提高铸件精度和表面质量、提高合金性能、提高劳动生产率、改善劳动条件、降低铸造成本等方面均有突出的优势和适用的场合，但也有一定的局限性。近年来，特种铸造在我国得到了飞速发展，在有色金属的铸造生产中占有重要地位。下面简要介绍常用特种铸造的工艺过程、特点和应用。

1）熔模铸造

熔模铸造是用易熔材料制成模样，然后在模样表面涂覆多层耐火涂料而制成形壳，经硬化后熔化模样，排出型体，经过焙烧后浇注液态金属而获得铸件的铸造方法。由于熔模广泛采用蜡质材料制造，因此熔模铸造又称失蜡铸造或精密铸造。

（1）熔模铸造的工艺过程。

熔模铸造的原理是用易熔材料（如蜡料、松香料等）制成模样，然后在模样表面涂敷多层耐火材料，干燥固化后加热熔出模料，其壳型经高温焙烧后浇入液态金属，从而得到熔模铸件。其工艺过程如下：母模→压型→制造蜡模→组装蜡模→制造结壳→熔模→脱蜡（图中未标）→型壳焙烧→填砂造型→浇注→落砂清理及检验（图中未标），如图 1.6 所示。

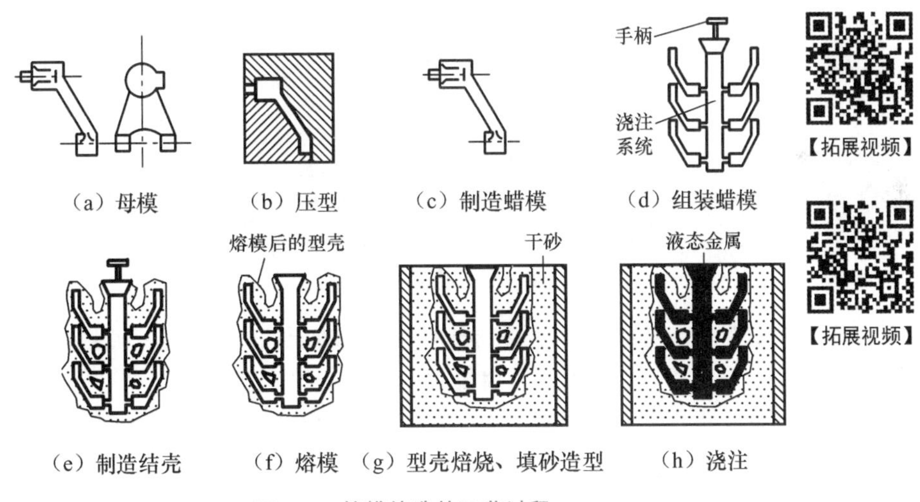


图 1.6 熔模铸造的工艺过程

（2）熔模铸造的特点和应用。

熔模铸造的特点如下。

① 由于熔模铸造的铸型精密，没有分型面，因此铸件精度高、表面质量好，它是少、无切削加工工艺的重要方法，其尺寸公差等级为 IT12～IT9，表面粗糙度 $Ra=3.2$～$1.6\mu m$。例如，熔模铸造的涡轮发动机叶片的精度已达到无机械加工余量的要求。

② 可制造形状复杂的铸件，其最小壁厚为 0.3mm，最小铸出孔径为 0.5mm。对由多个零件组成的复杂部件，可用熔模铸造一次铸出。

③ 适应各种铸造合金，尤其适合生产高熔点、难加工的合金铸件，如不锈钢、耐热

合金、高锰钢、磁钢等。

④ 生产批量基本不受限制，既可成批、大量生产，又可单件、小批量生产。

⑤ 工序繁杂，生产周期长，原材料、辅助材料费用比砂型铸造高，生产成本较高，铸件不宜太大、太长，一般要求其质量小于25kg。

熔模铸造适用于形状复杂、难以切削加工的小零件、高熔点合金及有特殊要求的精密铸件的成批、大量生产。目前，其主要用于制造汽轮机及燃气轮机的叶片、泵的叶轮、切削刀具，以及飞机、汽车、拖拉机、风动工具和机床上的小型零件。

2）金属型铸造

金属型铸造是将液态金属在重力作用下浇入由金属制成的铸型，以获得铸件的方法。由于金属铸型可以反复使用几百次到几千次，因此金属型铸造又称永久型铸造。

（1）金属型的结构与材料。

根据分型面位置的不同，金属型可分为垂直分型式金属型、水平分型式金属型和复合分型式金属型三种。其中垂直分型式金属型应用广泛，其开设浇注系统，取出铸件比较方便，易实现机械化。图1.7所示为铸造铝合金活塞用垂直分型式金属型，它由两个半型组成。上面的大金属芯由三部分组成，便于从铸件中取出。铸件冷却后，首先取出中间的楔片及两个小金属芯，然后将两个小金属芯沿水平方向向中心靠拢，最后向上拔出。

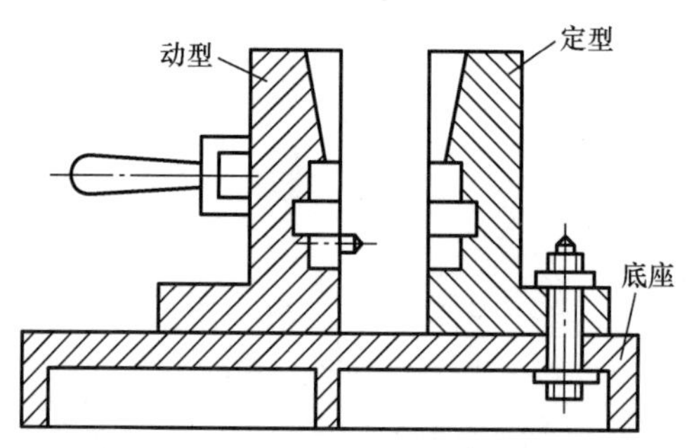


图1.7　铸造铝合金活塞用垂直分型式金属型

金属型的材料一般为铸铁，要求较高时可选用碳钢或低合金钢。制造金属型的材料熔点应高于浇注合金的熔点。例如，浇注锡合金、锌合金、镁合金等低熔点合金时，可用灰铸铁制造金属型；浇注铝合金、铜合金等时，可用合金铸铁或钢制金属型。金属型用芯子有砂芯和金属芯两种。薄壁复杂件、铸铁件、铸钢件多采用砂芯，而形状简单件、有色金属件可采用金属芯。

（2）金属型的铸造工艺措施。

金属型导热速度高、不具有退让性和透气性，直接浇注易产生浇不足、冷隔、裂纹、气孔等缺陷及内应力和变形，且铸件易产生白口组织。此外，型腔在高温液态金属的冲刷下易损坏。为了确保获得优质铸件和延长金属型的使用寿命，需要采取下列工艺措施。

① 预热金属型，预热温度一般不低于150℃，降低铸型冷却速度。

② 表面喷刷防黏砂耐火涂料，防止液态金属直接冲刷铸型，起到保护铸型的作用；同时，可以降低铸件的冷却速度、提高铸件表面质量。

③ 在分型面上做出通气槽、出气孔等。

④ 控制开型时间。由于金属型不具有退让性，如果铸件在铸型中停留时间过长，就易引起过大的铸造应力而导致铸件开裂。因此，铸件冷凝后，应及时从铸型中取出。通常铸铁件出型温度为780～950℃，开型时间为10～60s。

(3) 金属型铸造的特点及应用。

金属型铸造的优点如下。

① 尺寸精度高，尺寸公差等级为IT14～IT12，表面质量好，表面粗糙度 $Ra$=12.5～6.3$\mu$m，机械加工余量小。

② 铸件冷却速度高，晶粒较细，力学性能较好。例如，铝合金金属型铸件的抗拉强度平均提高25%，屈服强度平均提高约20%。

③ 可实现一型多铸，提高了劳动生产率，劳动条件好，易实现机械化、自动化。

④ 浇口、冒口尺寸较小，金属消耗量减少，一般可节约15%～30%的金属。

金属型铸造的缺点：金属型的制造成本高、制造周期长，不宜生产大型、形状复杂的铸件和薄壁铸件；冷却速度高，铸件表面易产生白口组织，切削加工困难；受金属型材料熔点的限制，熔点高的合金不适宜用金属型铸造。

金属型铸造主要适用于大批量生产形状简单的有色金属铸件，如铝活塞、连杆、气缸盖等。对于铸铁件、铸钢件，金属型铸造只适合形状简单的中、小件生产。铸铁件的金属型铸造有所发展，但其尺寸限制在300mm以内，质量不超过8kg，如电熨斗底板等。

3) 压力铸造

压力铸造（简称压铸）是在高压作用下，使液态金属或半液态金属以较高的速度压入铸型，并在压力下成形和凝固而获得铸件的方法。压力铸造的压力为30～150MPa，充型时间为0.01～0.2s。

(1) 压铸机和压铸工艺过程。

压铸是在压铸机上完成的。压铸机根据压室工作条件不同，分为热压室压铸机和冷压室压铸机两类。热压室压铸机的压室与坩埚连成一体，而冷压室压铸机的压室与坩埚分开。冷压室压铸机又可分为立式冷压室压铸机和卧式冷压室压铸机两种，其中立式冷压室压铸机应用较广，其工作原理如图1.8所示。

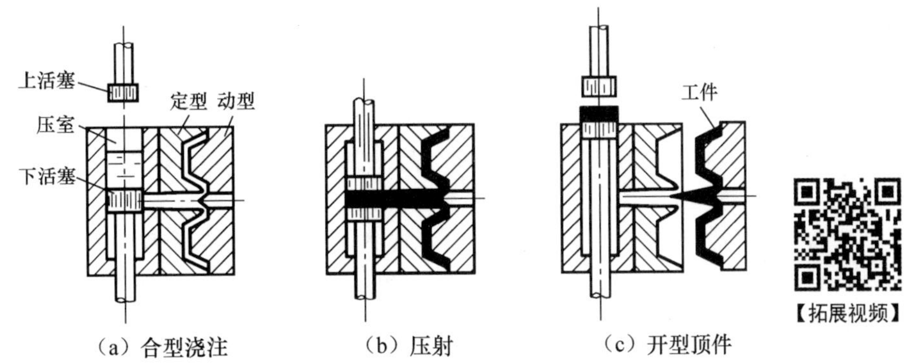


(a) 合型浇注　(b) 压射　(c) 开型顶件

图1.8 立式冷压室压铸机的工作原理

压铸铸型简称压型，分为定型和动型。合型后，将定量液态或半液态金属浇入压室，活塞向下推进，将液态或半液态金属压入型腔，在压力下冷却凝固后，上活塞退回，下活塞上移顶出余料，动型移开，利用顶杆顶出铸件，完成压铸过程。

（2）压铸的特点及应用。

压铸具有如下优点。

① 压铸件尺寸精度高，表面质量好，尺寸公差等级为IT12～IT10，表面粗糙度 $Ra$＝3.2～0.8$\mu$m，可不经机械加工直接使用，而且互换性好。

② 压铸在快速、高压下成形，可以压铸壁薄、形状复杂、具有直径很小的孔和螺纹的铸件，如锌合金的压铸件最小壁厚为0.8mm，最小铸出孔径为0.8mm，最小可铸螺距为0.75mm。还能压铸镶嵌件。

③ 压铸件在压力下结晶，冷却速度高，组织致密，力学性能好。其抗拉强度比砂型铸件高25%～40%，但断后伸长率有所下降。

④ 生产率高，可实现半自动化生产及自动化生产。每小时可压铸几百个零件，压铸是所有铸造方法中生产率最高的。

压铸的缺点：气体难排出，压铸件易产生皮下气孔，不能对压铸件进行热处理且不宜在高温下工作；液态或半液态金属凝固快，厚壁处来不及补缩，易产生缩孔和缩松；设备投资大，铸型制造周期长、造价高，不宜小批量生产。

压铸主要用于大批量生产低熔点有色金属的中、小型铸件，如锌合金、铝合金、镁合金等铸件；广泛应用于汽车和拖拉机制造、仪表和电子仪器、计算机、医疗器械等领域。

4）低压铸造

低压铸造是指液态金属在较低压力（0.02～0.06MPa）作用下，由下而上压入铸型型腔，并在压力作用下凝固而获得铸件的方法。

（1）低压铸造的工艺过程。

低压铸造的工作原理如图1.9所示。把熔炼后的液态金属倒入保温坩埚，装上密封盖，升液管使液态金属与铸型相通，锁紧铸型，缓慢地向坩埚炉内通入干燥的压缩空气或惰性气体。借助作用于液态金属面上的压力，液态金属由下而上沿着升液管和浇注系统充满型腔，并在压力下结晶，铸件成形后撤去坩埚内的压力，升液管内的液态金属靠自重降回坩埚内，然后打开铸型，取出铸件。

（2）低压铸造的特点及应用。

低压铸造的特点如下。

① 提高了液态金属的利用率，一般情况下不需要冒口。升液管中未凝固的金属可回流至坩埚且可重复使用，液态金属的利用率大大提高。

② 浇注时，液态金属的上升速度和结晶压力可以调节，适用于不同铸型（如金属型、砂型等），适合铸造不同合金及尺寸的铸件。

③ 液态金属充型平稳，减少或避免了液态金属充型时的翻腾、冲击、飞溅现象，从而减少了氧化渣的形成，铸件的气孔、夹渣等缺陷少，提高了铸件的合格率。

④ 铸件在压力下结晶，铸件组织致密、轮廓清晰、表面光洁，力学性能较好，对大薄壁件的铸造尤为有利。

⑤ 劳动强度低，劳动条件好，设备简单，易实现机械化和自动化。

低压铸造主要用于生产铝合金件、镁合金件，如汽车工业的汽车轮毂以及内燃发动机的气缸体、气缸盖、活塞以及导弹外壳、叶轮等形状复杂、质量要求高的铸件。低压铸造

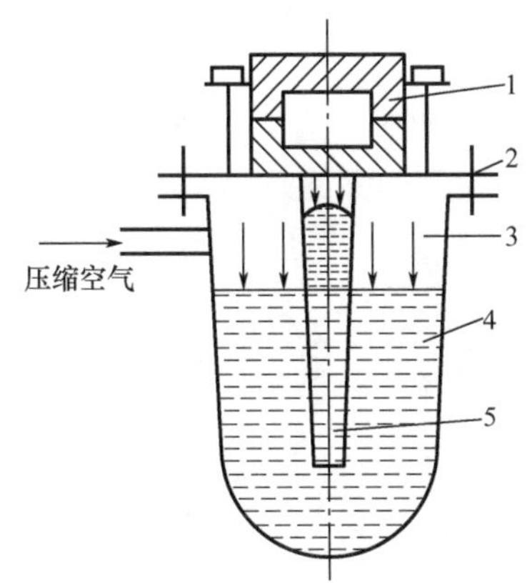


1—铸型；2—密封盖；3—坩埚；4—液态金属；5—升液管。

图 1.9 低压铸造的工作原理

也可用于小型铜合金铸件，如管道装置接头、浴室中的旋塞龙头等。

5）离心铸造

离心铸造是将熔融金属浇入旋转的铸型，使液态金属在离心力作用下充填铸型并凝固成形的铸造方法。

（1）离心铸造的类型。

铸型采用金属型或砂型。为使铸型旋转，离心铸造必须在离心铸造机上进行。离心铸造机通常分为立式离心铸造机和卧式离心铸造机两大类。铸型绕垂直轴旋转的称为立式离心铸造，其原理如图 1.10（a）所示。受离心力和液态金属本身重力的共同作用，铸件的内表面为回转抛物面，故铸件上薄下厚，而且铸件越高，壁厚差越大。因此，它主要用于生产高度小于直径的圆环类铸件，如盘类铸件、环类铸件等。铸型绕水平轴旋转的称为卧式离心铸造，其原理如图 1.10（b）所示。由于铸件壁厚均匀，因此适合生产长度较大的管类铸件、套类铸件。根据铸件的直径确定离心铸造的铸型转速，一般为 250～1500r/min。

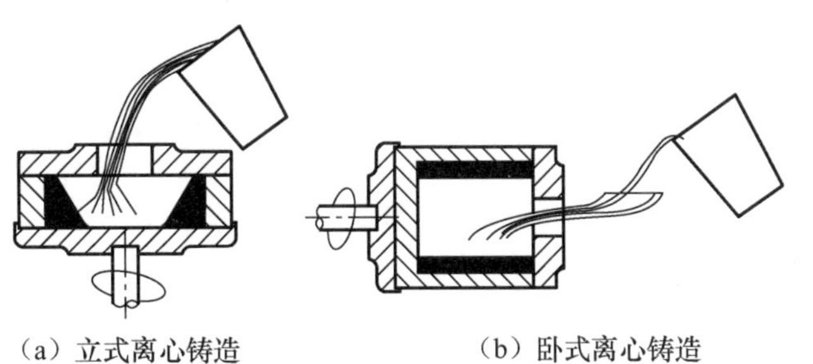

（a）立式离心铸造　　（b）卧式离心铸造

图 1.10 离心铸造的原理

【拓展视频】

【拓展视频】

（2）离心铸造的特点及应用。

离心铸造的优点如下。

① 液态金属能在铸型中形成中空的自由表面，可省去型芯、浇注系统和冒口，简化了套筒类铸件、管类铸件的生产工艺，节约了金属。

② 在离心力作用下，可提高液态金属充填铸型的能力，流动性较差的合金和薄壁铸件都可用离心铸造生产。

③ 受离心力的作用，补缩条件有所改善，气体和非金属夹杂物易从液态金属中排出，产生缩孔、缩松、气孔和夹杂等缺陷的概率较小。

④ 可进行双金属铸造，如在钢套上镶铸薄层铜衬制作滑动轴承等，可节约贵重材料。

离心铸造的缺点：由于金属中的气体、熔渣等夹杂物的密度较小且集中在铸件的内表面上，离心铸造内表面粗糙、不易控制尺寸，需要增大机械加工余量来保证铸件质量，且不适宜生产易偏析的合金。

离心铸造主要用于大批量生产管类铸件、套类铸件、环类铸件，如铸铁管、气缸套、双金属轴承、铜套、特殊钢的无缝管坯等。

## 1.2.2 造型与制芯

造型与制芯是利用造型材料和工艺装备制作铸型的工序，按成形方法可分为手工造型（制芯）和机器造型（制芯）。下面主要介绍应用广泛的砂型铸造的造型与制芯。

### 1. 铸型的组成

铸型是根据零件形状由造型材料制成的。铸型一般由上砂型、下砂型、型芯和浇注系统等部分组成，如图 1.11 所示。上砂型和下砂型之间的接合面称为分型面。铸型中，由砂型面和型芯面构成的空腔部分用于在铸造生产中形成铸件本体，称为型腔。型芯一般用来形成铸件的内孔和内腔。液态金属流入型腔的通道称为浇注系统。出气孔的作用是排出浇注过程中产生的气体。

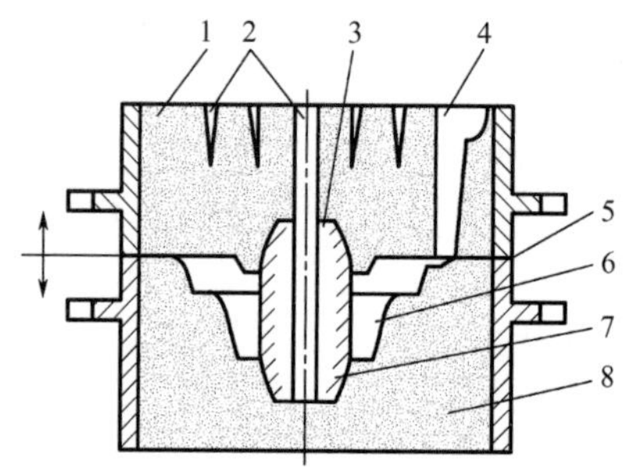


1—上砂型；2—出气孔；3—型芯；4—浇注系统；5—分型面；
6—型腔；7—芯头和芯座；8—下砂型。

图 1.11 铸型装配

### 2. 型（芯）砂的性能

砂型铸造的造型材料为型砂，其质量直接影响铸件的质量、生产效率和成本。生产中为了获得优质的铸件和良好的经济效益，对型砂性能有以下要求。

（1）强度。

型砂抵抗外力破坏的能力称为强度。它包括常温湿强度、干强度、硬度及热强度。型砂要有足够的强度，以防止造型过程中产生塌箱和浇注时液态金属对铸型表面的冲刷破坏。

（2）成形性。

型砂要有良好的成形性，包括良好的流动性、可塑性和不黏模性，铸型轮廓清晰，易起模。

（3）耐火度。

型砂承受高温作用的能力称为耐火度。型砂要有较高的耐火度，同时应有较好的热化学稳定性、较小的热膨胀率和冷收缩率。

（4）透气性。

型砂要有一定的透气性，以利于排出浇注时产生的大量气体。若型砂透气性过差，则铸件中易产生气孔；若透气性过好，则铸件易黏砂。另外，具有较低吸湿性和发气量的型砂对保证铸造质量更有利。

（5）退让性。

退让性是指铸件在冷凝过程中，型砂能被压缩变形的性能。若型砂的退让性差，则铸件在凝固收缩时易产生内应力，导致出现变形和裂纹等缺陷，故型砂要有较好的退让性。

此外，型砂还要具有较好的耐用性、溃散性和韧性等。

### 3. 型（芯）砂的组成

原砂或再生砂与黏结剂和其他附加物混合而成的造型材料，称为型（芯）砂。

（1）原砂。

原砂即新砂，铸造用原砂一般采用符合一定技术要求的天然矿砂，常使用硅砂。硅砂中二氧化硅的质量分数为80％～98％，硅砂的粒度及均匀性、表面状态、颗粒形状等对铸造性能有很大影响。除硅砂外的其他铸造用砂称为特种砂，如石灰石砂、锆砂、镁砂、橄榄石砂、铬铁矿砂、钛铁矿砂等，这些特种砂的性能比硅砂好，但价格较高，主要用于合金钢和碳钢铸件的生产。

（2）黏结剂。

黏结剂的作用是使砂粒黏结在一起，制成砂型和型芯。黏土是铸造生产中用量最大的黏结剂，此外水玻璃、植物油、合成树脂、水泥等也是铸造常用的黏结剂。

用黏土作黏结剂制成的型砂称为黏土砂，其结构如图1.12所示。黏土资源丰富，价格低廉，耐火度较高，复用性好。水玻璃砂可以适应造型、制芯工艺的多样性，在高温下具有较好的退让性。但水玻璃加入量偏高时，砂型及砂芯的溃散性差。油类黏结剂具有很好的流动性、溃散性及很高的干强度，适合制造复杂的砂芯，浇出的铸件内腔表面粗糙度低。

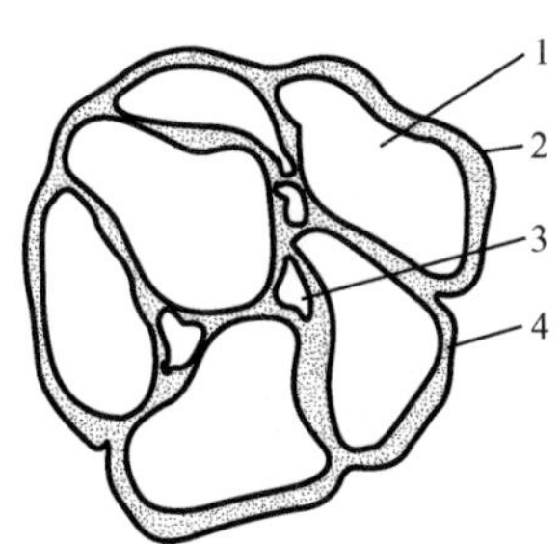


1—砂粒；2—黏土；3—孔隙；4—附加物。

图1.12　黏土砂的结构

（3）涂料。

涂敷在型腔和型芯表面、用以提高砂（芯）型表面抗黏砂和抗液态金属冲刷等性能的铸造辅助材料称为涂料。使用涂料可降低铸件表面粗糙度，防止或减少铸件黏砂、砂眼和夹砂缺陷，提高铸件落砂和清理效率等。涂料一般由耐火材料、溶剂、悬浮剂、黏结剂和添加剂等组成。耐火材料有硅粉、刚玉粉、高铝矾土粉，溶剂可以是水和有机溶剂等，悬浮剂有膨润土等。涂料可制成液体、膏状或粉状，用刷、浸、流、喷等方法涂敷在型腔、型芯表面。

型砂中除含有原砂、黏结剂和水等，还含有一些辅助材料（如煤粉、重油、锯木屑、淀粉等），使砂型和型芯的透气性、退让性提高，抗铸件黏砂能力和铸件的表面质量提高，从而使铸件具有一些特定的性能。

**4. 型（芯）砂的制备**

黏土砂根据在合箱和浇注时砂型的烘干情况分为湿型砂、干型砂和表干型砂。湿型砂造型后不需烘干，生产效率高，主要应用于生产中、小型铸件；干型砂要烘干，它主要靠涂料保证铸件表面质量，可采用粒度较大的原砂，其透气性好，铸件不容易产生冲砂、黏砂等缺陷，主要用于浇注中、大型铸件；表干型砂造型后，只需在浇注前用适当方法烘干型腔表面，其性能兼具湿砂型和干砂型的特点，主要用于生产中型铸件。

湿型砂一般由新砂、旧砂、黏土、附加物及适量的水组成。铸铁件用湿型砂配比（质量比）一般为旧砂50%～80%、新砂5%～20%、黏土6%～10%、煤粉2%～7%、重油1%、水3%～6%。各种材料通过混制工艺混合均匀，黏土膜均匀包覆在砂粒周围。混砂时，先将各种干料（新砂、旧砂、黏土和煤粉）加入混砂机进行干混，再加水湿混后出碾。型（芯）砂混制处理好后，应进行性能检测，对各组元的含量（如黏土的含量、有效煤粉的含量、水的含量等）、砂的性能（如紧实率、透气性、湿强度、韧性参数等）进行检测，以确定型（芯）砂是否达到相应的技术要求，也可用手捏的感觉对某些性能作出粗略的判断。

**5. 模样、芯盒与砂箱**

模样、芯盒与砂箱是砂型铸造造型时使用的主要工艺装备。

1）模样

模样是根据零件形状设计制作，用以在造型中形成铸型型腔的工艺装备。设计模样时要考虑铸造工艺参数，如铸件最小壁厚、机械加工余量、铸造圆角、铸造收缩率和起模斜度等。

（1）铸件最小壁厚。铸件最小壁厚是指在一定的铸造条件下，铸造合金充满铸型的最小厚度。若铸件设计壁厚小于铸件工艺允许最小壁厚，则易产生浇不足和冷隔等缺陷。

（2）机械加工余量。机械加工余量是为保证铸件加工面尺寸和零件精度，设计铸件时预先增加的金属层厚度，在铸件机械加工成零件的过程中去除该厚度。

（3）铸造收缩率。铸件浇注后，在凝固冷却过程中会发生尺寸收缩，其中以固态收缩阶段产生的尺寸缩小对铸件的形状和尺寸精度影响最大，此时收缩率又称铸件线收缩率。

（4）起模斜度。当零件本身没有足够的结构斜度时，为保证造型时容易起模、避免损坏砂型，应在设计铸件时给出铸件的起模斜度。

图 1.13 所示为零件及模样关系示意。

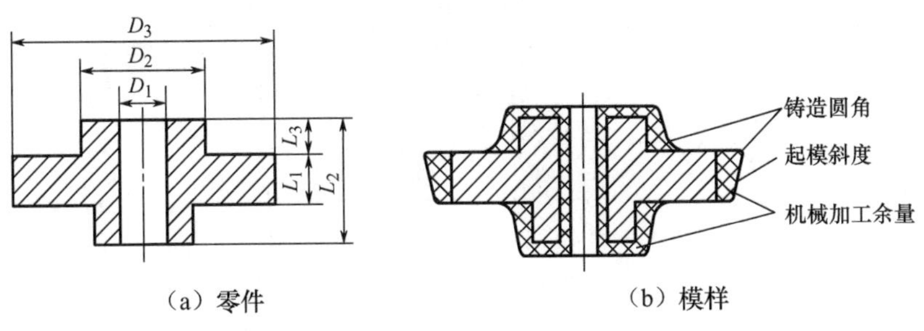


（a）零件 （b）模样

图 1.13 零件与模样关系示意

2）芯盒

芯盒是制造型芯的工艺装备。芯盒按制造材料可分为金属芯盒、木质芯盒、塑料芯盒和金木结构芯盒四类。在生产中，为了提高砂芯精度和芯盒耐用性，多采用金属芯盒。芯盒按结构可分为整体式芯盒、分式芯盒、敞开脱落式芯盒和多向开盒式芯盒。整体式芯盒制芯和分式芯盒制芯分别如图 1.14 和图 1.15 所示。

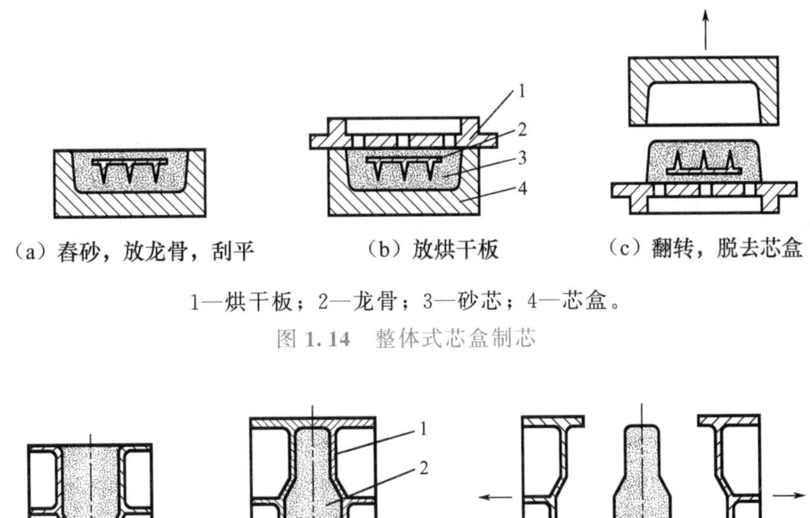


（a）舂砂，放龙骨，刮平 （b）放烘干板 （c）翻转，脱去芯盒

1—烘干板；2—龙骨；3—砂芯；4—芯盒。

图 1.14 整体式芯盒制芯

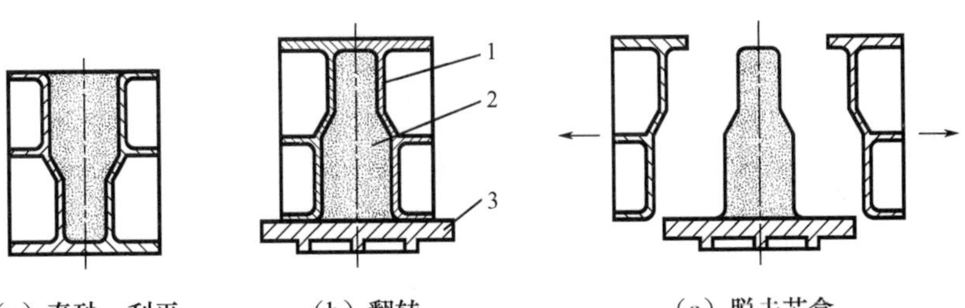

（a）舂砂，刮平 （b）翻转 （c）脱去芯盒

1—芯盒；2—砂芯；3—烘干板。

图 1.15 分式芯盒制芯

3）砂箱

砂箱是铸件生产中必备的工艺装备，用于在铸造生产中容纳和紧固砂型。一般根据铸件的尺寸、造型方法设计及选择合适的砂箱。砂箱按制造方法分为整铸式砂箱、焊接式砂箱和装配式砂箱。图 1.16 所示为小型砂箱和大型砂箱。

除模样、芯盒与砂箱外，砂型铸造造型时使用的工艺装备还有压实砂箱用的压砂板、

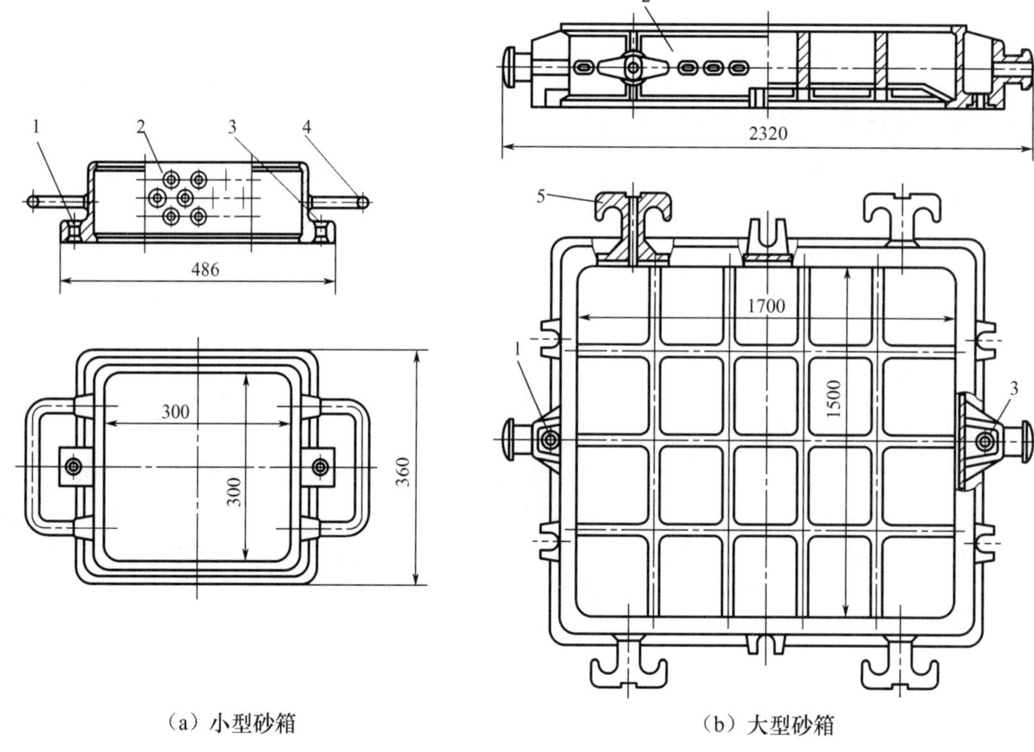


（a）小型砂箱　　（b）大型砂箱

1—定位套；2—箱体；3—导向套；4—环形手柄；5—吊耳。

图 1.16　小型砂箱和大型砂箱

填砂用的填砂框、托住砂型用的砂箱托板、紧固砂箱用的套箱，以及用于砂芯的修磨工具、烘芯板和检验工具等。

### 6. 手工造型

造型的主要工序有填砂、舂砂、起模和修型。填砂是指将型砂填充到放置好模样的砂箱内，舂砂是指把砂箱内的型砂压紧实，起模是指从砂型中取出形成型腔的模样，修型是指起模后对砂型损伤处进行修理。手工完成这些工序的操作方式即手工造型。

【拓展图文】

手工造型方法很多，如砂箱造型、脱箱造型、刮板造型、组芯造型、地坑造型等。砂箱造型又可分为两箱造型、三箱造型、叠箱造型和劈箱造型。下面介绍几种常用的手工造型方法。

1）两箱造型

两箱造型应用广泛，按模样可分为整体模样造型（简称整模造型）和分开模样造型（简称分模造型）。整模造型一般用在零件形状简单、最大截面在零件端面的情况，其过程如图 1.17 所示。分模造型时，将模样从最大截面处分开，并以此面为分型面，先将下砂型舂好，再翻箱，舂制上砂型，其过程如图 1.18 所示。

2）挖砂造型

有些铸件的模样不宜做成分开结构，必须做成整体结构，在造型过程中局部被砂型埋住，不能起模，这时就需要采用挖砂造型，即沿着模样最大截面挖掉部分型砂，形成不太

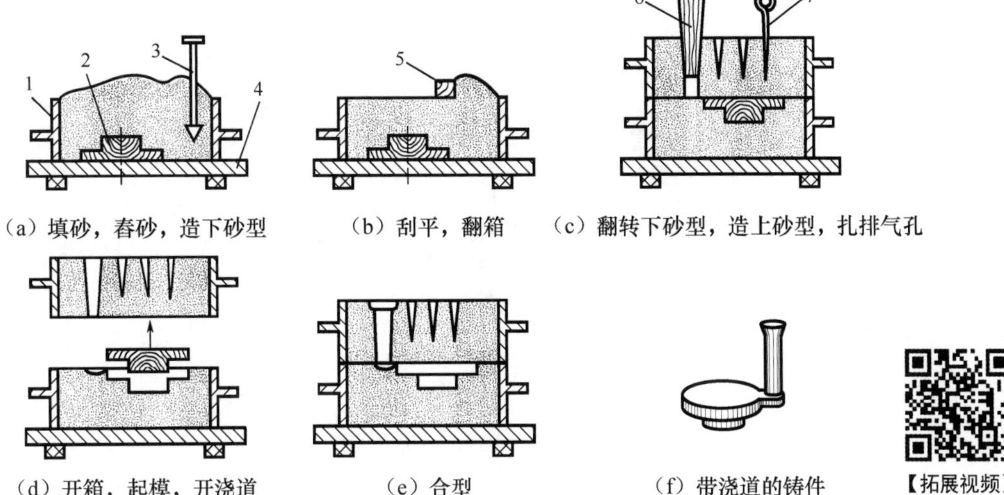


（a）填砂，舂砂，造下砂型　（b）刮平，翻箱　（c）翻转下砂型，造上砂型，扎排气孔

（d）开箱，起模，开浇道　（e）合型　（f）带浇道的铸件

1—砂箱；2—模样；3—砂舂子；4—模底板；5—刮板；6—浇口棒；7—气孔针。

图 1.17　整模造型过程

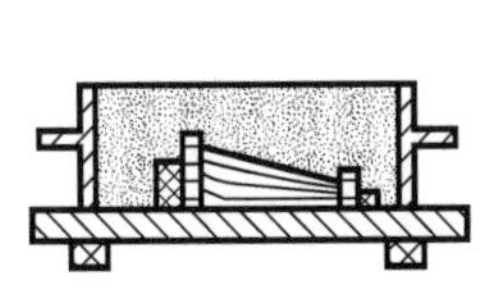

（a）用下半模造下砂型

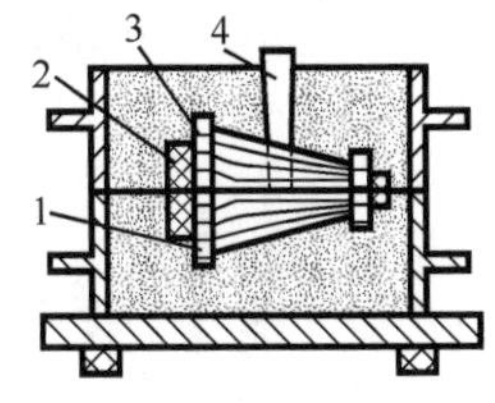


（b）安上半模，撒分型砂，放浇口棒，造上砂型

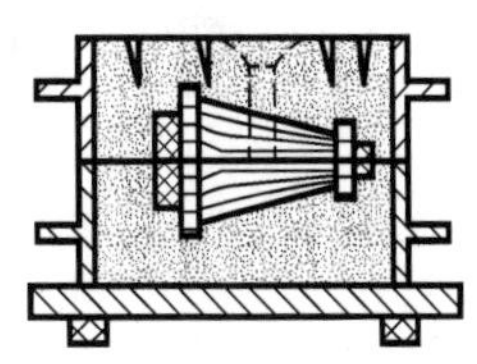

（c）形外浇口，扎排气孔

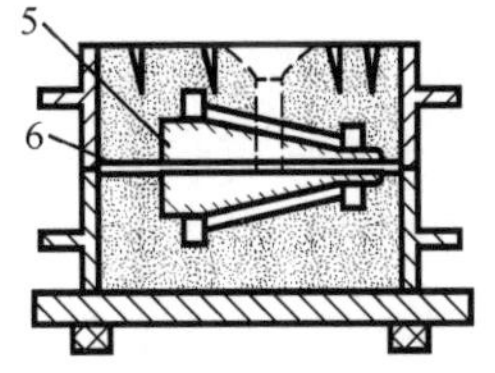


（d）起模，开内浇道，下型芯， 开排气道，合型

（e）起铸件

【拓展视频】

1—下半模；2—型芯头；3—上半模；4—浇口棒；5—型芯；6—排气孔。

图 1.18　分模造型过程

规则的分型面，如图 1.19 所示。挖砂造型工作麻烦，适用于单件或小批量的铸件生产。

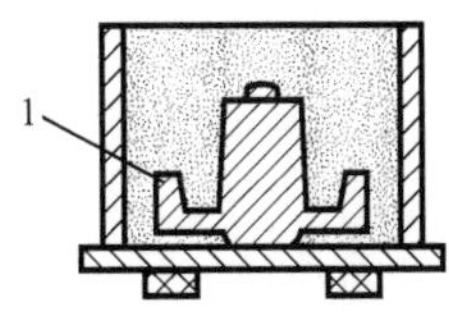


（a）造下砂型

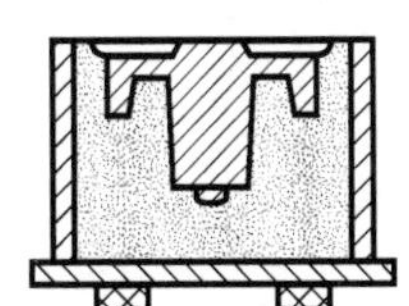

（b）翻箱，挖砂，成分型面

【拓展视频】

图 1.19　挖砂造型

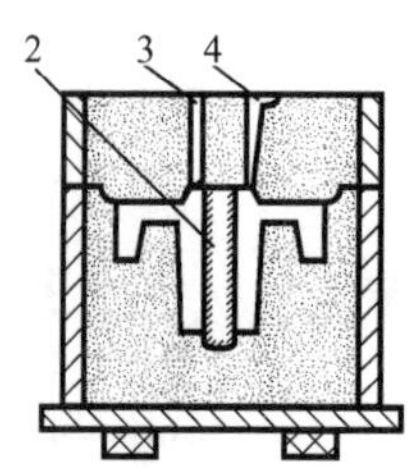


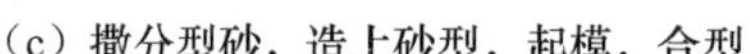

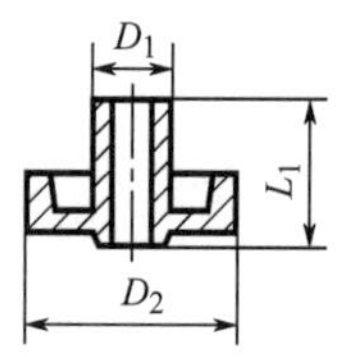


（c）撒分型砂，造上砂型，起模，合型　　（d）零件

1—模样；2—型芯；3—排气孔；4—外浇口。

图 1.19　挖砂造型（续）

3）假箱造型

假箱造型与挖砂造型相近，首先采用挖砂的方法做一个不带直浇道的上箱，即假箱，砂型尽量舂实，然后用上箱作底板，制造下砂型，最后制作用于实际浇注用的上砂型，如图 1.20 所示。

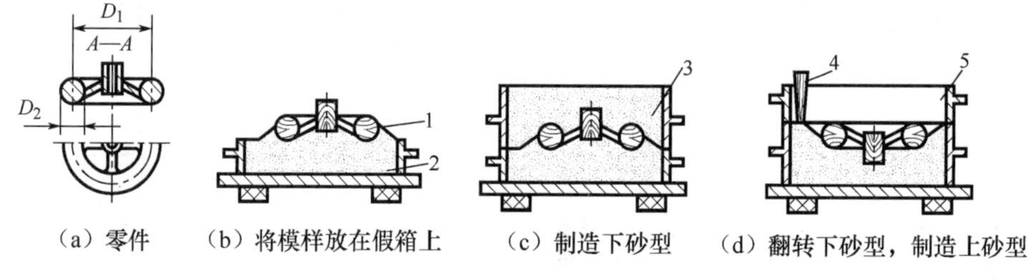


（a）零件　（b）将模样放在假箱上　（c）制造下砂型　（d）翻转下砂型，制造上砂型

1—模样；2—假箱；3—下砂型；4—浇口棒；5—上砂箱。

图 1.20　假箱造型

4）活块造型

有些零件侧面带有凸台等凸起部分，造型时这些凸起部分妨碍从砂型中起出模样，故在制作模样时，将凸起部分做成活块，用销钉或燕尾榫与模样主体连接，起模时，先取出模样主体，再从侧面取出活块，这种造型方法称为活块造型，如图 1.21 所示。

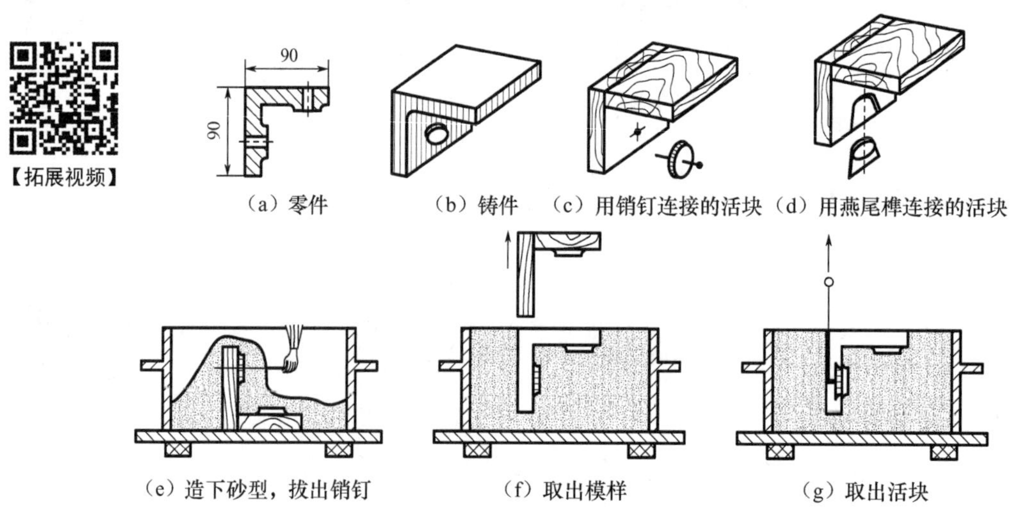


（a）零件　（b）铸件　（c）用销钉连接的活块　（d）用燕尾榫连接的活块

（e）造下砂型，拔出销钉　（f）取出模样　（g）取出活块

图 1.21　活块造型

5）刮板造型

刮板造型的原理是利用刮板模样绕固定轴旋转，将砂型刮制成所需的形状和尺寸，如图 1.22 所示，适用于单件、小批量生产中、大型旋转体铸件或形状简单的铸件。刮板造型模样制作简单、节省材料，但造型效率低且要求较高的操作技术。

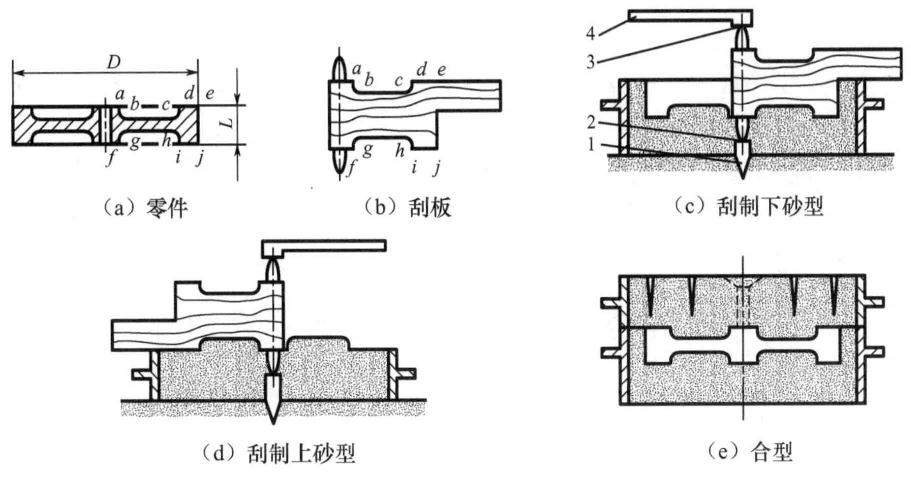


1—木桩；2—下顶针；3—上顶针；4—转动臂。

图 1.22 刮板造型

6）三箱造型

对一些形状复杂的铸件，只用一个分型面的两箱造型难以正常取出型砂中的模样，必须采用三箱造型或多箱造型方法。三箱造型有两个分型面，如图 1.23 所示。其操作过程比两箱造型复杂，生产效率低，只适用于单件或小批量生产。

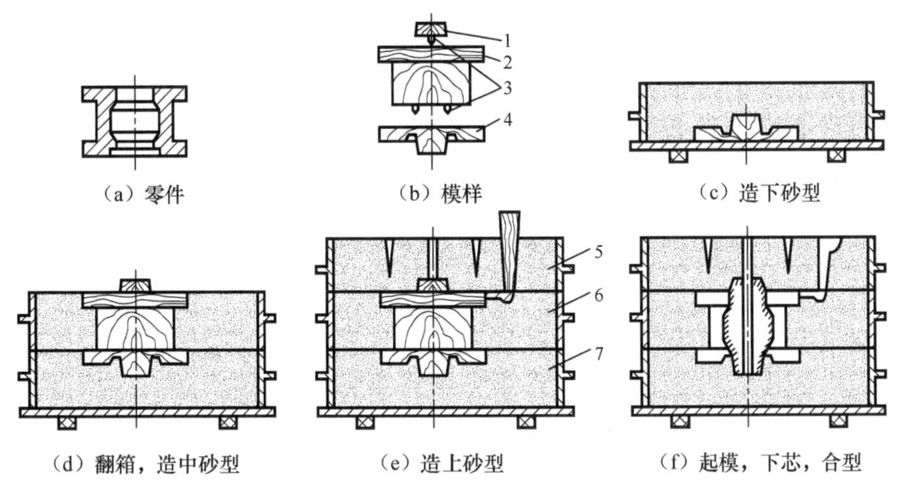


1—上箱模样；2—中箱模样；3—销钉；4—下箱模样；5—上砂型；6—中砂型；7—下砂型。

图 1.23 三箱造型

**7. 机器造型**

机器造型实际上是用机械方法取代手工进行填砂、紧砂和起模的造型方法。填砂过程常在造型机上用加砂斗完成，要求型砂松散、填砂均匀。紧砂就是使型砂紧实，使其达到一定的强度和刚度。型砂被紧实的程度通常用单位体积内型砂的质量表示，称为紧实度。一般紧实型砂的紧实度为1.55～1.7g/cm³；高压紧实后的型砂紧实度为1.6～1.8g/cm³；非常紧实的型砂紧实度为1.8～1.9g/cm³。紧砂是机器造型的关键环节。机器造型可以降低劳动强度、提高生产效率、保证铸件质量，适用于成批、大量生产铸件。

1）高压造型

压实造型是借助压头或模样传递的压力紧实型砂成形的造型方法，按比压分为低压（0.15～0.4MPa）造型、中压（0.4～0.7MPa）造型、高压（大于0.7MPa）造型三种，其中高压造型应用很普遍。图1.24所示为多触头高压造型的工作原理。高压造型具有生产效率高、型砂紧实度高、强度大、所生产的铸件尺寸精度高和表面质量较好等优点，在大量和大批生产中应用较多。

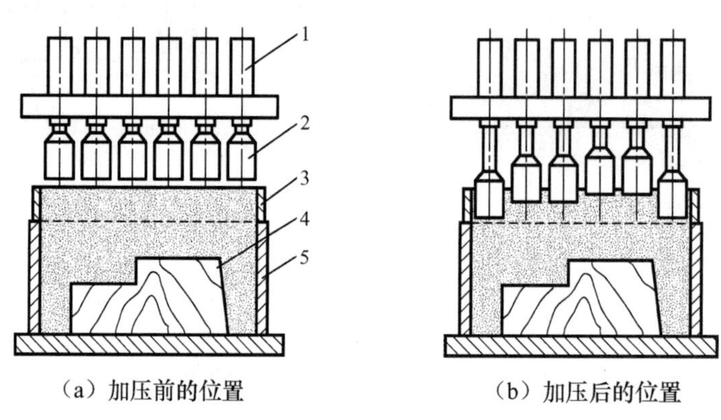


（a）加压前的位置　　（b）加压后的位置

1—液压缸；2—触头；3—辅助框；4—模样；5—砂箱。

图1.24　多触头高压造型的工作原理

2）射压造型

射压造型是利用压缩空气将型砂以很高的速度射入砂箱并挤压而使之紧实的造型方法，其工作原理如图1.25所示。射压造型的特点是型砂紧实度分布均匀、生产效率高、无振动噪声，一般应用在中、小件的成批生产中，尤其适用于无芯或少芯铸件。

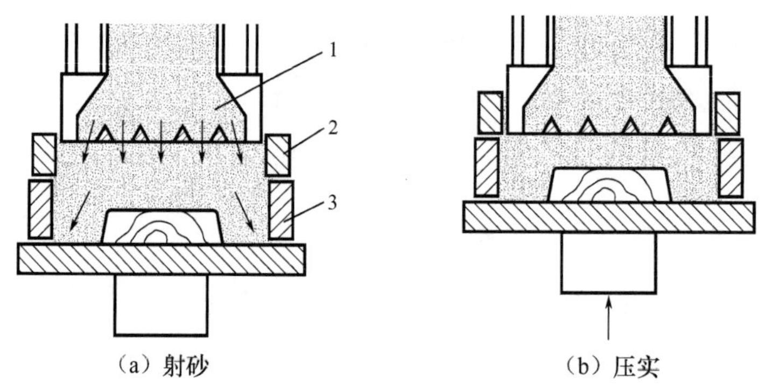


（a）射砂　　（b）压实

1—射砂头；2—辅助框；3—砂箱。

图1.25　射压造型的工作原理

3）震压造型

震压造型是利用震动和加压使型砂压实的造型方法，其工作原理如图 1.26 所示。采用震压造型得到的砂型的密度波动范围小，紧实度高。常用的震压造型方法是微震压实造型，其振动频率为 400Hz，振幅为 5～10mm。震压造型与纯压造型相比，可获得较高的型砂紧实度，且砂型均匀性较好，适用于精度要求高、形状较复杂铸件的成批生产。

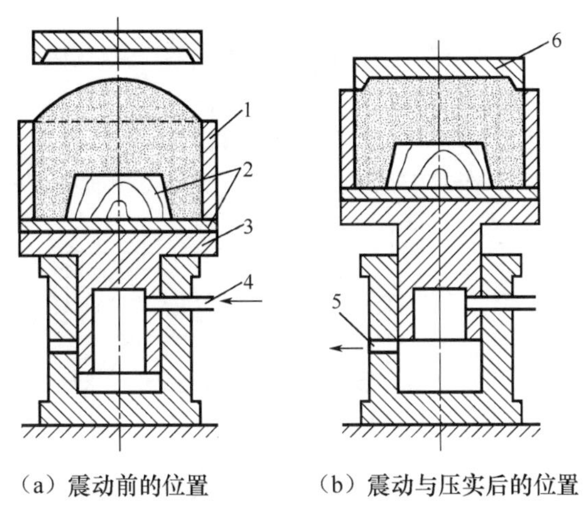


1—砂箱；2—模板；3—气缸；4—进气口；5—排气口；6—压板。

图 1.26 震压造型的工作原理

4）抛砂造型

抛砂造型是用机械方法将型砂高速抛入砂箱，使砂层在高速砂团的冲击下得到紧实，抛砂速度为 30～50m/s，其工作原理如图 1.27 所示。抛砂造型的特点是填砂和紧实同时进行，对工艺装备要求不高，适应性强，只要在抛头的工作范围内，就可以对不同砂箱尺寸的砂型进行抛砂造型。抛砂造型可以用于小批量生产中、大型铸件。但抛砂造型存在砂型顶部需补充紧实、型砂质量要求较高、不适用于小砂型的缺点。

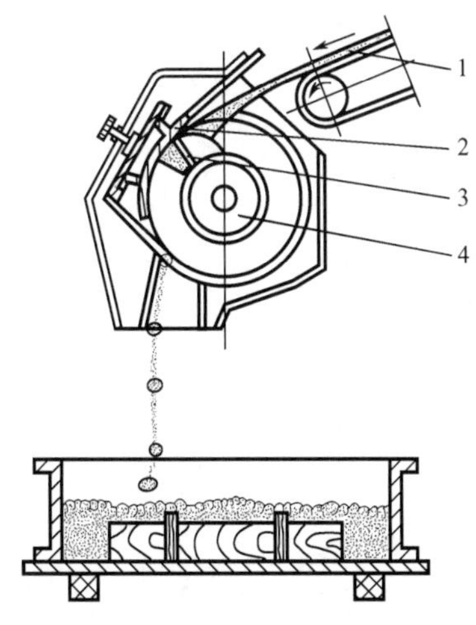


1—送砂胶带；2—弧板；3—叶片；4—抛砂头转子。

图 1.27 抛砂造型的工作原理

机器造型还有气流紧实造型、真空密封造型等方法。机器造型方法的选择应根据多方面的因素综合考虑，当铸件要求精度高、表面粗糙度低时，选择型砂紧实度高的造型方法；铸钢件、铸铁件与非铁合金铸件相比对砂型刚度要求高，也应选用砂型紧实度高的造型方法；当铸件批量大、产量大时，应选用生产率高或专用的造型设备；当铸件形状相似、尺寸和质量相差不大时，应选用同一造型机和统一的砂箱。

5）机器起模

机器起模是铸造机械化生产的一道工序。机器起模比手工起模平稳，能降低工人劳动强度。机器起模有顶箱起模和翻转起模两种。

(1) 顶箱起模。如图 1.28 所示，起模时利用液压或油气压，用四根顶杆顶住砂箱四角，使之垂直上升，固定在工作台上的模板不动，砂箱与模板逐渐分离，实现起模。

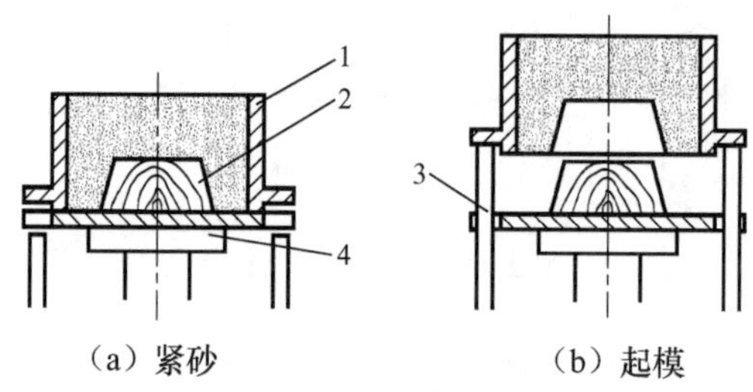


1—砂箱；2—模板；3—顶杆；4—造型机工作台。

图 1.28　顶箱起模

(2) 翻转起模。如图 1.29 所示，起模时，首先用翻台将砂型和模板一起翻转 180°；然后用接箱台将砂型接住，固定在翻台上的模板不动；最后下降接箱台，使砂箱下移，完成起模。

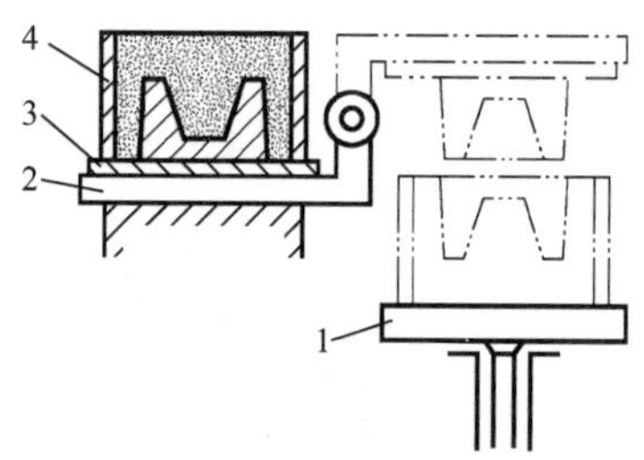


1—接箱台；2—翻台；3—模板；4—砂箱。

图 1.29　翻转起模

## 8. 制芯

型芯主要用于形成铸件的内腔、孔洞和凹坑等部分。

1）芯砂

浇注铸件时，由于部分型芯被液态金属包围，经受的热作用、机械作用都较强烈，排气条件也差，出砂和清理困难，因此对芯砂的要求比型砂高。一般可用黏土砂作芯砂，但黏土含量应比型砂高，并提高新砂使用比重。要求较高的铸造生产可用钠水玻璃砂、油砂或合脂砂作为芯砂。

2）制芯工艺

由于型芯在铸件铸造过程中所处的工作条件比砂型恶劣，因此型芯必须具备比砂型高的强度、耐火度、透气性和退让性。制造型芯时，除选择合适的材料外，还必须采取以下工艺措施。

(1) 放龙骨。为了保证砂芯在生产过程中不变形、不开裂、不折断，通常在砂芯中埋置芯骨，以提高其强度和刚度。

小型砂芯通常采用易弯曲变形、回弹小的退火铁丝制成的芯骨，中、大型砂芯一般采用铸铁芯骨或用型钢焊接成的芯骨，如图 1.30 所示。这类芯骨由芯骨框架和芯骨齿组成，为了便于运输，在一些大型砂芯的芯骨上会做出吊攀。

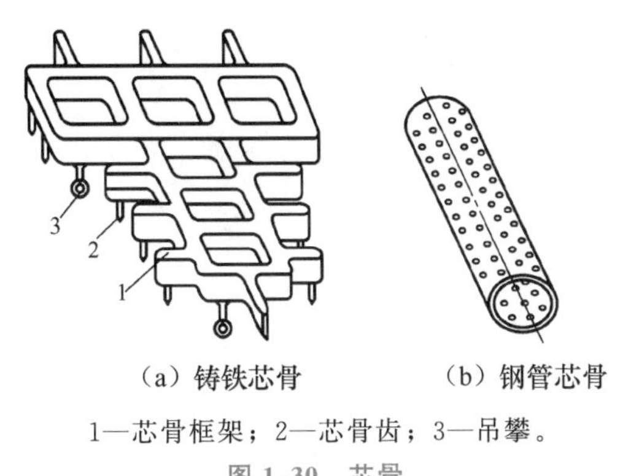


(a) 铸铁芯骨　　(b) 钢管芯骨

1—芯骨框架；2—芯骨齿；3—吊攀。

图 1.30　芯骨

(2) 开通气道。砂芯在高温液态金属的作用下，浇注很短时间就会产生大量气体。当砂芯排气不良时，气体会侵入液态金属，使铸件产生气孔缺陷。因此，制砂芯时除采用透气性好的芯砂外，还应在砂芯中开设排气道，如在型芯出气位置的铸型中开排气通道，以便将砂芯中产生的气体引出。砂芯中开排气道的方法有用通气针扎出气孔、用通气针挖出气孔和用蜡线或尼龙管做出气孔，在砂芯内加焦炭也可增强砂芯透气性。提高砂芯透气性的方法如图 1.31 所示。

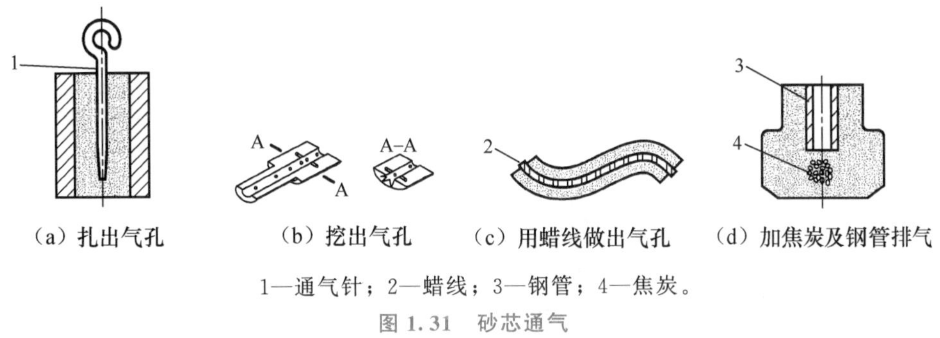


(a) 扎出气孔　　(b) 挖出气孔　　(c) 用蜡线做出气孔　　(d) 加焦炭及钢管排气

1—通气针；2—蜡线；3—钢管；4—焦炭。

图 1.31　砂芯通气

(3) 刷涂料。刷涂料的作用在于降低铸件的表面粗糙度，减少铸件黏砂、夹砂等缺陷。一般中、小型铸钢件和部分铸铁件用硅粉涂料，大型铸钢件用刚玉粉涂料，铸铁件用石墨粉涂料。

(4) 烘干。砂芯烘干后，可以提高强度和透气性。烘干时，采用低温进炉、合理控温、缓慢冷却的烘干工艺。黏土砂芯的烘干温度为250～350℃，油砂芯的烘干温度为200～220℃，合脂砂芯的烘干温度为200～240℃，烘干时间为1～3h。

3）制芯方法

制芯方法有手工制芯和机器制芯两大类。

（1）手工制芯手工制芯又可分为芯盒制芯和刮板制芯。

① 芯盒制芯是应用较广的一种方法，按芯盒结构分为整体式芯盒制芯、分式芯盒制芯及脱落式芯盒制芯。

a. 整体式芯盒制芯。对于形状简单且有一个较大平面的砂芯，可采用这种方法。整体式芯盒制芯如图1.14所示。

b. 分式芯盒制芯。分式芯盒制芯工艺过程如图1.15所示。也可以采用两半芯盒分别填砂制芯，然后组合，使两半砂芯黏合后取出砂芯的方法。

c. 脱落式芯盒制芯。其操作方式与分式芯盒制芯类似，不同的是把妨碍砂芯取出的芯盒部分做成活块，取芯时，从不同方向分别取下各活块。

② 刮板制芯（图1.32）。对于具有回转体形的砂芯，可采用刮板制芯。与刮板造型一样，它也要求操作者有较高的技术水平，并且生产率低。刮板制芯适用于单件、小批量生产砂芯。

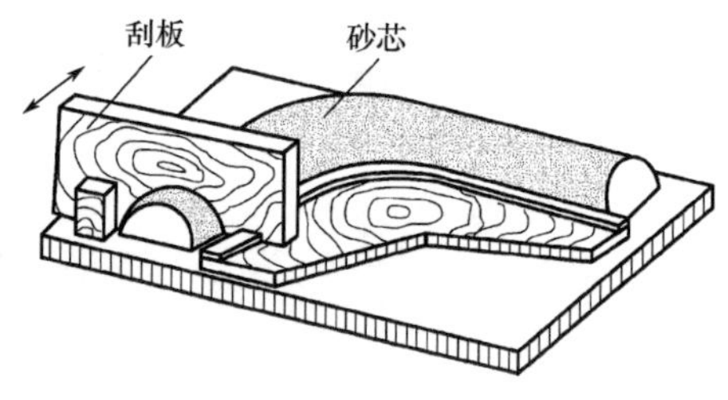


图1.32　刮板制芯

（2）机器制芯。机器制芯与机器造型原理相同，也有震实式、微震压实式和射芯式等方法。机器制芯生产率高、型芯紧实度均匀、质量好，但安放龙骨、取出活块、开排气通道等工序有时仍需手工完成。

### 9. 浇注系统

浇注系统是砂型中引导液态金属进入型腔的通道。

1）对浇注系统的基本要求

浇注系统设计对铸件质量影响很大，故对浇注系统的基本要求如下。

（1）引导液态金属平稳、连续地充型，防止卷入、吸收气体和使金属过度氧化。

（2）在充型过程中，液态金属流动的方向和速度可以控制，保证铸件轮廓清晰、完整，避免因充型速度过高而冲刷型壁或砂芯及充型时间不合适造成夹砂、冷隔、皱皮等缺陷。

（3）具有良好的挡渣、溢渣能力，净化进入型腔的液态金属。

（4）浇注系统结构应当简单、可靠，液态金属消耗少，并容易清理。

2）浇注系统的组成

浇注系统一般由外浇口、直浇道、横浇道和内浇道四部分组成，如图1.33所示。

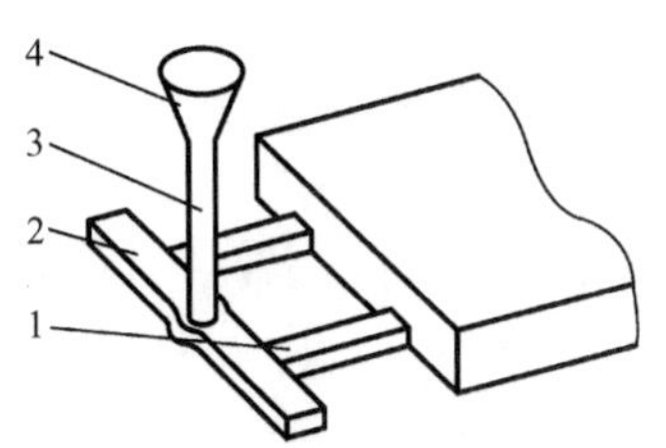


1—内浇道；2—横浇道；3—直浇道；4—外浇口。

图 1.33 浇注系统的组成

(1) 外浇口。外浇口用于承接浇注的液态金属，起防止金属液的飞溅和溢出、减缓对型腔的冲击、分离渣滓和气泡、阻止杂质进入型腔的作用。外浇口有漏斗形外浇口（浇口杯）和盆形外浇口（浇口盆）两大类。

(2) 直浇道。直浇道的功能是从外浇口引导液态金属进入横浇道、内浇道或直接导入型腔。直浇道有一定高度，使液态金属在重力的作用下克服各种流动阻力，在规定时间内完成充型。直浇道常做成上大下小的锥形、等截面的柱形或上小下大的倒锥形。

(3) 横浇道。横浇道是将直浇道的液态金属引入内浇道的水平通道。其作用是将直浇道液态金属引入内浇道、减轻对直浇道底部铸型的冲刷、控制内浇道的流量分布、阻止渣滓进入型腔。

(4) 内浇道。内浇道与型腔相连，其功能是控制液态金属充型速度和方向、分配液态金属、调节铸件的冷却速度，并对铸件起一定的补缩作用。

3) 浇注系统的类型

浇注系统按内浇道在铸件上的相对位置分为顶注式浇注系统、中注式浇注系统、底注式浇注系统和阶梯注入式浇注系统四种，如图 1.34 所示。

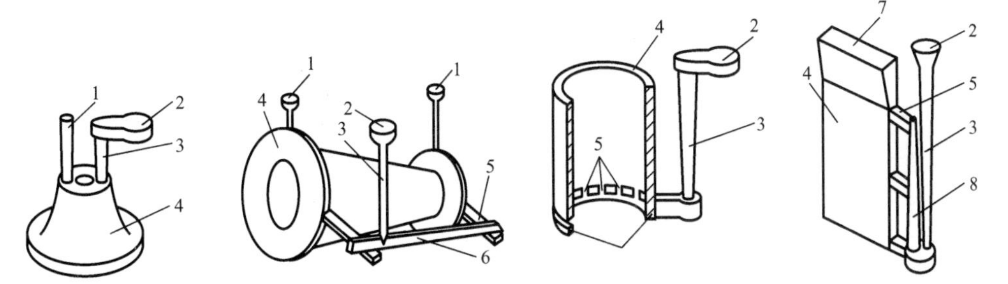


1—排气口；2—外浇口；3—直浇道；4—铸件；5—内浇道；6—横浇道；7—冒口；8—分配直浇道。

图 1.34 浇注系统的类型

**10. 冒口和冷铁**

为了实现铸件在浇注、冷凝过程中正常充型和冷却收缩，在一些铸型设计中应用了冒口和冷铁。

1) 冒口

浇注后，液态金属在冷凝过程中体积减小，为防止由此产生的缩孔、缩松等缺陷，常在铸型中设置冒口，即人为设置用以储存液态金属的空腔，补偿铸件形成过程中可能产生的收缩，并为控制凝固顺序创造条件。同时，冒口也有排气、集渣、引导充型的作用。

冒口形状有圆柱形、球顶圆柱形、长圆柱形、方形和球形等。若冒口设在铸件顶部，使铸型通过冒口与大气相通，则称为明冒口；若冒口设在铸件内部，则称为暗冒口，如图 1.35 所示。

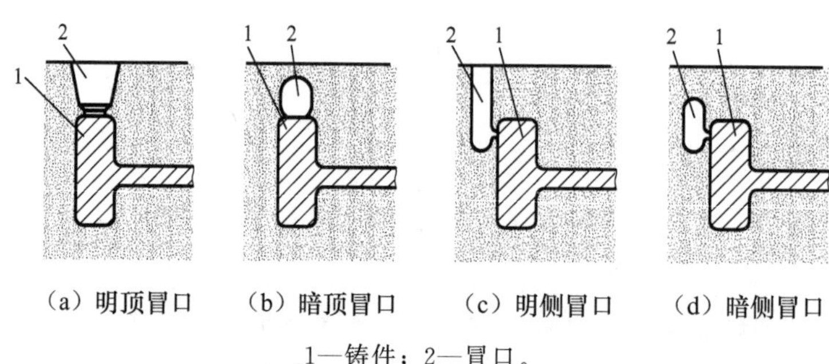


（a）明顶冒口　（b）暗顶冒口　（c）明侧冒口　（d）暗侧冒口

1—铸件；2—冒口。

图 1.35　冒口

冒口一般设在铸件壁厚交叉部位的上方或旁边，并尽量设在铸件最高、最厚的部位，其体积应能保证所提供的补缩液量不小于铸件的冷凝收缩量和型腔扩大量之和。

在浇注冷凝后，冒口金属与铸件相连，清理铸件时，应除去冒口。

2）冷铁

为提高铸件局部冷却速度，在型腔内部及工作表面安放的金属块称为冷铁。冷铁分为内冷铁和外冷铁两大类，放置在型腔内浇注后与铸件熔合为一体的金属激冷块称为内冷铁，在造型时放在模样表面的金属激冷块称为外冷铁，如图 1.36 所示。外冷铁一般可重复使用。

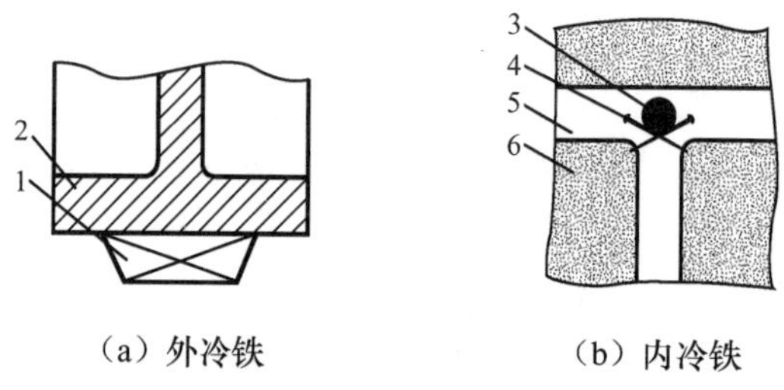


（a）外冷铁　（b）内冷铁

1—冷铁；2—铸件；3—长圆柱形冷铁；4—钉子；5—型腔；6—型砂。

图 1.36　冷铁

冷铁的作用是调节铸件凝固顺序，在冒口难以补缩的部位防止出现缩孔、缩松等缺陷，增大冒口的补缩距离，避免在铸件壁厚交叉部位及急剧变化部位产生裂纹。

## 1.2.3　熔炼与浇注

铸造合金熔炼和铸件浇注是铸造生产的主要工艺。下面主要介绍铸铁及铸铁熔炼原理和浇注工艺。

**1. 铸铁**

铸造分为黑色铸造合金和非铁铸造合金两大类，黑色铸造合金即铸钢、铸铁，其中铸铁件生产量占比最大。非铁铸造合金有铝合金、铜合金、镁合金、钛合金等。

铸铁是一种以铁、碳、硅为基础的多元合金，其中碳的质量分数为2.0%～4.0%，硅的质量分数为0.6%～3.0%，还含有锰、硫、磷等元素。铸铁按用途分为常用铸铁和特种铸铁。常用铸铁有灰铸铁、球墨铸铁、可锻铸铁、蠕墨铸铁；特种铸铁有抗磨铸铁、耐蚀铸铁及耐热铸铁等。下面介绍几种常用铸铁。

1）灰铸铁

灰铸铁通常是指断面呈灰色、碳主要以片状石墨形式存在的铸铁。灰铸铁生产简单、成品率高、成本低，虽然力学性能低于其他铸铁，但具有良好的耐磨性和吸振性、较低的缺口敏感性、良好的铸造性，在工业中得到了广泛应用。**灰铸铁产量约占铸铁总产量的80%。**

灰铸铁的性能取决于基体和石墨。在铸铁中，碳以游离状态的形式聚集出现，从而形成石墨。石墨软且脆，在铸铁中石墨越多、石墨片越粗、端部越尖，铸铁的强度就越低。灰铸铁牌号有HT100、HT200、HT300等，字母HT为“灰铁”汉语拼音首字母，后3位阿拉伯数字是材料的最低抗拉强度，单位为MPa。

2）球墨铸铁

球墨铸铁是由金属基体和球状石墨组成的，球状石墨是对铁液进行一定的变质处理（球化处理）得到的。由于球状石墨避免了灰铸铁中尖锐石墨边缘的存在，缓和了石墨对金属基体的破坏，因此铸铁的强度和韧性提高。球墨铸铁的牌号有QT400－18、QT450－10、QT600－3等，其命名规则与灰铸铁一致，只是后1～2位代表最低断后伸长率。

球墨铸铁的强度和硬度较高，具有一定的韧性，提高了铸铁材料的性能，在汽车、农机、船舶、冶金、化工等行业都有应用，其产量仅次于灰铸铁材料。

3）蠕墨铸铁

在生产中对铁液进行蠕化处理得到蠕墨铸铁，铸件中的石墨呈蠕虫状，介于片状石墨和球状石墨之间，故蠕墨铸铁性能介于相同基体组织的灰铸铁和球墨铸铁之间。蠕墨铸铁的牌号有RuT260、RuT340、RuT420等。

蠕墨铸铁的铸造性好，可用于制造复杂的大型零件，如变速器箱体；具有良好的导热性，可用于制造在较大温度梯度下工作的零件，如汽车制动盘、钢锭模等。

**2. 铸铁熔炼**

**铸铁熔炼是将金属料与辅料加入炉中加热，使其熔化，为铸造生产提供预定成分和温度、非金属辅料和气体含量少的优质铁液的过程。**

1）对铸铁熔炼的要求

对铸铁熔炼的要求如下。

（1）铁液质量好。铁液的出炉温度应满足浇注铸件的要求，并保证得到无冷隔缺陷、轮廓清晰的铸件。一般来说，铁液的出炉温度根据不同的铸件为1420～1480℃。

铁液的主要化学成分铁、碳、硅等必须达到规定牌号铸件的规范要求，硫、磷等杂质成分必须控制在限定量以下，并减少铁液对气体的吸收。

（2）熔化速度高。在确保铁液质量的前提下，提高熔化速度，充分发挥熔炼设备的生产能力。

（3）熔炼耗费少。应尽量降低熔炼过程中燃料等有关材料的消耗，减少铁及合金元素的烧损，取得较好的经济效益。

（4）炉衬使用寿命长。延长炉衬使用寿命不仅可节省炉子维修费用，还对稳定熔炼工作过程、提高生产率有重要作用。

（5）操作条件好。操作方便、可靠，并可提高机械化、自动化程度，尽量消除对周围环境的污染。

2）冲天炉的基本结构

铸铁熔炼的设备有冲天炉、感应电炉、电弧炉等，其中冲天炉应用广泛。它的特点是结构简单、操作方便、生产率高、成本低、可以连续生产。

图1.37所示为冲天炉外形及结构简图。冲天炉由支撑部分、炉体、前炉、送风系统和炉顶部分等组成。

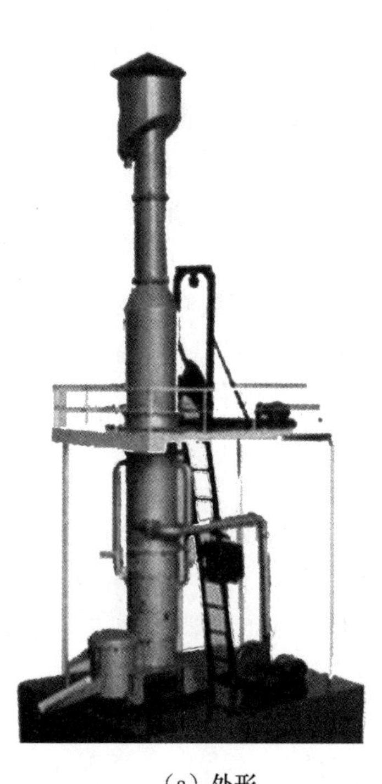

（a）外形

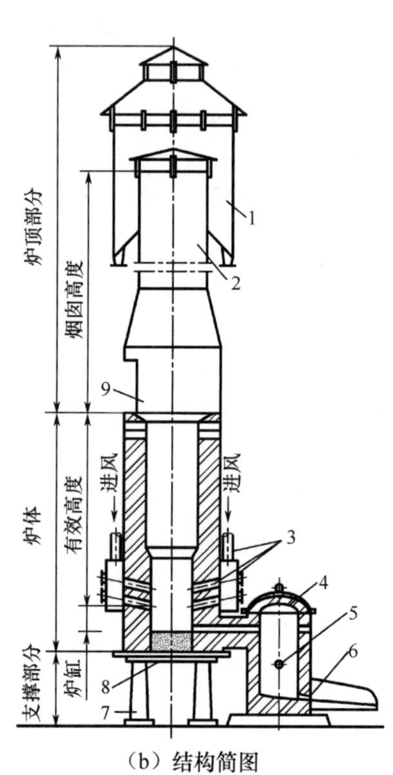


（b）结构简图

1—除尘器；2—烟囱；3—送风系统；4—前炉；5—出渣口；6—出铁口；7—支柱；8—炉底板；9—加料口。

图1.37 冲天炉外形及结构简图

（1）支撑部分。支撑部分包括炉底与炉基，对整个炉子和炉料起支撑作用。

（2）炉体。炉体包括炉身、炉缸、炉底和工作门等，它是冲天炉的重要部分。炉体内部砌耐火材料，完成金属熔炼。加料口下缘与第一排风口之间的炉体称为炉身，其内部空腔称为炉膛。第一排风口与炉底之间的炉体称为炉缸。燃料在炉体内燃烧，熔化的液态金属和液态炉渣在炉缸会聚，最后排入前炉。

（3）前炉。前炉包括过桥、前炉体、前炉盖、渣门、出铁槽和出渣槽等。其作用是储存铁液，使铁液的成分及温度均匀，并使炉渣和铁液分离。

(4) 送风系统。送风系统是指从鼓风机出口至风口出口处的整个系统，包括进风管、风箱和风口。其作用是向炉内均匀送风。

(5) 炉顶部分。炉顶部分包括加料口以上的烟囱和除尘器。其作用是添加炉料、排出炉气、消除或减少炉气中的烟尘和其他有害成分。

3) 冲天炉炉料

冲天炉炉料由金属料、燃料、熔剂等组成。

(1) 金属料。金属料主要有生铁、回炉铁、废钢和铁合金。生铁是指高炉生铁；回炉铁是指浇冒口、废铸件等；废钢是指废钢头、废钢件和钢屑等；铁合金是指硅铁、锰铁、铬铁和稀土合金。金属料的加入量是根据铸件的化学成分要求及熔炼时各元素烧损量计算出来的。使用金属料前，应除去污锈并使其破碎，块料最大尺寸不应超过炉径的1/3，质量不应超过批料质量的1/20～1/10。铁合金的块度以40～80mm为宜。

(2) 燃料。冲天炉用燃料有焦炭、重油、煤粉、天然气等，其中焦炭应用广泛。焦炭的质量和块度对熔炼质量有很大影响。焦炭中固定碳的含量越高，发热量越大，铁液温度越高，同时熔炼过程中由灰分形成的渣量越少。焦炭应具有一定的强度及块料尺寸，以保持料柱的透气性，维持炉内正常熔化。层焦的块度为40～120mm，底焦的块度大于层焦。焦炭用量为金属炉料的1/10～1/8，这一数据称为焦铁比。

(3) 熔剂。冲天炉用熔剂有石灰石、萤石等，其作用是在高温下分解，与炉衬的侵蚀物、焦炭的灰分、炉料中的杂质、金属元素烧损形成的氧化物等反应，生成熔点低的复杂化合物——炉渣，并提高炉渣的流动性，从而顺利地使炉渣与铁液分离，并自渣口排出。熔剂的块度为20～50mm，用量约为焦炭用量的30%。

4) 冲天炉熔炼的操作过程

冲天炉熔炼操作过程如下。

(1) 修炉与烘炉。每次开冲天炉前，都要对上次开炉后炉衬的侵蚀和损坏进行处理，用耐火材料修补炉壁，然后用干柴或烘干器慢火充分烘干前、后炉。

(2) 点火与加底焦。烘炉后，加入干柴，引火点燃，并分三次加入底焦，使底焦燃烧，调整底焦加入量至规定高度。底焦是指金属料加入前的全部焦炭量；底焦高度是从第一排风口中心线至底焦顶面为止的高度，不包括炉缸内的底焦高度。

(3) 装料。加底焦后，加入两倍批料量的石灰石，然后加入一批金属料，并依次加入批料中的焦炭、熔剂、废钢、新生铁、铁合金、回炉铁。加入层焦的作用是补充底焦，批料中的熔剂加入量为层焦质量的20%～30%。批料应一直加到加料口下缘为止。

(4) 开风熔炼。装料后，自然通风30min左右，即可开风熔炼。在熔炼过程中，应严格控制风量、风压、底焦高度，注意铁水温度、化学成分，保证熔炼正常进行。

在熔炼过程中，金属料熔化，铁水穿过底焦缝隙下落到炉缸，再经过通道流入前炉，而生成的渣液漂浮在铁水表面。此时，可打开前炉出铁口，排出铁水用于铸件浇注，同时每隔30～50min打开渣口出渣。

在熔炼过程中，正常投入批料，使料柱保持规定高度，最低不得比规定料位低二批料。

(5) 停风打炉。停风前，在正常加料后加两批打炉料（大块料）。停料后，适当降低风量、风压，以保证最后几批料的熔化质量。前炉有足够的铁液量时可停风，待炉内铁液排完后进行打炉，即打开炉底门，用铁棒将底焦和未熔炉料捅下，并喷水熄灭。

5）冲天炉熔炼的基本原理

冲天炉熔炼的一般过程如下：冲天炉开风后，由风口进入的空气与底焦发生反应燃烧，生成的高温炉气穿过炉料向上流动，给炉料加热。底焦顶面的金属料熔化后，铁水向下滴，在穿过底焦到炉缸的过程中，被高温炉气和炽热的焦炭进一步加热。随着底焦燃烧的消耗和金属料的熔化，料层逐渐下降，层焦补偿底焦，批料逐次熔化，使熔炼过程连续进行。在这个过程中发生一系列冶金反应，铁液成分发生变化，石灰石高温分解后，与焦炭中的灰分和炉衬侵蚀物作用形成炉渣。所以，冲天炉熔炼有底焦燃烧、热量交换和冶金反应三个基本过程。

（1）底焦燃烧。

冲天炉内的燃烧过程是在底焦中进行的。图 1.38 所示为冲天炉的工作原理。空气在穿越焦炭的过程中，氧气（$O_2$）与碳（C）发生燃烧反应，生成 $CO_2$ 及 CO。

$$C+O_2 \rightleftharpoons CO_2+408841J/mol \quad (1-1)$$

$$2C+O_2 \rightleftharpoons 2CO+123218J/mol \quad (1-2)$$

$$2CO+O_2 \rightleftharpoons 2CO_2+285623J/mol \quad (1-3)$$

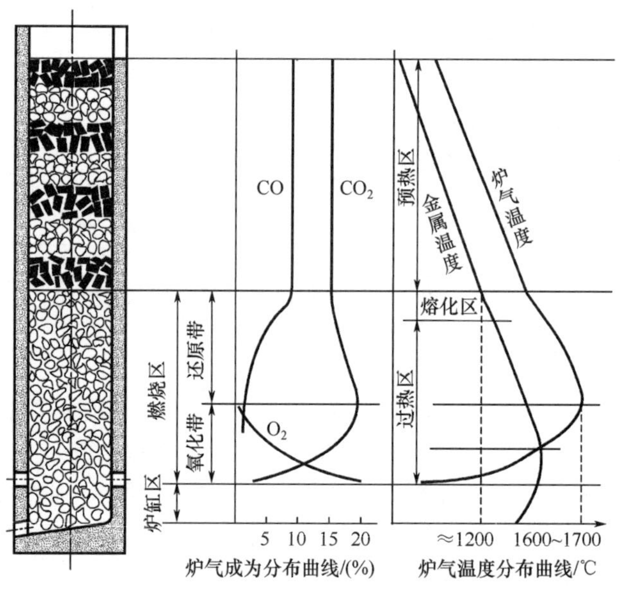


图 1.38　冲天炉的工作原理

此反应为放热反应，随着反应的进行，炉气中的 $O_2$ 逐渐减少，$CO_2$ 浓度增大，炉气温度也上升。从排风口到自由氧耗尽、$CO_2$ 浓度达到最大值的区域，称为氧化带。

在氧化带以上区域，因高温、缺氧，下面吸热的还原反应得以进行

$$CO_2+C \rightleftharpoons 2CO-162406J/mol \quad (1-4)$$

从而使炉气中 $CO_2$ 浓度逐渐减小，CO 浓度逐渐增大，炉气温度也逐渐下降。从氧化带顶面至炉气中 $CO_2$ 和 CO 的含量基本不变的区域，称为还原带。冲天炉内的炉气成分、炉气温度的分布规律如图 1.38 所示。

还原反应是吸热反应，起降低炉气温度的作用，应从提高焦炭质量、改善送风来抑制该反应进行。但炉气内有一定含量的CO，可减少硅、锰等合金元素的烧损，保证铁液冶金质量。

（2）热量交换。

冲天炉的热量交换是在高温炉气上升和炉料向下运动的过程中进行的。根据冲天炉内焦炭的状态不同，冲天炉内分为预热区、熔化区、过热区和炉缸区。

① 预热区。从冲天炉加料口下缘附近的炉料面至金属料开始熔化位置的炉身高度称为预热区。上升的炉气主要以对流传热的方式给炉料加热，使金属料在下降的过程中逐渐升温至1200℃左右的熔化温度。

② 熔化区。从金属料开始熔化到熔化完毕的炉身高度称为熔化区。炉气给热仍以对流传热为主，铁料在熔点温度获得熔化潜热而熔化成液体，同时吸收熔化所必需的一定过热热量。

③ 过热区。铁液熔化后，液滴在下落过程中与炽热的焦炭和高温炉气接触，温度进一步提高，称为过热。这时的热交换方式以接触传导为主，最终铁液温度可达到1600℃左右，铁液经过的这一炉身高度称为过热区。

④ 炉缸区。炉缸区是指过热区以下至炉底部分。其热交换方式与过热区相似。但一般情况下，因为无空气供给，炉缸区焦炭几乎不燃烧，所以高温铁液流过炉缸区时温度下降。

（3）冶金反应。

在冲天炉熔炼过程中，金属料与炉气、焦炭、炉渣接触，发生一系列冶金反应。

① 冲天炉内炉渣的形成。加入炉内的熔剂（$CaCO_3$）在高温下可分解得到生石灰（CaO），CaO与炉料中的杂质、焦炭中的灰分、炉衬侵蚀物、金属氧化物等发生反应生成复杂化合物，即炉渣。其主要成分是$SiO_2$、CaO和$Al_2O_3$，熔点较低，约为1300℃，液态下黏度较低，易与铁液分离。根据所含氧化物成分及化学性质的不同，炉渣分为酸性炉渣、碱性炉渣和中性炉渣。

② 铁液化学成分的变化。在冲天炉熔炼过程中需要注意碳、硅、锰、磷、硫五大元素的变化规律。

在冲天炉熔炼过程中，铁液中的含碳量变化是炉内增碳和脱碳两个过程综合的结果。增碳过程主要发生在金属炉料熔化以后，直至铁液排出为止。铁液在与焦炭的接触过程中，在铁液-焦炭界面吸收碳分，并向液滴内部扩散。脱碳过程主要发生在金属料熔化及熔化以后，铁液中的碳（C）被炉气中的氧化气氛（$O_2$、$CO_2$）和铁液中的FeO氧化，其反应式为

$$C+O_2 \rightleftharpoons CO_2+Q \tag{1-5}$$

$$C+CO_2 \rightleftharpoons 2CO-Q \tag{1-6}$$

$$C+FeO \rightleftharpoons Fe+CO-Q \tag{1-7}$$

式中：$Q$为热量。

影响铁液含碳量变化的主要因素有炉料化学成分、焦炭、供风条件、炉渣和炉子结构。在酸性冲天炉熔炼过程中，铁液含碳量的总体变化趋向是增加的。

受炉气氧化气氛的作用，金属料中的硅和锰元素因氧化而有所烧损。在正常熔炼条件

下，酸性冲天炉的硅烧损率为10%～15%，锰烧损率为15%～20%；碱性冲天炉的硅烧损率为20%～25%，锰烧损率为10%～15%。

铁液中的硫、磷元素是有害成分。硫的来源有两个，一个是炉料中固有的硫成分，另一个是焦炭中的硫被铁液吸收。酸性炉不具备脱硫的能力，故铁液中的硫增加；碱性炉在熔炼过程中能有效脱硫。在冲天炉熔炼过程中，含磷量基本不变，铁液的含磷量只能通过配料控制。

6）感应电炉熔炼

感应电炉的原理是炉体设置感应线圈，当有交流电通过时，金属料因电磁感应产生电流，从而产生热量，使炉料熔化。感应电炉按炉体结构分为无芯感应电炉与有芯感应电炉，前者可用于铸铁熔炼，后者多用作保温炉及浇注炉；按电流频率分为工频感应电炉、中频感应电炉、高频感应电炉及变频感应电炉。大容量的电炉采用工频感应电炉或中频感应电炉。

感应电炉熔炼主要是炉料熔化过程，没有冲天炉铁液与焦炭、炉气发生的冶金反应。为解决石墨形核能力差的问题，推荐采用废钢＋增碳工艺。增碳剂可使用优质电极碎屑或焙烧处理的石墨化油焦。

感应电炉的优点如下：①铁液质量好，表现在铁液成分准确易控、温度均匀、元素烧损少、低硫；②烟尘少、噪声低，环保；③易实现自动化生产，工人劳动强度低。

**3. 浇注工艺**

将熔炼好的液态金属浇入铸型的过程称为浇注。浇注操作不当，铸件会产生浇不足、冷隔、夹砂、缩孔和跑火等缺陷。

1）浇注准备工作

（1）准备浇包。浇包是用于盛装铁水的工具。应根据铸型大小、生产批量准备合适和足够数量的浇包。常见的浇包有一人使用的端包、两人操作的抬包、用吊车装运的吊包，容量分别为20kg、50～100kg、大于200kg。

（2）清理通道。浇注时行走的通道不能有杂物，更不允许有积水。

2）浇注工艺

（1）浇注温度。液态金属浇注温度应根据铸件材质、大小及形状确定。当浇注温度过低时，铁液的流动性差，易产生浇不足、冷隔、气孔等缺陷；当浇注温度偏高时，铸件收缩率大，易产生缩孔、裂纹、晶粒粗大及黏砂等缺陷。铸铁件的浇注温度为1250～1360℃。形状复杂的薄壁铸件的浇注温度应高些，形状简单的厚壁铸件的浇注温度可低些。

（2）浇注速度。浇注速度要适中，太低会使液态金属降温过多，易产生浇不足、冷隔、夹渣等缺陷；浇注速度太高，液态金属充型过程中的气体来不及逸出而易产生气孔，同时液体金属的动压力增大，易冲坏砂型或产生抬箱、跑火等现象。浇注速度应根据铸件的大小、形状确定。浇注开始时，浇注速度应低些，利于减小液态金属对型腔的冲击和气体从型腔排出；随后浇注速度提高，以提高生产速度及避免产生缺陷；在结束阶段降低浇注速度，防止产生抬箱现象。

在浇注过程中应注意：浇注前进行扒渣操作，即清除液态金属表面的熔渣，以免熔渣进入型腔；浇注时，在砂型出气口、冒口处引火燃烧，促使气体快速排出，防止铸件产生气孔和减少有害气体；不能断流，应始终使外浇口保持充满状态，以便熔渣上浮；浇注是高温作业，操作人员应注意安全。

## 1.2.4 铸造缺陷分析

浇注后，要对铸件进行落砂、清理，然后进行质量检验。只有符合质量要求的铸件才能进入下一道零件加工工序，次品根据缺陷修复在技术上和经济上的可行性酌情修补，废品则重新回炉。由于铸造生产程序繁多，原、辅材料种类多，因此铸件缺陷的种类很多，形成原因十分复杂，主要有生产程序失控，操作不当和原、辅材料差错三方面。表1－8列出了砂型铸造的常见铸件缺陷及其产生原因。

表1－8 砂型铸造的常见铸件缺陷及其产生原因

| 序号 | 缺陷名称和特征 | 产生原因 |
| --- | --- | --- |
| 1<br>【拓展视频】 | 气孔：在铸件内部、表面或近表面处，内壁光滑，形状有圆形、梨形、腰圆形或针头状。大气孔常孤立存在，小气孔成片聚集。断面直径为1mm至数毫米，长气孔长度为3～10mm<br>A 放大<br>A<br>聚集气孔 | 1. 炉料潮湿、锈蚀、油污，液态金属含有大量气体或产气物质<br>2. 砂型、型芯的透气性差，含水分和发气物质太多；型芯未烘干，排气不畅<br>3. 浇注系统设计不合理，浇注速度过高<br>4. 浇注温度低，液态金属除渣不良，黏度过高<br>5. 型砂、芯砂和涂料成分不当，与液态金属发生反应 |
| 2 | 1. 缩孔：在铸件厚断面内部、两交界面的内部及厚断面和厚断面交接处的内部或表面，形状不规则，孔内壁粗糙不平，晶粒粗大<br>2. 缩松：在铸件内部微小且不连贯的缩孔，聚集在一处或多处，金属晶粒间存在很小的孔眼，水压试验渗水<br>缩孔 缩松 | 1. 浇注温度不当，过高易产生缩孔，过低易产生缩松<br>2. 合金凝固时间过长或凝固间隔过大<br>3. 合金中杂质和溶解的气体过多，金属成分中缺少晶粒细化元素<br>4. 铸件结构设计不合理，壁厚变化大<br>5. 浇注系统、冒口、冷铁等设置不当，使铸件在冷缩时得不到有效补缩 |

续表

| 序号 | 缺陷名称和特征 | 产生原因 |
| --- | --- | --- |
| 3<br>【拓展视频】 | 黏砂：在铸件表面上、全部或部分覆盖金属（或金属氧化物）与砂（或涂料）的混合物或化合物，或一层烧结的型砂，致使铸件表面粗糙<br>黏砂 | 1. 型砂和芯砂太粗，涂料质量差或涂层厚度不均匀<br>2. 砂型和型芯的紧实度低或不均匀<br>3. 浇注温度和外浇口高度太高，浇注过程中液态金属压力大<br>4. 型砂和芯砂中 $SiO_2$ 含量少，耐火度差<br>5. 液态金属中的氧化物和低熔点化合物与型砂发生反应 |
| 4 | 渣眼：在铸件内部或表面有形状不规则的孔眼；孔眼不光滑，里面全部或部分充塞渣子 | 1. 浇注时，液体金属挡渣不良，熔渣随液体金属注入型腔<br>2. 浇注温度过低，熔渣不易上浮<br>3. 液体金属含有大量硫化物、氧化物和气体，浇注后在铸件内形成渣气孔 |
| 5 | 砂眼：在铸件内部或表面充塞型砂的孔眼 | 1. 型腔表面的浮砂在合型前未吹扫干净<br>2. 在造型、下芯、合型过程中操作不当，砂型和型芯受损<br>3. 浇注系统设计不合理或浇注操作不当，液体金属冲坏砂型和型芯<br>4. 砂型和型芯强度不够，涂料不良，浇注时型砂被液体金属冲垮或卷入，涂层脱落 |
| 6 | 夹砂结疤：在铸件表面，有金属夹杂物或片状、瘤状物，表面粗糙，边缘锐利。在金属瘤片和铸件之间夹有型砂<br>金属凸起　砂壳<br>夹砂<br>金属疤　铸件正常表面<br>结疤 | 1. 在液体金属热作用下，型腔上表面和下表面膨胀鼓起开裂<br>2. 型砂湿强度低，水分过多，透气性差<br>3. 浇注温度过高，浇注时间过长<br>4. 浇注系统设计不合理，使局部砂型烘烤严重<br>5. 型砂膨胀率大、退让性差 |

续表

| 序号 | 缺陷名称和特征 | 产生原因 |
| --- | --- | --- |
| 7 | 冷裂：在铸件凝固后的冷却过程中，因铸造应力大于金属强度而产生的穿透或不穿透性裂纹。裂纹呈直线或折线状，开裂处有金属光泽 | 1. 铸件结构设计不合理，壁厚相差太大<br>2. 浇、冒口设置不当，铸件各部分冷却速度差别过大<br>3. 熔炼时液体金属有害杂质成分超标，铸造合金抗拉强度低<br>4. 浇注温度太高，铸件开箱过早，冷却速度过高<br>【拓展视频】 |
| 8 | 热裂：在铸件凝固末期或凝固后不久，因铸件固态收缩受阻而引起的穿透或不穿透性裂纹。裂纹呈曲线状，开裂处金属表皮氧化 | 1. 铸件壁厚相差悬殊，连接处过渡圆角太小，阻碍铸件正常收缩<br>2. 浇道、冒口设置位置和大小不合理，限制铸件正常收缩<br>3. 型砂和芯砂黏土含量太大，砂型、型芯强度太高，退让性差<br>4. 铸造金属中硫、磷等杂质成分含量超标<br>5. 铸件开箱、落砂过早，冷却过快 |
| 9 | 冷隔：铸件上穿透或不穿透的缝隙，其交接边缘是圆滑的，由充型时液态金属流汇合时熔合不良造成的 | 1. 浇注温度太低，液态金属流动性差<br>2. 浇注速度过低或浇注中断<br>3. 铸件壁厚太小，薄壁部位处于铸型顶部或距内浇道太远<br>4. 浇道截面面积太小，直浇道高度不够，内浇道少或开设位置不当<br>5. 铸型的透气性差 |
| 10 | 浇不足：因液体金属未完全充满型腔而产生的铸件残缺、轮廓不完整或边角圆钝。常出现在型腔表面或远离浇道的部位<br> | 1. 浇注温度太低，浇注速度过低或浇注过程中断流<br>2. 浇注系统设计不合理，直浇道高度不够，内浇道少或截面面积小<br>3. 铸件壁厚太小<br>4. 液态金属氧化严重，非金属氧化物含量大，黏度大、流动性差<br>5. 型砂和芯砂发气量大，砂型、型芯排气口少或排气通道堵塞 |

续表

| 序号 | 缺陷名称和特征 | 产生原因 |
| --- | --- | --- |
| 11 | 错型：铸件的一部分与另一部分在分型面上错开，发生相对位移 | 1. 砂箱合型时错位，定位销未起作用或定位标记未对准<br>2. 分模的上、下半模装备错位或配合松动<br>3. 合型后砂型受碰撞，造成上、下型错位 |
| 12 | 偏芯：在液态金属充型力的作用下，型芯位置发生变化，使铸件内孔位置偏错、铸件形状和尺寸与图样不符 | 1. 砂芯下偏<br>2. 起模不慎，使芯座尺寸发生变化<br>3. 芯头截面面积太小，支承面不够大，芯座处型砂紧实度低，芯砂强度低<br>4. 浇注系统设计不合理，充型时液态金属静压力过大或液态金属流动速度高直冲砂芯<br>5. 浇注温度、浇注速度过高，使液态金属对砂芯的热作用或冲击作用过于强烈 |

## 1.2.5 现代铸造技术及其发展方向

现代铸造技术及其发展方向相关内容参见二维码。

【拓展图文】

# 1.3 锻　　压

## 1.3.1 锻压概述

锻压是锻造与冲压的总称，隶属于压力加工范畴。

**1. 锻造**

锻造是在加工设备及工（模）具的作用下转移和分配金属体积，使坯料部分或全部产生塑性变形，以获得具有一定形状、尺寸和质量的锻件的加工方法。根据设备和工（模）具的不同，锻造可分为自由锻造、胎模锻造和模型锻造等。根据锻造温度的不同，锻造可分为热锻、温锻和冷锻三种，其中热锻应用最为广泛。经过锻造成形的锻件，其内部组织得到改善，如气孔、疏松、微裂纹被压合，夹杂物被压碎，组织更为致密，从而力学性能得到提高，因此通常作为承受重载或冲击载荷的零件，如齿轮、机床主轴、曲轴、发动机涡轮盘、叶片、飞机起落架、起重机吊钩等。

用于锻造的金属必须具有良好的塑性，以便在锻造时获得所需形状且不破裂。常用的锻压材料有钢、铜、铝、钛及其合金等。金属的塑性越好，变形抗力越小，锻造性越好。因此，只有塑性较好的材料才能用于生产锻件，如钢和非铁金属等。低碳钢、中碳钢具有良好的塑性，是生产锻件的常用材料。受力大或要求有特殊物理性能、化学性能的重要零件需要由合金钢制造，而合金钢的塑性随合金元素的增多而降低，锻造高合金钢时易出现锻造缺陷。锻造用钢有钢锭和钢坯两种。大、中型锻件一般使用钢锭，小型锻件多使用钢坯。钢坯是钢锭经轧制或锻造而成的。锻造钢坯多为圆钢和方钢。

**2. 冲压**

板料冲压是利用装在冲床上的冲模使金属或非金属板料产生分离或变形，从而获得冲压件的加工方法。因板料冲压件的厚度小于6mm，冲压前不需要加热，在常温下进行，故板料冲压又称薄板冲压或冷冲压，简称冷冲或冷压。对于金属板料，冲压包括冲裁、拉深、弯曲、成形和胀形等，属于金属板料成形。只有板料厚度超过10mm时，为了减小变形抗力，才用热冲压。

板料冲压通常用来加工具有足够塑性的金属材料（如低碳钢、铜及其合金、铝及其合金、银及其合金、镁合金及塑性高的合金钢）或非金属材料（如云母板、石棉板、胶木板、皮革等）。冲压件尺寸精确、表面光洁，一般不经过切削加工，只需钳工稍加修整或电镀即可作为零件使用；具有质量轻、刚度好、强度高、互换性好、成本低等优点，生产过程易实现机械化、自动化，生产率高。板料冲压几乎在各种制造金属成品的工业部门中获得广泛应用，特别是在汽车、拖拉机、航空航天、电器、仪器、仪表、国防及日用品等领域占有极其重要的地位。

## 1.3.2 金属的加热与锻件的冷却

用于锻造的原材料必须具有良好的塑性。除少数具有良好塑性的金属在常温下锻造成形外，大多数金属均需通过加热来提高塑性和降低变形抗力，达到用较小的锻造力获得较大塑性变形的目的，称为热锻。热锻的工艺过程包括下料、坯料加热、锻造成形、锻件冷却和热处理等。

**1. 锻造加热设备**

在锻造生产中，加热方法根据热源的不同分为火焰加热和电加热。火焰加热利用烟煤、重油或煤气燃烧产生的高温火焰直接加热金属，电加热利用电能转化为热能加热金属。

1）火焰加热

火焰加热的加热设备是火焰炉。火焰炉有手锻炉、反射炉、油炉和煤气炉。

（1）手锻炉

在锻工实习中常用手锻炉。手锻炉常用烟煤作燃料，其结构简单、容易操作，但生产率低、加热质量不高。

（2）反射炉。

图1.39所示为燃煤反射炉的结构。燃烧室1产生的高温炉气越过火墙2进入加热室3

加热坯料 4，废气经烟道 7 排出。鼓风机 6 将换热器 8 中经预热的空气送入燃烧室。坯料从炉门 5 装取。反射炉的加热室面积大，加热温度均匀，加热质量较好，生产率高，适用于中、小批量生产。

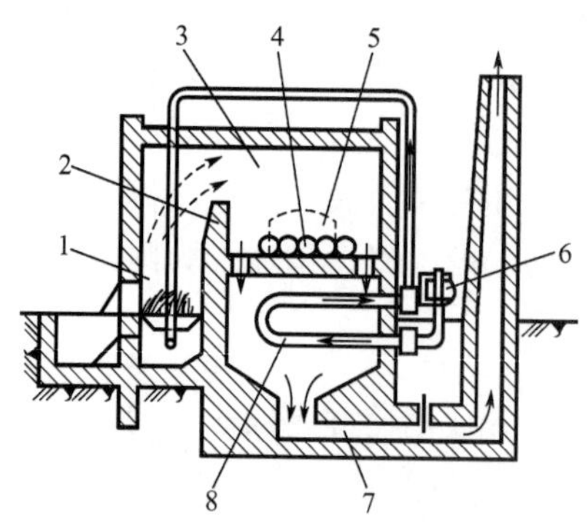


1—燃烧室；2—火墙；3—加热室；4—坯料；5—炉门；
6—鼓风机；7—烟道；8—换热器。

图 1.39　燃煤反射炉的结构

（3）油炉和煤气炉。

室式重油炉的结构如图 1.40 所示。重油和压缩空气分别由两个管道送入喷嘴 4，压缩空气从喷嘴喷出时形成的负压将重油带出并喷成雾状，在炉膛 1 内燃烧。煤气炉的构造与重油炉基本相同，主要区别是喷嘴的结构不同。

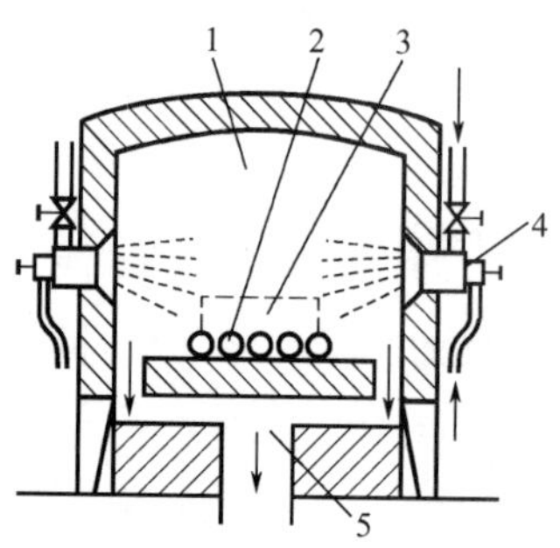


1—炉膛；2—坯料；3—炉门；4—喷嘴；5—烟道。

图 1.40　室式重油炉的结构

2）电加热

电加热包括接触加热、感应加热、电阻加热（如电阻炉）。接触加热的原理是利用大电流通过金属坯料产生的电阻热加热，具有加热快、金属烧损少、热效率高、耗电少等特点，但坯料端部必须规则平整，适合模锻坯料的大批量加热。感应加热的原理是交流感应线圈产生交变磁场，使置于线圈中的坯料产生涡流损失和磁滞损失热而升温加热，具有加热快、加热质量好、温度控制准确、易实现自动化等特点，但投资费用高、能加热的坯料尺寸小，适合模锻或热挤压高合金钢、有色金属的大批量零件的加热。电阻炉是常用的电加热设备，利用电流通过加热元件时产生的电阻热加热坯料。电阻炉分为中温电阻炉（加热元件为电阻丝，最高使用温度为 1000℃）和高温电阻炉（加热元件为硅碳棒，最高使用温度为 1350℃）两种。图 1.41 所示为箱式电阻炉，其特点是结构简单、操作方便、炉温及炉内气氛容易控制、坯料表面氧化小、加热质量好、坯料加热温度适应范围较大，但热效率较低，适合自由锻或模锻合金钢、有色金属坯料的单件或成批件的加热。

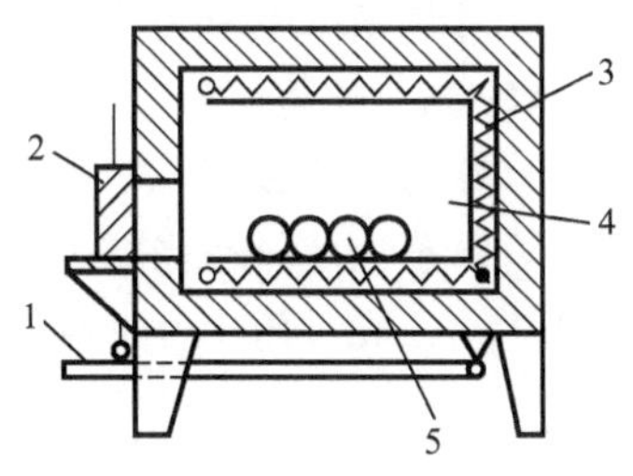


1—踏杆；2—炉门；3—电热元件；4—炉膛；5—坯料。

图 1.41 箱式电阻炉

**2. 锻造温度范围**

锻造温度范围是指金属开始锻造的温度（始锻温度）和终止锻造的温度（终锻温度）之间的温度间隔。在保证不出现加热缺陷的前提下，始锻温度应高一些，以便有较充裕的时间锻造成形，减少加热次数，降低材料、能源消耗，提高生产率。在保证坯料具有足够塑性的前提下，终锻温度应尽量低一些，使坯料在一次加热后完成较大变形，减少加热次数，提高锻件质量。金属材料的锻造温度范围一般可查阅锻造手册、国家标准或企业标准。常用钢材的锻造温度范围见表 1-9。

表 1-9 常用钢材的锻造温度范围

| 钢材 | 始锻温度/℃ | 终锻温度/℃ |
|---|---|---|
| 低碳钢 | 1200～1250 | 800 |
| 中碳钢 | 1150～1200 | 800 |
| 碳素工具钢 | 1050～1150 | 750～800 |
| 合金结构钢 | 1150～1200 | 800～850 |

金属的加热温度可用仪表测量，还可以通过观察加热毛坯的火色判断，即采用火色鉴定法。碳素钢加热温度与火色的关系见表 1-10。

表 1-10 碳素钢加热温度与火色的关系

| 火 色 | 始锻温度/℃ | 火 色 | 始锻温度/℃ |
|---|---|---|---|
| 暗红色 | 650～750 | 深黄色 | 1050～1150 |
| 樱红色 | 750～800 | 亮黄色 | 1150～1250 |
| 橘红色 | 800～900 | 亮白色 | 1250～1300 |
| 橙红色 | 900～1050 | | |

**3. 坯料加热缺陷**

在加热过程中，若加热时间、炉内温度扩散气氛、加热方式等选择不当，则坯料可能产生加热缺陷，影响锻件质量。金属在加热过程中可能产生的缺陷有氧化、脱碳、过热、过烧和裂纹。

1）氧化

金属表面的铁与炉气中的氧化性气体发生化学反应生成氧化皮，这种现象称为氧化。氧化造成金属烧损，每加热一次（火次），坯料因氧化的烧损量占总质量的2%～3%。严重的氧化会造成锻件表面质量下降，模锻时还会加剧锻模的磨损。减少氧化的措施是在保证加热质量的前提下尽量快速加热，并避免坯料在高温下停留时间过长。此外，还应控制炉气中的氧化性气体，如严格控制送风量或采用中性气体、还原性气体加热。

2）脱碳

加热时，金属坯料表层的碳在高温下与氧气或氢气产生化学反应而烧损，金属表层的碳含量降低，这种现象称为脱碳。脱碳后，金属表层的硬度与强度明显降低，影响锻件质量。减少脱碳的方法与减少氧化的方法相同。

3）过热

当加热温度过高或高温下保持时间过长时，坯料的晶粒粗化，这种现象称为过热。过热组织的力学性能变差，脆性增大，锻造时易产生裂纹。若锻后发现过热组织，则可用热处理（调质或正火）方法使晶粒细化。

4）过烧

当加热温度过高到接近熔化温度时，坯料的内部组织间的结合力完全失去，锻打坯料会碎裂成废品，这种现象称为过烧。过烧的坯料无法挽救，避免发生过烧的措施是严格控制加热温度和保温时间。

5）裂纹

对于导热性较差的金属材料，若采用过高的加热速度，则坯料内、外温差过大，同一时间的膨胀量不一致而产生内应力，严重时会导致坯料开裂。为防止产生裂纹，应严格制定和遵守正确的加热规范（包括入炉温度、加热速度和保温时间等）。

#### 4. 锻件冷却

锻件锻后的冷却方式对锻件的质量有一定影响。冷却太快会使锻件发生翘曲、表面硬度提高、内应力增大甚至会发生裂纹，导致锻件报废。采用正确的锻件冷却方法是保证锻件质量的重要环节。冷却的方法有空冷、坑冷、炉冷三种。

（1）空冷：在无风的空气中，放在干燥的地面上冷却。

（2）坑冷：在充填有石棉灰、沙子或炉灰等绝热材料的炕中冷却。

（3）炉冷：在500～700℃的加热炉中随炉缓慢冷却。

一般来说，锻件中的碳元素及合金元素含量越高，锻件体积越大、形状越复杂，冷却速度越低；否则，会造成硬化、变形甚至裂纹。

#### 5. 锻后热处理

在切削加工前，一般要对锻件进行热处理。热处理的作用是使锻件的内部组织进一步细化和均匀化、消除锻造残余应力、降低锻件硬度、便于进行切削加工等。常用的锻后热处理有正火、退火等。具体的锻后热处理工艺要根据锻件的材料种类和化学成分确定。

## 1.3.3 自由锻造

将加热后的坯料置于铁砧上或锻压机器的上、下砥铁之间直接锻造，称为自由锻造(简称自由锻)。前者称为手工自由锻（简称手锻)，后者称为机器自由锻（简称机锻)。

自由锻生产率低、劳动强度大、锻件精度低，对操作人员的技术水平要求高；但工具简单、设备通用性强、工艺灵活，主要用于单件、小批量零件的生产。对于制造重型锻件，自由锻是唯一加工方法。

**1. 自由锻设备和工具**

1）自由锻设备

自由锻的常用设备有空气锤、蒸汽-空气锤及水压机等。

空气锤是生产小型锻件及胎模锻造的常用设备，其外形、主要结构及工作原理如图 1.42 所示。

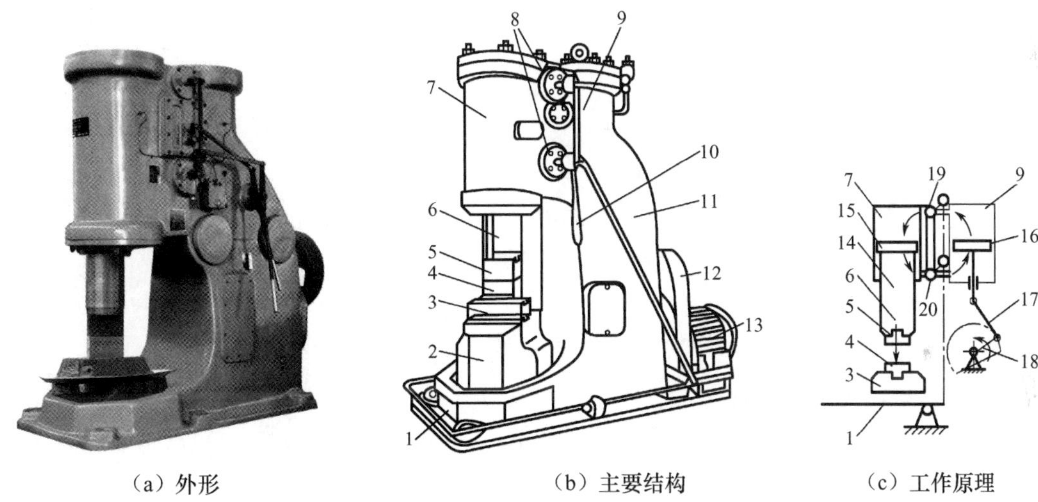


（a）外形 （b）主要结构 （c）工作原理

1—踏杆；2—砧座；3—砧垫；4—下砥铁；5—上砥铁；6—锤头；7—工作缸；8—旋阀；9—压缩缸；10—手柄；11—锤身；12—减速机构；13—电动机；14—锤杆；15—工作活塞；16—压缩活塞；17—连杆；18—曲柄；19—上旋阀；20—下旋阀。

图 1.42 空气锤的外形、主要结构及工作原理

（1）基本结构。

空气锤由锤身、压缩缸、操纵机构、传动机构、落下部分及砧座部分等组成。锤身、压缩缸及工作缸铸成一体。砧座部分包括下砥铁、砧垫和砧座。传动机构包括带轮、齿轮减速装置、曲柄和连杆。操纵机构包括踏杆（或手柄)、连杆、上旋阀、下旋阀。在下旋阀中还装有一个只允许空气单向流动的单向阀（止回阀)。落下部分包括工作活塞、锤杆、锤头和上砥铁。空气锤的规格以其落下部分的质量来表示，如“65kg”的空气锤是指其落下部分的质量为 65kg。

（2）工作原理。

电动机通过传动机构带动压缩缸内的压缩活塞做往复运动，使压缩活塞的上部或下部

交替产生的压缩空气进入工作缸的上腔或下腔，工作活塞在空气压力的作用下做往复运动，并带动锤头进行锻打工作。

通过踏杆或手柄操作上旋阀及下旋阀，可使空气锤完成以下动作。

① 上悬。压缩缸及工作缸的上部都经上旋阀与大气相通，压缩缸和工作缸的下部与大气隔绝。当压缩活塞下行时，压缩空气经下旋阀冲开单向阀，进入工作缸下部，使锤杆上升；当压缩活塞上行时，压缩空气经上旋阀排入大气。由于下旋阀内有一个单向阀，可防止工作缸内的压缩空气倒流，使锤头保持在上悬位置。此时，可在锻锤上进行各种辅助工作，如摆放工件及工具、检查锻件的尺寸、清除氧化皮等。

② 下压。压缩缸上部和工作缸下部与大气相通，压缩缸下部和工作缸上部与大气隔绝。当压缩活塞下行时，压缩空气通过下旋阀冲开单向阀，经中间通道向上，由上旋阀进入工作缸上部，作用在工作活塞上，连同落下部分自重压住工件。当压缩活塞上行时，上部气体进入大气，工作活塞受单向阀的单向作用仍保持足够的压力。此时，可对工件进行弯曲、扭转等操作。

③ 连续锻打。压缩缸与工作缸经上、下旋阀连通，且都与大气隔绝。当压缩活塞做往复运动时，压缩空气交替进入工作缸的上、下部，使锤头相应地做往复运动（此时单向阀不起作用），进行连续锻打。

④ 单次锻打。将踏杆踩下后立即抬起，或将手柄由上悬位置推到连续锻打位置，再迅速退回到上悬位置，使锤头完成单次锻打。

⑤ 空转。压缩缸和工作缸的上、下部都经旋阀与大气相通，锤的落下部分靠自重停在下砥铁上。此时尽管压缩活塞上下运动，但锻锤不工作。

2）自由锻工具

自由锻工具按功能分为支持工具、打击工具、衬垫工具和测量工具等。

**2. 自由锻的工序及其操作**

自由锻的工序分为基本工序、辅助工序和精整工序三类。基本工序是实现锻件基本成形的工序，如镦粗、拔长、冲孔、弯曲、切割等；辅助工序是为基本工序操作方便的预先变形工序，如压钳口、压肩、钢锭倒棱等；修整工序是用以减少锻件表面缺陷的工序，如校正、滚圆、平整等。在实际生产中，常用镦粗、拔长、冲孔三个基本工序。

1）镦粗

如图 1.43 所示，镦粗是使坯料高度减小而截面面积增大的锻造工序，有完全镦粗和

【拓展视频】

【拓展视频】

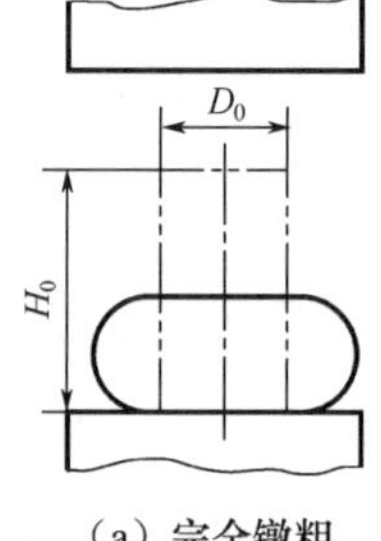


（a）完全镦粗

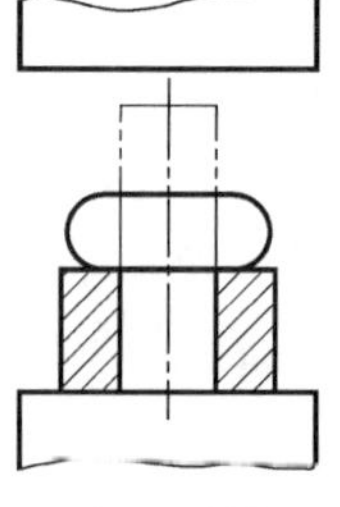

（b）局部镦粗

图 1.43　完全镦粗和局部镦粗

局部镦粗两种。完全镦粗是将坯料直立在下砧上锻打，使其高度减小。局部镦粗分为端部镦粗和中间镦粗，需要借助工具［如胎模或漏盘（或称垫环）］。镦粗操作的工艺要点如下。

（1）坯料的高径比（坯料的高度 $H_0$ 与直径 $D_0$ 之比）应不大于 3。高径比过大的坯料容易镦弯或呈双鼓形，甚至发生折叠现象而使锻件报废。

（2）为防止镦歪，坯料的端面应平整并与坯料的中心线垂直。对端面不平整或不与中心线垂直的坯料镦粗时要用钳子夹住，使坯料中心线与锤杆中心线一致。

（3）若在镦粗过程中发现镦歪、镦弯或出现双鼓形，则应及时矫正。

（4）局部镦粗时，要采用相应尺寸的漏盘或胎模等工具。

2）拔长

拔长是使坯料截面面积减小、长度增大的锻造工序。在操作中，还可以进行局部拔长、芯轴拔长等。拔长操作的工艺要点如下。

（1）送进。在锻打过程中，坯料沿砥铁宽度方向（横向）送进，每次送进量不宜过大，以砥铁宽度的 30%～70%为宜，如图 1.44（a）所示。若送进量过大，则金属主要沿坯料宽度方向流动，反而降低延伸效率，如图 1.44（b）所示；若送进量太小，则容易产生夹层，如图 1.44（c）所示。

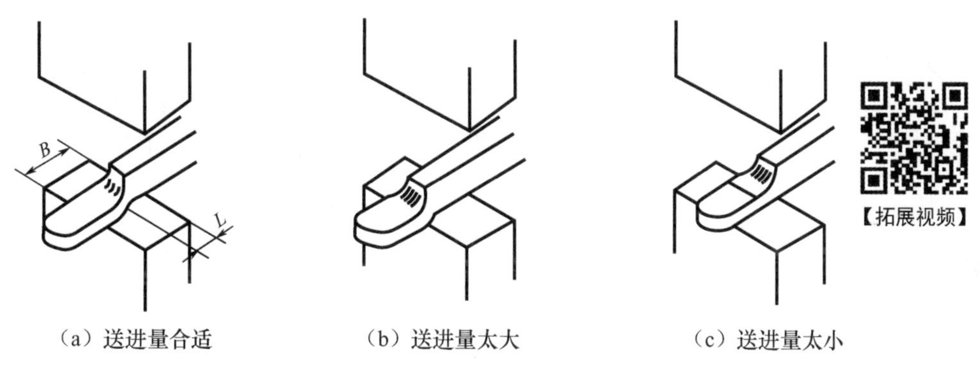

（a）送进量合适　（b）送进量太大　（c）送进量太小

图 1.44　拔长时的送进方向和送进量

（2）翻转。在拔长过程中应不断翻转坯料，除图 1.45 所示按数字顺序进行的两种翻转方法外，还有螺旋式翻转拔长方法。为便于翻转后继续拔长，压下量要适当，应使坯料横截面的宽度与厚度之比不超过 2.5，否则易产生折叠。

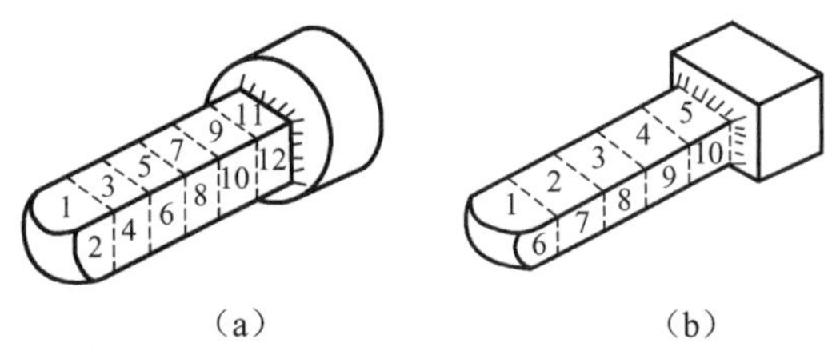

（a）　（b）

图 1.45　拔长时锻件的翻转方法

（3）锻打。将圆形截面的坯料拔长成直径较小的圆形截面时，首先把坯料锻成方形截面，然后当拔长到边长接近锻件的直径时锻成八角形，最后锻成圆形截面，如图 1.46 所示。

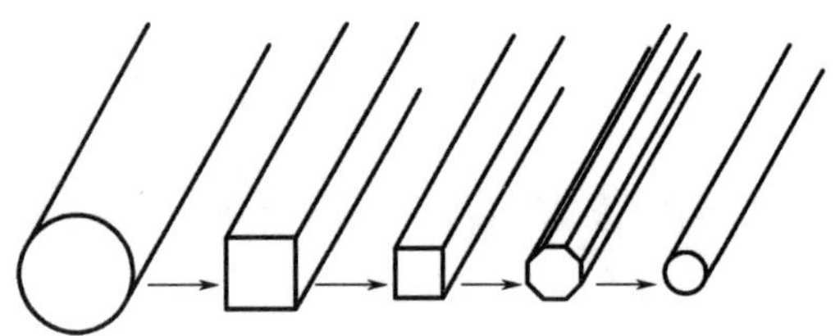

图 1.46　圆形截面坯料拔长时横截面的变化

(4) 锻制台阶或凹档。要先在截面分界处压出凹槽，称为压肩。

(5) 修整。拔长后要进行修整，以使截面形状规则。修整时，坯料沿砥铁长度方向（纵向）送进，以增大锻件与砥铁的接触长度和减少表面锤痕。

3) 冲孔

在坯料上冲出通孔或不通孔的工序称为冲孔。冲孔分为双面冲孔和单面冲孔，分别如图 1.47 和图 1.48 所示。单面冲孔适用于坯料较薄场合。

【拓展视频】

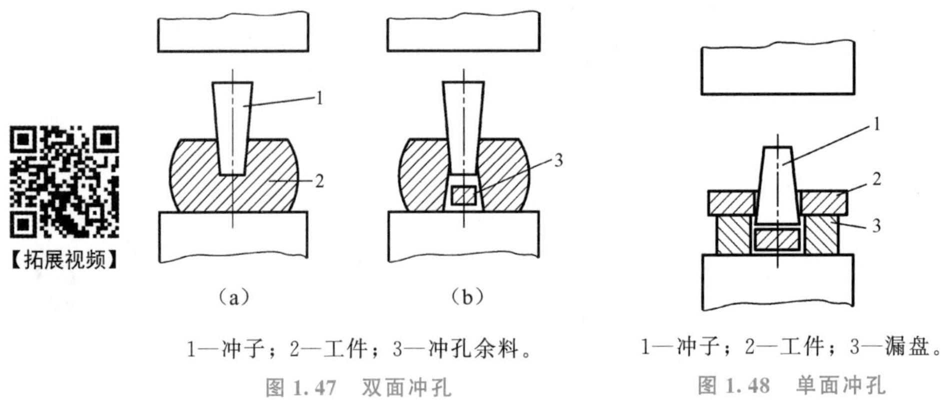


1—冲子；2—工件；3—冲孔余料。

图 1.47　双面冲孔

1—冲子；2—工件；3—漏盘。

图 1.48　单面冲孔

冲孔操作的工艺要点如下。

(1) 冲孔前，应先对坯料镦粗，以尽量减小冲孔深度。

(2) 为保证孔位正确，应先试冲，即用冲子轻轻压出凹痕，若有偏差，则可加以修正。

(3) 在冲孔过程中，应保证冲子的轴线与锤杆中心线（锤击方向）平行，以防将孔冲歪。

(4) 一般锻件的通孔采用双面冲孔法冲出，即先从一面将孔冲至坯料厚度的 2/3～3/4，再取出冲子［图 1.47 (a)］，翻转坯料，从反面将孔冲透［图 1.47 (b)］。

(5) 为防止冲孔过程中坯料开裂，一般冲孔孔径要小于坯料直径的 1/3。对于大于坯料直径的 1/3 的孔，要先冲出一个较小的孔。然后采用扩孔的方法达到所要求的孔径尺寸。常用的扩孔方法有冲头扩孔和芯轴扩孔。冲头扩孔利用扩孔冲子锥面产生的径向分力将孔扩大。芯轴扩孔的原理是将带孔坯料沿切向拔长，内、外径同时增大，扩孔量几乎不受限制，适合锻造大直径的薄壁圆环件。

4) 弯曲

将坯料弯成一定角度或弧度的工序称为弯曲，如图 1.49 所示。

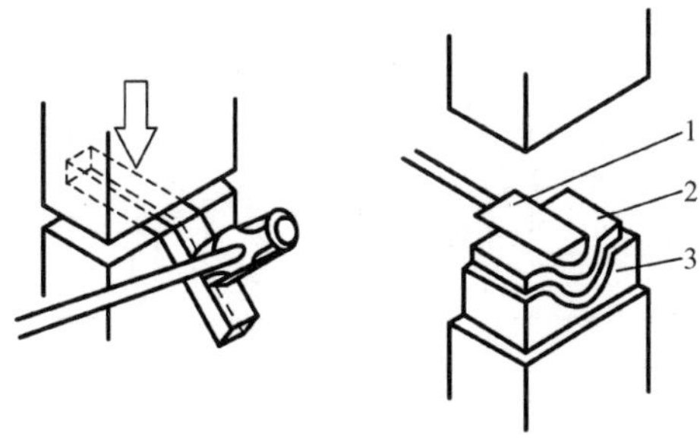

（a）角度弯曲　　（b）成型弯曲

1—成形压铁；2—工件；3—成形垫铁。

图 1.49　弯曲

5）切割

将锻件从坯料上分割下来或切除锻件的工序称为切割，如图 1.50 所示。自由锻造的基本工序还有扭转、错移等。

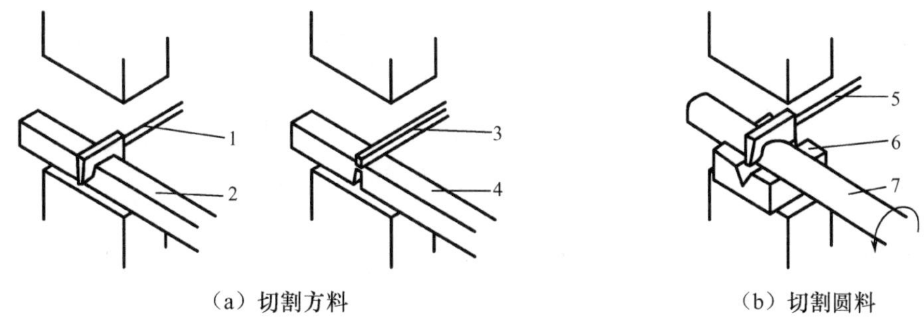

（a）切割方料　　（b）切割圆料

1，5—垛刀；2，4，7—工件；3—剋棍；6—垛垫。

图 1.50　切割

**3. 自由锻件的常见缺陷及其产生原因**

自由锻件的常见缺陷及其产生原因见表 1-11。有的缺陷是由坯料质量不良引起的，尤其以铸锭为坯料的大型锻件更要注意铸锭有无表面或内部缺陷；有的缺陷是由加热不当、锻造工艺不规范、锻后冷却和热处理不当引起的。要根据不同情况下产生不同缺陷的特征综合分析锻造缺陷，并采取相应的纠正措施。

表 1-11　自由锻件的常见缺陷及其产生原因

| 缺　陷 | 主要特征 | 产生原因 |
| --- | --- | --- |
| 表面横向裂纹 | 拔长时，锻件表面及角部出现横向裂纹 | 原材料质量不好，拔长时进锤量过大 |
| 表面纵向裂纹 | 镦粗时，锻件表面出现纵向裂纹 | 原材料质量不好，镦粗时压下量过大 |
| 中空纵裂 | 拔长时，中心出现较长甚至贯穿的纵向裂纹 | 未加热透，内部温度过低；拔长时，变形集中于上、下表面，心部出现横向拉应力 |

续表

| 缺　陷 | 主要特征 | 产生原因 |
|---|---|---|
| 弯曲、变形 | 锻造、热处理后弯曲与变形 | 锻造矫直不够，热处理操作不当 |
| 冷硬现象 | 锻造后，锻件内部保留冷变形组织 | 变形温度偏低，变形速度过高，锻后冷却过快 |

**4. 典型自由锻件工艺举例**

图 1.51 所示为六角头螺栓锻件。六角头螺栓毛坯的自由锻工艺过程见表 1-12，其中主要变形工序为局部镦粗和冲孔。

【拓展视频】

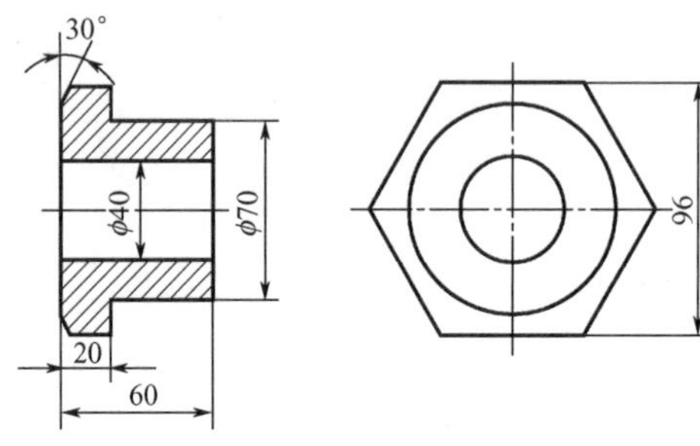


图 1.51　六角头螺栓锻件

表 1-12　六角头螺栓毛坯的自由锻工艺过程

| 序号 | 工序名称 | 工序简图 | 使用工具 | 操作方法 |
|---|---|---|---|---|
| 1 | 局部镦粗 | φ70 20 40 0 | 镦粗漏盘，火钳 | 漏盘高度和内径尺寸要符合要求，局部镦粗高度为 20mm |
| 2 | 修整 |  | 火钳 | 修平镦粗造成的鼓形 |
| 3 | 冲孔 | φ40 | 镦粗漏盘，冲子 | 冲孔时套上镦粗漏盘，以防径向尺寸增大；采用双面冲孔法冲孔，冲孔时孔位要对正，并防止冲歪 |

续表

| 序号 | 工序名称 | 工序简图 | 使用工具 | 操作方法 |
| --- | --- | --- | --- | --- |
| 4 | 锻六角 |  | 冲子，火钳，平锤 | 冲子操作；注意轻击，随时用样板测量 |
| 5 | 罩圆倒角 |  | 罩圆窝子 | 罩圆窝子要对正，轻击 |
| 6 | 精整 | 略 |  | 检查及精整各部分尺寸 |

## 1.3.4 模锻

模型锻造简称模锻。模锻的原理是在高强度模具材料上加工出与锻件形状一致的模膛（制成锻模），然后将加热后的坯料放在模膛内使其受压变形，最终得到与模膛形状相符的锻件。模锻与自由锻相比，有以下特点。

(1) 能锻造出形状比较复杂的锻件。

(2) 模锻件尺寸精确，表面粗糙度较低，机械加工余量小。

(3) 生产率高。

(4) 模锻件比自由锻件节省金属材料，切削加工工时少。此外，在批量足够的条件下，可降低零件的成本。

(5) 劳动条件得到一定改善。

但是，模锻生产受到设备吨位的限制，模锻件的尺寸不能太大。此外，锻模周期长、成本高，适合中、小型锻件的大批量生产。

模锻按设备不同分为胎模锻、锤上模锻及压力机上模锻等。

### 1. 胎模锻

胎模锻是在自由锻造设备上使用简单的模具（胎模）来生产模锻件的工艺。胎模锻一般采用自由锻方法制坯，然后在胎模中终锻成形。胎模不固定于设备上，锻造时可根据工艺过程随时放上或取下。胎模锻生产比较灵活，适合中、小批量生产，多用于缺乏模锻设备的中、小型工厂。常用的胎模结构主要有以下三种。

(1) 扣模。扣模主要用于杆状非回转体锻件局部或整体成形或为合模制坯，如图1.52所示。

（2）套筒模。胎模呈套筒形，主要生产锻造齿轮、法兰盘等回转体类锻件，如图 1.53 所示。

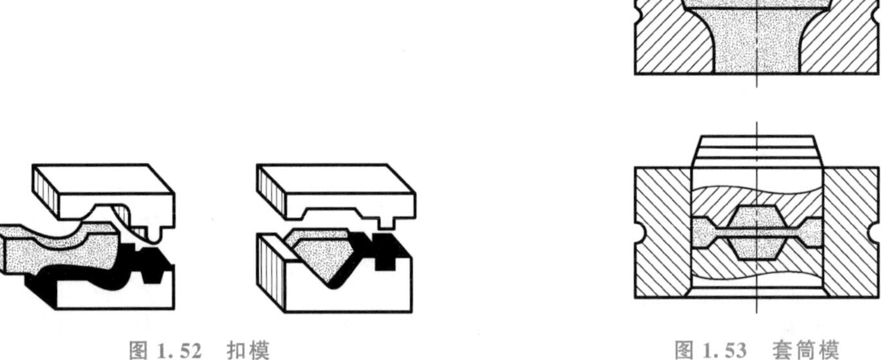

图 1.52　扣模　　　　图 1.53　套筒模

（3）合模。合模通常由上模和下模两部分组成，为了使上、下模吻合及避免产生错模，经常用导柱等定位，主要用于形状较复杂的非回转体锻件的终锻成形，如图 1.54 所示。

图 1.55 所示为功率输出轴坯锻件，锻件材料为 45 钢，锻造设备为 750kg 空气锤，其胎模锻工艺过程见表 1－13。

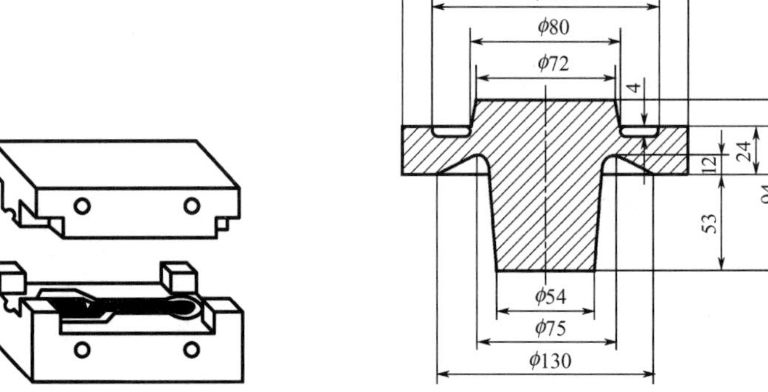


图 1.54　合模　　　　图 1.55　功率输出轴坯锻件

表 1－13　功率输出轴胎模锻工艺过程

| 序号 | 工序名称 | 工序简图 | 序号 | 工序名称 | 工序简图 |
| --- | --- | --- | --- | --- | --- |
| 1 | 下料加热 | 145　φ75 | 4 | 压出凸台 | |
| 2 | 拔长杆部 | φ75　φ53　110 | 5 | 加热 | — |

续表

| 序号 | 工序名称 | 工序简图 | 序号 | 工序名称 | 工序简图 |
|---|---|---|---|---|---|
| 3 | 锻出法兰盘 | | 6 | 终锻 | |

**2. 锤上模锻**

在锻锤上进行的模锻称为锤上模锻。常用的锤上模锻设备是蒸汽-空气模锻锤，其运动精确、砧座较重、结构刚度较高，锤头部分质量为1～16t。

锤上模锻过程如图1.56所示。上模4和下模8分别用斜镶条1紧固在锤头3和砧座9的燕尾槽内，上模与锤头一起做上下往复运动。上、下模间的分界面为分模面6，分模面上开有飞边槽7。锻后取出模锻件，切去飞边和冲孔连皮，完成锤上模锻过程。

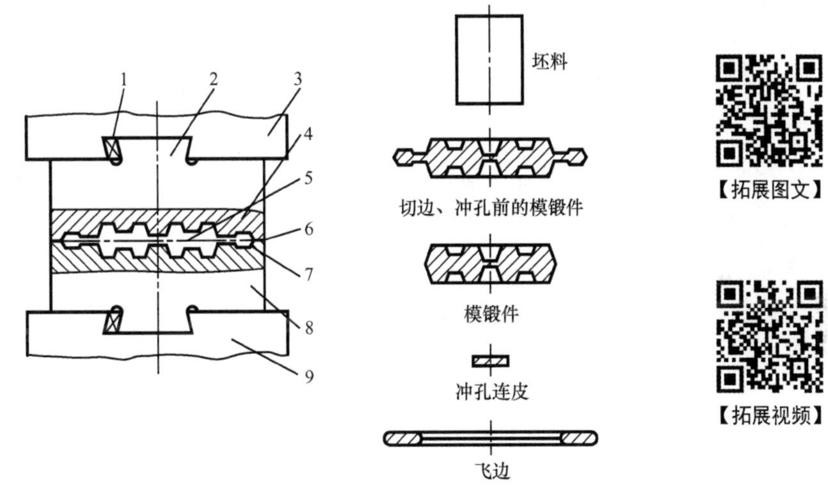


1—斜镶条；2—燕尾；3—锤头；4—上模；
5—模膛；6—分模面；7—飞边槽；8—下模；9—砧座。

图1.56 锤上模锻过程

虽然锤上模锻具有适应性广的特点，但振动和噪声大、能耗多，有逐步被机械压力机取代的趋势。

**3. 压力机上模锻**

用于模锻的压力机有曲柄压力机、平锻机、螺旋压力机及水压机等，其中曲柄压力机应用较多。曲柄压力机上模锻具有振动及噪声小、机身刚度大、导轨与滑块间隙小（用于保证上下模对准）等特点，因此锻件尺寸精度高，但不适合拔长和滚压等工序。曲柄压力机上模锻生产率高，每小时可生产400～900件；锻件尺寸精度较高，表面质量好；节省材料，材料利用率为85%～95%；但难以锻造非回转体及中心不对称的锻件。

## 1.3.5 板料冲压

在冲压生产中，对于不同形状的冲压件，应根据其具体的形状和尺寸选择合适的冲压工序、冲压设备及冲模，从而达到较好的冲压效果。

**1. 板料冲压的基本工序**

冷冲压的基本工序分为分离工序和成形工序两大类。分离工序是使零件与母材沿一定的轮廓线分离的工序，有冲裁、切口等；成形工序是使板料产生局部或整体塑性变形的工序，有弯曲、拉深、翻边、胀形等。板料冲压的基本工序见表 1-14。

表 1-14 板料冲压的基本工序

| 序号 | 工序 | 定义 | 示意图 | 特点及操作注意事项 | 应用 |
|---|---|---|---|---|---|
| 1 | 冲裁（下料） | 冲裁是使板料以封闭的轮廓分离的工序 | 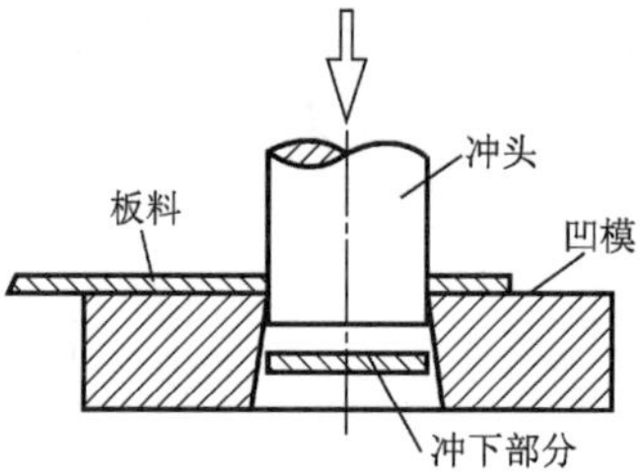 冲头<br>板料<br>凹模<br>冲下部分 | 冲头与凸、凹模间隙很小，刃口锋利 | 制造各种形状的平板冲压件或作为成形工序的下料 |
| 2 | 弯曲（压弯） | 使板料、型材或管材在弯矩作用下弯成具有一定曲率和角度的成形工序 | 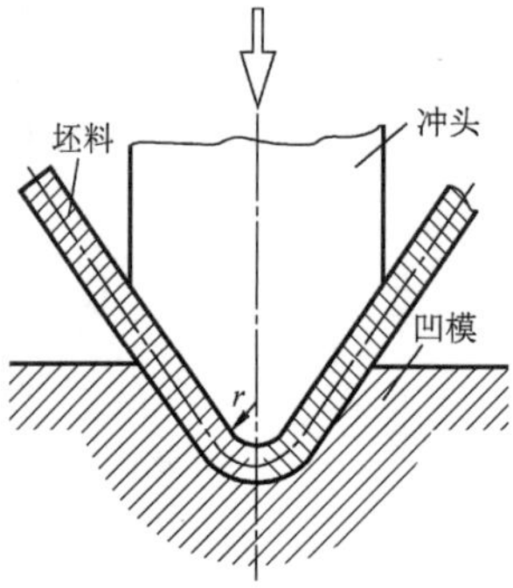 坯料<br>冲头<br>凹模<br>r | 1. 对弯曲件有最小弯曲半径的限制<br>2. 凹模工作部位的边缘要有圆角，以免拉伤冲压件 | 制造各种弯曲形状的冲压件 |
| 3 | 拉深（拉延） | 将冲裁得到的平板坯料制成杯形或盒形冲压件，而厚度基本不变的成形工序 | 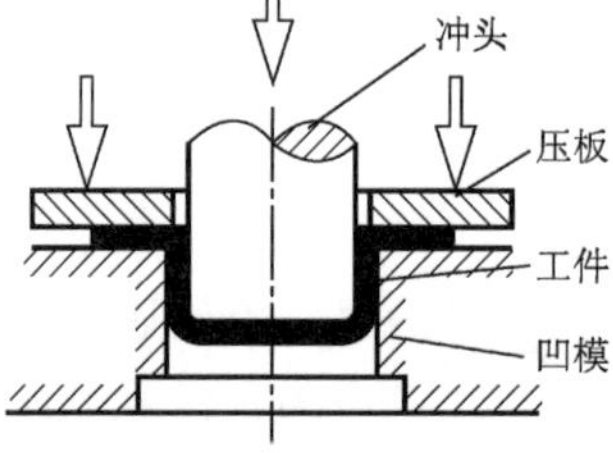 冲头<br>压板<br>工件<br>凹模 | 1. 凸、凹模的顶角必须以圆弧过渡<br>2. 凸、凹模的间隙较大，为板厚的 1.1～1.2 倍<br>3. 板料和模具间应有润滑剂<br>4. 为防止起皱，要用压板将坯料压紧 | 制造各种弯曲形状的冲压件 |

续表

| 序号 | 工序 | 定义 | 示意图 | 特点及操作注意事项 | 应用 |
|---|---|---|---|---|---|
| 4 | 翻边 | 在带孔的平板坯料上用扩孔的方法获得凸缘或把边缘按曲线或圆弧弯成竖直的边缘的成形工序 | $d_p$ $s$ $d_0$ $d_1$ | 1. 如果翻边孔的直径超过允许值，就会使孔的边缘破裂<br>2. 对凸缘高度较大的零件，可采用拉深—冲孔—翻边的工艺实现 | 制造带有凸缘或具有翻边的冲压件 |

**2. 冲压设备及冲模**

【拓展视频】

【拓展图文】

1）冲床设备

常用冲压设备主要有剪床、冲床、液压机等。冲床是进行冲压加工的基本设备，常用的是开式双柱曲轴冲床，如图1.57所示，电动机通过V带减速系统带动带轮转动。踩下踏板后，离合器闭合并带动曲轴旋转，再经过连杆带动滑块沿导轨做上下往复运动，进行冲压加工。如果踩下踏板后立即抬起，滑块冲压一次后就会在制动器的作用下停止在最高位置；如果踩下踏板不抬起，滑块就进行连续冲击。冲床的规格以额定公称压力表示（如100kN），其他主要技术参数有滑块行程距离（mm），滑块行程（slide stroke）次数（str/min）和封闭高度等。

（a）外形

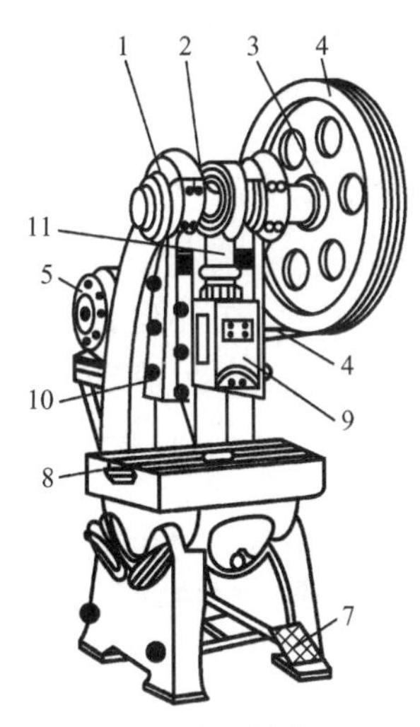

（b）主要结构

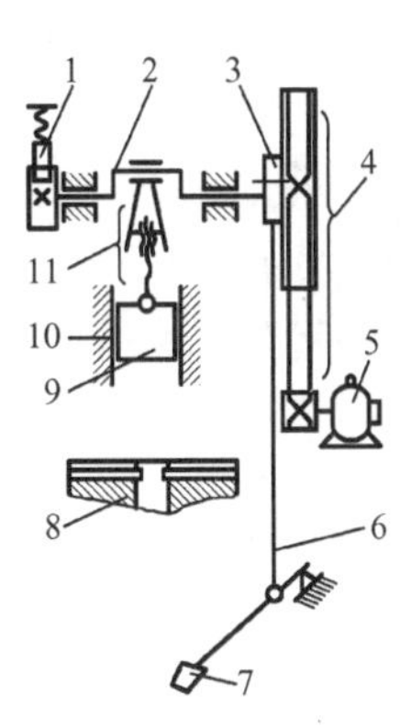

（c）传动原理

1—制动器；2—曲轴；3—离合器；4—V带减速系统；5—电动机；6—拉杆；7—踏板；8—工作台；9—滑块；10—导轨；11—连杆。

图1.57　开式双柱曲轴冲床

2）冲压模具

使板料分离或成形的工具称为冲压模具，简称冲模。典型的冲模结构如图 1.58 所示，一般分为上模和下模两部分。上模通过模柄安装在冲床滑块上，下模通过下模板由压板和螺栓安装在冲床工作台上。

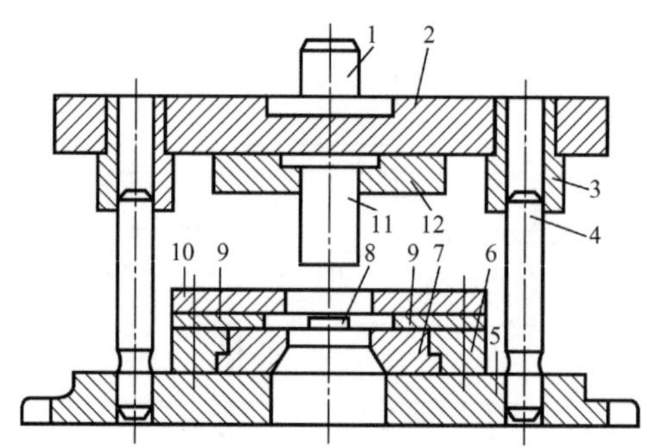


1—模柄；2—上模板；3—导套；4—导柱；5—下模板；6，12—压板；
7—凹模；8—定位销；9—导料板；10—卸料板；11—凸模。

图 1.58　典型的冲模结构

冲模各部分的作用如下。

（1）凸模和凹模。凸模和凹模是冲模的核心部分，凸模与凹模配合使板料产生分离或成形。

（2）导料板和定位销。导料板用以控制板料的进给方向，定位销用以控制板料的进给量。

（3）卸料板。卸料板使凸模在冲裁后从板料中脱出。

（4）模架。模架包括上模板、下模板、导柱、导套。上模板用以固定凸模和模柄等，下模板用以固定凹模、导料板和卸料板等。导柱和导套分别固定在下、上模板上，以保证上、下模对准。

### 1.3.6　现代锻压技术及其发展方向

【拓展图文】

随着科学技术的进步，锻造工艺有了突破性进展，出现了精密模锻、粉末冶金锻造等新工艺、新技术，其不但能提高锻件的精度，实现了少、无切削加工和减少污染，而且能锻造过去难以锻造的材料及新型复合材料。本节二维码从摆动辗压（二维码中的图 1.59）、辊锻等九个方面展示了现代锻压技术及其发展方向。

## 1.4　焊　　接

### 1.4.1　焊接概述

焊接是指通过适当的物理化学过程（如加热、加压等）使两个分离的物体产生原子（分子）间的结合力而连成一体的连接方法。它是金属加工的一种重要工艺，广泛应用于造船业、石油化工、汽车制造、桥梁、锅炉、航空航天、原子能、电子电力、建筑等领域。焊接在工业生产中的主要应用有制造金属结构件（如桥梁、船舶、压力容器、化工设备、机动车辆、矿山机械、发电设备和飞行器等），制造机器零件和工具（如机床床身和机架、大型齿轮和飞轮、切削工具等），修复有缺陷、失去精度或有特殊要求的工件。

焊接的基本方法分为三大类，即熔焊、压焊和钎焊，如图 1.60 所示。

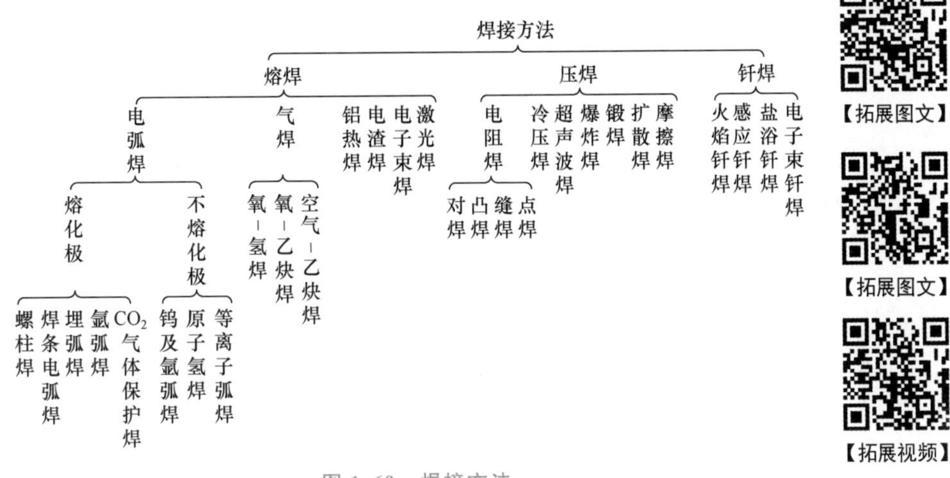


图 1.60 焊接方法

（1）熔焊。熔焊是通过将需要连接的两构件的接合面加热熔化成液体，然后冷却结晶连成一体的焊接方法。熔焊适用于加工合金和金属，无须施加压力。

（2）压焊。压焊是在焊接过程中对焊件施加一定的压力，同时采取加热或不加热的方式连接焊件的焊接方法。压焊用于加工金属和部分非金属材料。

（3）钎焊。钎焊是利用熔点低于被焊金属的钎料，经加热熔化后，利用钎料润湿母材，填充接头间隙并与母材相互溶解和扩散而实现连接的焊接方法。其特点是加热时仅钎料熔化，焊件不熔化。钎焊包括烙铁钎焊、火焰钎焊、盐浴钎焊。

## 1.4.2 电弧焊

电弧焊是利用电弧热源加热焊件以实现熔化焊接的方法。在焊接过程中，电弧把电能转化成热能和机械能，加热焊件，使焊丝或焊条熔化并过渡到焊缝熔池中，熔池冷却后，形成一个完整的焊接接头。电弧焊应用广泛，可以焊接板厚从 0.1mm 以下到数百毫米的金属结构件，在焊接领域有十分重要的地位。

### 1. 焊接电弧

电弧是电弧焊的热源，电弧燃烧的稳定性对焊接质量有重要影响。

1）焊接电弧

焊接电弧是指发生在电极与焊件之间的强烈、持久的气体放电现象。电弧放电会产生大量热量，并发出强烈的弧光。如图 1.61 所示。当电源两端分别与被焊件和焊枪相连时，在电场的作用下，电弧阴极产生电子发射，阳极接收电子，电弧区的中性气体粒子在接收外界能量后电离成正离子和电子，正、负带电粒子相向运动，形成两电极之间的气体空间导电过程，借助电弧将电能转换成热能、机械能和光能。

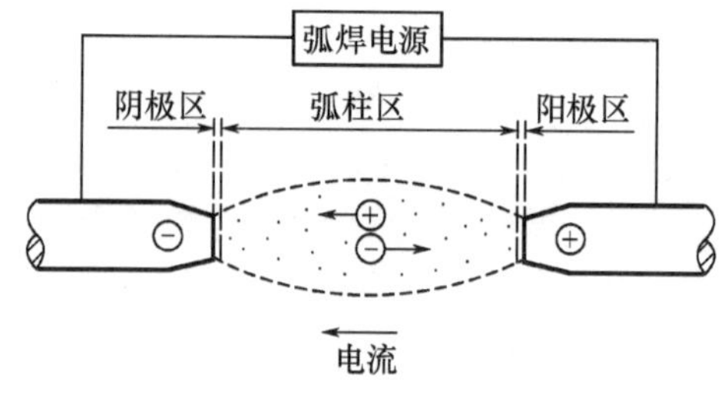


图 1.61　焊接电弧

焊接电弧具有以下特点。

(1) 温度高，电弧弧柱温度为 5000～30000K。

(2) 电弧电压低（10～80V）。

(3) 电弧电流大（10～1000A）。

(4) 弧光强度高，需要避免弧光直接照射到眼睛。

2) 电源极性

采用直流电流焊接时，弧焊电源正、负输出端与焊件和焊枪的连接方式称为极性。当焊件连接电源输出正极、焊枪连接电源输出负极时，称为直流正接或正极性；反之，焊件、焊枪分别与电源输出负极、正极相连时，称为直流反接或反极性。交流焊接无电源极性问题。焊接电源极性示意如图 1.62 所示。

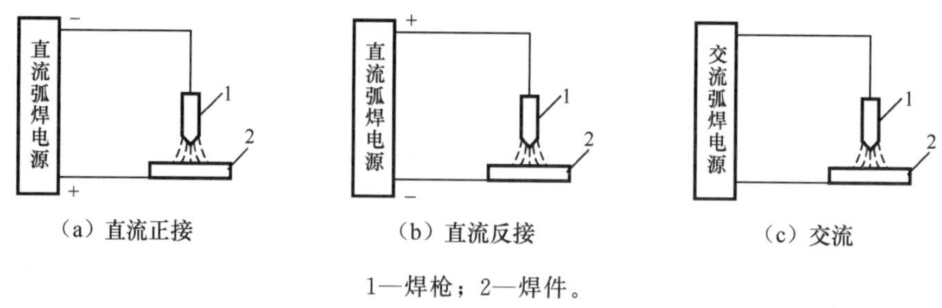


1—焊枪；2—焊件。

图 1.62　焊接电源极性示意

**2. 焊条电弧焊**

焊条电弧焊是手工操纵焊条进行焊接的方法，应用普遍。

1) 焊条电弧焊的原理

焊条电弧焊的方法如图 1.63 所示。焊机电源的两输出端通过电缆、焊钳和地线夹头分别与焊条和焊件相连。在焊接过程中，在焊条和焊件之间产生的电弧将焊条及焊件局部熔化，焊条端部受电弧力的作用，熔化形成熔滴过渡到母材，与熔化的母材融合形成熔池，随着焊工操纵电弧向前移动，熔池中的液态金属逐渐冷却结晶，形成焊缝。

焊条电弧焊使用设备简单、适应性强，可用于焊接板厚大于 1.5mm 的焊接结构件，并能灵活应用于焊接空间位置不规则焊缝，适用于碳钢、低合金钢、不锈钢、铜及铜合金等金属材料的焊接。由于手工操作，因此焊条电弧焊存在生产率低、产品质量在一定程度上取决于焊工操作技术、焊工劳动强度大等缺点，现在多用于焊接单件、小批量产品和难以实现自动化作业的焊缝。

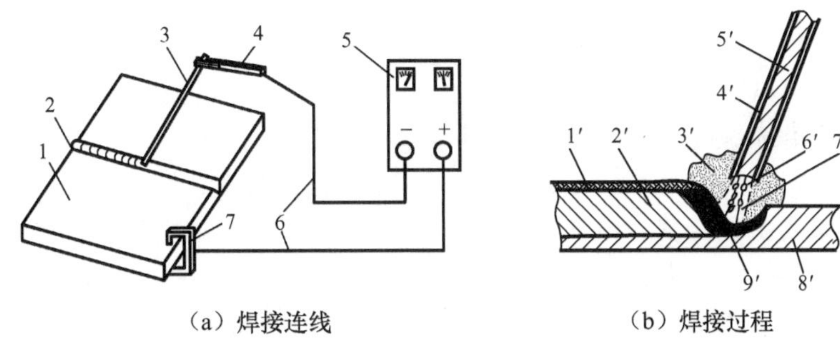

（a）焊接连线　　（b）焊接过程

1—焊件；2—焊缝；3—焊条；4—焊钳；5—焊接电源；6—电缆；7—地线夹头；
1′—焊渣；2′—焊缝；3′—保护气体；4′—药皮；5′—焊芯；6′—熔滴；7′—电弧；8′—母材；9′—熔池。

图 1.63　焊条电弧焊的方法

2）焊条

焊条电弧焊的焊接材料是焊条。焊条是涂有药皮的供电弧焊使用的熔化电极，由药皮（涂层）和焊芯（金属芯）组成，如图 1.64 所示。

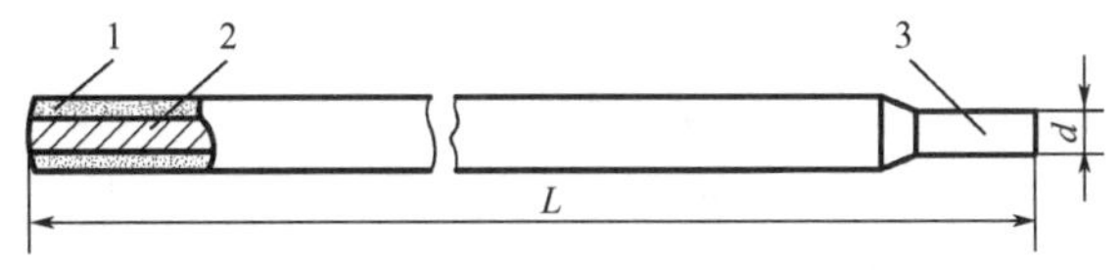

【拓展视频】

1—药皮；2—焊芯；3—焊条夹持部分。

图 1.64　焊条结构

焊芯一般是一个具有一定长度及直径的金属丝。金属丝在焊接中作为填充金属或同时作为导电用的焊接材料，称为焊丝。在气焊和钨极惰性气体保护焊（tungsten inert - gas arc welding，TIG）中，焊丝是填充金属；在埋弧焊、电渣焊和其他熔化极气体保护电弧焊中，焊丝既是填充金属又是是导电电极。焊接时，焊芯有两个功能：一是传导焊接电流，产生电弧；二是焊芯本身熔化作为填充金属，与熔化的母材熔合形成焊缝。我国生产的焊条基本由含碳、硫、磷较低的专用钢丝（如 H08A）作焊芯制成。焊条规格用焊芯直径表示，当焊条直径为 2.0mm 时，焊芯的直径为 2.0mm。焊条长度根据焊条种类和规格有多种，见表 1 - 15。

表 1 - 15　焊条长度

| 焊条直径 $d$/mm | 焊条长度 $L$/mm | | |
|---|---|---|---|
| 2.0 | 250 | 300 | |
| 2.5 | 250 | 300 | |
| 3.2 | 350 | 400 | 450 |
| 4.0 | 350 | 400 | 450 |
| 5.0 | 400 | 450 | 700 |
| 5.8 | 400 | 450 | 700 |

焊条药皮又称涂料，在焊接过程中起着极为重要的作用。首先，它可以起到积极保护作用，利用药皮熔化放出的气体和形成的熔渣起机械隔离空气作用，防止有害气体侵入熔化金属；其次，可以通过熔渣与熔化金属发生冶金反应，去除有害杂质，添加有益的合金元素，起到冶金处理作用，使焊缝获得满足要求的力学性能；最后，可以改善焊接工艺性能，使电弧稳定、飞溅少、焊缝成形性好、易脱渣和熔敷效率高等。

焊条药皮主要由稳弧剂、造气剂、造渣剂、脱氧剂、合金剂、黏结剂和增塑剂等组成，其主要成分有矿物、铁合金、有机物和化工产品。

焊条分为结构钢焊条、耐热钢焊条、不锈钢焊条、铸铁焊条等十大类。焊条根据药皮组成还可分为酸性焊条和碱性焊条。酸性焊条电弧稳定、工艺性能好、焊缝成形美观、可用交流或直流电源施焊，但焊接接头的冲击韧性较低，可用于普通碳钢和低合金钢的焊接。碱性焊条多为低氢型焊条、力学性能好、焊缝冲击韧性高，但电弧稳定性比酸性焊条差，要采用直流电源施焊及反极性接法，多用于重要的结构钢、合金钢的焊接。

3）焊条电弧焊操作技术

【拓展图文】

下面将从引弧方法、焊条的运动操作（二维码中的图 1.65 和图 1.66）两方面介绍焊条电弧焊操作技术。

4）焊条电弧焊工艺参数

选择合适的焊接工艺参数是获得优良焊缝的前提，并直接影响劳动生产率。焊条电弧焊工艺参数是根据焊接接头形式、焊件材料、板材厚度、焊缝焊接位置等具体情况制订的，包括焊条牌号、焊条直径、电源种类和极性、焊接电流、电弧电压、焊接速度、焊接坡口形式和焊接层数等。

焊条型号主要根据焊件材质并参考焊接位置情况选择。电源种类和极性又由焊条牌号确定。电弧电压取决于电弧长度，它和焊接速度对焊缝成形有重要影响，一般由焊工根据具体情况灵活掌握。

（1）焊接位置。

在实际生产中，受焊接结构和焊件移动的限制，除平焊外，还有立焊、横焊、仰焊等方法，如图 1.67 所示。平焊操作方便，焊缝成形条件好，容易获得优质焊缝且生产率高，是最合适的位置；其他三种又称空间位置焊，焊工操作比平焊困难，受熔池液态金属重力的影响，需要控制焊接工艺参数并采取一定的操作方法以保证焊缝成形，其中仰焊位置的焊接条件最差。

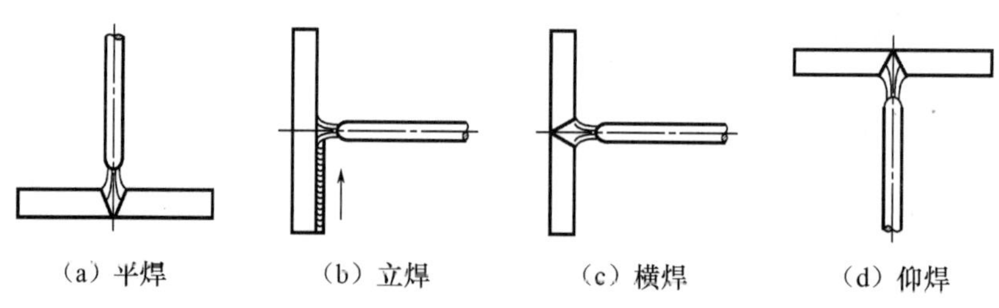


图 1.67 焊缝的空间位置

（2）焊接接头形式和焊接坡口形式。

焊接接头是指用焊接方法连接的接头，它由焊缝、熔合区、热影响区及其邻近的母材组成。根据构造形式不同，接头可分为对接接头［图 1.68（a）～图 1.68（d）］、角接接头［图 1.68（e）～图 1.68（h）］、T 形接头［图 1.68（i）和图 1.68（j）］、搭接接头［图 1.68（k）和图 1.68（l）］、卷边接头五种。卷边接头用于薄板焊接。

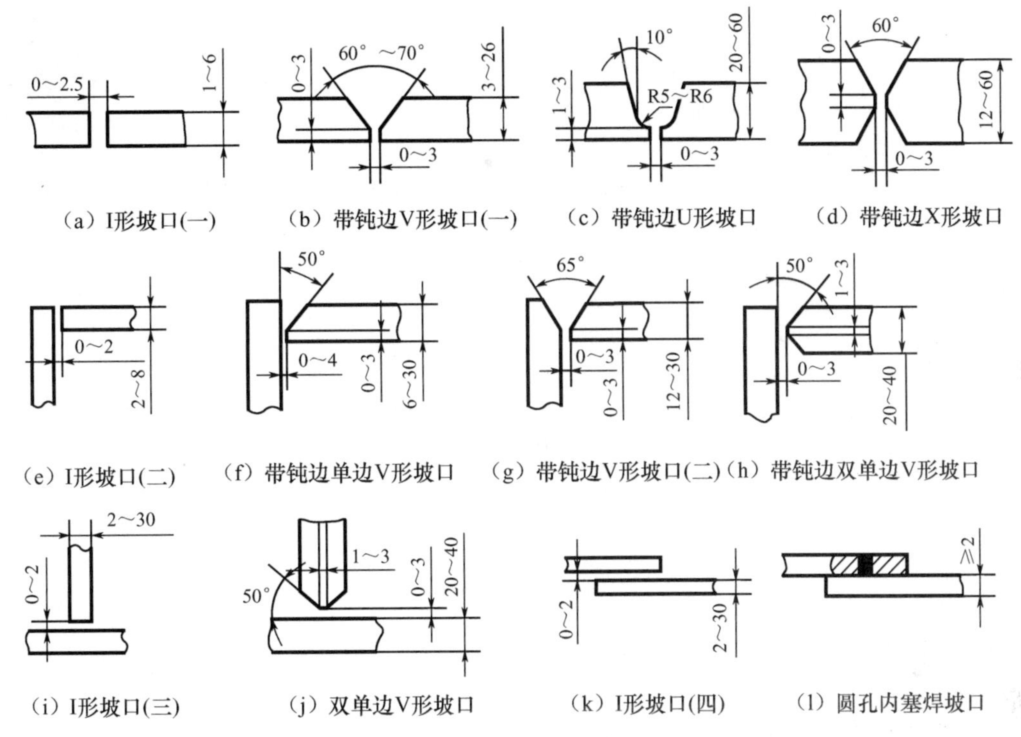


（a）I形坡口(一)　（b）带钝边V形坡口(一)　（c）带钝边U形坡口　（d）带钝边X形坡口

（e）I形坡口(二)　（f）带钝边单边V形坡口　（g）带钝边V形坡口(二)　（h）带钝边双单边V形坡口

（i）I形坡口(三)　（j）双单边V形坡口　（k）I形坡口(四)　（l）圆孔内塞焊坡口

图 1.68　焊条电弧焊的接头形式和坡口形式

熔焊接头焊前加工坡口，其目的在于易进行焊接，电弧能沿板厚熔敷一定深度，保证接头根部焊透，并获得成形良好的焊缝。焊接坡口形式有 I 形坡口、V 形坡口、U 形坡口、X 形坡口、J 形坡口等。常见焊条电弧焊接头的坡口形状和尺寸如图 1.68 所示。对焊件厚度小于 6mm 的焊缝，可以不开坡口或开 I 形坡口；中、大厚度板对接焊，为保证焊透，必须开坡口。V 形坡口便于加工，但焊件易发生变形；X 形坡口可以避免 V 形坡口的一些缺点，同时减少填充材料；U 形坡口及双 U 形坡口的焊缝填充金属量小，焊后变形量也小，但坡口加工困难，一般用于重要焊接结构。

【拓展视频】

（3）焊条直径、焊接电流。

一般焊件的厚度越大，选用的焊条直径 $d$ 越大，同时可选择较大的焊接电流，以提高工作效率。板厚小于 3mm 时，$d\leqslant$板厚；板厚为 4～8mm 时，$d=3.2\sim4$mm；板厚为 8～12mm 时，$d=4\sim5$mm。此外，在中、厚板焊件的焊接过程中，往往采用多层焊或多层多道焊完成焊缝。

低碳钢平焊时，焊条直径 $d$ 和焊接电流 $I$ 的关系为

$$I=kd \tag{1-8}$$

式中：$k$ 为经验系数，$k=30\sim50$。

选择焊接电流时还应综合考虑其他因素。空间位置焊，为保证焊缝成形，应选择较小直径的焊条，焊接电流比平焊小。使用碱性焊条时，为减少焊接飞溅，可适当减小焊接电流。

**3. 焊接设备**

【拓展视频】

焊接设备包括熔焊、压焊、钎焊所使用的焊机和专用设备，下面主要介绍电弧焊用设备——电弧焊机。

1）电弧焊机的分类

电弧焊机按焊接方法可分为焊条电弧焊机、埋弧焊机、$CO_2$ 气体保护焊机、钨极氩弧焊机、熔化极氩弧焊机和等离子弧焊机；按焊接自动化程度可分为手工电弧焊机、半自动电弧焊机和自动电弧焊机。

2）电弧焊机的组成及功能

根据焊接方法和生产自动化水平，电弧焊机可以由以下一个或数个部分组成。

(1) 弧焊电源。弧焊电源是为焊接电弧提供电能的一种装置，它是电弧焊机的主要组成部分。弧焊电源根据输出电流可分为交流弧焊电源和直流弧焊电源。交流弧焊电源主要是弧焊变压器。直流弧焊电源主要是弧焊整流器，其有硅整流电源、晶闸管整流电源和逆变电源三种。其中逆变电源具有体积小、质量轻、高效节能、工艺性能优良等特点，发展较快。

(2) 送丝系统。送丝系统是在熔化极自动焊和半自动焊中提供焊丝自动送进的装置。为满足大范围的均匀调速和送丝速度的快速响应，一般采用直流伺服电动机驱动。送丝系统有推丝式和拉丝式两种送丝方式，如图 1.69 所示。

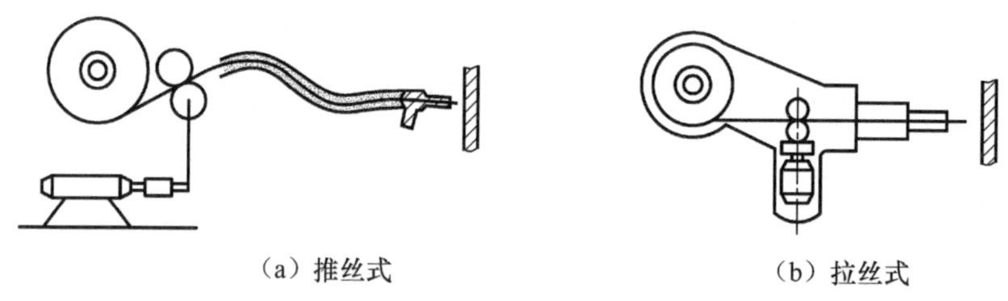

(a) 推丝式　　(b) 拉丝式

图 1.69　送丝方式

(3) 行走机构。行走机构是使焊接机头和焊件之间产生一定速度的相对运动，以完成自动焊接过程的机械装置。若行走机构是为焊接某些特定的焊缝或结构件设计的，则其焊机称为专用焊接机。通用的自动焊机广泛用于各种结构的对接、角接、环焊缝和圆筒纵缝的焊接，在埋弧焊中较常见，其行走机构有小车式、门架式、悬臂式三类，如图 1.70 所示。

(4) 控制系统。控制系统是实现熔化极自动电弧焊焊接参数自动调节和焊接程序自动控制的电气装置。

为使焊接过程稳定，需要合理选择焊接工艺参数，如电流、电压及焊接速度等，并且保证其在焊接过程中稳定。在实际生产中，往往产生焊件与焊枪之间距离波动、送丝阻力

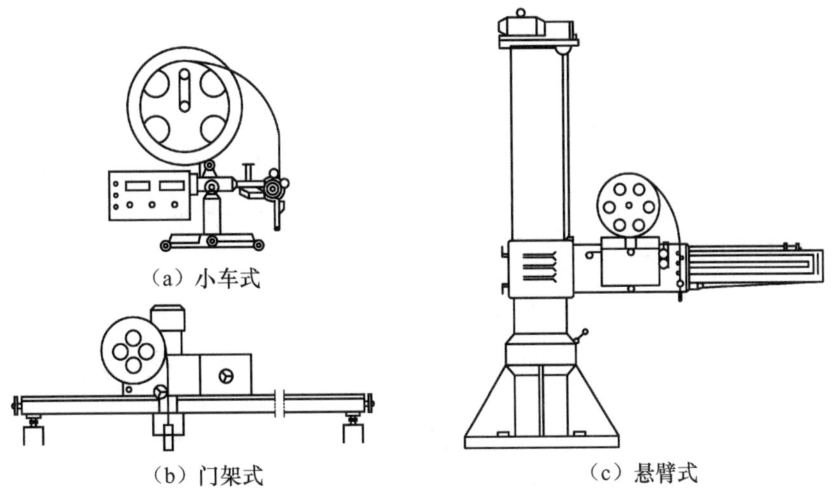

(a) 小车式

(b) 门架式

(c) 悬臂式

图 1.70 常见行走机构

变化等干扰，引起弧长的变化，造成焊接参数不稳定。焊条电弧焊是利用焊工眼睛、大脑、手的配合适时调整弧长的，电弧焊自动调节系统则应用闭环控制系统调整弧长，如图 1.71 所示。常用的自动调节系统有电弧电压反馈调节系统和等速送丝调节系统。

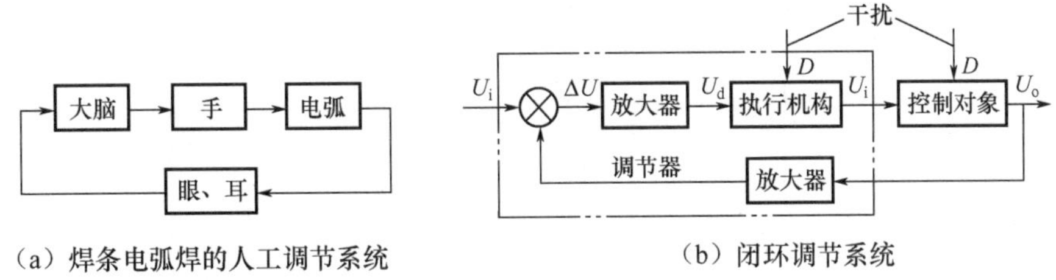


(a) 焊条电弧焊的人工调节系统

(b) 闭环调节系统

图 1.71 电弧焊调节系统

焊接程序自动控制是指以合理的顺序使自动弧焊机各工作部件进入特定的工作状态。其工作内容主要是在焊接引弧和熄弧过程中控制弧焊电源、送丝机构、行走机构、电磁气阀、引弧器、焊接工装夹具等的状态和参数。图 1.72 所示为熔化极气体保护自动电弧焊的程序循环示意。

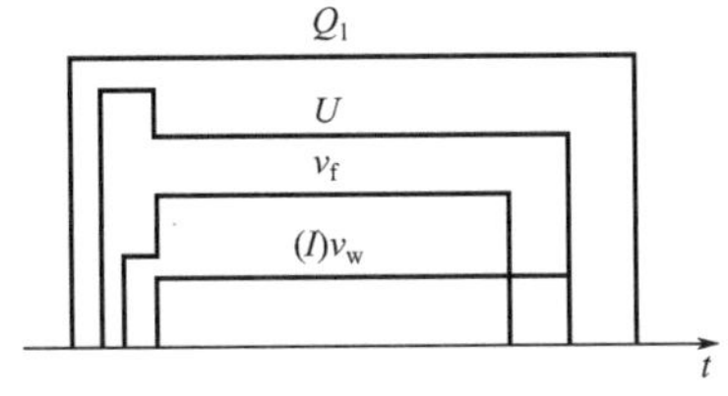


$Q_1$—保护气体流量；$U$—电弧电压；$I$—焊接电流；$v_f$—送丝速度；$v_w$—焊接速度。

图 1.72 熔化极气体保护自动电弧焊的程序循环示意

(5) 送气系统。一般在气体保护焊中使用送气系统，其包括储气瓶、减压表、流量计、电磁气阀、软管。

气体保护焊的常用气体为氩气和$CO_2$。氩气瓶内装高压氩气，满瓶压力为15.2MPa；$CO_2$气瓶内装液态$CO_2$，在室温下，瓶内剩余空间被气化的$CO_2$充满，饱和压力大于5MPa。

减压表用以减压和调节保护气体压力，流量计用以标定和调节保护气体流量，两者组合使用，使最终焊枪输出的气体符合焊接工艺参数要求。

电磁气阀是控制保护气体通断的元件，其驱动方式有交流驱动和直流驱动两种。

气体从气瓶减压输出后，流过电磁气阀，通过橡胶或塑料制软管进入焊枪，并由喷嘴输出，把电弧区域的空气机械排开，起到防止污染的作用。

**4. 常用电弧焊方法**

除焊条电弧焊外，常用电弧焊方法还有$CO_2$气体保护焊、氩弧焊、埋弧焊等离子弧焊。

1）$CO_2$气体保护焊

$CO_2$气体保护焊是一种以$CO_2$气体为保护气体的熔化极气体电弧焊方法，如图1.73所示。弧焊电源采用直流电源，电极的一端与焊件相连，另一端通过导电嘴将电馈送给焊丝，焊丝端部与焊件熔池之间建立电弧，焊丝在送丝机构滚轮的驱动下不断送进，焊件和焊丝在电弧热作用下熔化并形成焊缝。

【拓展视频】

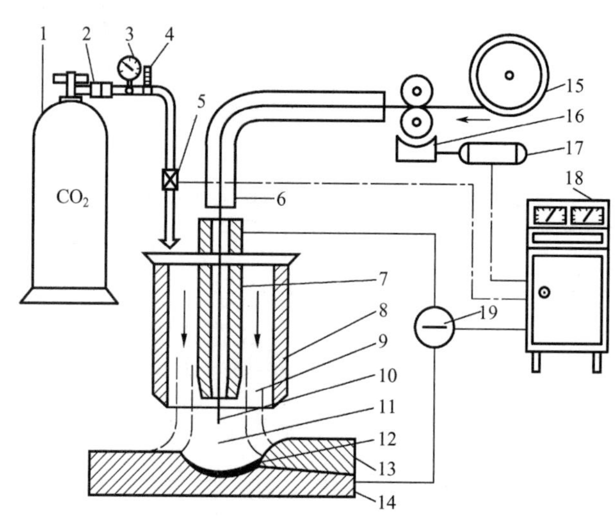


1—$CO_2$气瓶；2—干燥预热器；3—压力表；4—流量计；5—电磁气阀；6—软管；7—导电嘴；8—喷嘴；9—$CO_2$气体；10—焊丝；11—电弧；12—熔池；13—焊缝；14—焊件；15—焊丝盘；16—送丝机构；17—送丝电动机；18—控制箱；19—直流电源。

图1.73 $CO_2$气体保护焊示意

$CO_2$气体保护焊具有生产率高、焊接成本低、适用范围广、焊缝含氢量低且质量好等优点。其缺点是焊接过程中飞溅较多，焊缝成形不够美观，人们通过提高电源动力特性或采用药芯焊丝的方法来解决此问题。

$CO_2$气体保护焊设备可分为半自动焊和自动焊两种，其工艺适用范围广，粗丝（$\phi \geq$ 2.4mm）可以焊接厚板，中、细丝用于焊接中厚板、薄板及全位置焊接。

$CO_2$气体保护焊主要用于焊接低碳钢及低合金高强度钢，也可以用于焊接耐热钢和不锈钢，可进行自动焊及半自动焊，广泛用于汽车及机车制造、船舶制造、航空航天、石油化工机械等领域。

2）氩弧焊

以惰性气体氩气为保护气体的电弧焊方法有钨极氩弧焊和熔化极氩弧焊。

（1）钨极氩弧焊。钨极氩弧焊是以钨棒作为电弧的一极的电弧焊方法，钨棒在电弧焊中不熔化，故又称不熔化极氩弧焊，简称 TIG（tungsten inert－gas arc welding）焊。在焊接过程中，可以用从旁送丝的方式为焊缝填充金属，也可以不加填丝；可以手工焊，也可以自动焊。钨极氩弧焊可以使用直流、交流和脉冲电流焊接。钨极氩弧焊的工作原理如图 1.74 所示。

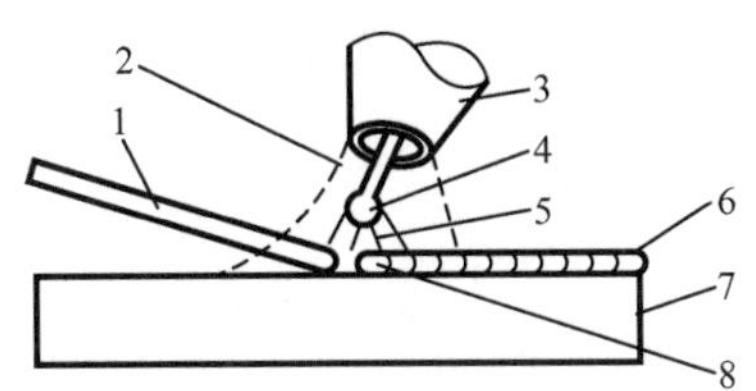

1—填充焊丝；2—保护气体；3—喷嘴；4—钨极；5—电弧；6—焊缝；7—焊件；8—熔池。

图 1.74 钨极氩弧焊的工作原理

由于被惰性气体隔离，焊接区的熔化金属不会受到空气的侵害，因此钨极氩弧焊可用于焊接易氧化的有色金属（如铝及其合金、镁及其合金），也可用于不锈钢、铜合金及其他难熔金属的焊接。因钨极氩弧焊的电弧非常稳定，故还可以用于焊薄板及全位置焊接。钨极氩弧焊在航空航天、原子能、石油化工、电站锅炉等行业应用较多。

钨极氩弧焊的缺点是钨棒的电流负载能力有限，焊接电流和电流密度比熔化极弧焊低，焊缝熔深小，焊接速度低，厚板焊接要采用多道焊和加填充焊丝，生产效率受到影响。

（2）熔化极氩弧焊。熔化极氩弧焊简称 MIG（metal inert－gas arc welding）焊，用焊丝本身作电极，与钨极氩弧焊相比，焊接电流及电流密度大大提高，因而母材熔深大、焊丝熔敷速度高，提高了生产效率，特别适用于中、厚板铝及铝合金、铜及铜合金、不锈钢及钛合金的焊接。脉冲熔化极氩弧焊用于碳钢的全位置焊接。

3）埋弧焊

埋弧焊电弧产生于堆敷一层焊剂的焊丝与焊件之间，被熔化的焊剂——熔渣及金属蒸气形成的气泡包围。气泡壁是一层液体熔渣薄膜，外层有未熔化的焊剂，电弧区得到良好的保护，电弧光也散发不出去，故称埋弧焊。埋弧焊的工作原理如图 1.75 所示。

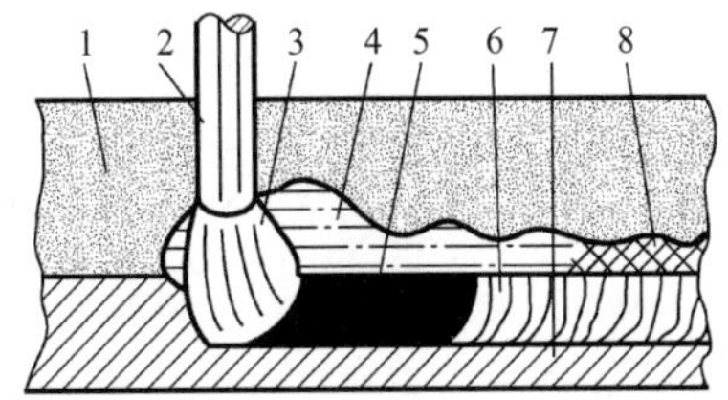


1—焊剂；2—焊丝；3—电弧；4—熔渣；5—熔池；6—焊缝；7—焊件；8—渣壳。

图 1.75 埋弧焊的工作原理

与焊条电弧焊相比，埋弧焊有如下三个主要优点。

【拓展视频】

(1) 焊接电流和电流密度大，生产效率高，是焊条电弧焊生产率的5～10倍。

(2) 焊缝含氮、氧等杂质低，成分稳定，质量高。

(3) 自动化水平高，没有弧光辐射，工人劳动条件较好。

埋弧焊的局限在于受到焊剂敷设限制，不能用于空间位置焊缝的焊接；由于埋弧焊焊剂的主要成分是MnO和$SiO_2$等金属氧化物及非金属氧化物，因此不适合焊接铝、钛等易氧化的金属及其合金；另外，薄板、短及不规则的焊缝一般不采用埋弧焊。

可用埋弧焊的材料有碳素结构钢、低合金钢、不锈钢、耐热钢、镍基合金和铜合金等。埋弧焊在中、厚板对接及角接接头中有广泛应用，厚度小于14mm的板材对接可以不开坡口。埋弧焊也可用于合金材料的堆焊。

4) 等离子弧焊

等离子弧是一种压缩电弧，通过焊枪的特殊设计将钨电极缩入焊枪喷嘴内部，在喷嘴中通以离子气，强迫电弧通过喷嘴的孔道，借助水冷喷嘴的外部拘束条件，利用机械压缩作用、热收缩作用和电磁收缩作用，使电弧的弧柱横截面受到限制，产生温度为24000～50000K、功率密度为$10^5$～$10^6$W/cm$^2$的高温、高能量密度的压缩电弧。

等离子弧按电源供电方式分为如下三种。

(1) 非转移型等离子弧，如图1.76 (a) 所示。电极接电源负极，喷嘴接正极，而焊件不参与导电。电弧在电极和喷嘴之间产生。

(2) 转移型等离子弧，如图1.76 (b) 所示。钨极接电源负极，焊件接正极，等离子弧在钨极与焊件之间产生。

(3) 联合型（又称混合型）等离子弧，如图1.76 (c) 所示。这种弧中包含转移型等离子弧和非转移型等离子弧，需要两个电源独立供电。电极接两个电源的负极，喷嘴及焊件分别接两电源的正极。

【拓展视频】

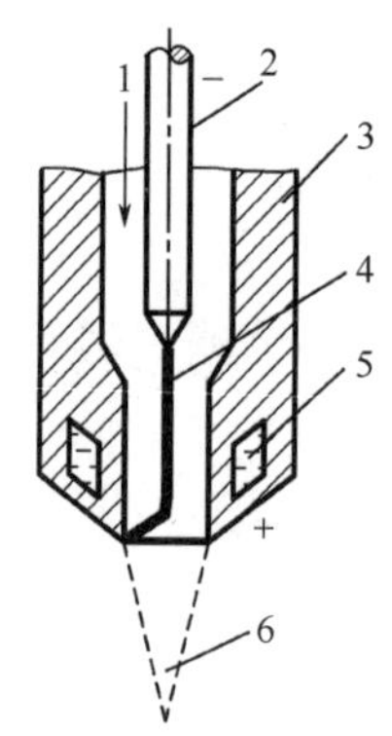

(a) 非转移型等离子弧

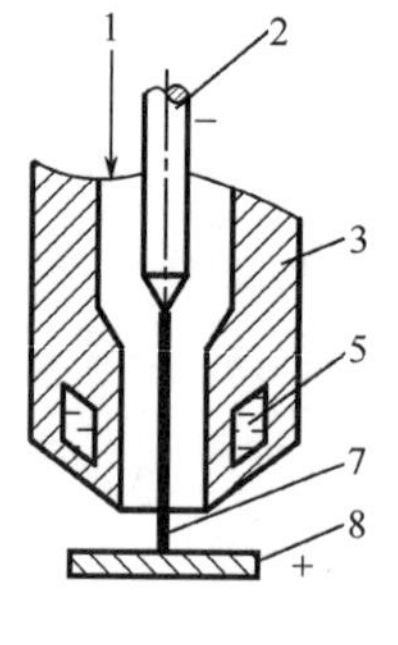

(a) 转移型等离子弧

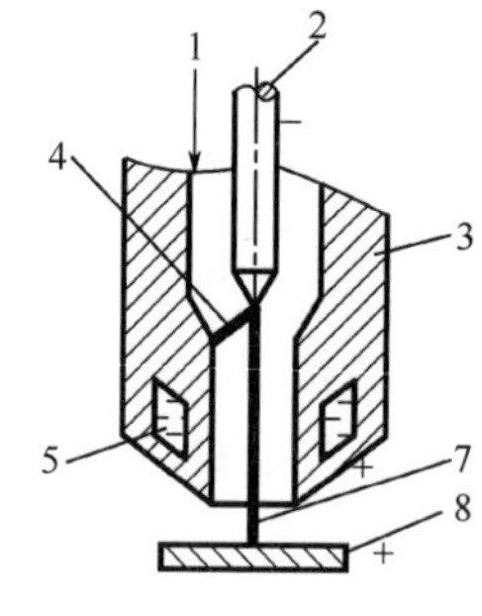

(c) 联合型等离子弧

1—离子气；2—钨极；3—喷嘴；4—非转移弧；5—冷却水；
6—弧焰；7—转移弧；8—焊件。

图1.76 等离子弧的种类

等离子弧在焊接领域有多种应用，可用于从超薄材料到中、厚板材的焊接，一般离子气和保护气体采用氩气、氦气等惰性气体；可用于低碳钢、低合金钢、不锈钢、铜、镍合金及活性金属的焊接；可用于金属和非金属材料的切割；粉末等离子弧堆焊可用于零件制造和修复时堆焊硬质耐磨合金。

## 1.4.3 气焊与气割

气焊与气割是利用气体火焰热量对金属进行焊接和切割的方法，在金属结构件的生产中大量应用。

**1. 基本原理**

气焊与气割所使用的气体火焰是由可燃性气体和助燃气体混合燃烧形成的，其用途不同，气体火焰的性质有所不同。

1）气焊及其应用

气焊是利用气体火焰加热并熔化母材和焊丝的焊接方法。与电弧焊相比，气焊的优点如下。

（1）气焊不需要电源，设备简单。

（2）气体火焰温度比较低，熔池容易控制，易实现单面焊双面成形，并可以焊接很薄的焊件。

（3）在焊接铸铁、铝及其合金、铜及其合金时，焊缝质量好。

气焊存在热量分散、接头变形大、不易实现自动化、生产效率低、焊缝组织粗大、性能较差等缺点。

气焊常用于低碳钢、低合金钢、不锈钢薄板的对接及端接，在熔点较低的铜、铝及其合金的焊接中也有应用，还适合焊接需要预热和缓冷的工具钢、铸铁。

2）气割

气割是利用气体火焰将金属加热到燃点，高压氧气流使金属燃烧成熔渣且被排开以实现材料切割的方法。气割是金属加热—燃烧—吹除的循环过程。

气割的金属必须满足下列条件。

（1）金属的燃点低于熔点。

（2）金属燃烧放出较多热量，且本身导热性较差。

（3）金属氧化物的熔点低于金属的熔点。

完全满足以上条件的金属有纯铁、低碳钢、低合金钢、中碳钢，而其他常用金属（如高碳钢、铸铁、不锈钢、铜及其合金、铝及其合金）一般不能进行气割。

3）气体火焰

气体火焰主要有三种（见二维码中的图 1.77）。

【拓展图文】

**2. 气焊工艺**

下面介绍气焊工艺的气焊设备、气焊工艺参数、气焊操作技术、气焊焊接材料等。

1）气焊设备

【拓展图文】

气焊设备的组成及各部分结构见二维码中的图 1.78 至图 1.80。

2）气焊工艺参数

气焊工艺参数包括火焰性质、火焰能率、焊嘴的倾斜角度、焊接速度、焊丝直径等。

（1）火焰性质。火焰性质根据焊件材料确定，见 1.4.3 节“基本原理”中的气体火焰部分。

（2）火焰能率。火焰能率是指单位时间内可燃气体提供的能量，主要根据单位时间的乙炔消耗量确定。当焊件较厚、材料熔点高、导热性好、焊缝为平焊位置时，应采用较大的火焰能率，以保证焊件焊透，提高劳动生产率。焊炬规格和焊嘴型号的选择、氧气压力的调节取决于火焰能率。

（3）焊嘴的倾斜角度（简称焊嘴倾角）。焊嘴倾角是指焊嘴与焊件的夹角，其根据焊件的厚度、焊嘴的尺寸及焊接位置等因素决定。**当焊接厚度大、熔点高的材料时，焊嘴倾角要大些，以使火焰集中、升温快**；反之，当焊接厚度小、熔点低的材料时，焊嘴倾角要小些，防止焊穿。

（4）焊接速度。焊接速度过高易造成焊缝熔合不良、未焊透等缺陷；焊接速度过低易产生过热、焊穿等问题。在适当选择火焰能率的前提下，根据焊件厚度，通过观察和判断熔池的熔化程度选择焊接速度。

（5）焊丝直径。焊丝直径主要根据焊件厚度确定，见表 1－16。

表 1－16　焊丝直径　（单位：mm）

| 焊件厚度 | 焊丝直径 | 焊件厚度 | 焊丝直径 |
|---|---|---|---|
| 1～2 | 1～2 或不加焊丝 | 5～10 | 3.2～4 |
| 2～3 | 2～3 | 10～15 | 4～5 |
| 3～5 | 3～3.2 | | |

3）气焊操作技术

下面将从焊接火焰的点燃与熄灭、焊接方向（二维码中的图 1.81）等四方面介绍气焊操作技术。

【拓展图文】

4）气焊材料

气焊材料主要有焊丝和焊剂。焊丝有碳钢焊丝、低合金钢焊丝、不锈钢焊丝、铸铁焊丝、铜及其合金焊丝、铝及其合金焊丝等，焊接时根据焊件材料选择，达到焊缝金属的性能与母材匹配的效果。焊接不锈钢、铸铁、铜及铜合金、铝及铝合金时，为防止因氧化物而产生的夹杂物和熔合困难，应加焊剂。一般将焊剂直接撒在焊件坡口上或蘸在焊丝上。在高温下，焊剂与熔池内的金属氧化物或非金属夹杂物相互作用，生成焊渣并覆盖在熔池表面，以隔绝空气，防止熔池中的金属继续氧化。

**3. 气割**

气割是低碳钢和低合金钢切割中普遍使用、较简单的一种方法。

1）割炬

割炬的作用是使可燃性气体与氧气混合，形成具有一定热能和形状的预热火焰，同时在预热火焰中心喷射出切割氧气流，进行金属气割。与焊炬相似，割炬分为射吸式割炬和等压式割炬。

（1）射吸式割炬。射吸式割炬的结构如图 1.82 所示，预热火焰的产生原理与射吸式焊炬相同，另外切割氧气流经切割氧气管，由割嘴的中心通道喷出，进行气割。常用的割嘴有环形割嘴和梅花形割嘴，如图 1.83 所示。

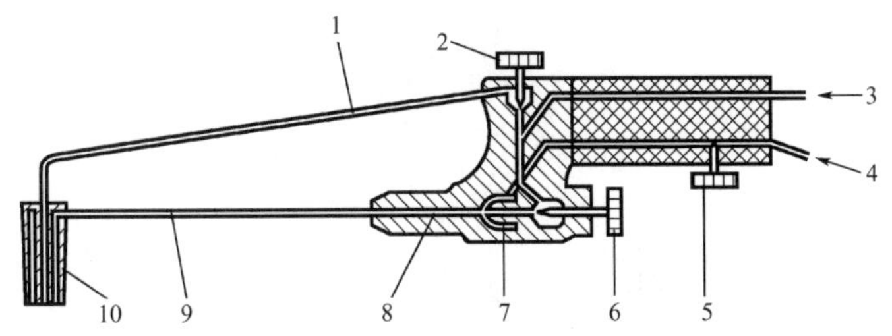


1—切割氧气管；2—切割氧气阀；3—氧气；4—乙炔；5—乙炔阀；6—预热氧气阀；7—喷嘴；8—射吸管；9—混合气管；10—割嘴。

图 1.82 射吸式割炬的结构

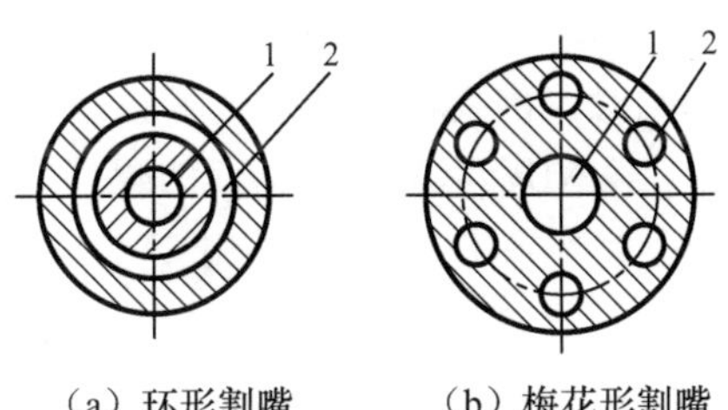


（a）环形割嘴　（b）梅花形割嘴

1—切割氧孔道；2—混合气孔道。

图 1.83 割嘴类型

（2）等压式割炬。等压式割炬的结造如图 1.84 所示，靠调节乙炔的压力实现与预热氧气的混合，产生预热火焰，要求乙炔源压力在中压以上。切割氧气流也是由单独的管道进入割嘴并喷出的。

2）气割工艺

（1）手工气割的注意事项。

切割前，清除焊件切割线附近的油污、铁锈等杂物，在焊件下面留出一定的空间，以利于吹出氧化渣；**切割时，先点燃预热火焰**，调整为中性焰或轻微氧化焰，将起割处金属加热到接近熔点温度，**再打开切割氧气阀进行气割**；切割临近结束时，将割炬后倾，先割透钢板下部，再割断钢板；**切割结束后，首先关闭切割氧气阀，然后关闭乙炔阀，最后关闭预热氧气阀，将火焰熄灭。**

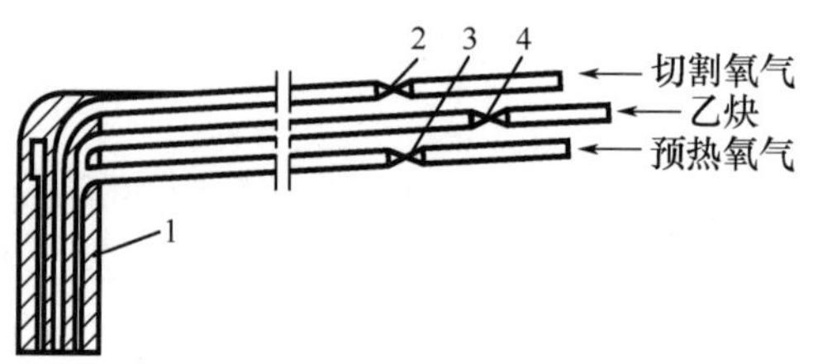


1—割嘴；2—切割氧气阀；3—预热氧气阀；4—乙炔阀。

图 1.84 等压式割炬的结造

（2）切割工艺参数。

切割工艺参数有切割氧气压力、切割速度、预热火焰能率、切割倾角、割嘴与焊件表面间距等。当焊件厚度增大时，应增大切割氧压力和预热火焰能率，适当减小切割速度；

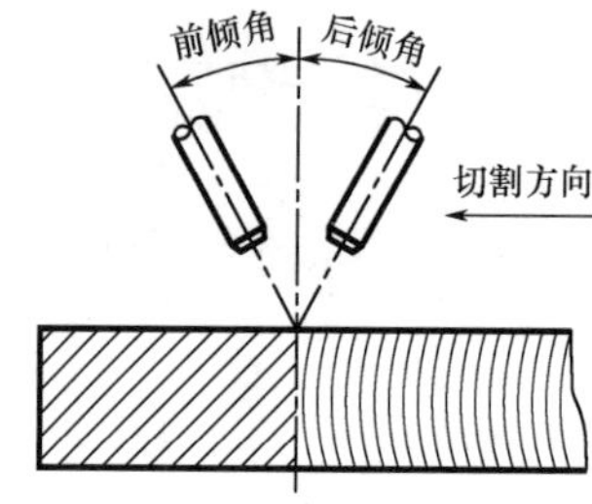


图 1.85 切割倾角

当氧气纯度提高时，可适当减小切割氧压力，提高切割速度。切割氧气压力、切割速度、预热火焰能率选择合适能保证切口整齐。切割倾角如图 1.85 所示，其选择根据具体情况而定，机械切割和手工曲线切割时，割嘴与焊件表面垂直；手工切割厚度小于 30mm 的焊件时，采用 20°～30°的后倾角；切割厚度大于 30mm 的焊件时，先采用 5°～10°的前倾角，割穿后，割嘴垂直于焊件表面，切割临近结束时采用 5°～10°的后倾角。控制割嘴与焊件的距离，使火焰焰心与焊件表面的距离为 3～5mm。

## 1.4.4 电阻焊及其他焊接方法

除电弧焊和气焊外，电阻焊、电渣焊、高能束焊及钎焊等在金属材料焊接作业中也有重要应用。

### 1. 电阻焊

【拓展视频】

电阻焊是将焊件组合后通过电极施加压力，利用电流通过焊件的接触面及邻近区域产生的电阻热将其加热到熔化或塑性状态，使金属结合的方法。根据接头形式，电阻焊可分成点焊、缝焊、凸焊和对焊四种，如图 1.86 所示。

与其他焊接方法相比，电阻焊具有以下优点。

（1）不需要填充金属，冶金过程简单，焊接应力及应变小，接头质量高。

（2）操作简单，易实现机械化和自动化，生产效率高。

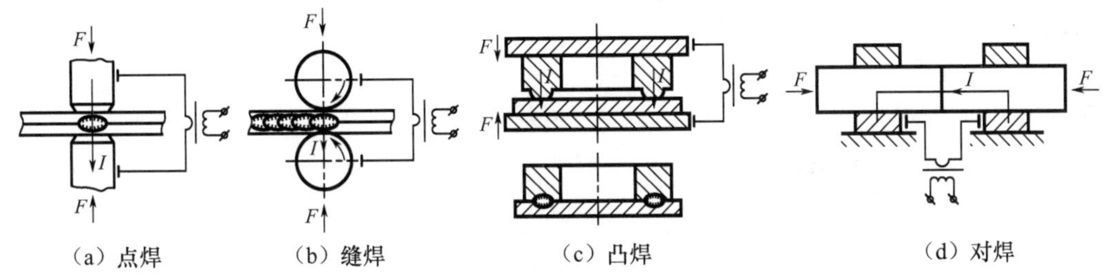


图 1.86 电阻焊的方法

电阻焊的缺点是接头质量难以用无损检测方法检验，焊接设备较复杂，一次性投资较高。

【拓展视频】

电阻焊广泛应用于汽车、拖拉机、航空航天、电子技术、家用电器等行业。

1）点焊

点焊的原理是指将焊件装配成搭接形式，用电极将焊件夹紧并通以电流，在电阻热作用下，电极之间焊件接触处被加热熔化形成焊点。如图 1.86（a）所示，焊件的连接可以由多个焊点实现。点焊大量应用在厚度小于 3mm 且不要求气密的薄板冲压件、轧制件接头的焊接，如汽车车身焊装、电器箱板组焊。点焊过程主要由预压、焊接、维持、休止四个阶段组成，如图 1.87（a）所示。点焊低碳钢、普通低合金钢、不锈钢、钛及其合金材料时，可以获得优良的焊接接头。

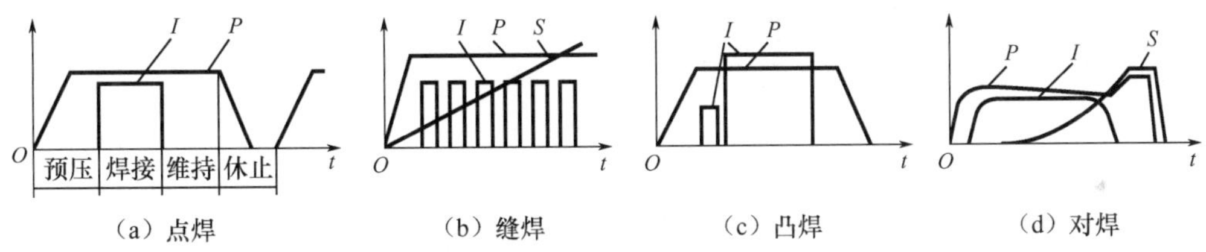


$I$—电流；$P$—压力；$S$—位移。

图 1.87 电阻焊过程

【拓展视频】

2）缝焊

缝焊的工作原理与点焊相同，但用滚轮电极代替了点焊的圆柱状电极，滚轮电极施压于焊件并旋转，两者相对运动，在连续或断续通电下，焊件形成一个个熔核相互重叠的密封焊缝，如图 1.86（b）所示。缝焊过程如图 1.87（b）所示。缝焊一般应用于有密封性要求的接头的焊接，适用材料板厚为 0.1～2mm，如汽车油箱、暖气片、罐头盒的焊接。

3）凸焊

凸焊是指在一个焊件接触面上预先加工出一个或多个凸起点，在电极加压下与另一个焊件接触，通电加热后凸起点被压塌，形成焊接点的电阻焊方法，如图 1.86（c）所示。凸焊的凸起点可以是凸点、凸环或环形锐边等形式。凸焊过程［图 1.87（c）］与点焊一样。凸焊主要应用于低碳钢、低合金钢冲压件的焊接，另外，螺母与板焊接、线材交叉焊也多采用凸焊。

4）对焊

对焊主要用于截面面积小于 250mm$^2$ 的丝材、棒材、板条和厚壁管材的焊接，如图 1.86（d）

【拓展视频】

所示。将两焊件端部相对放置并加压，使其端面紧密接触，通电后，利用电阻热加热焊件接触面至塑性状态，然后迅速施加大的顶锻力完成焊接。对焊过程如图 1.87（d）所示，其特点是在焊接后期施加比预压大的顶锻力。

**2. 电渣焊**

电渣焊是一种利用电流通过液体熔渣产生的电阻热，加热熔化填充金属和母材，以实现金属焊接的熔焊方法。电渣焊过程如图 1.88 所示，两焊件垂直放置，中间留有 20～40mm 间隙，电流流过焊丝与焊件之间熔化的焊剂形成的渣池，其电阻热加热熔化焊丝和焊件边缘，在渣池下部形成金属熔池。在焊接过程中，焊丝以一定速度熔化，金属熔池和渣池高度逐渐上升，远离热源的底部液体金属渐渐冷却凝固成焊缝。同时，渣池使金属熔池不被空气污染，水冷成形滑块与焊件端面构成空腔以挡住熔池和渣池，保证熔池金属凝固成形。

【拓展视频】

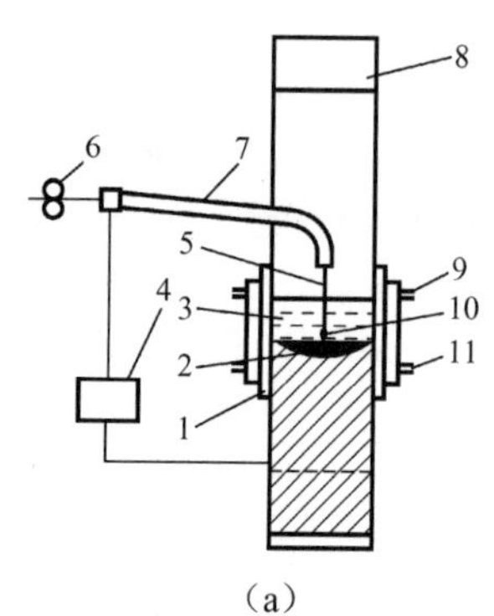

（a）

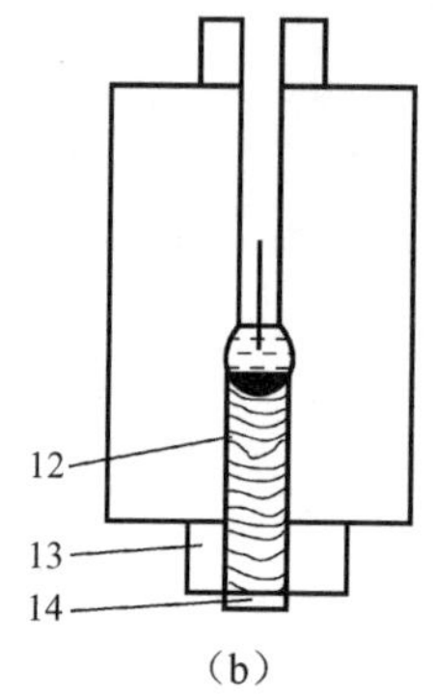

（b）

1—水冷成形滑块；2—金属熔池；3—渣池；4—焊接电源；5—焊丝；6—送丝轮；7—导电杆；8—引出板；9—出水管；10—金属熔滴；11—进水管；12—焊缝；13—起焊槽；14—引弧板。

图 1.88　电渣焊过程

与其他熔焊方法相比，电渣焊有以下特点。

（1）适用于垂直或接近垂直的位置焊接，不易产生气孔和夹渣，焊缝成形条件好。

（2）厚、大焊件能一次焊接完成，生产效率高，比开坡口的电弧焊节省焊接材料。

（3）由于渣池对焊件有预热作用，因此焊接碳的质量分数高的金属时冷裂倾向小，但焊缝组织晶粒粗大易造成接头韧度变差，一般焊后应进行正火和回火处理。

电渣焊适用于厚板、大截面、曲面结构的焊接，如火力发电站数百吨的汽轮机转子、锅炉大厚壁高压汽包等。

**3. 电子束焊**

电子束焊是以汇聚的高速电子束轰击焊件接缝处产生热能进行焊接的方法。进行电子束焊时，电子的产生、加速和汇聚成束是由电子枪完成的。电子束焊如图 1.89 所示，阴极在加热后发射电子，在强电场的作用下电子加速从阴极向阳极运动，通常在发射极到阳极之间加上 30～150kV 电压，电子以很高的速度穿过阳极孔，并在聚焦线圈的会聚作用下聚焦于焊件，电子束动能转换成热能，使焊件熔化而进行焊接。为了减小电子束流的散射及能量损失，电子枪内要保持大于 $10^{-2}$Pa 的真空度。

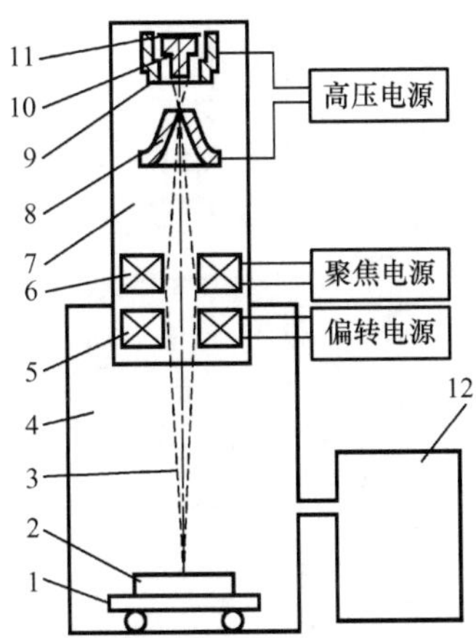


1—焊接台；2—焊件；3—电子束；4—真空室；5—偏转线圈；6—聚焦线圈；
7—电子枪；8—阳极；9—聚束极；10—阴极；11—灯丝；12—真空泵系统。

图 1.89　电子束焊

电子束焊按焊件所处环境的真空度可分成三种，即真空电子束焊（$10^{-4}\sim10^{-1}$Pa）、低真空电子束焊（$10^{-1}\sim25$Pa）和非真空电子束焊（不设真空室）。

电子束焊与电弧焊相比，具有如下特点。

（1）功率密度大，可达 $10^{6}\sim10^{9}$ W/cm²。焊缝熔深大、熔宽小，既可以焊接很薄（厚度为 0.1mm）材料的工件，又可以焊接很厚（厚度为 300mm）的构件。

（2）焊缝金属纯度高，所有能用其他焊接方法熔焊的金属及合金都可以用电子束焊。电子束焊还能用于异种金属、易氧化金属及难熔金属的焊接。

（3）设备较为昂贵，焊件接头加工和装配要求高；同时，电子束焊时应对操作人员加以防护，避免受到 X 射线的伤害。

电子束焊应用于很多领域，如汽车制造中的齿轮组合体、核能工业的反应堆壳体、航空航天部门的飞机发动机等。

**4. 激光焊**

激光焊是以大功率相干单色光子流聚集而成的激光束为热源进行焊接的方法。激光的产生是利用了原子受激辐射的原理，当粒子（原子、分子等）吸收外来能量时，从低能级跃升至高能级，若受到外来一定频率的光子的激励，则跃迁到相应的低能级，同时发出一个与外来光子完全相同的光子。如果利用装置（激光器）使这种受激辐射产生的光子激励其他粒子，就会产生光放大作用，产生更多光子，在聚光器的作用下，最终形成一束单色、方向一致、亮度极高的激光输出。再通过光学聚焦系统，可以使焦点上的激光功率密度达到 $10^{6}\sim10^{12}$ W/cm²，然后用此激光焊接。激光焊装置如图 1.90 所示。

激光焊和电子束焊同属高能束焊，与一般焊接方法相比具有以下优点。

（1）激光功率密度高，加热范围小（小于 1mm），焊接速度高，焊接应力和变形量小。

（2）可以焊接一般焊接方法难以焊接的材料，如焊接异种金属，甚至一些非金属材料。

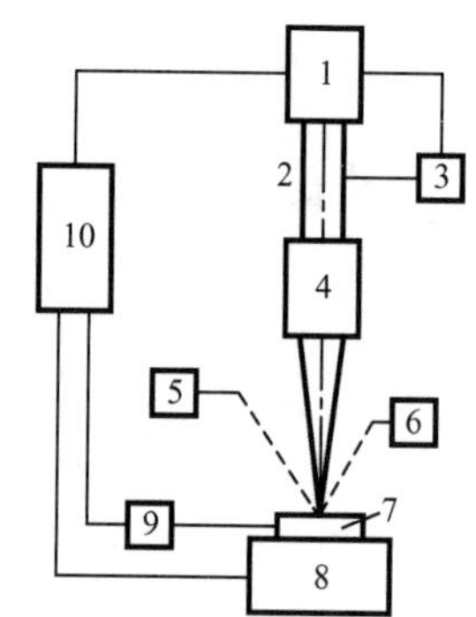


1—激光器；2—激光光束；3—信号器；4—光学系统；5—观测瞄准系统；
6—辅助能源；7—焊件；8—工作台；9，10—控制系统。

图 1.90　激光焊装置

(3) 激光可以通过光学系统在空间传播相当大距离且衰减很小，能进行长距离施焊或对难接近部位焊接。

(4) 相对电子束焊而言，激光焊不需要真空室，激光不受电磁场的影响。

激光焊的缺点是焊机价格较高，激光的电光转换效率低，焊前对工件的加工要求和装配要求高，焊接厚度比电子束焊小。

激光焊应用在很多机械加工作业中，如汽车车身拼焊、仪器仪表零件的连接、变速箱齿轮焊接、集成电路中的金属箔焊接等。

**5. 钎焊**

1) 定义

钎焊是利用比被焊材料熔点低的金属作钎料，加热钎料使其熔化，靠毛细管作用将钎料吸入接头接触面的间隙，润湿被焊金属表面，使液相与固相之间相互扩散而形成钎焊接头的焊接方法。

钎焊材料包括钎料和钎剂。

钎料是钎焊用的填充材料，在钎焊温度下具有良好的湿润性，能充分填充接头间隙，与焊件材料发生一定的溶解、扩散作用，保证与焊件形成牢固的结合。钎料主要分为易熔钎料（软钎料），如锡、铅、银、铜、锰和镍铅基钎料，多用于电子和食品工业中导电器件、气密器件和水密器件的焊接；难熔钎料（硬钎料），如银、镍、铝、锰、铜、钯、锆和钛基钎料，可用于焊接不锈钢、耐热钢、高温合金、难熔金属、石墨和陶瓷等材料。当钎料的液相线温度高于450℃时，接头强度高，称为硬钎焊；当液相线温度低于450℃时，接头强度低，称为软钎焊。

钎剂的主要作用是去除钎焊焊件和液态钎料表面的氧化膜，使母材和钎料在钎焊过程中不进一步氧化，并提高钎料对焊件表面的湿润性。钎剂种类很多，软钎剂有氯化锌溶液、氯化锌-氯化铵溶液、盐酸、松香等，硬钎剂有硼砂、硼酸、氯化物等。

2) 分类

根据热源和加热方法的不同，钎焊可分为火焰钎焊、感应钎焊、炉中钎焊、浸沾钎焊、电阻钎焊等。

3）优缺点

钎焊具有以下优点。

(1) 钎焊时，由于加热温度低，对焊件材料的性能影响较小，因此焊接的应力变形比较小。

(2) 可以用于焊接碳钢、不锈钢、高合金钢、铝、铜等金属材料，也可以用于焊接异种金属、金属与非金属。

(3) 可以一次完成多个焊件的钎焊，生产效率高。

钎焊的缺点是接头强度较低，耐热能力较差，适合焊接承受载荷不大和常温下工作的接头。另外，钎焊前对焊件表面的清理和装配要求比较高。

### 1.4.5 现代焊接技术及其发展方向

现代焊接技术及其发展方向相关内容见二维码。

【拓展图文】

未来，新的电焊技术、电焊设备和电焊用材料将进一步发展，焊接工艺性能和焊接质量将提高。焊接加工制造工艺由手工焊接转变为自动化焊接，并逐步向数字化焊接、智能化焊接时代迈进。智能焊接将继续基于多平台技术的个性化发展，通过不断提升机器人与焊接电源的深度融合、数据驱动下的智能建模、多信号处理与传感器融合、人机交互培训和学习、自适应控制技术等能力，实现高质量发展。

## 小　　结

设计某种零件时，选择材料至关重要。选择的材料必须满足使用性能（主要是力学性能）、工艺性能和经济性能的要求。能否满足使用性能、工艺性能，可以选用适当的热处理方法进行试验。通过热处理过程的加热、保温和冷却改变材料整体或表层的组织，从而获得所需组织结构与性能。

本章讲述了金属材料的三种成形方法。

**1. 铸造分为砂型铸造和特种铸造，砂型铸造应用较广泛**

(1) 砂型铸造的主要加工工艺有制模、造型（制芯）、熔炼、浇注、落砂、清理和检验。

(2) 造型分为手工造型和机器造型，应用较多的手工造型方法有两箱造型、挖砂造型、假箱造型、活块造型和刮板造型。

(3) 金属熔炼是提供铸造用铁液的关键工艺。冲天炉熔炼是通过炉料的组成及金属炉料与焦炭之间的冶金反应得到化学成分满足规范要求的铁液。

(4) 铸造生产工艺繁多，如果原、辅材料使用出现差错，操作程序设计或执行不当，

则铸件易产生缺陷。

**2. 锻压包括锻造和冲压**

（1）锻造是将金属坯料放在砧铁或模具之间，使坯料、铸锭局部或全部产生塑形变形，以获得一定形状、尺寸和质量的锻件的加工方法。锻件的生产过程为下料—加热—锻打成形—冷却—热处理等。锻造可分为自由锻造、胎模锻造和模型锻造等。

（2）冲压是利用装在冲床上的冲模使金属板料产生塑性分离或变形，以获得零件的方法。冲压包括冲裁、拉深、弯曲、成形和胀形等，属于金属板料成形。

**3. 焊接是一种用于金属连接的加工工艺，有多种方法**

（1）电弧焊利用电弧热熔化母材和填充材料实现焊接。该方法应用普遍，适合各种板厚的黑色金属和有色金属的焊接。

（2）电阻焊采取对焊件接头部位施加压力和电阻热的方式实现焊接。在薄板焊接中应用广泛，有很高的生产效率。

（3）气焊和气割是利用气体火焰热量焊接及切割金属的方法，在金属结构件的生产中有大量应用。

（4）电渣焊、电子束焊、激光焊、钎焊等焊接方法采用多种热源对焊件加热以完成金属的连接，它们的应用各具特点。

【在线答题】

【在线答题】

【在线答题】

【在线答题】

# 第2章 切削加工技术

本章主要内容：切削加工的两大内容，即机械加工和钳工。在机械制造中，为了获得高的精度和低的表面粗糙度，除极少数采用精密铸造或精密模锻等工件进行少屑加工或无屑加工外，需要对绝大多数工件进行切削加工。

本章主要知识点：常用机床的型号、主要结构及操作方法；常用刀具的组成、几何角度及作用；常用附件的作用及应用场合；切削加工常用方法所能达到的尺寸公差等级、表面粗糙度；钳工常用设备、工具和量具的使用方法及钳工的主要工序。

本章教学要求：熟悉切削加工中的切削运动及切削用量三要素，熟悉刀具的材料和几何角度，掌握切削加工的步骤安排；熟悉卧式车床的型号、组成及传动系统，掌握外圆、端面、内孔的车削加工方法，并能确定选择简单零件的车削加工顺序，要求从工艺角度熟悉零件加工的技术要求，希望从制图标准的认识转化为制造生产的应用；了解刨削、铣削和磨削的基本知识，熟悉工件在机用平口虎钳中的装夹及校正方法，熟悉牛头刨床、万能铣床的主要结构及作用，掌握在牛头刨床、万能铣床、立式铣床上加工水平面、垂直面及沟槽的操作；了解钳工在机械制造和维修中的作用；了解钳工操作的注意事项，熟悉学习环境中有关钳工训练的设施，掌握划线、锯割、锉削、钻孔、攻螺纹及简单的装配技能，能够正确使用工具、量具，独立完成钳工的基本操作。

# 2.1 切削加工的基础知识

## 2.1.1 切削加工概述

切削加工是利用切削刀具或工具从毛坯（或型材）上切去多余金属，以获得符合图样要求的形状、尺寸、位置精度和表面粗糙度的零件的加工方法。切削加工分为机械加工（简称机加工）和钳工两类。机械加工主要是指工人操作机床对工件进行切削加工。加工时，分别将工件和刀具夹持在机床的相应装置上，依靠机床提供的动力和其内部传动关系，使用刀具对工件进行切削加工。机械加工的主要加工方式有车削、铣削、刨削、磨削、镗削等，使用的机床分别称为车床、铣床、刨床、磨床、镗床等。由于机械加工劳动强度低、自动化程度高、加工质量好，因此已成为切削加工的主要方式。

**1. 切削运动**

大部分机器零件由一些简单几何表面（如平面、回转面、沟槽等）组成。使用机床对这些表面进行切削加工时，刀具与工件之间需有特定的相对运动，称为切削运动。根据在切削过程中所起的作用不同，切削运动可分为主运动和进给运动两种。

1）主运动

主运动是提供切削加工可能性的运动。如果没有主运动，就无法对工件进行切削加工。在切削过程中，主运动速度最高，消耗机床的动力最多。车削中工件的旋转运动、铣削中铣刀的旋转运动、刨削中刨刀的往复直线移动及钻削中钻头的旋转运动等都是主运动，如图 2.1 所示。

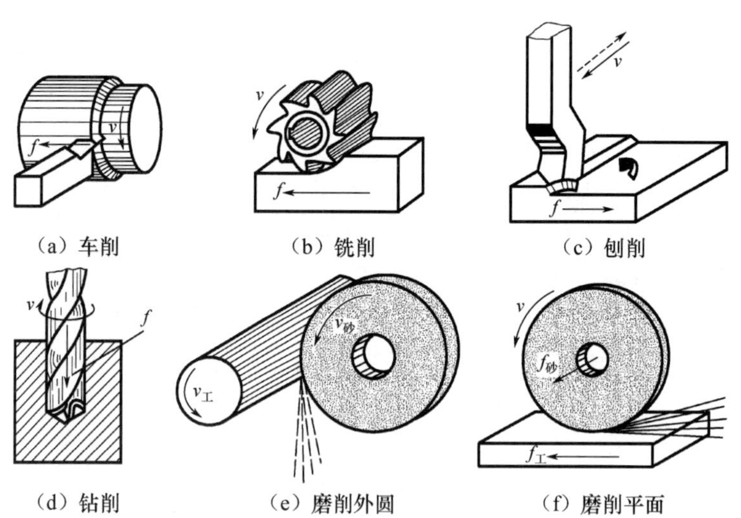


（a）车削　（b）铣削　（c）刨削

（d）钻削　（e）磨削外圆　（f）磨削平面

图 2.1　机械加工时的切削运动

2）进给运动

进给运动是提供连续切削可能性的运动。如果没有进给运动，就不可能加工成完整零件的形面。进给运动速度相对低，消耗机床的动力相对少。如图 2.1 所示，车削中车刀的横、纵向移动，铣削和刨削中工件的横、纵向移动，钻削中钻头的轴线移动等都是进给运动。

主运动一般只有一个，而进给运动可能有一个或多个。在图 2.1（e）中，工件的旋转运动和轴向移动都是进给运动。

**2. 工件加工的三个表面**

在切削过程中，工件上有待加工表面、已加工表面、过渡表面三个变化的表面，如图 2.2 所示。

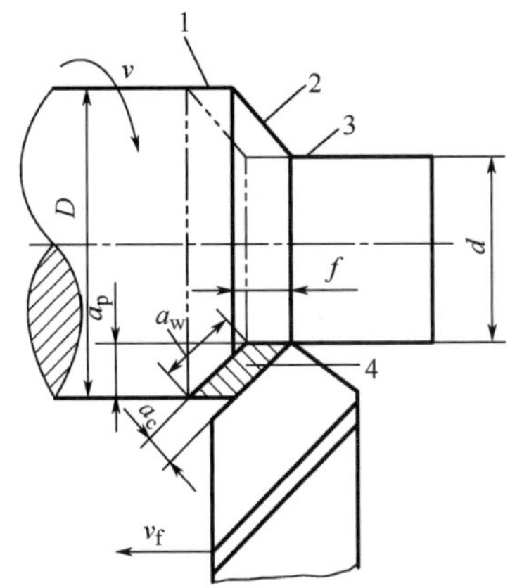


1—待加工表面；2—过渡表面；3—已加工表面；4—切削层。

图 2.2 工件加工的三个表面

（1）待加工表面。工件上待切除的表面称为待加工表面。

（2）已加工表面。工件上刀具切削后形成的表面称为已加工表面。

（3）过渡表面（曾称为加工表面）。在工件需加工的表面上，被主切削刃切削形成的轨迹表面称为过渡表面。过渡表面是待加工表面与已加工表面间的过渡面。

## 2.1.2 切削要素

切削要素包括切削用量和切削层几何参数。下面以车削外圆面（图 2.2）为例进行介绍。

**1. 切削用量**

切削用量是切削速度、进给量（或进给速度）和背吃刀量的总称，三者称为切削用量三要素。

1）切削速度

切削速度是指切削刃上选定点相对于工件待加工表面在主运动方向上的瞬时速度，用 $v$ 表示。它是描述主运动的参数，法定单位为 m/s，但在生产中除磨削的切削速度单位用 m/s 外，其他切削速度单位习惯上用 m/min。

当主运动为旋转运动（如车削、铣削、磨削等）时，切削速度的计算公式为

$$v=\frac{\pi Dn}{1000\times 60}(\mathrm{m/s}) \quad 或 \quad v=\frac{\pi Dn}{1000}(\mathrm{m/min})$$

当主运动为往复直线运动（如刨削、插削等）时，切削速度的计算公式为

$$v=\frac{2Ln_{\mathrm{r}}}{1000\times 60}(\mathrm{m/s}) \quad 或 \quad v=\frac{2Ln_{\mathrm{r}}}{1000}(\mathrm{m/min})$$

式中：$D$ 为待加工表面的直径或刀具切削处的最大直径（mm）；$n$ 为工件或刀具的转速（r/min）；$L$ 为往复运动行程长度（mm）；$n_{\mathrm{r}}$ 为主运动每分钟往复的次数（行程次数）（str/min）。

若提高切削速度，则生产效率和加工质量都有所提高。但切削速度的提高受机床动力和刀具耐用度的限制。

2）进给量（或进给速度）

进给量是指主运动在一个工作循环内刀具与工件在进给运动方向上的相对位移量，用 $f$ 表示。当主运动为旋转运动时，进给量 $f$ 的单位为 mm/r，称为每转进给量。当主运动为往复直线运动时，进给量 $f$ 的单位为 mm/str，称为每行程（往复一次）进给量。对于铰刀、铣刀等多齿刀具，进给量是指每齿进给量，即 $f_z=f/z$。

单位时间的进给量称为进给速度 $v_{\mathrm{f}}$，单位为 mm/s 或 mm/min。进给量越大，生产效率越高，但工件表面的加工质量越低。

3）背吃刀量

背吃刀量一般是指工件待加工表面与已加工表面的垂直距离，用 $a_{\mathrm{p}}$ 表示。铣削的背吃刀量为沿铣刀轴线方向上测量的切削层尺寸。

车削外圆时，背吃刀量的计算公式为

$$a_{\mathrm{p}}=(D-d)/2$$

式中：$D$ 和 $d$ 分别为工件上待加工表面和已加工表面的直径（mm）。

背吃刀量 $a_{\mathrm{p}}$ 增大，生产效率提高，但切削力随之增大，容易引起工件振动，使加工质量下降。

**2. 切削层几何参数**

切削层是指工件上相邻两加工表面之间的一层金属（图 2.2），即工件上正被切削刃切削的金属。车外圆时，切削面积

$$A_{\mathrm{c}}=a_{\mathrm{w}}a_{\mathrm{c}}=a_{\mathrm{p}}f$$

式中：$A_{\mathrm{c}}$ 为切削面积（$\mathrm{mm}^2$），即切削层垂直于切削速度截面面积；$a_{\mathrm{w}}$ 为切削宽度（mm），即沿主切削刃方向度量的切削层尺寸；$a_{\mathrm{c}}$ 为切削厚度（mm），即相邻两加工表面的垂直距离；$a_{\mathrm{p}}$ 为背吃刀量（mm）；$f$ 为进给量（mm）。

## 2.1.3 刀具材料及刀具的几何角度

在金属切削加工中，刀具直接参与切削。为使刀具具有良好的切削性能，必须选择合适的刀具材料和合理的几何角度。

**1. 刀具材料**

刀具切削部分的材料必须满足切削要求，即其硬度要大于工件硬度，一般应大于

60HRC；要有一定的强度和韧性，以承受切削力和振动；要有一定的热硬性，即在高温下仍具备良好的强度、韧性、硬度和耐磨性；要具有良好的工艺性能；等等。刀具角度既要使刀具锋利，又要使刀具坚固。

**刀具材料有工具钢（碳素工具钢、合金工具钢、高速工具钢）、硬质合金、陶瓷和超硬刀具材料四大类。**碳素工具钢用于制造锉刀、锯条等手动工具，合金工具钢用于制造手动工具或低速机动工具，使用最多的是高速工具钢和硬质合金。在机械加工中，除砂轮是由磨料加黏结剂采用烧结方法制成的多孔物体外，其他刀具都是由高速工具钢、硬质合金等材料制成的。

1）高速工具钢

高速工具钢是指含有钨、铬、钒等元素的高合金工具钢，热处理后的硬度为62～65HRC。当切削温度为500～600℃时，高速工具钢能保持良好的切削性能。高速工具钢适用于制造刀具，尤其是复杂刀具，如钻头、铣刀、拉刀、齿轮刀具、丝锥、板牙、铰刀等。

2）硬质合金

硬质合金是指由碳化钨（WC）、碳化钛（TiC）和钴（Co）等材料采用粉末冶金方法制成的刀具材料。硬质合金的特点是硬度大（74～82HRC）、耐磨性好、在800～1000℃高温下仍能保持良好的热硬性。因此，使用硬质合金刀具可达到较大的切削用量，显著提高生产效率。但硬质合金刀具韧度差、不耐冲击。常用硬质合金的牌号及应用范围见表2-1。

表2-1 常用硬质合金的牌号及应用范围

| 分类 | 旧标准代号 | 主要成分 | 颜色 | 粗加工选用牌号 | 半精加工选用牌号 | 精加工选用牌号 | 应用范围 |
|---|---|---|---|---|---|---|---|
| P | YT类 | TiC+WC+Co | 蓝色 | P30、P40 | P10、P20 | P01 | 长切屑材料（如钢、铸钢、长切削可锻铸铁等）的加工 |
| K | YG类 | WC+TaC（NbC）+Co | 红色 | K30、K40 | K10、K20 | K01 | 主要用于加工铸铁、有色金属及非金属材料 |
| M | YW类 | WC+Co | 黄色 | M30、M40 | M20 | M10 | 主要用于加工钢（包括难加工钢）、铸铁及有色金属 |

**2. 刀具的几何角度**

切削刀具的种类很多，不同切削刀具的结构要素和几何角度有许多共同特征。在切削刀具中，车刀最简单。由于图2.3所示刀具中的任一齿都可以看成车刀切削部分的演变及组合，因此从车刀入手研究切削角度更具有实际意义。

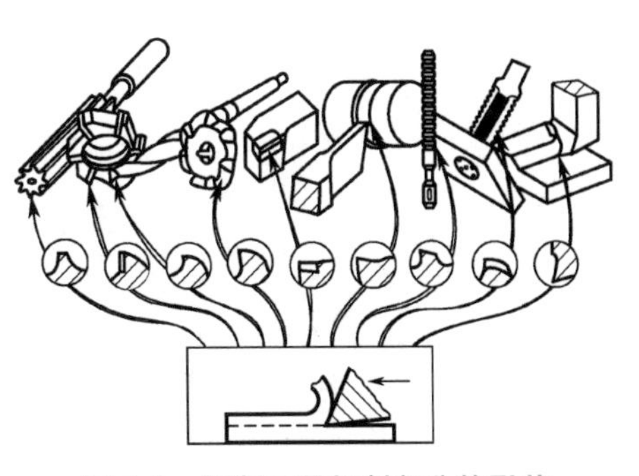

图2.3 切削刀具切削部分的形状

1）车刀的组成

车刀由刀头和刀杆两部分组成。刀头是车刀

的切削部分，刀杆是车刀的夹持部分。切削部分由前刀面、后刀面、副后刀面、主切削刃、副切削刃、刀尖（三面、二刃、一刀）组成，如图 2.4 所示。

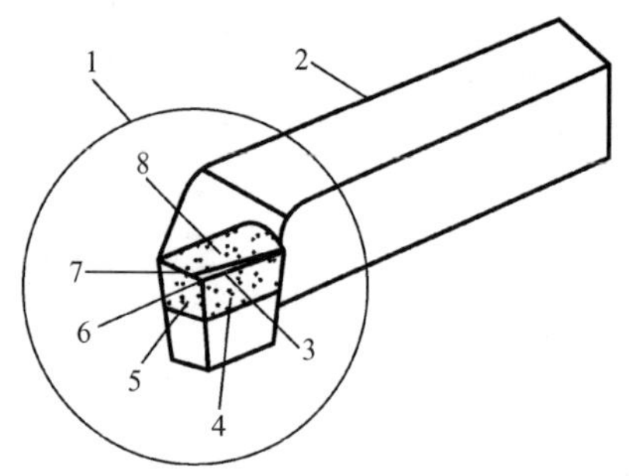


1—刀头；2—刀杆；3—主切削刃；4—后刀面；
5—副后刀面；6—刀尖；7—副切削刃；8—前刀面。

**图 2.4　车刀的组成**

（1）前刀面：刀具上切屑流过的表面。

（2）后刀面：与工件加工表面相对的表面。

（3）副后刀面：与工件已加工表面相对的表面。

（4）主切削刃：前刀面与后刀面相交的切削刃，承担主要切削任务，用以形成工件的过渡表面。

（5）副切削刃：前刀面与副后刀面相交的切削刃，承担微量切削任务，用以最终形成工件的已加工表面。

（6）刀尖：主切削刃与副切削刃的交接处，常将刀尖磨成小圆弧形。

2）车刀角度

图 2.5 所示为车刀的主要角度及辅助平面。

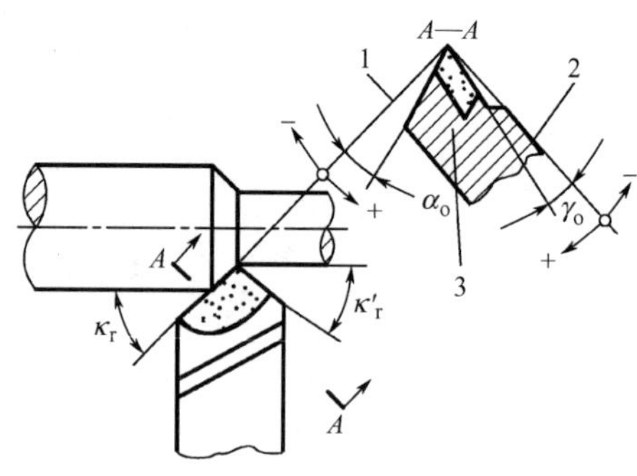


1—切削平面；2—基面；3—正交平面。

**图 2.5　车刀的主要角度及辅助平面**

（1）前角（$\gamma_o$）。前角是指前刀面与基面的夹角，在正交平面中测量。其作用是使切削刃锋利。但前角不能太大，否则会降低刀头的强度，使切削刃易磨损甚至崩坏。一般取前角为−5°～25°。加工塑性材料时，前角应选大些；加工脆性材料时，前角应选小些。另外，粗加工时前角选较小值，精加工时前角选较大值。

（2）主后角（$\alpha_o$）。主后角是指后刀面与切削平面的夹角，在正交平面中测量。其作用是减少后刀面与工件的摩擦。一般取主后角为3°～12°。粗加工时，主后角选较小值；精加工时，主后角选较大值。

（3）主偏角（$\kappa_r$）。主偏角是指主切削刃在基面上的投影与进给运动方向之间的夹角，在基面中测量。减小主偏角，使切削负荷减轻，同时提高了刀尖强度、改善了散热条件、延长了刀具使用寿命。但减小主偏角会使刀具对工件的径向切削力增大，影响加工精度。因此，工件刚性较差时，应选用较大主偏角。

（4）副偏角（$\kappa_r'$）。副偏角是指副切削刃在基面上的投影与进给反方向之间的夹角，在基面中测量。减小副偏角利于降低加工表面的表面粗糙度。但若副偏角太小，则在切削过程中会引起工件振动，影响加工质量。一般取副偏角为5°～15°。粗加工时，副偏角取较大值；精加工时，副偏角取较小值。

## 2.1.4 切削加工的步骤安排

切削加工步骤安排的合理性对零件加工质量、生产效率及加工成本影响很大。但是，零件的材料、批量、形状、尺寸、加工精度及表面质量等要求不同，切削加工的步骤安排也不尽相同。在单件、小批生产小型零件的切削加工中，通常采用以下步骤。

### 1. 阅读零件图

零件图是技术文件，也是制造零件的依据。切削加工人员只有在完全读懂图样要求的情况下，才可能加工出合格的零件。

阅读零件图，要了解加工零件的材料，以及切削加工表面，各加工表面的尺寸、形状、位置精度及表面粗糙度要求并进行工艺分析，从而确定加工方案，为加工出合格的零件做好技术准备。

### 2. 零件预加工

加工前，要对毛坯进行检查，还需要对有些零件进行预加工。常见的预加工有划线和钻中心孔。

（1）划线。很多毛坯是采用铸造、锻压和焊接方法制成的。由于毛坯有制造误差，且在制造过程中加热和冷却不均匀，因此会产生很大内应力，进而产生变形。为便于切削加工，加工前要对这些毛坯划线。通过划线确定加工余量、加工位置界线，合理分配各加工表面的加工余量，避免加工余量不均匀的毛坯报废。但在大批量生产中，由于使用专用夹具装夹毛坯，因此不用划线。

（2）钻中心孔。在加工较长轴类零件时，多采用锻压棒料做毛坯，并在车床上加工。在加工轴类零件的过程中需多次掉头装夹，为保证各外圆面的同轴度要求，必须建立同一定位基准，即在棒料两端用中心钻钻出中心孔，通过双顶尖装夹工件进行加工。

### 3. 选择加工机床及刀具

根据零件被加工部位的形状和尺寸，选择合适的机床，既能保证零件的加工精度和表面质量，又能提高生产效率。一般零件的加工表面为回转面、回转体端面和螺旋面，加工这些表面时多选用车床，并根据工序的要求选择刀具。

**4. 安装工件**

在切削加工工件前，必须将其牢固地安装在机床上，并使其相对机床和刀具有一个正确位置。工件安装的正确性对工件加工质量及生产效率有很大影响。工件安装方法主要有直接安装和专用夹具安装两种。

（1）直接安装：将工件直接安装在机床工作台或通用夹具［如自定心卡盘（又称三爪卡盘）、单动卡盘（又称四爪卡盘）等］上。这种安装方法简单、方便，通常用于单件、小批量生产。

（2）专用夹具安装。将工件安装在专门为其设计和制造的夹具中。采用这种方法安装工件时，无须找正，而且定位精度高、夹紧迅速可靠，通常用于大批量生产。

**5. 切削加工**

一个零件往往有多个表面需要加工，且各表面的质量要求不同。为了高效率、高质量、低成本地完成各表面的切削加工，要视零件的具体情况，合理地划分加工阶段和安排加工顺序。

1）划分加工阶段

（1）粗加工阶段。在粗加工阶段，用较大背吃刀量和进给量、较低切削速度切削，既可用较少时间切除工件的大部分加工余量、提高生产效率，又可为精加工打下良好的基础，还能及时发现毛坯缺陷。

（2）精加工阶段。因在精加工阶段工件的加工余量较小，故可用较小背吃刀量和进给量、较低切削速度切削。这样加工产生的切削力和切削热较小，零件的尺寸精度、形状精度、位置精度和表面粗糙度易满足要求。

划分加工阶段除利于保证加工质量外，还利于合理使用设备。但是，当毛坯质量高、加工余量小、刚性好、加工精度要求不高时，可不用划分加工阶段，而在一道工序中完成粗、精加工。

2）安排加工顺序

影响加工顺序的因素很多，通常遵循以下原则。

（1）基准先行。应在一开始就确定好加工精基准面，再以精基准面为基准加工其他表面。一般将零件上的较大平面作为精基准面。

（2）先粗后精。先进行粗加工，后进行精加工，有利于保证加工精度和提高生产效率。

（3）先主后次。主要表面是指零件上的工作表面、装配基准面等，它们的技术要求较高、加工工作量较大，应先加工。次要表面（如非工作面、键槽、螺栓孔等）因加工工作量较小、对零件变形影响小且多与主要表面有相互位置要求，故应在主要表面加工之后或穿插其间加工。

（4）先面后孔。先加工平面、后加工孔有利于保证孔与平面的位置精度。

（5）“一刀活”。“一刀活”是指在一次装夹中加工出有位置精度要求的表面。

**6. 零件检测**

经过切削加工的零件是否符合零件图要求，要通过用测量工具测量的结果判断。

以上是从理论上学习切削加工的步骤安排，如何在生产中应用这些理论呢？请参见本书2.2节中“车削综合工艺举例”、2.3节中“刨削综合工艺举例”“铣削综合工艺举例”“磨削综合工艺举例”相关内容，这些都是单工种综合工艺，还可参见4.3节中的多工种综合工艺。

# 2.2 车 削

## 2.2.1 车削概述

车削加工既适合单件、小批量零件的加工生产，又适合大批量零件的加工生产。车削加工可完成的工作如图2.6所示。

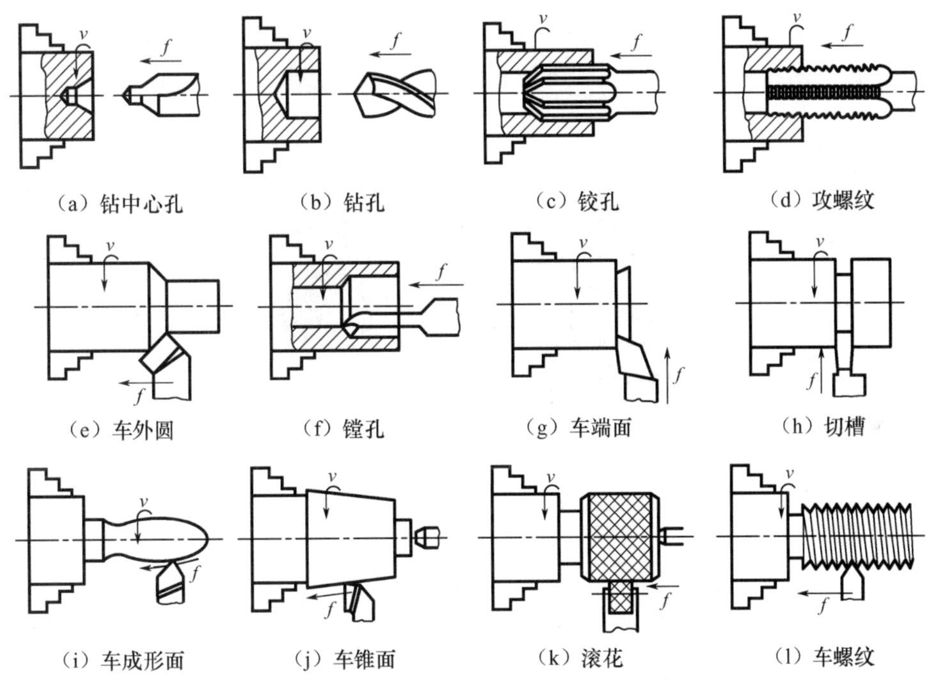


图2.6 车削加工可完成的工作

车床在机械加工设备中的占比超过50%，它是金属切削机床中应用最多的，适合加工回转体表面，在现代机械加工中占有重要的地位。车削加工可以在卧式车床、立式车床、转塔车床、仿形车床、自动车床、数控车床及专用车床上进行，以满足不同尺寸、形状零件的加工要求及提高生产效率，其中卧式车床应用最广。

### 1. 车削加工的特点

车削加工与其他切削加工方法相比，具有如下特点。

(1) 适应范围广。车削加工是加工不同材质、不同精度的具有回转表面的零件不可缺少的工序。

(2) 容易保证零件各加工表面的位置精度。例如，在一次装夹中加工零件各回转表面时，可保证各加工表面的同轴度、平行度、垂直度等位置精度的要求。

(3) 生产成本低。车刀是最简单的刀具，制造、刃磨和安装较方便。车床附件较多，生产准备时间短。

(4) 生产效率较高。由于车削加工一般是等截面连续切削，因此切削力变化小，比刨削、铣削过程平稳。可选用较大的切削用量，这样生产效率较高。

车削的尺寸公差等级为IT8～IT7，表面粗糙度 $Ra=3.2\sim1.6\mu m$。尤其是对不宜磨削的有色金属进行精车加工，可获得更高的尺寸精度和更低的表面粗糙度。

**2. 卧式车床的组成**

将汉语拼音首字母和阿拉伯数字按一定规律组合对机床进行编号，以表示机床的类型和主要规格。常用的车床型号有C6132、C6136等。在型号C6132中，C是“车”字的汉语拼音首字母，读作“车”；6和1分别为机床的组别代号和系别代号，表示卧式车床；32为主参数代号，表示最大车削直径的1/10，即该车床的最大车削直径为320mm。

卧式车床有多种型号，但其结构大致相似。图2.7所示为C6132型卧式车床的外形及主要结构。

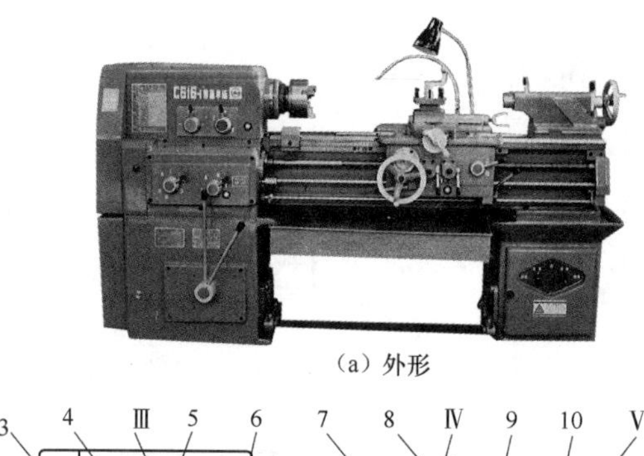

(a) 外形

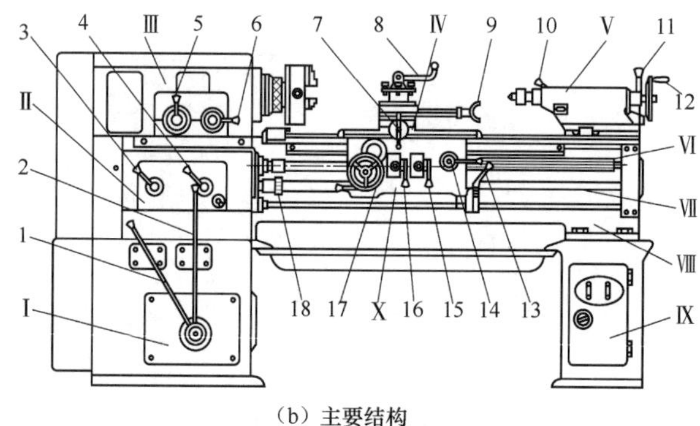


(b) 主要结构

Ⅰ—变速箱；Ⅱ—进给箱；Ⅲ—主轴箱；Ⅳ—刀架；Ⅴ—尾座；
Ⅵ—丝杠；Ⅶ—光杠；Ⅷ—床身；Ⅸ—床腿；Ⅹ—溜板箱；
1，2，6—主运动变速手柄；3，4—进给运动变速手柄；5—刀架纵向移动变速手柄；
7—刀架横向运动手柄；8—刀架锁紧手柄；9—小滑板移动手柄；10—尾座套筒锁紧手柄；
11—尾座锁紧手柄；12—尾座套筒移动手柄；13 主轴正反转及停止手柄；14—开合螺母开合手柄；
15—自动横向进给手柄；16—自动纵向进给手柄；17—手动纵向进给手柄；
18—光杠、丝杠更换使用的离合器。

图2.7 C6132型卧式车床的外形及主要结构

C6132 型卧式车床的主要组成部分如下。

1）床身

床身用以连接机床各主要部件，并保证各部件间的相对位置。床身上的导轨用以引导刀架和尾座相对于主轴正确移动。

2）变速箱

主轴变速主要通过变速箱完成。变速箱内有变速齿轮，改变变速箱上变速手柄的位置，可以改变主轴转速。将变速箱远离主轴，可减少由变速箱的振动和发热对主轴产生的影响。

3）主轴箱

主轴箱内装有主轴及其变速机构，可使主轴获得多种转速。主轴是由前、后轴承精密支承的空心结构，以便穿过长棒料进行安装。主轴前端的内锥面用来安装顶尖，外锥面用来安装卡盘等附件。

4）进给箱

进给箱是传递进给运动并改变进给速度的变速机构。传入进给箱的运动，通过进给箱的变速齿轮可使光杠和丝杠获得不同的转速，以得到所需进给量或螺距。

5）溜板箱

溜板箱是进给运动的操纵机构。溜板箱与床鞍（图 2.8 中的 7，也称大刀架）连接，其将光杠的旋转运动转换为车刀的横向移动或纵向移动，用以车削端面或外圆；将丝杠的旋转运动转换为车刀的纵向移动以车削螺纹。溜板箱内设有互锁机构，使光杠、丝杠不能同时使用。

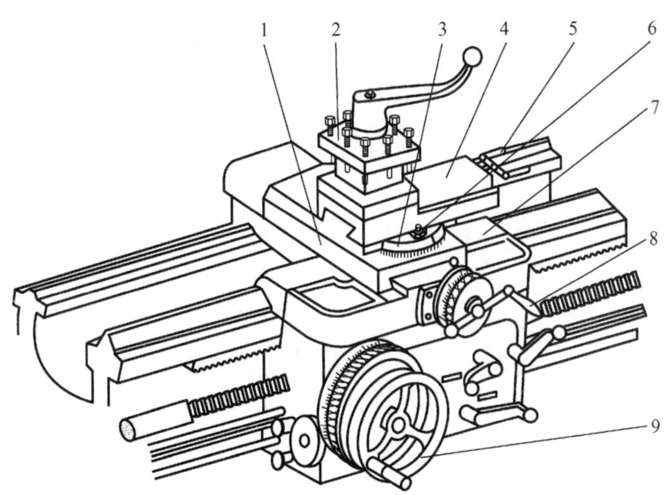


1—中滑板；2—方刀架；3—转盘；4—小滑板；5—小滑板手柄；
6—螺母；7—床鞍；8—中滑板手柄；9—床鞍手轮。

图 2.8 C6132 型卧式车床刀架的结构

6）刀架

图 2.8 所示为 C6132 型卧式车床刀架的结构。刀架用来装夹车刀并使其做纵向运动、横向运动和斜向运动。刀架具有多层结构，其中可在方刀架 2 上安装四把车刀，以供车削

时选用。小滑板（小刀架）4 受行程的限制，一般做手动短行程的纵向进给运动或斜向进给运动，以车削圆柱面或圆锥面。转盘 3 用螺栓与中滑板（中刀架）1 紧固，松开螺母 6，转盘可在水平面内旋转任意角度。中滑板沿床鞍 7 上的导轨做手动或自动横向进给运动。床鞍与溜板箱连接，带动车刀沿床身导轨做手动或自动纵向移动。

7）尾座

尾座套筒内装有顶尖，用来支承长轴类零件的另一端；也可装上钻头、铰刀等刀具进行钻孔、铰孔等。尾座在床身导轨上移动到某所需位置后，便可通过压板和紧定螺钉固定在床身上。松开尾座底板的紧定螺母，拧动两个调节螺钉，可调整尾座的横向位置，以便顶尖中心对准主轴中心，或偏离一定距离车削长圆锥面。松开套筒锁紧手柄，转动手轮，带动丝杠，使螺母及与其相连的套筒相对尾座体移动一定距离。将套筒退缩到最后位置，即可自行卸出带锥度的顶尖或钻头等工具。

### 3. 车床传动系统

车床传动系统由主运动传动系统和进给运动传动系统两部分组成。图 2.9 所示为 C6132 型卧式车床的传动系统简图。

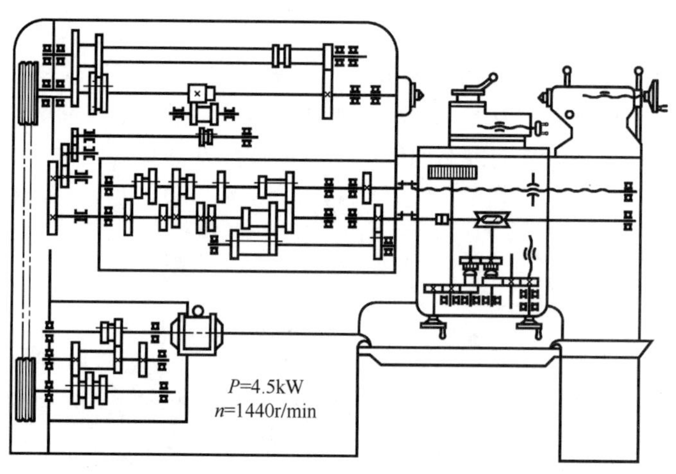


图 2.9　C6132 型卧式车床的传动系统简图

1）主运动传动系统

从电动机经变速箱和主轴箱使主轴旋转的系统称为主运动传动系统。电动机转速不变，为 1440r/min。通过变速箱后，可获得 6 种转速，通过带轮直接传递给主轴，也可经主轴箱内的减速机构获得另外 6 种较低转速。因此，C6132 型卧式车床的主轴有 12 种转速。另外，**使电动机反转，主轴可有与电动机正转对应的 12 种反转转速**。

2）进给运动传动系统

主轴转动经进给箱和溜板箱使刀架移动的系统称为进给运动传动系统。车刀的进给速度是与主轴的转速配合的，主轴转速一定，通过进给箱的变速机构可使光杠获得不同的转速，再通过溜板箱使车刀获得不同的纵向进给量或横向进给量；也可使丝杠获得不同的转速，加工出不同螺距的螺纹。另外，**调节正、反向走刀手柄，可获得与正转对应的反向进给量**。

**4. 其他车床**

除上述卧式车床外，还常用立式车床和转塔车床。

1）立式车床

立式车床可用于加工内外圆柱面、圆锥面、端面等，适用于加工长度小且直径大的重型零件，如大型带轮、轮圈、大型电动机零件等。立式车床的主轴回转轴线处于垂直位置，圆形工作台在水平面内，工件的安装和调整较安全、方便；在立柱和横梁上都装有刀架，刀架上的刀具可同时切削及快速换刀。

2）转塔车床

转塔车床曾称六角车床，用于加工外形复杂且大多数中心有孔的零件，其外形及主要结构如图 2.10 所示。转塔车床没有丝杠和尾座，代替卧式车床尾座的是一个可旋转换位的转塔刀架。转塔刀架可按加工顺序同时安装钻头、铰刀、丝锥及装在特殊刀夹中的车刀（共 6 把）。转塔车床还有一个与卧式车床相似的四方刀架，两个刀架配合使用，可同时加工零件。另外，转塔车床上还有定程装置，可控制加工尺寸。

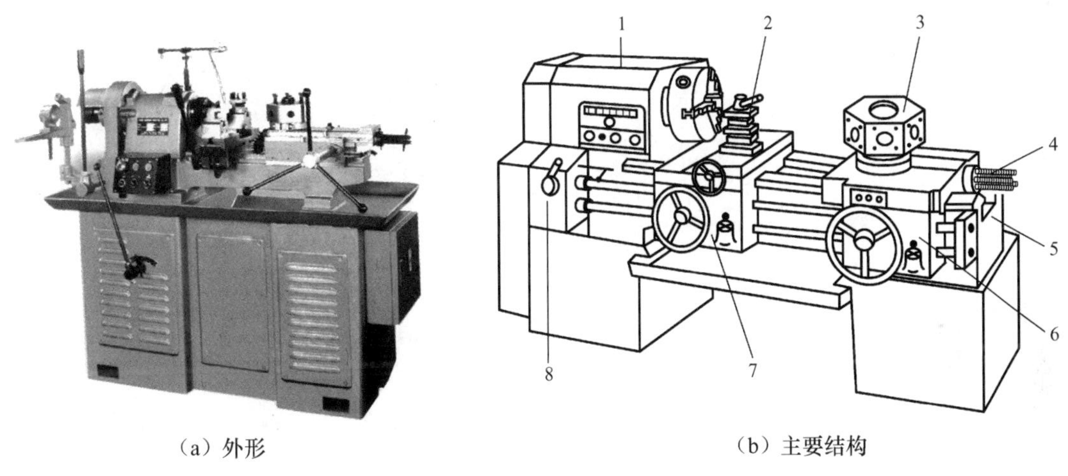


（a）外形　　（b）主要结构

1—主轴箱；2—四方刀架；3—转塔刀架；4—定程装置；5—床身；6—转塔刀架溜板箱；7—四方刀架溜板箱；8—进给箱。

图 2.10　转塔车床的外形及主要结构

## 2.2.2 工件的安装及车床附件

安装工件时，应使加工表面的回转中心与车床主轴的轴线重合，以保证工件在加工之前在机床或夹具中占有一个正确的位置，即定位。工件定位后还要夹紧，以承受切削力、重力等。所以，在机床或夹具上安装工件一般经过定位和夹紧两个过程。工件的形状、尺寸和加工批量不同，安装方法及所用附件也不同。在普通车床上，常用的附件有自定心卡盘、单动卡盘、顶尖、跟刀架、中心架、心轴、花盘弯板等。这些附件是通用的车床夹具，一般由专业生产厂家生产并作为车床附件配套供应。当工件定位面较复杂或有特殊要求时，应设计专用车床夹具。

**1. 自定心卡盘**

自定心卡盘是常见的通用夹具，其外形如图 2.11（a）所示，内部结构如图 2.11（b）所示。使用时，用卡盘扳手转动小锥齿轮 1，与其啮合的大锥齿轮 2 随之转动，大锥齿轮背面的平面螺纹使三个卡爪 3 同时做向心或离心移动，以夹紧或松开工件。当工件直径较大时，可换反爪形式装夹，如图 2.11（c）所示。**自定心卡盘的定心精度不高，一般为 0.05～0.15mm，其夹紧力较小，仅适合夹持表面光滑的圆柱形零件或六角形零件等，而不适合单独安装质量大或形状复杂的零件**。但由于三个卡爪同时移动，装夹工件时能自动定心、节省许多校正时间，因此自定心卡盘仍然是车床中常用的夹具。

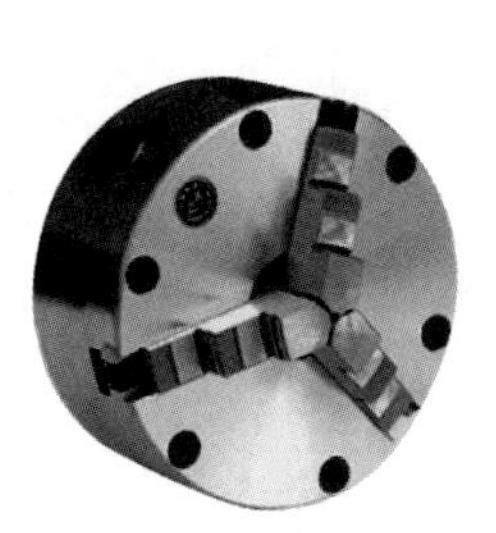

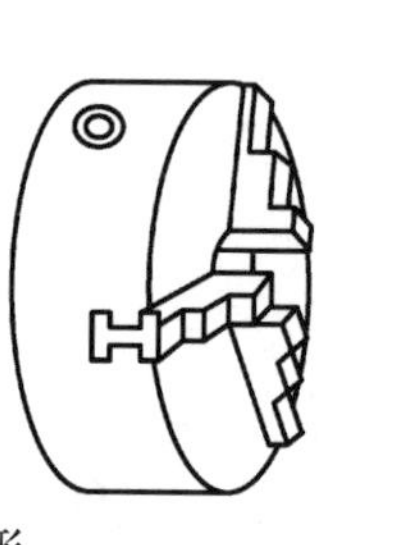

（a）外形

（b）内部结构

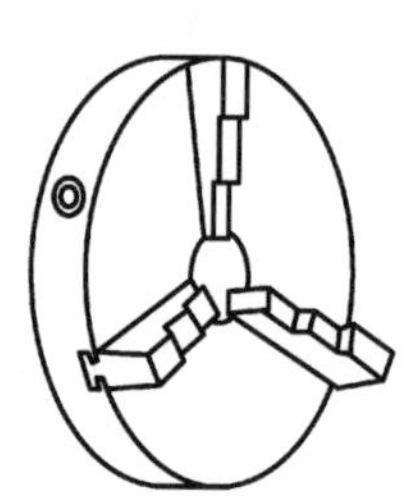

（c）反爪形式装夹

1—小锥齿轮；2—大锥齿轮；3—卡爪。

**图 2.11　自定心卡盘**

【拓展视频】

采用自定心卡盘安装工件的步骤如下。

（1）将工件在卡爪间放正，夹持长度至少为 10mm，轻轻夹紧后取下扳手，以免启动机床时工件飞出而砸伤人或机床。

（2）启动机床，使主轴低速旋转，检查工件有无偏摆。若有偏摆则应停车，用小锤轻敲校正，然后紧固工件，取下扳手。

（3）移动车刀至车削行程的左端，用手旋转卡盘，检查刀架等是否与卡盘或工件碰撞。

**2. 单动卡盘**

单动卡盘也是常见的通用夹具，其外形如图 2.12（a）所示。其四个卡爪的径向位移由四个螺杆单独调整，不能自动定心，因此安装工件时校正时间较长、要求工人技术水平高。用单动卡盘安装工件时卡紧力大，既适合装夹圆形零件，又适合装夹正方形零件、长方形零件、椭圆形零件、内外圆偏心的零件及其他形状不规则的零件。单动卡盘只适用于单件、小批量零件的生产。

用单动卡盘安装工件时，一般用划线盘按工件外圆或内孔找正。**当要求定位精度为 0.02～0.05mm 时，可以按事先划出的加工界线用划线盘划线找正**，如图 2.12（b）所示；**当要求定位精度达到 0.01mm 时，可用百分表找正**，如图 2.12（c）所示。

当按事先划出的加工界线用划线盘找正时，使划针靠近被轻轻夹紧的工件并划出加工界线，慢慢转动卡盘，校正端面，在离针尖最近的工件端面上用小锤轻轻敲击至各处距离

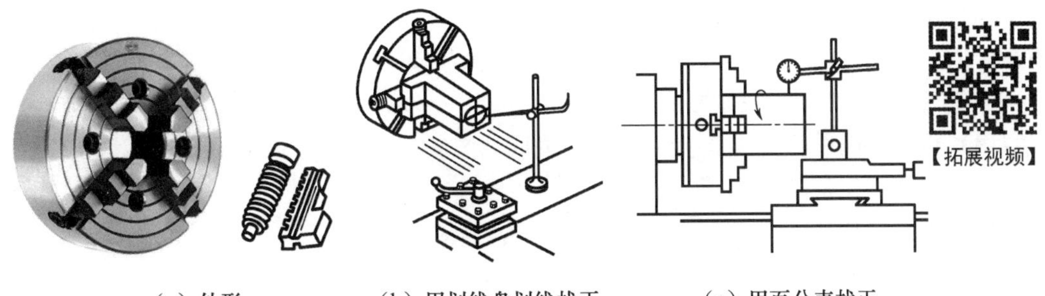


（a）外形　　（b）用划线盘划线找正　　（c）用百分表找正

图 2.12　单动卡盘及其找正

相等。将划针针尖靠近外圆，转动卡盘，校正中心，将离针尖最远的卡爪松开，拧紧其对面的卡爪，反复调整几次，直至校正为止，最后紧固工件。

**3. 顶尖、跟刀架及中心架**

在顶尖上安装轴类工件，由于两端都是锥面定位，因此其定位精度较高，即使多次装卸与掉头也能保证各外圆面有较高的同轴度。当车削细长轴（长度与直径之比大于 20）时，工件本身刚性不足，为防止工件在切削力作用下产生弯曲变形而影响加工精度，除用顶尖安装工件外，还常用跟刀架或中心架作为附加的辅助支承。

1）顶尖

常用的顶尖有死顶尖和活顶尖。对于较长或加工工序较多的轴类零件，常采用双顶尖安装，如图 2.13 所示。拨盘带动卡箍（又称鸡心夹头），卡箍带动工件旋转。前顶尖装在主轴上，采用死顶尖，与主轴一起旋转；后顶尖装在尾座上固定不动，易磨损，在高速切削时常采用活顶尖。当不需要掉头安装即可在车床上保证工件的加工精度时，也可用自定心卡盘代替拨盘。

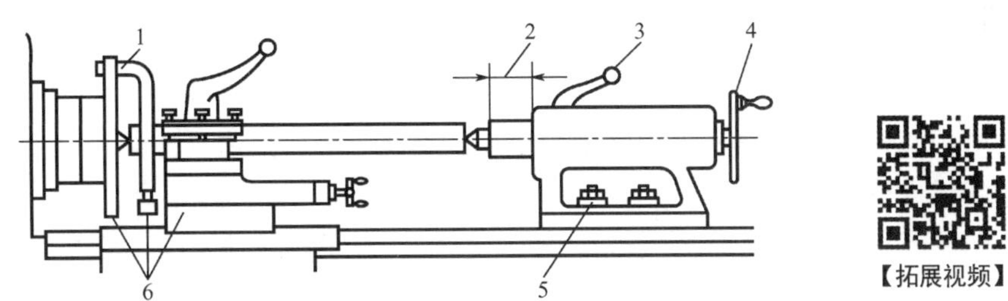


1—卡箍夹紧工件；2—调整套筒伸出长度；3—锁紧套筒；4—调整工件在两顶尖间的松紧度；
5—固定尾座；6—刀架移至车削行程最左端，用手转动拨盘及卡箍，检查是否碰撞。

图 2.13　用双顶尖安装工件

用双顶尖安装工件的步骤如下。

（1）安装工件前，车两端面，用中心钻在两端面上加工出中心孔。A 型中心孔的 60°锥面和顶尖的锥面配合；前端的小圆柱孔可保证顶尖与锥面紧密接触，并可储存润滑油。B 型中心孔有双锥面，中心孔前端的 120°锥面用于防止 60°锥面被撞坏。

（2）在工件的一端安装卡箍，用手稍微拧紧卡箍螺钉，在工件的另一端中心孔里涂上润滑油。

(3) 擦净与顶尖配合的锥面，并检查中心孔是否平滑，再将顶尖用力装入锥孔，调整尾座横向位置，直至前、后顶尖的轴线重合。将工件置于两顶尖之间，视工件长度调整尾座位置，保证刀架移至车削行程最右端，同时尽量使尾座套筒伸出长度最小，然后固定尾座。

(4) 转动尾座手轮，调节工件在两顶尖间的松紧度，使之既能自由旋转又无轴向松动，然后紧固尾座套筒。

(5) 将刀架移至车削行程最左端。用手转动拨盘及卡箍，检查是否与刀架等碰撞。

(6) 拧紧卡箍螺钉。

(7) 当切削用量较大时，工件因发热而伸长，在加工过程中还需及时调整顶尖位置。

2) 跟刀架

跟刀架主要用于精车或半精车细长光轴类零件，如丝杠和光杠等，其外形如图 2.14 (a) 所示。跟刀架固定在车床床鞍上，如图 2.14 (b) 所示，与刀架一起移动。使用时，先在工件靠后顶尖的一端车出一小段外圆，根据它调节跟刀架的两个支承，再车出全轴长。使用跟刀架可以抵消径向切削力，从而提高加工精度和表面质量。

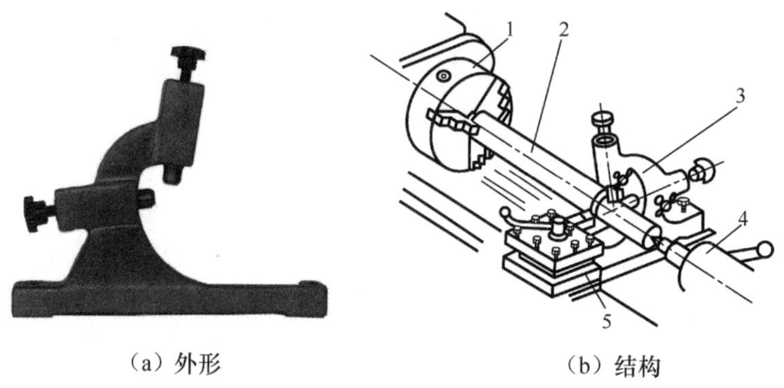


(a) 外形　　(b) 结构

1—自定心卡盘；2—工件；3—跟刀架；4—尾座；5—刀架。

图 2.14　跟刀架

3) 中心架

中心架（图 2.15）多用于加工阶梯轴及在长杆件端面进行钻孔、镗孔或攻螺纹。车削不能通过机床主轴孔的大直径长轴的端面时，也经常使用中心架。中心架由压板螺钉紧固在车床导轨上，用互成 120°的三个支承爪支承在工件经预先加工的外圆面上，以提高工件

【拓展视频】

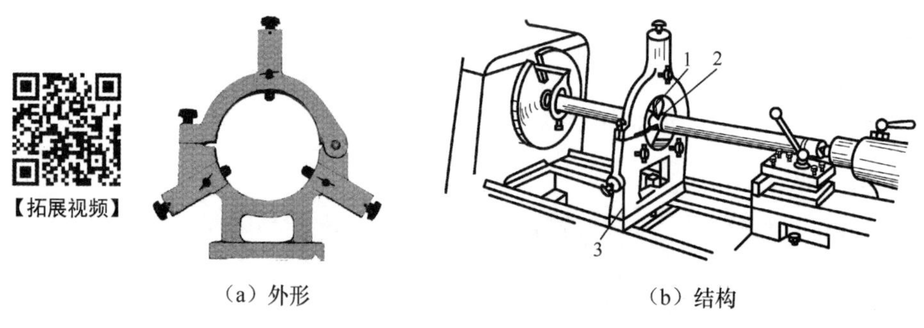


(a) 外形　　(b) 结构

1—可调节支承爪；2—预先车出的外圆面；3—中心架。

图 2.15　中心架

的刚性。如果细长轴不宜加工出外圆面，就可使用过渡套筒安装细长轴。加工长杆件时，需先加工一端，再掉头安装加工另一端。

应用跟刀架或中心架时，工件被支承部位（加工过的外圆表面）要加机油润滑。工件转速不能过高且支承爪与工件的接触压力不能过大，以免工件与支承爪之间摩擦过热而烧坏或磨损支承爪；支承爪与工件的接触压力也不能过小，否则起不到辅助支承的作用。另外，支承爪磨损后，应及时调整支承爪的位置。

**4. 心轴**

形状复杂或同轴度要求较高的盘套类零件常用心轴安装，以保证工件外圆与内孔的同轴度及端面与内孔轴线的垂直度要求。

用心轴安装工件时，应先对工件的孔进行精加工（IT8～IT7），再以孔定位。用双顶尖将心轴安装在车床上，以加工端面和外圆。安装时，根据零件的形状、尺寸、精度要求和加工数量采用不同的心轴。

1）圆柱心轴

当零件长径比小于1时，应使用带螺母压紧的圆柱心轴，如图2.16所示。工件左端靠紧心轴的台阶，用螺母及垫圈将工件压紧在心轴上。为保证内、外圆同心，孔与心轴之间的配合间隙应尽可能小，否则其定心精度降低。一般情况下，当工件孔与心轴采用H7/h6配合时，同轴度误差不超过$\phi$0.03mm。

2）小锥度心轴

当零件长径比大于1时，可采用带有小锥度（1/5000～1/1000）的心轴，如图2.17所示。工件孔与心轴配合时，靠接触面产生弹性变形来夹紧工件，故切削力不能太大，以防工件在心轴上滑动而影响正常切削。小锥度心轴的定心精度较高，同轴度误差不超过$\phi$0.01mm，多用于磨削或精车，但轴向定位不确定。

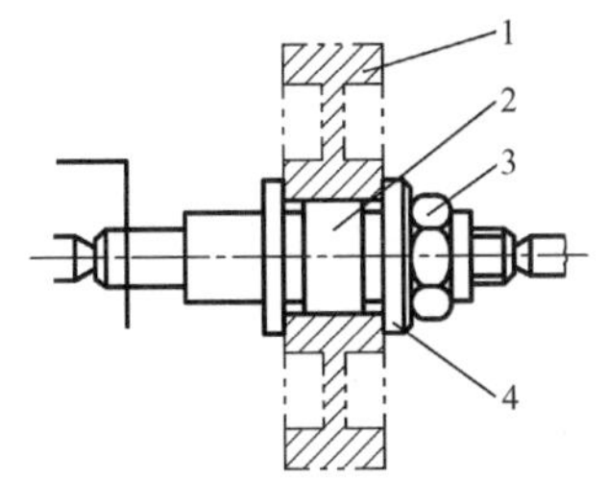


1—工件；2—心轴；3—螺母；4—垫圈。

图2.16 用圆柱心轴安装工件

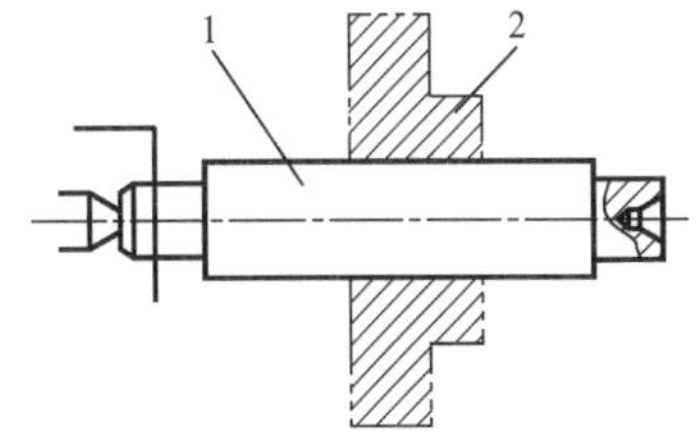


1—心轴；2—工件。

图2.17 用小锥度心轴安装工件

3）胀力心轴

胀力心轴是通过调整锥形螺杆使心轴一端做微量的径向扩张，以将工件孔胀紧的一种快速装卸的心轴，适用于安装中、小型零件。

4）螺纹伞形心轴

螺纹伞形心轴适用于安装以毛坯孔为基准车削外圆的带有锥孔或阶梯孔的零件。其特点是装卸迅速、装夹牢固、能装夹一定尺寸范围内不同孔径的零件。

此外，还有弹簧心轴和离心力夹紧心轴等。

**5. 花盘及弯板**

如图 2.18（a）所示，花盘端面上的 T 形槽用来穿压紧螺栓，中心的内螺孔可直接安装在车床主轴上。安装时，花盘端面应与主轴轴线垂直，对花盘本身的形状精度要求高。工件通过压板、螺栓、垫铁等固定在花盘上。花盘用于安装大、扁、形状不规则且无法用自定心卡盘和单动卡盘装夹的大型零件，可确保加工平面与安装平面平行及加工孔或外圆的轴线与安装平面垂直。

【拓展图文】

【拓展图文】

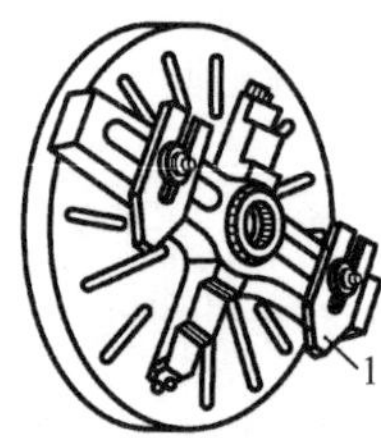


(a) 花盘

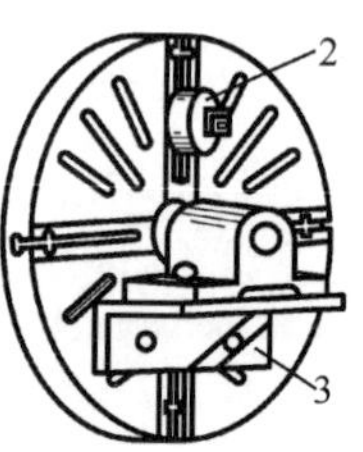


(b) 弯板

1—压板；2—配重；3—弯板。

图 2.18　用花盘或弯板安装工件

弯板多为 90°角铁，两平面上开有槽形孔，用于穿紧定螺钉。先用螺钉将弯板固定在花盘上，再用螺钉将工件固定在弯板上，如图 2.18（b）所示。当要求加工孔（或外圆）的轴线与安装平面平行或两孔中心线相互垂直时，可用弯板安装工件。

用花盘或弯板安装工件时，应在重心偏置的对应部位加配重进行平衡，以防加工时因工件的重心偏离旋转中心而引起振动和冲击。

## 2.2.3 车刀

虽然车刀的种类及形状多种多样，但其材料、结构、角度、刃磨及安装基本相似。

**1. 车刀的分类**

车刀是一种单刃刀具，其分类方法很多。

1）按用途分

车刀按用途可分为外圆车刀、端面车刀、镗刀、切断刀等，如图 2.19 所示。

【拓展视频】

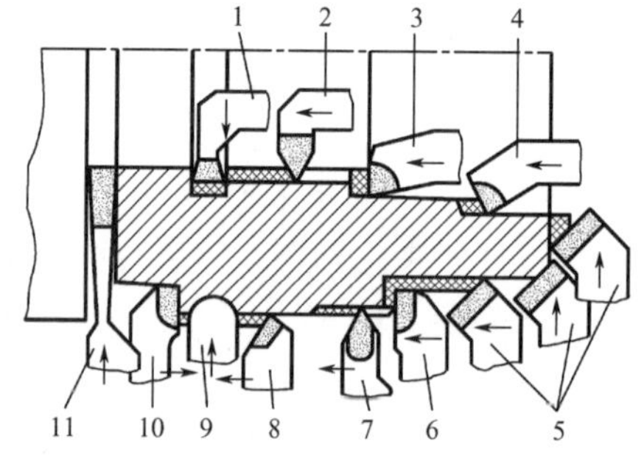


1—车槽镗刀；2—内螺纹车刀；3—盲孔镗刀；4—通孔镗刀；5—弯头外圆车刀；6—右偏刀；7—外螺纹车刀；8—直头外圆车刀；9—成形车刀；10—左偏刀；11—切断刀。

图 2.19　车刀种类

2）按结构形式分

车刀按结构形式分为以下三种。

(1) 整体式车刀。整体式车刀如图 2.20 所示，其切削部分与夹持部分材料相同，适用于在小型车床上加工工件或加工有色金属及非金属，高速钢刀具即属此类车刀。

(2) 焊接式车刀。焊接式车刀的切削部分与夹持部分材料不同。切削部分材料多以刀片形式焊接在刀杆上，如图 2.21 所示。常用的硬质合金车刀即属此类车刀。

图 2.20 整体式车刀

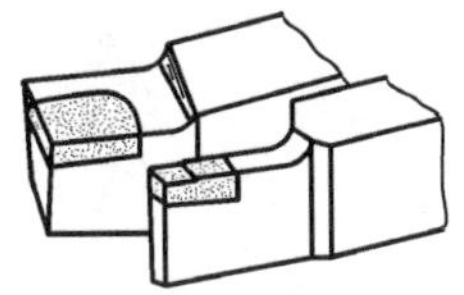

图 2.21 焊接式车刀

(3) 机夹式车刀。机夹式车刀分为机夹重磨式车刀和机夹不重磨式车刀，如图 2.22 所示。前者用钝后可集中重磨；后者切削刃用钝后可快速转位使用，又称机夹可转位式车刀，适用于自动生产线和数控车床。机夹式车刀避免了刀片因焊接而产生的应力、变形等缺陷，刀杆利用率高。

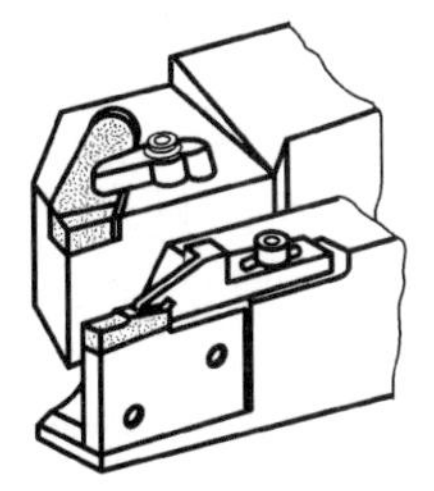

(a) 机夹重磨式车刀

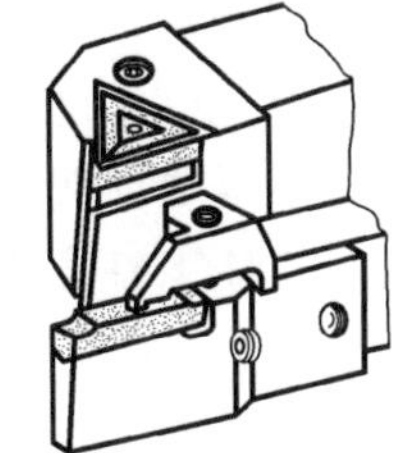

(b) 机夹不重磨式车刀

图 2.22 机夹式车刀

**2. 车刀安装**

使用车刀时，必须正确安装。车刀安装的基本要求如下。

(1) 刀尖应与车床主轴轴线等高且与尾座顶尖对齐，刀杆应与工件的轴线垂直，其底面应平放在方刀架上。

(2) 刀头伸出长度应小于刀杆厚度的 1.5～2 倍，以防切削时产生振动，影响加工质量。

(3) 车刀应垫平、放正、夹牢。垫片不宜过多，以 1～3 片为宜，一般用两个螺钉交替锁紧。

(4) 锁紧方刀架。

(5) 装好工件和刀具后，检查加工极限位置是否会干涉、碰撞。

**3. 车刀刃磨**

使用车刀前，一般要刃磨车刀。车刀用钝后，也要刃磨，以恢复其原来的形状、角度和刀刃的锋利。通常在砂轮机上刃磨车刀。刃磨外圆车刀的一般步骤如图 2.23 所示。刃磨高速钢车刀要用氧化铝砂轮（一般为白色），刃磨硬质合金车刀要用碳化硅砂轮（一般为绿色）。在砂轮机上刃磨车刀后，还要用油石加机油将其各面研磨抛光，以提高车刀的耐用度和被加工工件的表面质量。

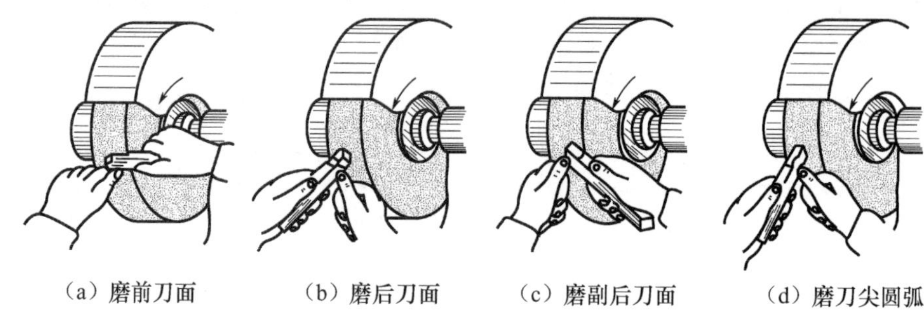

（a）磨前刀面　（b）磨后刀面　（c）磨副后刀面　（d）磨刀尖圆弧

图 2.23　刃磨外圆车刀的一般步骤

刃磨车刀时的注意事项如下。

（1）启动砂轮或磨刀时，人应站在砂轮侧面，以防止砂轮破碎伤人。

（2）刃磨时，双手拿稳车刀，并让受磨面轻贴砂轮。倾斜角度应合适，用力应均匀，以免挤碎砂轮，造成事故。

（3）刃磨时，车刀应在砂轮圆周面上左右移动，使砂轮磨耗量均匀，不出沟槽，不要在砂轮两侧面用力刃磨车刀，以免砂轮受力偏摆、跳动甚至破碎。

（4）刃磨高速钢车刀，刀头磨热时应放入水中冷却，以免车刀因温升过高而软化。刃磨硬质合金车刀，刀头磨热后应将刀杆置于水中冷却，刀头不能沾水，以防止产生裂纹。

## 2.2.4　车床操作要点

车削工件时，要准确、迅速地调整背吃刀量，必须熟练使用中滑板和小滑板的刻度盘，并严格按照操作步骤车削。

### 1. 刻度盘及其手柄的使用

中滑板的刻度盘紧固在横向丝杠的轴头上，中滑板与丝杠螺母紧固。当中滑板手柄带动刻度盘转一周时，丝杠也转一周，这时螺母带动中滑板移动一个螺距。所以，中滑板的移动距离可根据刻度盘上的格数计算。其计算式为

$$\text{刻度盘每转一格中滑板带动刀架横向移动距离}=\frac{\text{丝杠螺距}}{\text{刻度盘格数}}(\text{mm})$$

例如，C6132 型卧式车床的中滑板丝杠螺距为 4mm，中滑板刻度盘等分为 200 格，故刻度盘每转一格中滑板带动刀架横向移动距离为 4÷200＝0.02mm。刻度盘转一格，滑板带动车刀移动 0.02mm，即径向背吃刀量为 0.02mm，工件直径减小 0.04mm。

小滑板刻度盘主要用于控制工件长度方向的尺寸，其刻度原理及使用方法与中滑板相同。

加工外圆时，车刀向工件中心移动为进刀，远离工件中心为退刀；加工内孔时相反。进刀时，必须慢慢转动刻度盘手柄，使刻度线转到所需格数。当手柄转过头或试切后发现直径太小需退刀时，由于丝杠与螺母之间存在间隙，会产生空行程（刻度盘转动而溜板未

移动)，因此不能将刻度盘直接退回到所需刻度，一定要先向相反方向全部退回，以消除空行程，再转到所需格数。如图 2.24（a）所示，要求手柄转至 30 刻度，但摇过头成 40 刻度，此时直接退回到 30 刻度是错误的［图 2.24（b）］，应该反转约半周后转至 30 刻度，如图 2.24（c）所示。

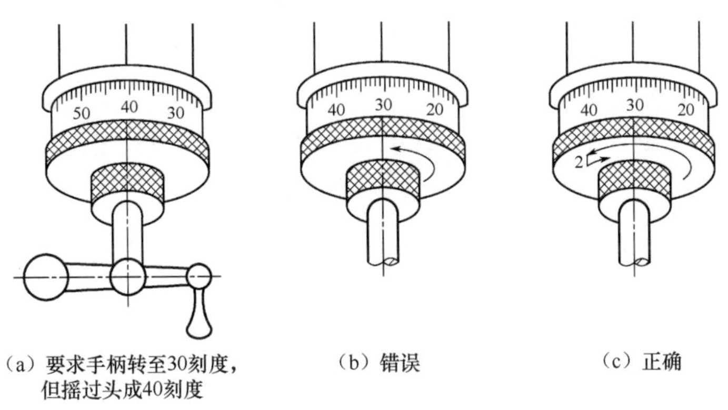


图 2.24　手柄摇过头后的纠正方法

**2. 车削步骤**

正确安装工件和刀具后，通常按以下步骤进行车削。

1）试切

试切是精车的关键，为了控制背吃刀量，保证工件径向的尺寸精度。开始车削后应先试切。试切的步骤如下。

第一步［图 2.25（a）、图 2.25（b）］，开车对刀，使刀尖与工件表面轻微接触，确定车刀与工件的接触点并作为进切深的起点，然后向右纵向退刀，记下中滑板刻度盘上的数值。对刀时必须开车，以找到车刀与工件最高处的接触点且不容易损坏车刀。

第二步［图 2.25（c）至图 2.25（e）］，按背吃刀量或工件直径的要求，根据中滑板刻度盘上的数值进切深，并手动纵向切进 1～3mm，然后向右纵向退刀。

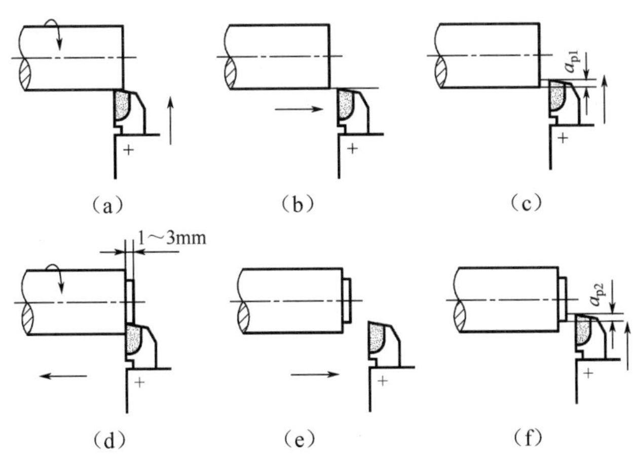


图 2.25　试切方法

第三步［图 2.25（f）］，测量。如果尺寸合格，就按该切深加工完整个表面；如果尺寸偏大或偏小，就重新试切，直到尺寸合格。在试切调整过程中，为了迅速、准确地控制尺寸，需按中滑板丝杠上的刻度盘调整背吃刀量。

2）切削

经试切获得合格尺寸后，可以扳动自动走刀手柄自动走刀。每当车刀纵向进给至与末端距离为 3～5mm 时，将自动进给改为手动进给，以避免行程走刀超长或切削卡盘爪。若需继续切削，则可将车刀沿进给反方向移出，再进切深进行车削。若不继续切削，则先将车刀沿切深反方向退出，脱离工件已加工表面，再沿进给反方向退出车刀，停车。

**3. 检验**

加工工件后，要进行检验，以确保零件质量。

## 2.2.5 车削工艺

利用车床附件，选用不同的车刀，可以加工外圆、端面及螺纹面等回转面。

**1. 车端面**

由于端面常作为轴类、套盘类零件的轴向定位基准，因此，车削时，常先车削作为基准的端面。

1）车刀的选择

车端面时，若选用右偏刀由外向中心车端面，如图 2.26（a）所示，则由副切削刃切削，车到中心时，突然车掉凸台，刀头易损坏，切削深度大时易扎刀；如图 2.26（b）所示，若选用左偏刀从外向中心车端面，则由主切削刃切削，切削条件有所改善；如图 2.26（c）所示，若选用弯头车刀从外向中心车端面，则由主切削刃切削，逐渐车掉凸台，切削条件较好，加工质量较高。精车中心不带孔或带孔的端面时，可选用右偏刀从中心向外进给，如图 2.26（d）所示，由主切削刃切削，切削条件较好，切削质量提高。

【拓展图文】

【拓展视频】

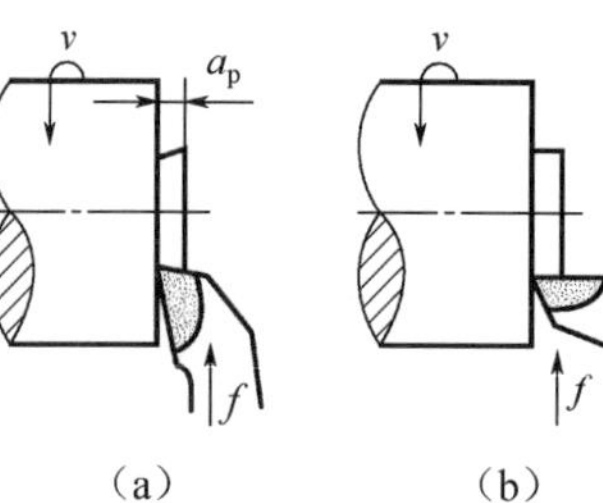


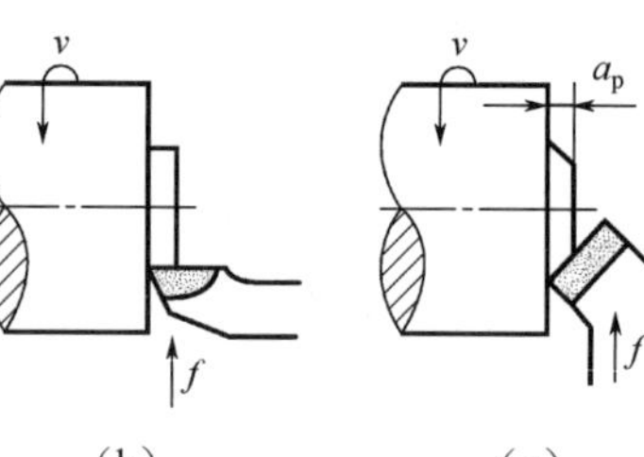


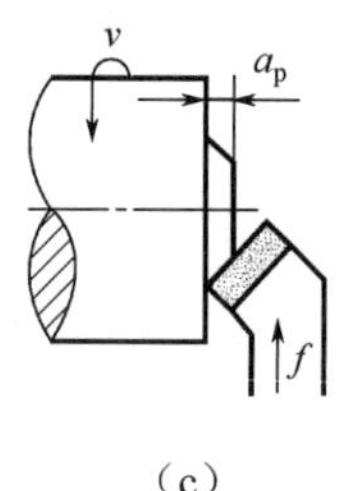


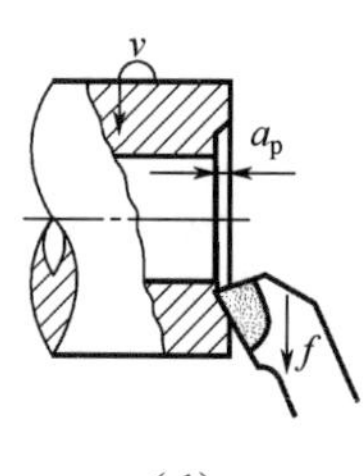


图 2.26 车端面时车刀的选择

2）车端面操作

（1）安装工件时，要对其外圆及端面找正。

（2）安装车刀时，刀尖应对准工件中心，以免端面出现凸台（图 2.27）。

（3）对端面质量要求较高时，最后一刀应由中心向外切削。

（4）车大端面时，为使车刀准确地横向进给，应将床鞍紧固在床身上，用小滑板调整背吃刀量。

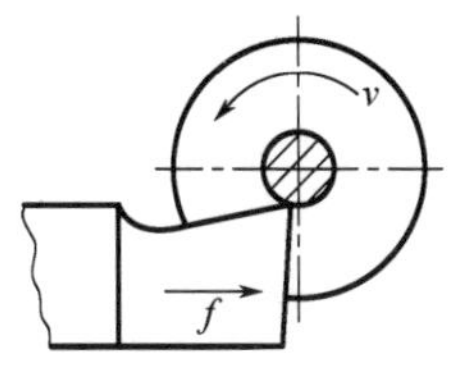


(a) 车刀安装过低，易崩刀

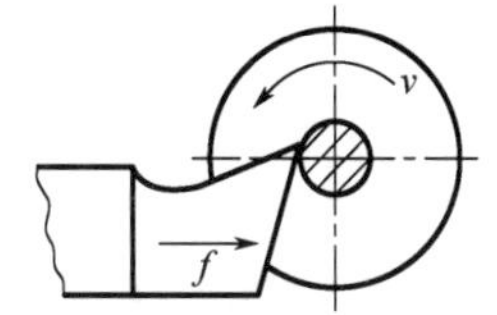


(b) 车刀安装过高，不易切削

图 2.27 车端面时车刀的安装

【拓展图文】

【拓展视频】

**2. 车圆柱面**

可以在车床上车外圆，还可以用钻头、扩孔钻、铰刀、镗刀分别进行钻孔、扩孔、铰孔、镗孔。下面仅介绍车外圆、钻孔和镗孔。

1) 车外圆

如图 2.19 所示，直头外圆车刀可以车无台阶的光滑轴和盘套类零件的外圆。弯头外圆车刀不仅可以车外圆，还可车端面和倒角。偏刀可用于加工有台阶的外圆和细长轴。此外，直头车刀和弯头车刀的刀头部分强度高，一般用于粗加工和半精加工，而 90°偏刀常用于精加工。

(1) 粗车铸、锻件毛坯时，为保护刀尖，应先车端面或倒角，且背吃刀量应大于或等于工件硬皮厚度，然后纵向走刀车外圆。

(2) 精车外圆时，必须合理选择车刀角度及切削用量，用油石修磨切削刃，正确使用切削液。特别要注意试切，以保证尺寸精度。

2) 钻孔

【拓展视频】

在车床上钻孔时，一般将麻花钻头［图 2.6 (b)］装在尾座套筒锥孔中。钻削时，工件旋转运动为主运动，钻头纵向移动为进给运动。钻孔的操作步骤如下。

(1) 车平端面。为防止钻头引偏，先车平工件端面，且在端面中心预钻锥形定心坑。

(2) 装夹钻头。锥柄钻头可直接装在尾座套筒锥孔中，直柄钻头用钻夹头夹持。

(3) 调整尾座位置。调整尾座位置，使钻头达到所需长度，为防止振动，应使套筒伸出长度尽量小，然后固定尾座。

(4) 钻削。钻削时速度不宜过高，以免钻头剧烈磨损，通常取钻削速度 $v=0.3\sim0.6\text{m/s}$。钻削时先慢后快，将要钻通时降低进给速度，以防折断钻头。钻通孔后，先退出钻头再停车。在钻削过程中，需经常退出钻头进行排屑和冷却。钻削碳钢时，需加切削液。

3) 镗孔

【拓展视频】

若需进一步加工钻出的孔或铸孔、锻孔，则可进行镗孔。镗孔可作为孔的粗加工、半精加工或精加工，加工范围很广。镗孔能较好地纠正孔轴线歪斜，提高孔的位置精度。

(1) 镗刀的选择。

镗通孔、镗盲孔及内孔切槽用镗刀如图 2.28 所示。为了避免由切削力导致“扎刀”或“抬刀”现象，镗刀伸出长度应尽可能小，以减少振动，但不应小于镗孔深度。安装通孔镗刀时，主偏角可小于 90°，如图 2.28 (a) 所示；安装盲孔镗刀时，主偏角需大于 90°，如图 2.28（b）所示，否则不能镗平内孔底平面，在纵向进给至孔的末端时转为横向进给，可镗出内端面与孔壁垂直度良好的衔接表面。安装镗刀后，应检查镗刀杆安装的正确性，以防止镗孔时因镗刀刀杆歪斜而使镗杆碰到已加工内孔表面。

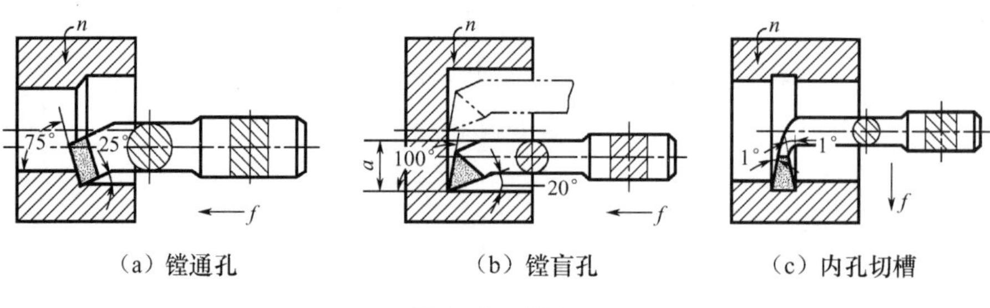


图 2.28　镗刀

（2）镗孔操作。

① 由于镗刀杆刚性较差，切削条件不好，因此切削用量应比车外圆时小。

② 粗镗时，应先试切，调整切削深度，再自动或手动走刀。调整切深时，必须注意镗刀横向进退方向与车外圆时相反。

③ 精镗时，背吃刀量和进给量应更小，应利用刻度盘调整背吃刀量，并用游标卡尺检查工件孔径。当孔径接近最终尺寸时，应以很小的切深镗削，以保证镗孔精度。

【拓展视频】

### 3. 车圆锥面及成形面

在机械制造业中，除采用内、外圆柱面为配合表面外，还广泛采用内、外圆锥面为配合表面，如车床主轴的锥孔、尾座的套筒、钻头的锥柄等。这是因为圆锥面配合紧密、拆卸方便，而且多次拆卸仍能准确定心。

车圆锥面的方法有宽刀法、小刀架转位法、偏移尾座法和靠模法四种。

（1）宽刀法。如图 2.29 所示，车刀的主切削刃与工件轴线的夹角等于零件半锥角 $\alpha$。宽刀法的特点是加工迅速，能车削任意角度的内、外圆锥面，但不能车削太长的圆锥面，并要求机床与工件系统具有较好的刚性。

（2）小刀架转位法。如图 2.30 所示，转动小刀架，使其导轨与主轴轴线成半锥角 $\alpha$，紧固转盘，摇小刀架进给手柄车出圆锥面。此法调整方便、操作简单、加工质量较好，适合车削任意角度的内、外圆锥面；但受小刀架行程的限制，只能手动车削较短的圆锥面。

【拓展视频】

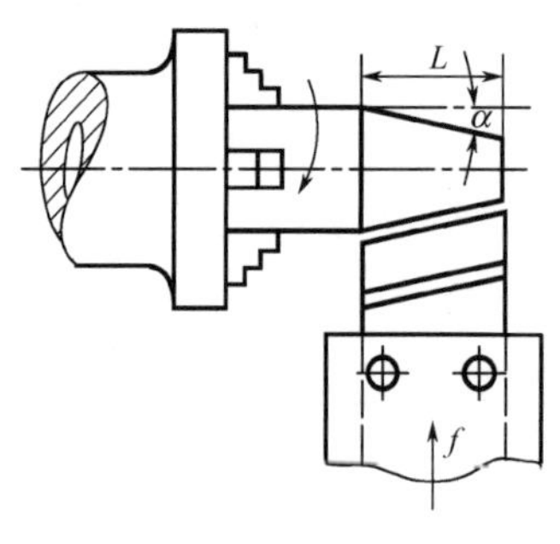


图 2.29　宽刀法

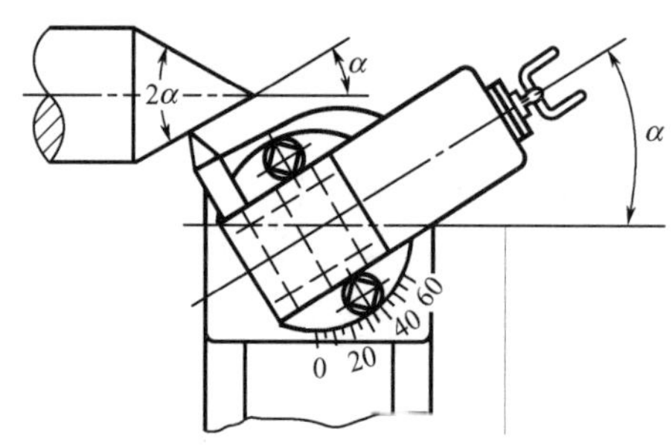


图 2.30　小刀架转位法

(3) 偏移尾座法。如图 2.31 所示，将工件置于前、后顶尖之间，调整尾座横向位置，使工件轴线与纵向走刀方向成半锥角 $\alpha$。

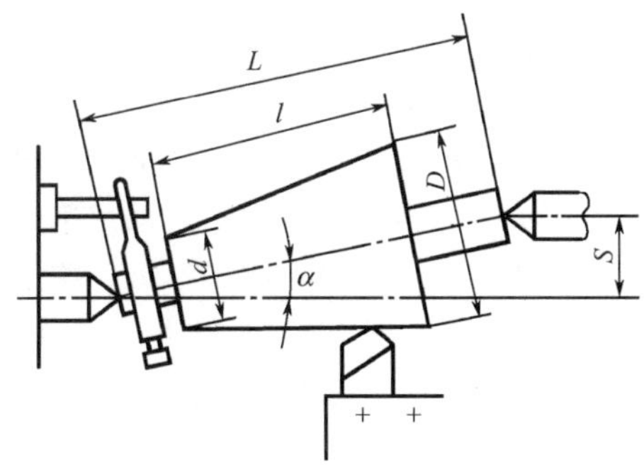

【拓展视频】

图 2.31 偏移尾座法

尾座偏移量：$S=L\sin\alpha$

当 $\alpha$ 很小时：$S=L\tan\alpha=L\dfrac{D-d}{2l}$

式中：$L$ 为前、后顶尖距离（mm）；$l$ 为圆锥长度（mm）；$D$ 为圆锥面大端直径（mm）；$d$ 为圆锥面小端直径（mm）。

为避免工件轴线偏移后中心孔与顶尖接触不良，在生产中可采用球头顶尖。采用偏移尾座法能自动进给车削较长圆锥面，但受尾座偏移量的限制，只能加工 $\alpha<8°$ 的外锥面，且精确调整尾座偏移量较费时。

(4) 靠模法。如图 2.32 所示，靠模板装置的底座固定在床身的后面，底座上装有带锥度的靠模板 4，它可绕中心轴 3 旋转到与工件轴线成半锥角 $\alpha$，靠模板上装有可自由滑动的滑块 2。车圆锥面时，首先将中滑板 1 上的丝杠与螺母脱开，以使中滑板能自由移动；其次为了便于调整背吃刀量，把小滑板转过 90°，并用紧定螺钉连接中滑板与滑块；最后调整靠模板的角度，使其与工件的半锥角 $\alpha$ 相同。当床鞍做纵向自动进给时，滑块沿着靠模板滑动，从而使车刀的运动平行于靠模板，车出所需圆锥面。对于某些半锥角 $\alpha<2°$ 的锥面较长的内、外圆锥面，当其精度要求较高且批量较大时常采用靠模法。

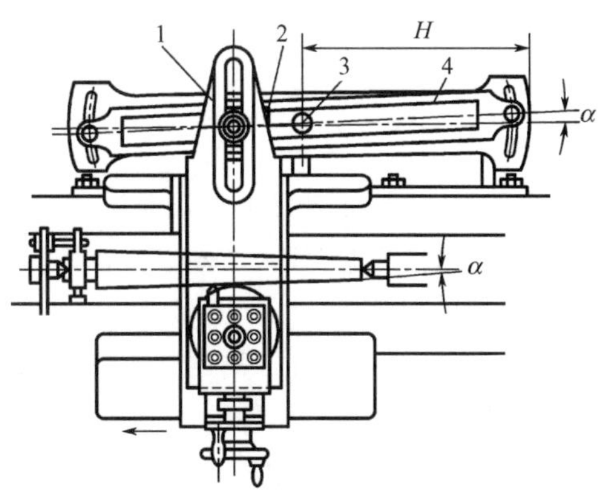

【拓展视频】

【拓展视频】

【拓展图文】

1—中滑板；2—滑块；3—中心轴；4—靠模板。

图 2.32 靠模法

#### 4. 车成形面

在车床上加工成形面一般有以下四种方法。

（1）用普通车刀车成形面。此法的原理是手动控制成形。如图 2.6（i）所示，双手操纵中、小滑板手柄，使刀尖的运动轨迹与回转成形面的母线相符。采用此法加工成形面需要较高的技艺，工件成形后，还需进行锉修，生产效率较低。

（2）用成形车刀车成形面。如图 2.33 所示，此法要求切削刃形状与零件表面吻合，装刀时刃口要与工件轴线等高，加工精度取决于车刀。由于车刀和工件接触面积大，容易引起振动，因此需采用小切削用量、只做横向进给且要有良好的润滑条件。此法操作方便、生产效率高，且能获得精确的表面形状；但受零件表面形状和尺寸的限制，且刀具制造、刃磨较困难，只在成批生产成形面较短的零件时采用。

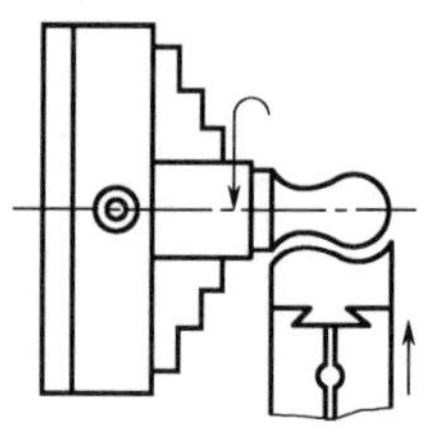

图 2.33 用成形车刀车成形面

（3）用靠模车成形面。用靠模车成形面的原理与用靠模法车圆锥面相同。加工零件尺寸不受限制，可采用机动进给，生产效率和加工精度较高，广泛用于成批大量生产中。

（4）用数控车床加工成形面。由于数控车床刚性好、制造精度和对刀精度高、能方便地进行人工补偿和自动补偿，因此能加工尺寸精度要求较高的零件，在有些场合下能以车代磨，可以利用数控车床的直线和圆弧插补功能，车削由任意直线和曲线组成的形状复杂的回转体零件（详见本书第 3 章）。

#### 5. 车台阶面

台阶面是常见的零件结构，它由一段圆柱面和端面组成。

1）车刀的选择与安装

车轴上的台阶面应使用偏刀。安装时，应使车刀主切削刃垂直于工件轴线或与工件轴线约成 95°。

2）车台阶操作

（1）车高度小于 5mm 的台阶时，应使车刀主切削刃垂直于工件轴线，可一次车出台阶。装刀时，可用 90°角尺对刀，如图 2.34（a）所示。

（2）车高度大于 5mm 的台阶时，应使车刀主切削刃与工件轴线约成 95°，分层纵向进给切削，如图 2.34（b）所示。最后一次纵向进给时，车刀刀尖应紧贴台阶端面横向退出，以车出 90°台阶，如图 2.34（c）所示。

（3）为使台阶长度符合要求，可用钢直尺直接在工件上确定台阶位置，用刀尖刻出线痕并以此作为加工界线；也可用卡钳从钢直尺上量取尺寸，直接在工件上划出线痕。由于上述方法都不够准确，因此划线痕时应留出一定的余量。

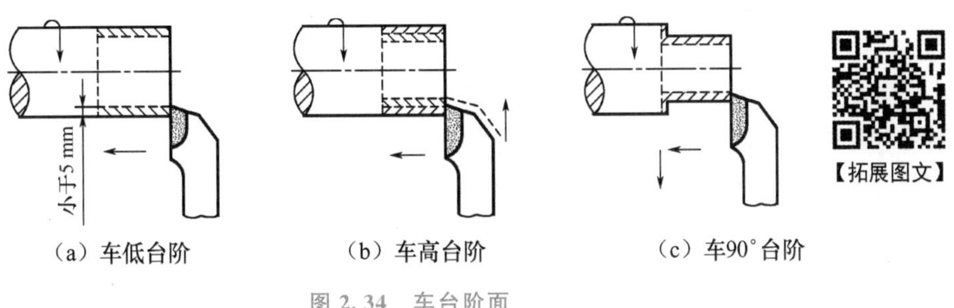


（a）车低台阶　（b）车高台阶　（c）车90°台阶

图 2.34　车台阶面

**6. 车槽及切断**

回转体表面常有退刀槽、砂轮越程槽等沟槽，在回转体表面上车沟槽的方法称为车槽。切断是将坯料或工件从夹持端分离出来，主要用于圆棒料按尺寸要求下料，或把加工完毕的工件从坯料上切下来。

1）切槽刀与切断刀

切槽刀（图 2.35）前端为主切削刃，两侧为副切削刃。切断刀的刀头形状与切槽刀相似，但其主切削刃较窄、刀头较长。切槽与切断都是以横向进刀为主。

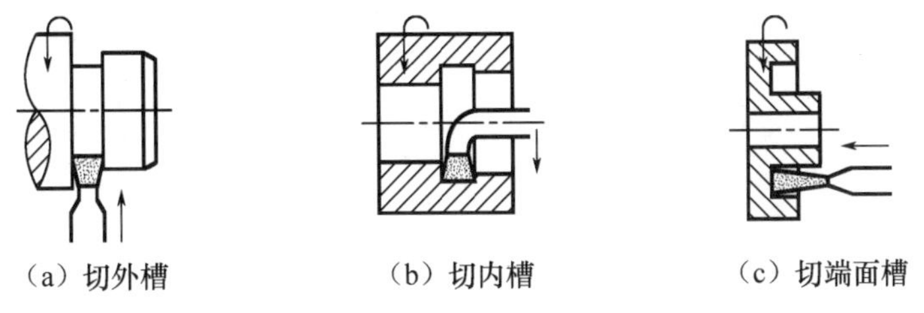

（a）切外槽　（b）切内槽　（c）切端面槽

图 2.35　切槽刀及切断刀

2）车刀安装

应使切槽刀或切断刀的主切削刃平行于工件轴线，两副偏角相等，刀尖与工件轴线等高。安装切断刀时，刀尖必须严格对准工件中心，若刀尖装得过高或过低，则切断处将有凸起部分，且刀头容易折断或不易切削。此外，还应注意切断时车刀伸出刀架的长度不要过大。

3）切槽操作

（1）切窄槽时，主切削刃宽度等于槽宽，在横向进刀中一次切出。

（2）切宽槽时，主切削刃宽度可小于槽宽，在横向进刀中分多次切出。

4）切断操作

（1）切断处应靠近卡盘，以免引起工件振动。

（2）注意正确安装切断刀。

（3）切削速度应低些，主轴和刀架各部分的配合间隙要小。

（4）手动进给要均匀。快切断时，应降低进给速度，以防刀头折断。

**7. 车螺纹**

螺纹种类有很多，按牙型分为三角形螺纹、梯形螺纹、方牙螺纹等；按标准分为米制螺纹和英制螺纹。米制三角形螺纹牙型角为 60°，用螺距或导程表示；英制三角形螺纹牙型角为 55°，以每英寸牙数为主要规格。各种螺纹都有左旋、右旋，单线、多线之分，其中以米制三角形螺纹（普通螺纹）应用最广。普通螺纹以大径、中径、螺距、牙型角和旋向为基本要素，它们是螺纹加工时必须控制的部分。在车床上能车各种螺纹，下面以车普通螺纹为例予以说明。

1）螺纹车刀的安装

车刀的刀尖角度必须与螺纹牙型角相等，车刀前角等于零度。车刀按样板刃磨，刃磨后用油石修光。安装车刀时，刀尖必须与工件中心等高。调整时，用对刀样板对刀，保证刀尖角的等分线严格地垂直于工件轴线。

2）车螺纹操作

在车床上车单头螺纹的实质就是使车刀的纵向进给量等于零件螺距。为保证螺距的精度，应使用丝杠与开合螺母的传动来完成刀架的进给运动。车螺纹要经过多次走刀。**当丝杠螺距 $P_s$ 是零件螺距 $P$ 的整数倍时，在多次走刀过程中，可任意打开、合上开合螺母，车刀总会落入切出的螺纹槽，不会“乱扣”；当不是整数倍时，多次走刀和退刀时，均不能打开开合螺母，否则将发生“乱扣”。**车外螺纹的操作步骤如下：

（1）开车对刀，使车刀与工件轻微接触，记下刻度盘读数，向右退出车刀，如图 2.36（a）所示。

（2）合上开合螺母，在工件表面车一条螺旋线，横向退出车刀，停车，如图 2.36（b）所示。

（3）反向开车，使车刀退到工件右端，停车，用钢直尺检查螺距是否正确，如图 2.36（c）所示。

（4）利用刻度盘调整背吃刀量，开车，如图 2.36（d）所示。

（5）在临近行程终了时，做好退刀停车准备，先快速退出车刀，停车，再反向开车退回刀架，如图 2.36（e）所示。

（6）再次横向切入，继续切削，如图 2.36（f）所示，直到车至螺纹成形，并用螺纹量规检验合格为止。

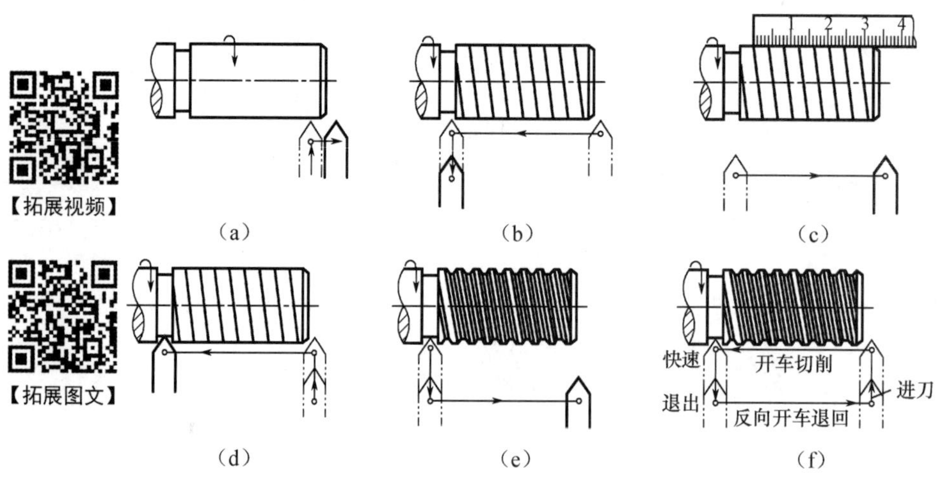


图 2.36　车削外螺纹操作步骤

3）车螺纹的进刀方法

（1）直进刀法。用中滑板横向进刀，两切削刃和刀尖同时参加车削。直进刀法操作方便、能保证螺纹牙型精度，但车刀受力大、散热差、排屑难、刀尖易磨损，适用于车削脆性材料、小螺距螺纹或精车螺纹。

（2）斜进刀法。将中滑板横向进刀和小滑板纵向进刀配合，使车刀基本只有一个切削刃参加车削，车刀受力小，散热、排屑效果有改善，生产效率；但螺纹牙型的一侧表面粗糙度较大，要在最后一刀留余量，用直进刀法进刀修光牙型两侧。斜进刀法适用于塑性材料和大螺距螺纹的粗车。

无论采用哪种进刀方法，每次切深量要小，而总切深度由刻度盘控制，并借助螺纹量规测量。测量外螺纹用螺纹环规，测量内螺纹用螺纹塞规。

根据螺纹中径的公差，每种量规都有过规和止规（塞规一般做在一根轴上，有过端和止端）。如果过规或过端能旋入螺纹，而止规或止端不能旋入，则说明螺纹中径合格。当螺纹精度不高或单件生产且没有合适的螺纹量规时，可用与其相配件进行检验。

4）注意事项

（1）调整中、小滑板导轨上的斜铁，保证配合间隙合适，使刀架移动均匀、平稳。

（2）从顶尖上取下工件测量时，不得松开卡箍。重新安装工件时，必须使卡箍与拨盘保持原来的相对位置，并且对刀检查。

（3）**若需中途换刀，则应重新对刀**。由于传动系统存在间隙，对刀时，应先使车刀沿切削方向走一段距离，停车后再对刀。此时移动小滑板，使车刀切削刃与螺纹槽吻合。

（4）为保证每次走刀时刀尖都能正确落入前次车削的螺纹槽，当丝杠螺距不是零件螺距的整数倍时，不能在车削过程中打开开合螺母，而应采用正反车法。

（5）车螺纹时严禁用手触摸工件或用棉纱擦拭旋转的螺纹。

### 8. 滚花

滚花的原理是用滚花刀挤压工件，使其表面产生塑性变形而形成花纹，如图 2.37 所示。花纹一般有直纹和网纹两种，滚花刀也分为直纹滚花刀和网纹滚花刀。**滚花前，应将滚花部分的直径车削得比零件所需尺寸小 0.15～0.8mm**；然后将滚花刀的表面与工件平行接触，且滚花刀中心线与工件轴线等高。在滚花开始进刀时需用较大压力，进刀一定深度后纵向自动进给，往复滚压 1～2 次，直到滚好为止。此外，滚花时工件转速要低，通常需充分供给冷却液。

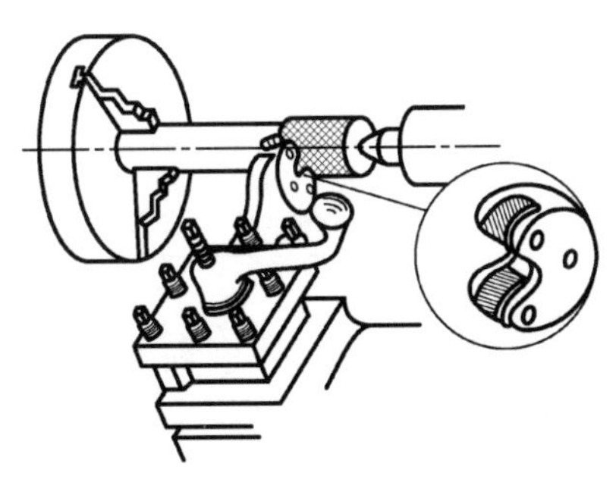

图 2.37 滚花

【拓展图文】

【拓展视频】

## 2.2.6 车削综合工艺分析

【拓展图文】

下面以轴类零件及盘套类零件为例，分析车削综合工艺。

### 1. 车削轴类零件、盘套类零件

轴是机械中支承齿轮、带轮等传动零件并传递扭矩的零件，较常见。盘套是机械中使用最多的零件，其一般由孔、外圆、端面和沟槽等组成。

1）车削轴类零件

一般对传动轴各表面的尺寸精度、形状精度、位置精度（如外圆面、台肩面对轴线的圆跳动）和表面粗糙度均有严格要求，长径比也较大，加工时不能一次完成全部表面，往往需多次掉头安装，为保证安装精度及方便可靠，多采用双顶尖安装。

2）车削盘套类零件

盘套类零件的结构基本相似，工艺过程也基本相仿。除尺寸精度、形状精度、表面粗糙度外，一般外圆面、端面都对孔的轴线有圆跳动要求。保证位置精度是车削工艺重点考虑的问题。加工时，车削通常分为粗车、精车。精车时，尽可能采用“一刀活”，即在一次安装中将有位置精度要求的外圆、端面、孔全部加工完成。若不能在一次安装中完成，则先加工孔，再以孔定位用心轴安装加工外圆和端面。

### 2. 车削综合工艺举例

图 2.38 所示为调整手柄零件图，其材料为 45 钢，车削加工过程见表 2－2。

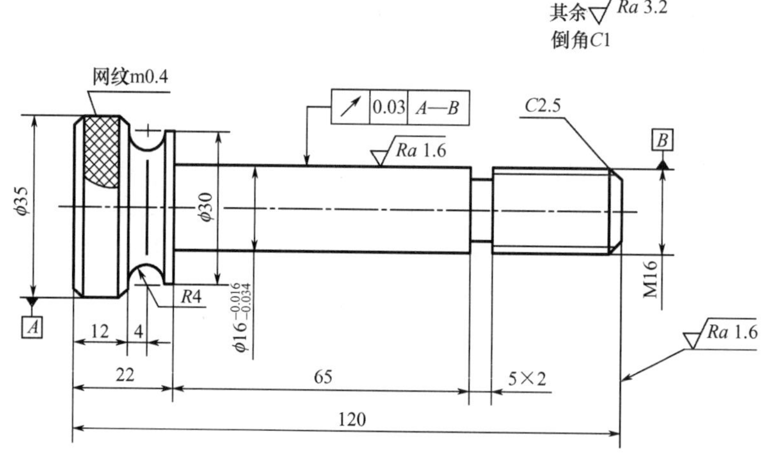


图 2.38　调整手柄零件图

表 2－2　调整手柄的车削加工过程　　(单位：mm)

| 工序号 | 工序名称 | 工序内容 | 刀具 | 设备 | 装夹方法 |
|---|---|---|---|---|---|
| 1 | 下料 | 下料 $\phi40\times135$ | | GN7106 型锯床 | |

续表

| 工序号 | 工序名称 | 工序内容 | 刀具 | 设备 | 装夹方法 |
| --- | --- | --- | --- | --- | --- |
| 2 | 车削 | (1) 夹 $\phi40$ 毛坯外圆，车右端面 | 弯头外圆车刀 | C6132 型卧式车床 | 自定心卡盘及顶尖 |
| | | (2) 在右端面钻 A2.5 中心孔，用尾座顶尖顶住 | 中心钻 | | |
| | | (3) 车外圆 $\phi35$ 至 $\phi35^{+0.8}_{+0.7}$ | 右偏刀 | | |
| | | (4) 车 $\phi30$ 外圆至尺寸，留长 108 | 右偏刀 | | |
| | | (5) 滚花网纹 m0.4 至尺寸 | 滚花刀 | | |
| | | (6) 车 $\phi16^{-0.016}_{-0.034}$ 外圆至 $\phi18$ 外圆，留长 98 | 右偏刀 | | |
| | | (7) 车 $\phi16^{-0.016}_{-0.034}$ 外圆至尺寸 | 右偏刀 | | |
| | | (8) 车螺纹 M16 至 $\phi15.75$ 外圆，留长 33 | 螺纹车刀 | | |
| | | (9) 车槽 $R4$ | 成形车刀 | | |
| | | (10) 车退刀槽 5×2 | 车槽刀 | | |
| | | (11) 倒角 $C1$ 和 $C2.5$ | 弯头外圆车刀 | | |
| | | (12) 车螺纹 M16 至尺寸 | 螺纹车刀 | | |
| | | (13) 切断长 120 | 切断刀 | | |
| 3 | 检验 | 按图样要求检验 | | | |

注：如果是大批量生产，上述工艺过程应注意工序分散的原则，以利于组织流水线生产，而且不留工艺夹头，在两顶尖间车 $\phi16^{-0.016}_{-0.034}$ 至尺寸。

# 2.3 刨削、铣削和磨削

## 2.3.1 刨削

本节主要讨论了刨刀的种类、安装及其应用，常用刨床的组成，平面、沟槽、成形面的刨削工艺，以及组合面的综合工艺。为了节省空间并提供更丰富的多媒体资源，将本节内容以及和本节内容相关的图（图 2.39—图 2.56）及表（表 2-3）也放入如下的二维码当中，同学们可以根据需要扫描后进行学习。

【拓展图文】

## 2.3.2 铣削

铣削加工是机械制造业中重要的加工方法。铣削加工应用范围广泛，可加工平面、沟槽和成形面，还可进行切断、分度、钻孔、铰孔、镗孔等工作，如图 2.57 所示。在切削加工中，铣床的工作量仅次于车床，在成批大量生产中，除加工狭长平面外，铣削几乎代替刨削。

【拓展视频】

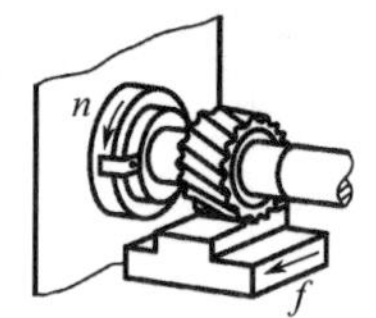
（a）圆柱铣刀铣平面

（b）立铣刀铣台阶面

（c）套式端铣刀铣平面

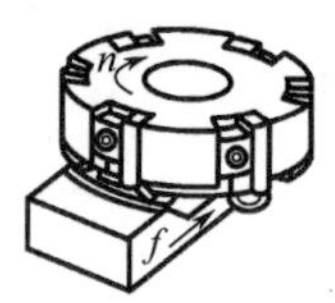
（d）端铣刀铣平面

【拓展图文】

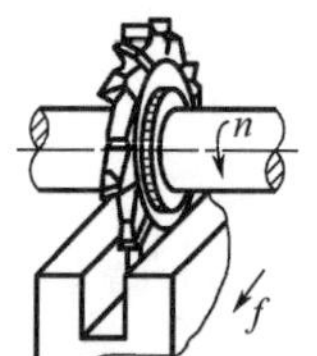
（e）三面刃铣刀铣直槽

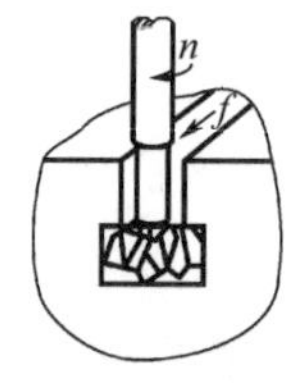
（f）T形铣刀铣T形槽

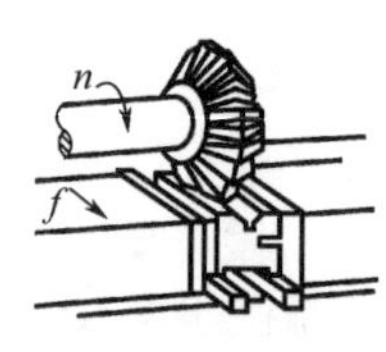
（g）角度铣刀铣V形槽

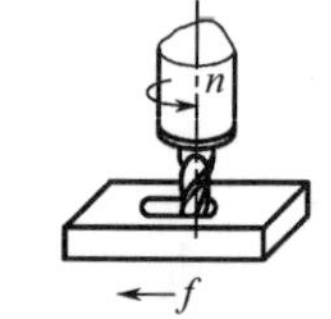
（h）键槽铣刀铣键槽

（i）燕尾槽铣刀铣燕尾槽

（j）成形铣刀铣凸圆弧

（k）齿轮铣刀铣齿轮

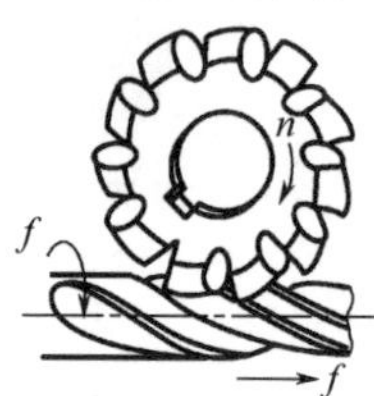
（l）螺旋槽铣刀铣螺旋槽

图 2.57　铣削加工的应用

铣削加工的尺寸公差等级为 IT8～IT7，表面粗糙度 $Ra=3.2\sim1.6\mu m$。若以高的切削速度、小的背吃刀量对非铁金属进行精铣，则表面粗糙度 $Ra=0.4\mu m$。铣削加工的设备是铣床，铣床可分为卧式铣床、立式铣床和龙门镗铣床三大类。每个大类还可细分为不同的专用变型铣床，如圆弧铣床、端面铣床、工具铣床、仿形铣床等。

**1. 铣削概述**

铣削加工具有加工范围广、生产效率高等优点，得到广泛应用。

1）铣削加工的特点

（1）生产效率高。铣刀是典型的多齿刀具，铣削时同时参加工作的切削刃较多，可利用硬质合金镶片刀具，采用较大的切削用量，且切削运动是连续的，因此，与刨削相比，铣削生产效率更高。

（2）刀齿散热条件较好。铣削时，每个刀齿都是间歇切削的，切削刃的散热条件好，但切入、切出时热的变化及力的冲击将加速刀具磨损，甚至可能引起硬质合金刀片碎裂。

（3）易产生振动。由于铣刀刀齿不断切入、切出，使铣削力不断变化，因此容易产生振动，限制铣削生产效率和加工质量的进一步提高。

（4）加工成本较高。由于铣床结构较复杂，制造和刃磨铣刀比较困难，因此加工成本较高。

2）卧式万能升降台铣床

卧式万能升降台铣床简称万能铣床，是应用较多的一种铣床，其主要特征是主轴轴线与工作台台面平行，即主轴轴线处于横卧位置。图 2.58 所示为 **X6132 型卧式万能升降台铣床的外形及主要结构。在型号 X6132 中，X 为机床类别代号，表示铣床，读作“铣”；6 为机床组别代号，表示卧式升降台铣床；1 为机床系别代号，表示万能升降台铣床；32 为主参数工作台面宽度的 1/10，即工作台面宽度为 320mm。**

卧式万能升降台铣床的主要组成部分如下。

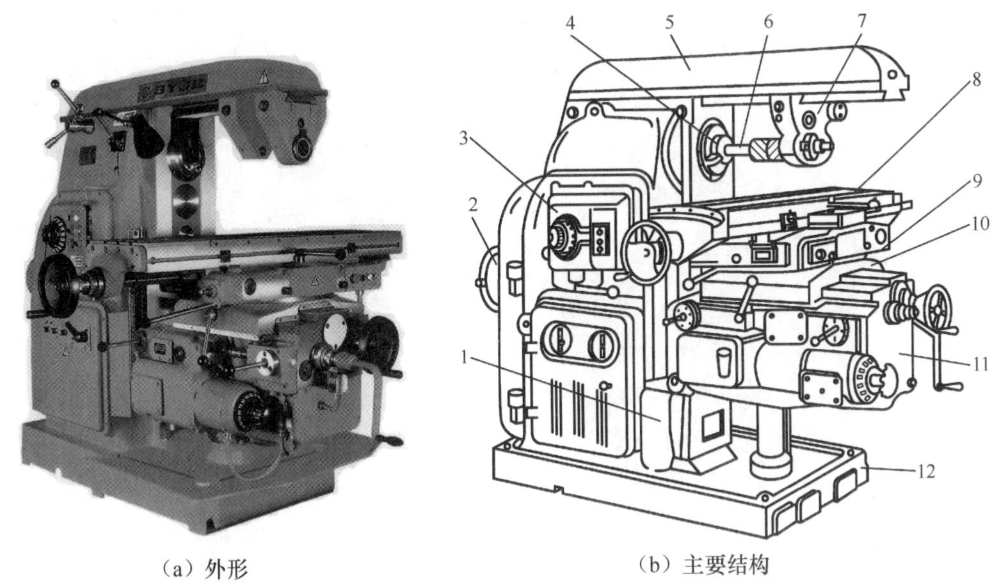


（a）外形　　（b）主要结构

1—床身；2—电动机；3—主轴变速机构；4—主轴；5—横梁；6—刀杆；
7—吊架；8—纵向工作台；9—转台；10—横向工作台；11—升降台；12—底座。

**图 2.58　X6132 型卧式万能升降台铣床的外形及主要结构**

(1) 床身。床身用来固定和支承铣床上的所有部件。其内部装有电动机、主轴变速机构和主轴等。

(2) 横梁。横梁用于安装吊架，以便支承刀杆外端，增强刀杆的刚性。横梁可沿床身的水平导轨移动，以适应不同长度的刀轴。

(3) 主轴。主轴是空心轴，前端有 7∶24 的精密锥孔与刀杆的锥柄配合，其作用是安装铣刀刀杆并带动铣刀旋转。拉杆可穿过主轴孔把刀杆拉紧。主轴转动是由电动机经主轴变速箱传动的，改变手柄的位置，可使主轴获得不同的转速。

(4) 纵向工作台。纵向工作台用于装夹夹具和工件，可在转台的导轨上由丝杠带动做纵向移动，以带动台面上的工件做纵向进给。

(5) 横向工作台。横向工作台位于升降台上面的水平导轨上，可带动纵向工作台做横向进给。

(6) 转台。转台位于纵向工作台与横向工作台之间，它的作用是将纵向工作台在水平面内扳转一定角度（正、反均为 0°～45°），以便铣螺旋槽等。具有转台的卧式铣床称为卧式万能铣床。

(7) 升降台。升降台可使整个工作台沿床身垂直导轨上下移动，以调整工作台面与铣刀的距离，并做垂直进给。升降台内部装有供进给运动用的电动机及变速机构。

（8）底座。底座是整个铣床的基础，承受铣床的全部质量并提供盛放切削液的空间。

3）立式升降台铣床

立式升降台铣床简称立式铣床。X5032型立式铣床的外形及主要结构如图2.59所示。立式铣床与卧式铣床的主要区别是立式铣床主轴与工作台面垂直，且没有横梁、吊架和转台。有时根据加工需要，可以将立铣头左、右倾斜一定角度。铣削时，将铣刀安装在主轴上，由主轴带动做旋转运动，工作台带动工件做纵向、横向、垂直方向移动。

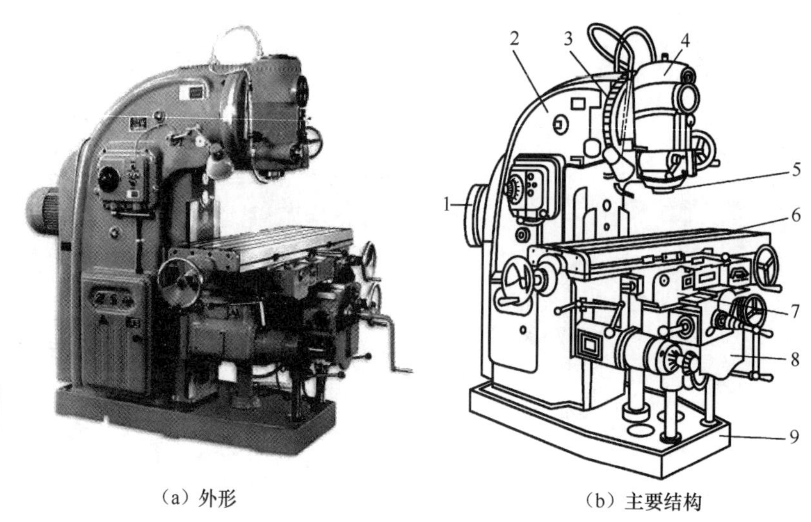

【拓展图文】

（a）外形　（b）主要结构

1—电动机；2—床身；3—立铣头旋转刻度盘；4—立铣头；5—主轴；
6—纵向工作台；7—横向工作台；8—升降台；9—底座。

**图2.59　X5032型立式铣床的外形及主要结构**

4）龙门镗铣床。龙门镗铣床属于大型机床，一般用来加工卧式铣床和立式铣床不能加工的大型或较重零件。落地龙门镗铣床有单轴、双轴、四轴等形式。图2.60所示为四轴落地龙门镗铣床，它可以同时用多个铣头加工工件的多个表面，生产效率高，适合成批大量生产。

【拓展图文】

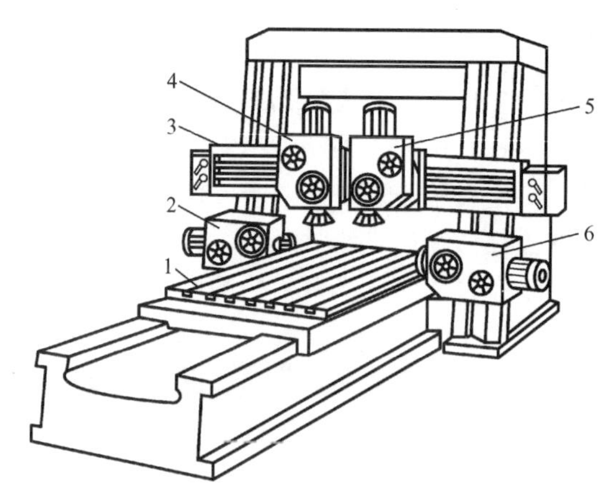


1—工作台；2，6—水平铣头；3—横梁；4，5—垂直铣头。

**图2.60　四轴落地龙门镗铣床**

5）铣削方式

【拓展视频】

(1) 周铣法。用圆柱铣刀的圆周刀齿加工平面的方法称为周铣法。周铣可分为逆铣和顺铣。

① 逆铣。当铣刀和工件接触部分的旋转方向与工件进给方向相反时称为逆铣，如图 2.57 (a)、图 2.57 (c) 所示。

【拓展视频】

② 顺铣。当铣刀和工件接触部分的旋转方向与工件进给方向相同时称为顺铣。

由于铣床工作台的传动丝杠与螺母之间存在间隙，**若无消除间隙装置，则顺铣时会产生振动和造成进给量不均匀，因此通常采用逆铣。**

(2) 端铣法。用端铣刀的端面刀齿加工平面的方法称为端铣法，如图 2.57 (d) 所示。

铣平面可采用周铣法或端铣法，由于端铣法具有刀具刚性好、切削平稳（同时进行切削的刀齿多）、生产效率高（便于镶装硬质合金刀片，可采用高速铣削）、加工表面的表面粗糙度较低等优点，因此应优先采用。但是周铣法的适用范围较广，可以利用多种铣刀，故生产中仍常用周铣法。

**2. 铣床附件及工件的安装**

铣床的主要附件有机用平口虎钳、压板螺栓、回转工作台、万能铣头、分度头、专用夹具等。其中机用平口虎钳、回转工作台、分度头用于安装工件，万能铣头用于安装刀具。

1）机用平口虎钳

机用平口虎钳是一种通用夹具，也是铣床的常用附件。机用平口虎钳安装和使用方便，应用广泛，用于安装尺寸较小和形状简单的支架、盘套、板块、轴类零件等。它有固定钳口和活动钳口，通过丝杠、螺母传动调整钳口间距离，以安装不同宽度的零件。铣削时，将机用平口虎钳固定在工作台上，再把工件安装在机用平口虎钳上，应使铣削力方向趋向固定钳口方向，如图 2.61 所示。

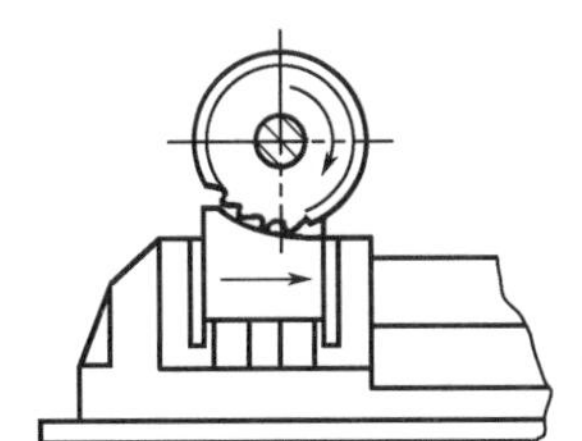

图 2.61　机用平口虎钳安装工件

2）压板螺栓

对于尺寸较大或形状特殊的零件，可视具体情况采用不同的装夹工具将其固定在工作台上，安装前应对工件进行找正，如图 2.62 所示。

图 2.63 所示为用压板螺栓在工作台上安装工件的正误比较。

(1) 装夹时，应使工件的底面与工作台面贴实，以免压伤工作台面。如果工件底面是毛坯面，则应使用铜皮、铁皮等使工件的底面与工作台面贴实。夹紧已加工表面时，应在压板和工件表面间垫铜皮，以免压伤工件已加工表面。应多次交错拧紧各压紧螺母。

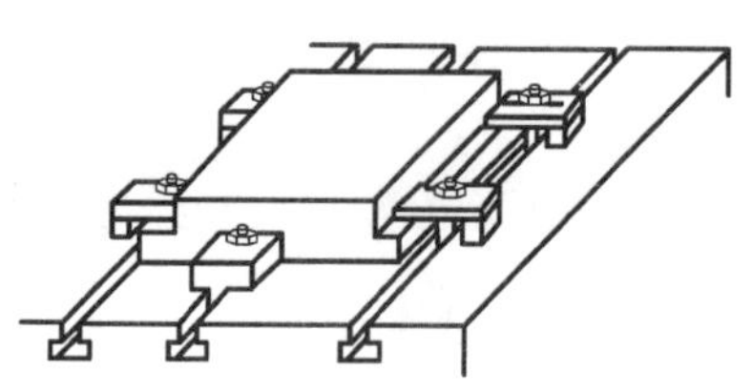

（a）用压板螺栓和挡铁安装工件

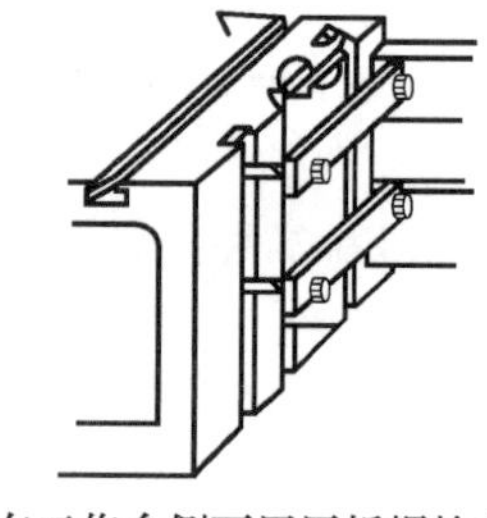

（b）在工作台侧面用压板螺栓安装工件

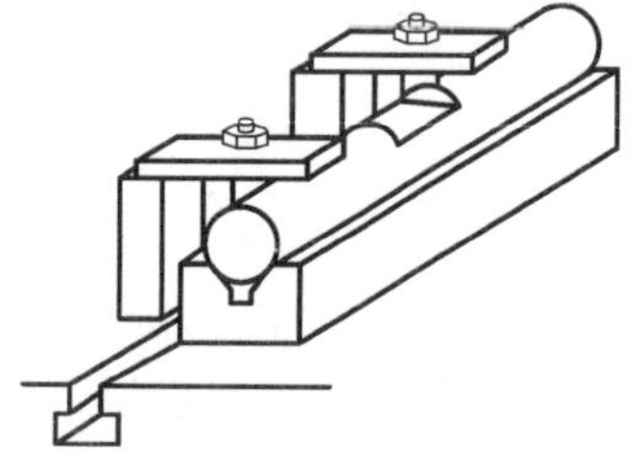

（c）用V形铁安装轴类工件

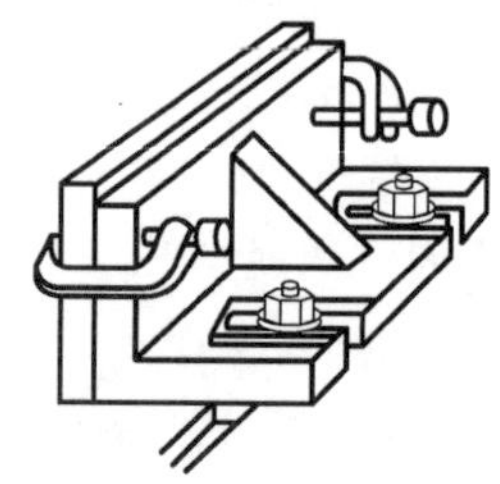

（d）用压角铁和C形夹安装工件

图 2.62 在工作台上安装工件

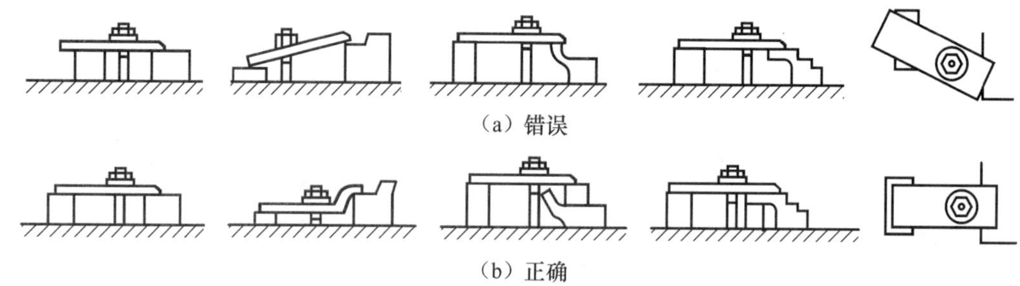

（a）错误

（b）正确

图 2.63 压板螺栓的使用

（2）工件的夹紧位置和夹紧力要适当。压板不应歪斜和悬伸太长，必须压在垫铁处，压点要靠近切削面，压力要适当。

（3）在工件夹紧前后要检查工件的安装位置及夹紧力是否得当，以免产生变形或位置移动。

（4）装夹空心薄壁工件时，应在其空心处用活动支承件支承以增强刚性，防止工件振动或变形。

3）回转工作台

回转工作台又称转盘或圆工作台，一般用于较大零件的分度工作和非整圆弧面的加工。分度时，在回转工作台上配上自定心卡盘，可以铣削四方零件、六方零件等。回转工作台有手动和机动两种方式，其内部有蜗杆蜗轮机构。回转工作台的组成如图 2.64 所示。摇动手轮 2，通过蜗杆轴 3 直接带动与转台 4 连接的蜗轮转动。转台周围有 360°刻度，在手轮上也装有一个刻度环，可用来观察和确定转台位置。拧紧螺钉 1，转台即被固定。转台中央的孔可以装夹心轴，用以找正和确定工件的回转中心，底座 5 上的槽和铣床工作台上的 T 形槽对齐后，即可用螺栓把回转工作台固定在铣床工作台上。在回转工作台上铣圆弧槽时，首先应校正工件圆弧中心与转台的中心重合，然后将工件安装在回转工作台上，铣刀旋转，用手匀速、缓慢地转动手轮 2，铣出圆弧槽。

4）万能铣头

在万能铣床上装万能铣头，不仅能完成立铣工作，而且可根据铣削的需要，把铣头主轴扳转成任意角度。万能铣头的组成如图 2.65 所示，用 4 个螺栓将底座 4 固定在铣床的垂直导轨上。由于铣床主轴的运动通过铣头内的两对齿数相同的锥齿轮传到铣头主轴上，因此铣头主轴的转数级数与铣床的转数级数相同。壳体 3 可绕铣床主轴轴线偏转任意角度，还可相对铣头主轴壳体 2 偏转任意角度。因此，铣头主轴能带动铣刀 1 在空间偏转成任意角度，从而扩大了卧式铣床的加工范围。

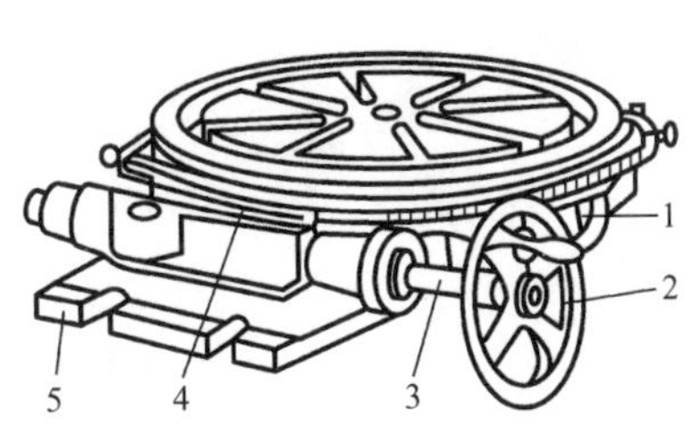


1—螺钉；2—手轮；3—蜗杆轴；4—转台；5—底座。

图 2.64 回转工作台的组成

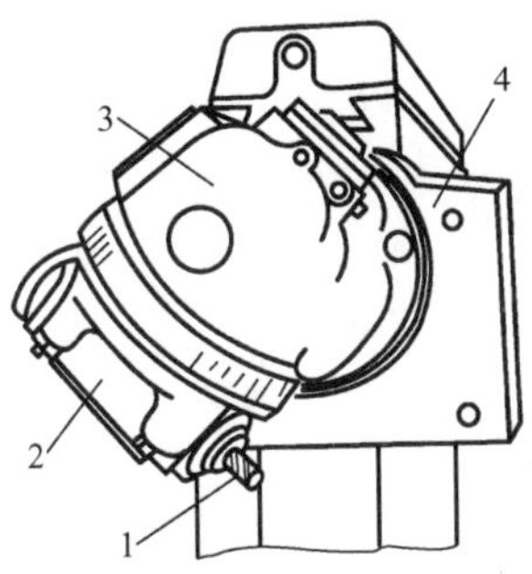


1—铣刀；2—铣头主轴壳体；3—壳体；4—底座。

图 2.65 万能铣头的组成

5）分度头

分度头主要用来安装需要进行分度的工件，利用分度头可铣削多边形、齿轮、花键、刻线、螺旋面及球面等。分度头的种类很多，有简单分度头、万能分度头、光学分度头、自动分度头等，其中用得最多的是万能分度头。

（1）万能分度头的结构。如图 2.66 所示，万能分度头的基座 1 上装有回转体，分度头主轴 6 可随回转体在垂直平面内转动 $-6°\sim90°$，主轴前端锥孔用于装顶尖，外部定位锥

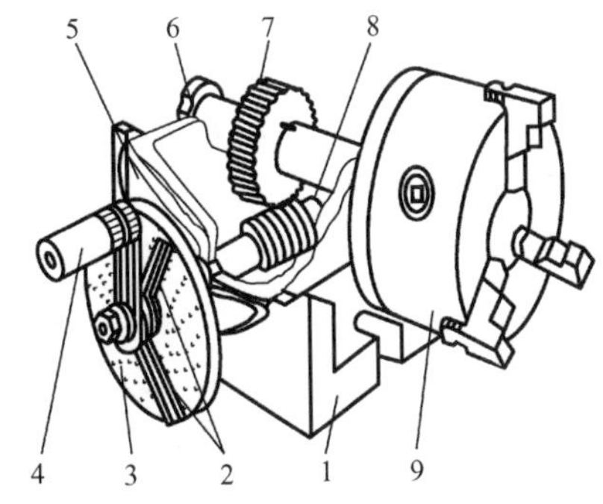

【拓展视频】

1—基座；2—扇形叉；3—分度盘；4—手柄；5—回转体；6—分度头主轴；7—蜗轮；8—蜗杆；9—自定心卡盘。

图 2.66 万能分度头的结构

体用于装自定心卡盘 9。分度时，可转动手柄 4，通过蜗杆 8 和蜗轮 7 带动分度头主轴旋转进行分度。万能分度头的传动示意如图 2.67 所示。

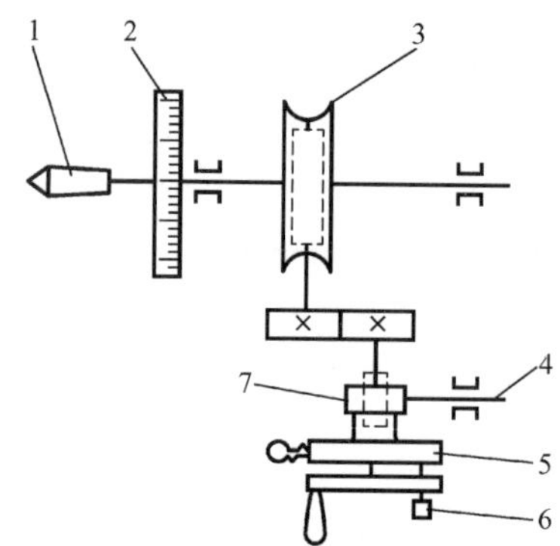


1—主轴；2—刻度环；3—蜗杆蜗轮；4—挂轮轴；5—分度盘；6—定位销；7—螺旋齿轮。

图 2.67 万能分度头的传动示意

分度头中蜗杆和蜗轮的传动比

$$i=\text{蜗杆的头数}/\text{蜗轮的齿数}=1/40$$

即当手柄通过一对传动比为 1∶1 的直齿轮带动蜗杆转动一周时，蜗轮只能带动主轴转过 1/40 周。若工件在整个圆周上的分度数目 $z$ 已知，则每分一个等分都要求分度头主轴转过 $1/z$ 圈。当分度手柄所需转数为 $n$ 圈时，有如下公式。

$$1:40=\frac{1}{z}:n \tag{2-1}$$

即简单分度公式为

$$n=\frac{40}{z} \tag{2-2}$$

式中：$n$ 为分度手柄转数；40 为分度头定数；$z$ 为工件等分数。

（2）分度方法。分度头分度的方法有直接分度法、简单分度法、角度分度法和差动分度法等。下面仅介绍常用的简单分度法。

分度头一般备有两块分度盘。分度盘的两面各钻有许多圈孔，各圈孔数均不相同，但同一圈上各孔的孔距相等。第一块分度盘正面各圈孔数依次为 24，25，28，30，34，37；反面各圈孔数依次为 38，39，41，42，43。第二块分度盘正面各圈孔数依次为 46，47，49，51，53，54；反面各圈孔数依次为 57，58，59，62，66。

例如，铣削一个齿数为 6 的外花键，每铣完一个齿，分度手柄的转数

$$n=\frac{40}{z}=\frac{40}{6}=6\frac{2}{3}(\text{r})$$

可选用分度盘上孔数为 24 的孔圈（或孔数是分母 3 的整数倍的孔圈），则 $n=6\frac{2}{3}=6\frac{16}{24}(\text{r})$。即先将定位销调整至孔数为 24 的孔圈上，转过 6 转后，再转过 16 个孔距。为了避免手柄转动时发生差错和节省时间，可调整分度盘上两个扇形叉间的夹角，使之正好等于孔距，这样依次进行分度时就可准确无误。如果分度手柄不慎转多了孔距数，则应将手

柄退回至少 1/3 圈，以消除传动件之间的间隙，再重新转到正确孔位上。

(3) 装夹工件方法。加工时，既可用分度头卡盘（或顶尖、拨盘和卡箍）与尾座顶尖一起装夹轴类工件，如图 2.68 (a) 至图 2.68 (c) 所示；又可将工件套装在心轴上，将心轴装夹在分度头主轴锥孔内，并按需要使分度头主轴倾斜一定的角度，如图 2.68 (d) 所示；也可只用分度头卡盘装夹工件，如图 2.68 (e) 所示。

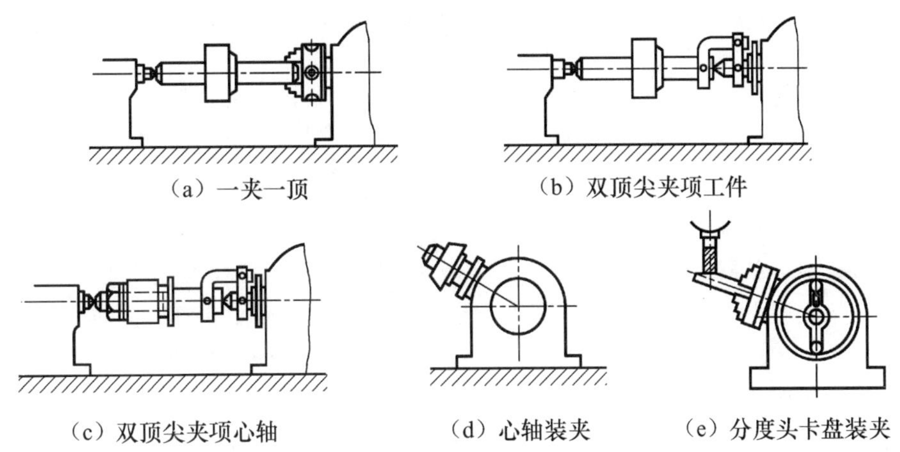

(a) 一夹一顶　(b) 双顶尖夹项工件　(c) 双顶尖夹项心轴　(d) 心轴装夹　(e) 分度头卡盘装夹

图 2.68　用分度头装夹工件的方法

6) 专用夹具

专用夹具是根据某工件的某工序的具体加工要求而专门设计和制造的夹具，常用的有车床类夹具、铣床类夹具、钻床类夹具等，这些夹具有专门的定位装置和夹紧装置，无须对工件进行找正即可迅速、准确地安装，既提高了生产率，又保证了加工精度。但设计和制造专用夹具的费用较高，主要用于成批大量生产。

**3. 铣刀**

【拓展视频】

铣刀实际上是一种多刃刀具，其刀齿分布在圆柱铣刀的外圆柱表面或端铣刀的端面上。

1) 铣刀的分类

铣刀的种类很多，按其安装方法可分为带孔铣刀和带柄铣刀两大类。

(1) 带孔铣刀。图 2.57 (a)、图 2.57 (e)、图 2.57 (g)、图 2.57 (j) 所示为带孔铣刀的应用。带孔铣刀多用于卧式铣床，其共同特点是都有孔，以将铣刀安装到刀杆上。带孔铣刀的刀齿形状和尺寸可以适应工件的形状和尺寸。

(2) 带柄铣刀。图 2.57 (b)、图 2.57 (d)、图 2.57 (f) 所示为带柄铣刀的应用。带柄铣刀多用于立式铣床，其共同特点是都有供夹持用的刀柄。直柄立铣刀的直径较小，一般小于 20mm，直径较大的为锥柄铣刀，大直径的锥柄铣刀多为镶齿式。

2) 铣刀的安装

(1) 带孔铣刀的安装。带孔铣刀多用短刀杆安装。而带孔铣刀中的圆柱铣刀、圆盘铣刀多用长刀杆安装。圆盘铣刀的安装如图 2.69 所示。刀杆 6 一端有 7∶24 锥度与铣床主轴孔配合，并用拉杆 1 穿过主轴 2 将其拉紧，以保证其与主轴锥孔紧密配合。安装铣刀 5

的刀杆部分根据刀孔的大小有多种尺寸，常用的有 $\phi$16mm、$\phi$22mm、$\phi$27mm、$\phi$32mm 等。

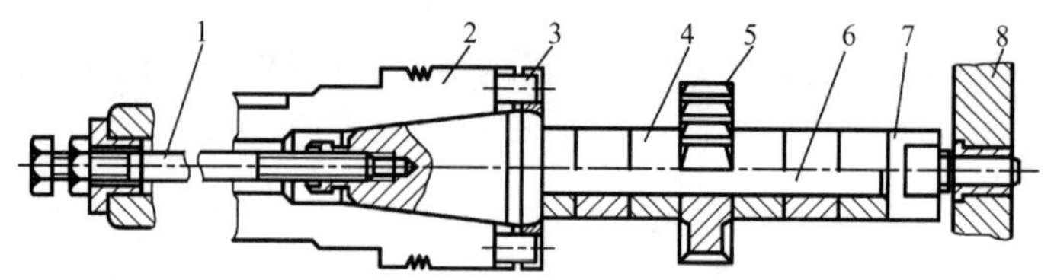


1—拉杆；2—主轴；3—端面键；4—套筒；5—铣刀；6—刀杆；7—压紧螺母；8—吊架。

图 2.69　圆盘铣刀的安装

用刀杆安装带孔铣刀的注意事项：①在不影响加工的条件下，应尽可能使铣刀靠近主轴，并使吊架 8 尽量靠近铣刀，以保证有足够的刚性，避免刀杆发生弯曲，影响加工精度，铣刀的位置可用更换不同的套筒 4 的方法调整；②斜齿圆柱铣刀产生的轴向切削力应指向主轴轴承；③套筒端面与铣刀端面必须擦干净，以保证铣刀端面与刀杆轴线垂直；④拧紧刀杆压紧螺母 7 前，必须装吊架，以防刀杆受力弯曲，如图 2.70（a）所示；⑤初步拧紧螺母，开车观察铣刀是否装正，装正后用力拧紧螺母，如图 2.70（b）所示。

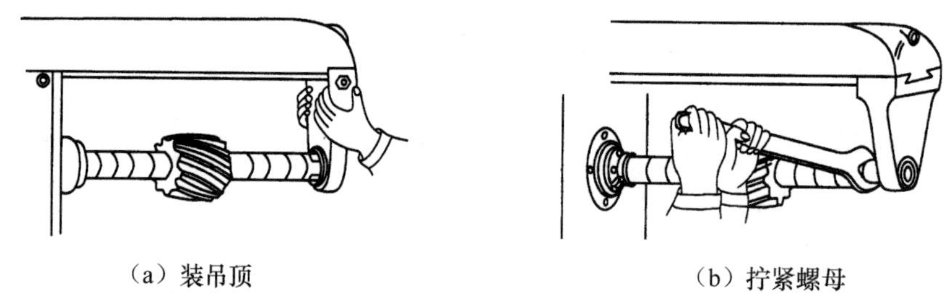

（a）装吊顶　　（b）拧紧螺母

图 2.70　拧紧刀杆压紧螺母的注意事项

（2）带柄铣刀的安装。直柄立铣刀多用弹簧夹头安装。对于锥柄立铣刀，如果锥柄尺寸与主轴孔内锥尺寸相同，则可直接装入铣床主轴中并用拉杆将铣刀拉紧；如果锥柄尺寸与主轴孔内锥尺寸不同，则根据铣刀锥柄的尺寸选择合适的变锥套，将配合表面擦净，然后用拉杆把铣刀及变锥套一起拉紧在主轴上。

**4. 铣削工艺**

铣削的应用范围很广，常见的有铣平面、铣沟槽、铣成形面、钻孔、镗孔及铣螺旋槽等。

1）铣平面

（1）铣水平面。铣水平面可用周铣法或端铣法，并应优先采用端铣法。但在很多场合，如在卧式铣床上铣水平面常用周铣法。铣水平面的步骤如图 2.71 所示。

（2）铣斜面。图 2.68（d）、图 2.68（e）所示为用分度头装夹工件铣斜面，也可用机用平口虎钳［图 2.72（a）］、机用正弦平口虎钳［图 2.72（b）］、压板螺栓［图 2.72（c）］装夹工件铣斜面。上述这些方法为用倾斜工件法铣斜面。图 2.73 所示为用倾斜刀轴法铣斜面。

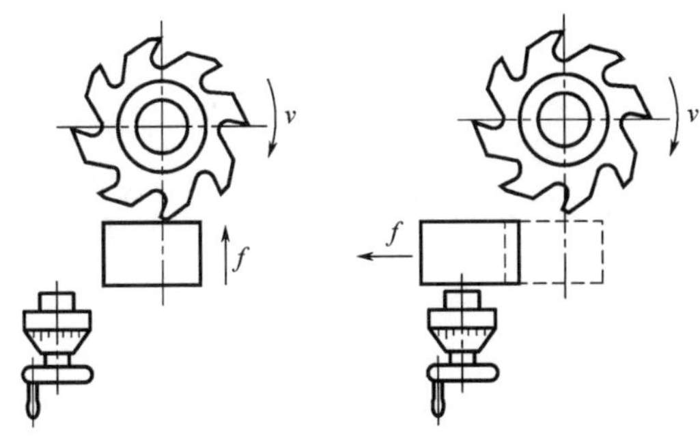


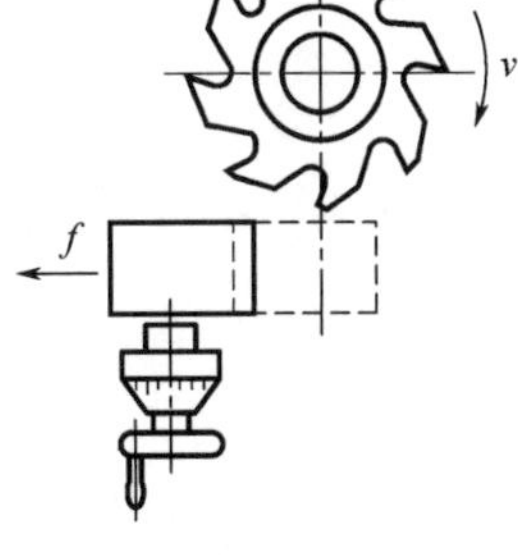

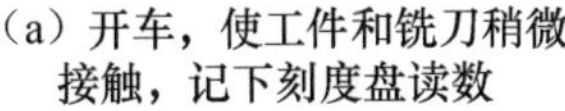

（a）开车，使工件和铣刀稍微接触，记下刻度盘读数　（b）纵向退出工件，停车　（c）利用刻度盘调整侧吃刀量

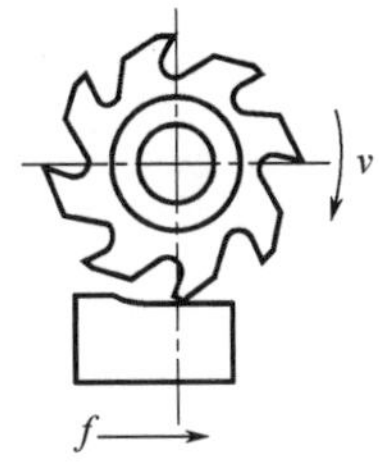


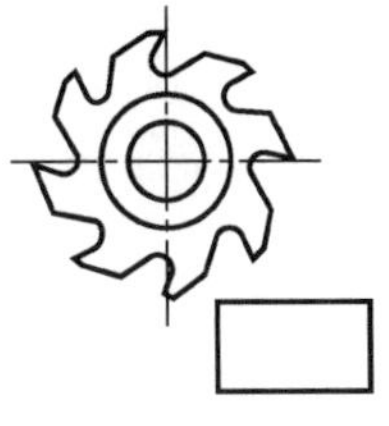

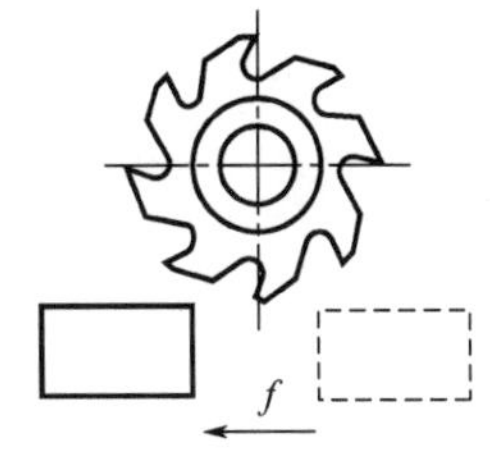


（d）工件被稍微切入后，手动改为自动进给　（e）铣一刀后停车　（f）退回工作台，测量工件，重复铣削到规定要求

图 2.71　铣水平面的步骤

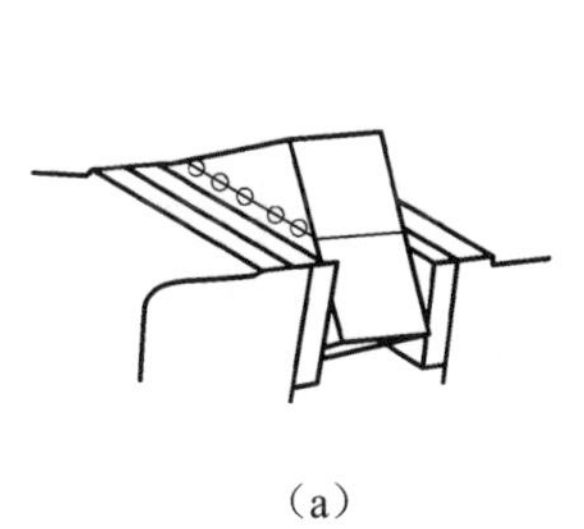

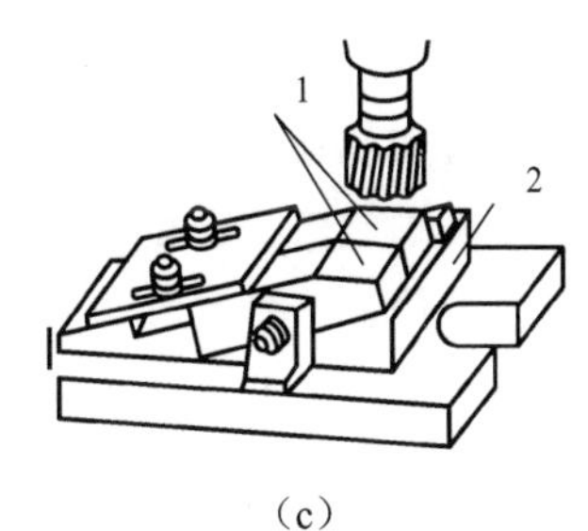


（a）　（b）　（c）

1—工件；2—垫铁。

图 2.72　用倾斜工件法铣斜面

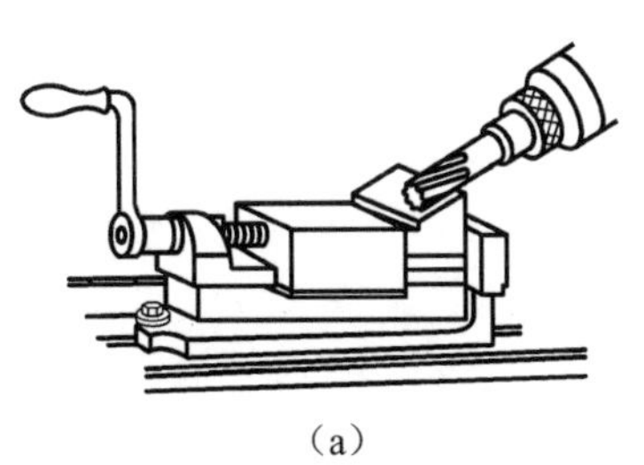

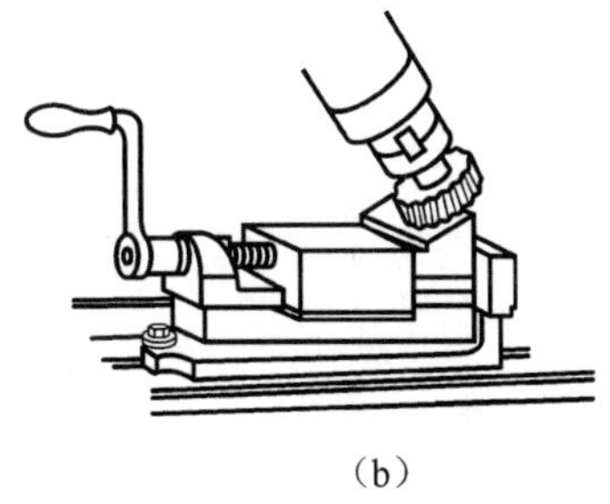

（a）　（b）

图 2.73　用倾斜刀轴法铣斜面

2）铣沟槽

（1）铣键槽。键槽有敞开式键槽、封闭式键槽和花键三种。敞开式键槽一般用三面刃铣刀在卧式铣床上加工，封闭式键槽一般在立式铣床上用键槽铣刀或立铣刀加工，批量大时用键槽铣床加工。

（2）铣 T 形槽和燕尾槽。铣 T 形槽的步骤如图 2.74 所示，铣燕尾槽的步骤如图 2.75 所示。

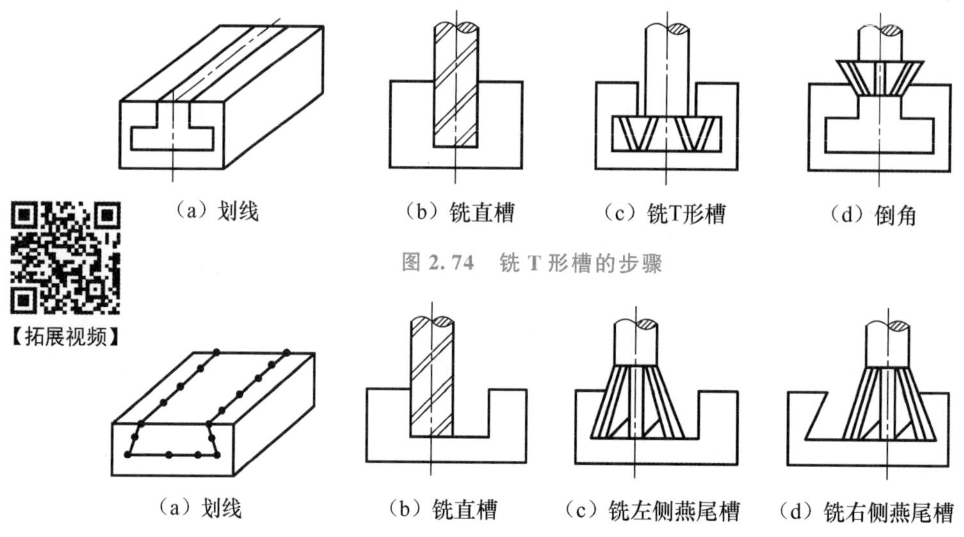


（a）划线　（b）铣直槽　（c）铣T形槽　（d）倒角

图 2.74　铣 T 形槽的步骤

（a）划线　（b）铣直槽　（c）铣左侧燕尾槽　（d）铣右侧燕尾槽

图 2.75　铣燕尾槽的步骤

（3）铣成形面。在铣床上，常用成形刀加工成形面，如图 2.57（j）所示。

（4）铣螺旋槽。在铣削加工中，常要进行铣斜齿轮、麻花钻、螺旋铣刀的螺旋槽等工作，统称铣螺旋槽。铣削时，刀具做旋转运动；工件一方面随工作台做匀速直线移动，另一方面又被分度头带动做等速旋转运动［图 2.57（l）］。根据螺旋线形成原理，要铣出一定导程的螺旋槽，必须保证工件随工作台纵向进给一个导程时刚好转过一圈，可通过工作台丝杠和分度头之间的交换齿轮实现。

图 2.76（a）所示为铣螺旋槽时的传动系统，配换挂轮的选择应满足如下关系：

$$\frac{P_h}{P}\frac{z_1}{z_2}\frac{z_3}{z_4}\times\frac{1}{1}\times\frac{1}{1}\times\frac{1}{40}=1$$

则传动比

$$i=\frac{z_1}{z_2}\frac{z_3}{z_4}=\frac{40P}{P_h} \tag{2-3}$$

式中：$P_h$ 为零件导程；$P$ 为丝杠螺距。

为了获得所需的螺旋槽截面形状，还必须使铣床纵向工作台在水平面内转过一个角度，使螺旋槽的槽向与铣刀旋转平面一致。纵向工作台转过的角度应等于螺旋角度，可在卧式万能铣床工作台上扳动转台实现，转台的转向视螺旋槽的方向而定。铣右螺旋槽时，将工作台逆时针扳转一个螺旋角，如图 2.76(b)所示；铣左螺旋槽时，将工作台顺时针扳转一个螺旋角。

(5)铣齿轮齿形。齿轮齿形的切削加工按原理分为成形法和展成法两大类。

成形法是用与被切齿轮齿槽形状相符的成形铣刀铣出齿形的方法。铣削时，工件在卧

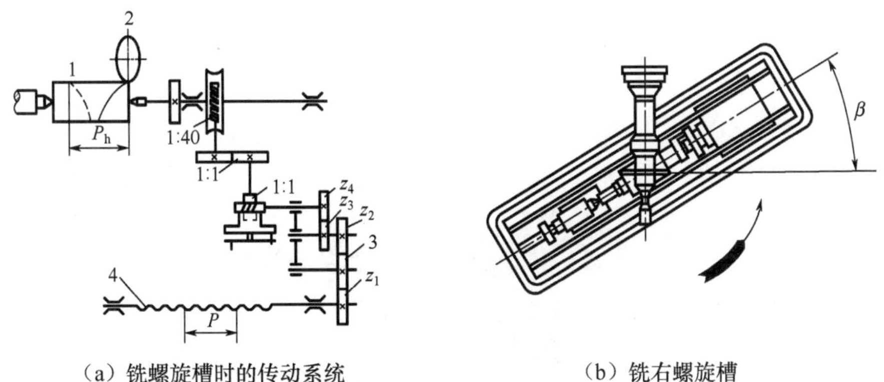


（a）铣螺旋槽时的传动系统　　（b）铣右螺旋槽

1—工件；2—铣刀；3—挂轮；4—纵向进给丝杠。

图 2.76　铣螺旋槽

式铣床上通过心轴安装在分度头和尾座顶尖之间，用一定模数和压力角的盘状模数铣刀铣削，如图 2.77 所示。在立式铣床上则用指状模数铣刀铣削。铣完一个齿槽后，将工件退出，进行分度，再铣下一个齿槽，直到铣完所有齿槽为止。

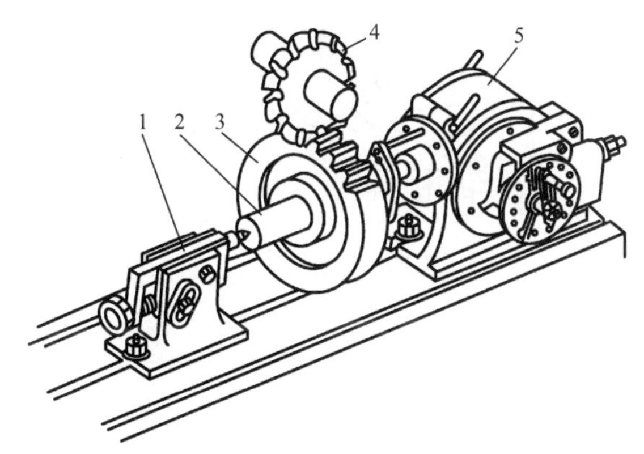


1—尾座；2—心轴；3—工件；4—盘状模数铣刀；5—分度头。

图 2.77　在卧式铣床上铣齿轮

成形法加工的特点如下：设备简单（用普通铣床即可），成本低，生产效率低；加工的齿轮精度较低，轮齿表面粗糙度 $Ra=6.3\sim3.2\mu m$。因为齿轮齿槽的形状与模数和齿数有关，所以要铣出准确齿形，需为同一模数的每一种齿数的齿轮制造一把铣刀。为方便制造和管理刀具，一般将铣削模数相同而齿数不同的齿轮所用的铣刀制成一组 8 把，分为 8 个刀号，每个刀号的铣刀加工一定齿数范围的齿轮。而不同刀号铣刀的刀齿轮廓只与该号数范围内最少齿数齿轮齿槽的理论轮廓一致，对其他齿数的齿轮只能获得近似齿形。

根据以上特点，成形法铣齿轮多用于修配或单件制造某些转速低、精度要求不高的齿轮。

展成法是建立在齿轮与齿轮或齿条与齿轮相互啮合原理基础上的齿形加工方法。滚齿法（图 2.78）和插齿法（图 2.79）均属展成法。随着科学技术的发展，齿轮传动的速度和载荷不断提高，传动平稳与噪声、冲击之间的矛盾日益尖锐。为解决这一矛盾，需相应提高齿形精度和降低齿面的表面粗糙度，而插齿法和滚齿法不能满足要求，常用剃齿法、珩齿法和磨齿法解决，其中磨齿加工精度最高，可达 4 级（齿形加工精度等级不同于圆柱体配合加工的精度等级）。

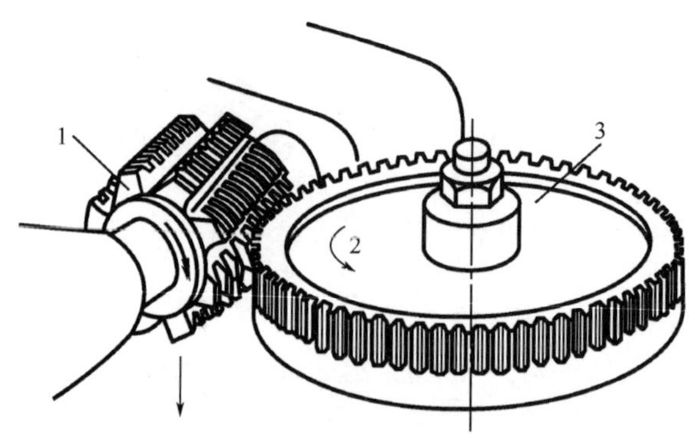


1—滚刀；2—分齿运动；3—工件。

图 2.78　滚齿法

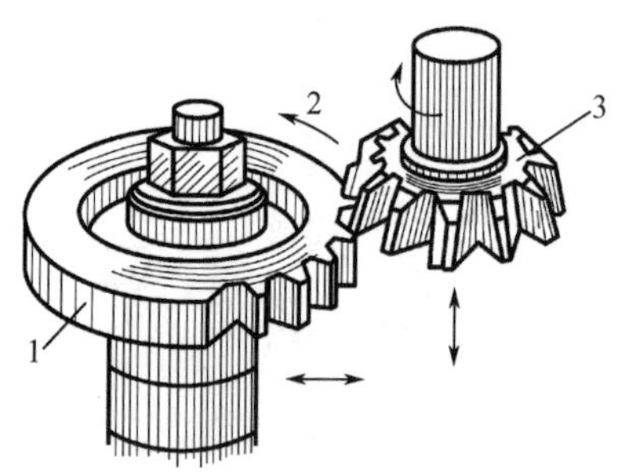


1—工件；2—分齿运动；3—插齿刀。

图 2.79　插齿法

**5. 铣削综合工艺举例**

下面以图 2.80 所示的 V 形块为例，讨论其单件、小批量生产时的铣削步骤，见表 2-4。

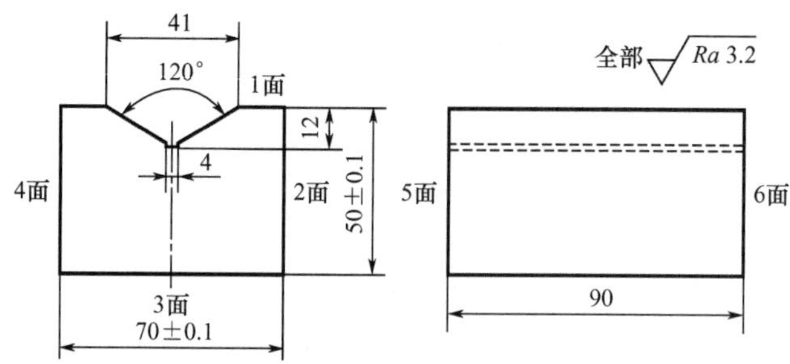


图 2.80　V 形块

表 2-4　V 形块的铣削步骤　（单位：mm）

| 序号 | 加工内容 | V 加工简图 | 刀具 | 设备 | 装夹方法 |
|---|---|---|---|---|---|
| 1 | 将面 3 紧靠在机用平口虎钳导轨面上的平行垫铁上，即以面 3 为基准，在两钳口间夹紧工件，铣面 1，使面 1 和面 3 间尺寸至 52 | 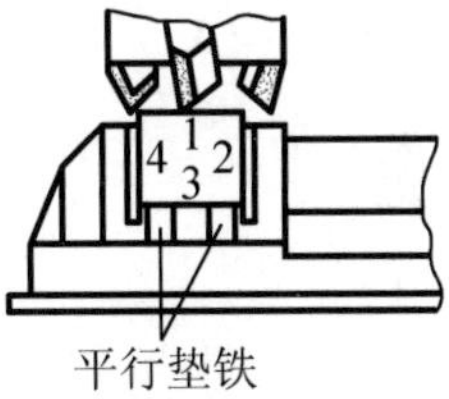  | $\phi$110mm 硬质合金镶齿端铣刀 | X5012 立式铣床 | 机用平口虎钳 |
| 2 | 以面 1 为基准，紧贴固定钳口，在工件与活动钳口间垫圆棒，夹紧后铣面 2，使面 2 和面 4 间尺寸至 72 | 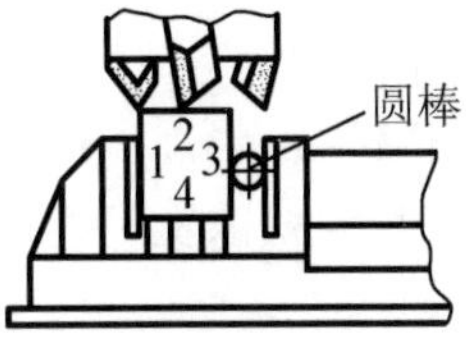  | $\phi$110mm 硬质合金镶齿端铣刀 |  |  |
| 3 | 以面 1 为基准，紧贴固定钳口，翻转 180°，使面 2 朝下，紧贴平行垫铁，铣面 4，使面 2 和面 4 间尺寸至 70±0.1 | 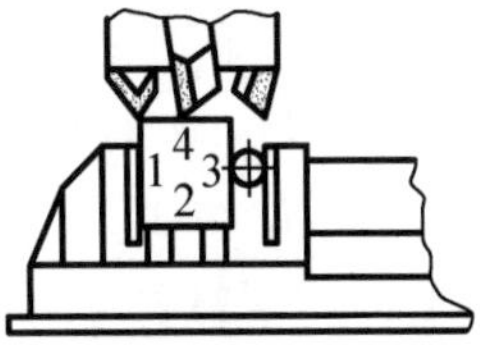  |  |  |  |
| 4 | 以面 1 为基准，铣面 3，使面 1 和面 3 间尺寸至 50±0.1 | 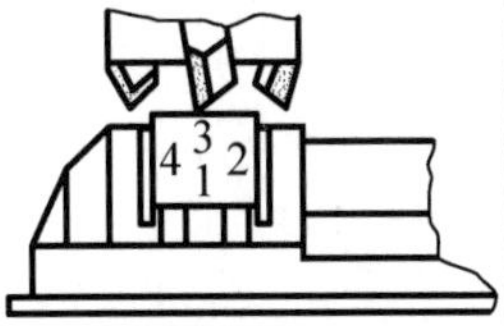  |  |  |  |
| 5 | 铣面 5、面 6，使面 5 和面 6 间尺寸至 90 | 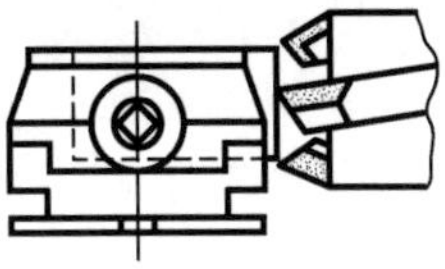  |  |  |  |
| 6 | 按划线找正，铣直槽，槽宽度为 4、深度为 12 | 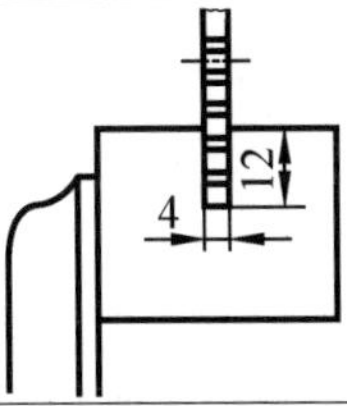  | 切槽刀 | X6012 型卧式铣床 |  |
| 7 | 铣 V 形槽至尺寸 41 | 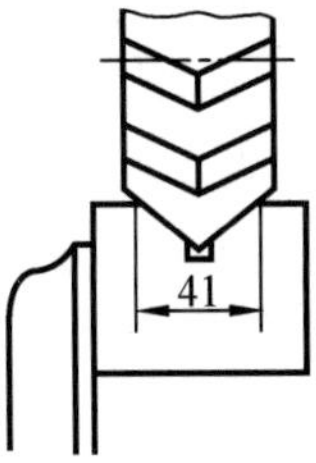  | 角度铣刀 |  |  |
| 8 | 按图样要求检验 |  |  |  |  |

## 2.3.3 磨削

【拓展图文】

磨削加工的用途很广，可用不同类型的磨床分别加工内外圆柱面、内外圆锥面、平面、成形表面（如花键、齿轮、螺纹等）及刃磨刀具等。磨削加工使用的机床为磨床。磨床种类很多，常用的有外圆磨床、内圆磨床、平面磨床等。

【拓展视频】

**1. 磨削概述**

磨削是机械零件精密加工的主要方法。

1）磨削加工的特点

（1）磨削属于多刃、微刃切削。磨削用砂轮是由许多细小坚硬的磨粒用黏结剂黏结在一起经焙烧而成的疏松多孔体。这些锋利的磨粒就像铣刀的切削刃，在砂轮高速旋转的条件下切入工件表面。

（2）加工尺寸精度高，表面粗糙度低。磨削的切削厚度极小，每个磨粒的切削厚度可小到微米级，故磨削的尺寸公差等级为 IT6～IT5，表面粗糙度 $Ra=0.8\sim0.1\mu m$。高精度磨削时，尺寸公差等级可高于 IT5，表面粗糙度 $Ra=0.012\mu m$。

（3）加工材料广泛。由于磨料硬度极高，因此磨削不仅可加工一般金属材料（如碳钢、铸铁等），还可加工一般刀具难以加工的高硬度材料（如淬火钢、硬质合金等）。

（4）砂轮具有自锐性。当作用在磨粒上的切削力超过磨粒的极限强度时，磨粒破碎，形成新的锋利棱角进行磨削；当此切削力超过黏结剂的黏结强度时，钝化的磨粒自行脱落，使砂轮表面露出一层新鲜锋利的磨粒，从而使磨削加工继续进行。砂轮的这种自行推陈出新、保持自身锋利的性能称为自锐性。砂轮的自锐性使其可连续加工，这是其他刀具不具有的特性。

（5）磨削温度高。在磨削过程中，切削速度很高，产生大量切削热，温度超过 1000℃。同时，高温磨屑在空气中发生氧化作用，产生火花。在如此高温下，零件材料性能将改变而影响质量。因此，为减少摩擦和迅速散热，应降低磨削温度，及时冲走磨屑，以保证零件表面质量，磨削时需使用大量切削液。

【拓展图文】

2）外圆磨床的组成

常用的外圆磨床分为普通外圆磨床和万能外圆磨床。在普通外圆磨床上，可磨削零件的外圆柱面和外圆锥面；在万能外圆磨床上，由于砂轮架、头架和工作台上都装有转盘，能回转一定角度，且增加了内圆磨具附件，因此万能外圆磨床除可磨削外圆柱面和外圆锥面外，还可磨削内圆柱面、内圆锥面及端平面，比普通外圆磨床应用广。图 2.81 所示为 M1432A 型万能外圆磨床的主要结构。

在型号 M1432A 中，M 为机床类别代号，表示磨床，读作“磨”；1 为机床组别代号，表示外圆磨床；4 为机床系别代号，表示万能外圆磨床；32 为主参数最大磨削直径的 1/10，即最大磨削直径为 320mm；A 表示在性能和结构上经过一次重大改进。

（1）床身。床身用来固定和支承磨床上的所有部件，上部装有工作台和砂轮架，内部装有液压传动系统和机械传动装置。床身上的纵向导轨供工作台移动用，横向导轨供砂轮架移动用。

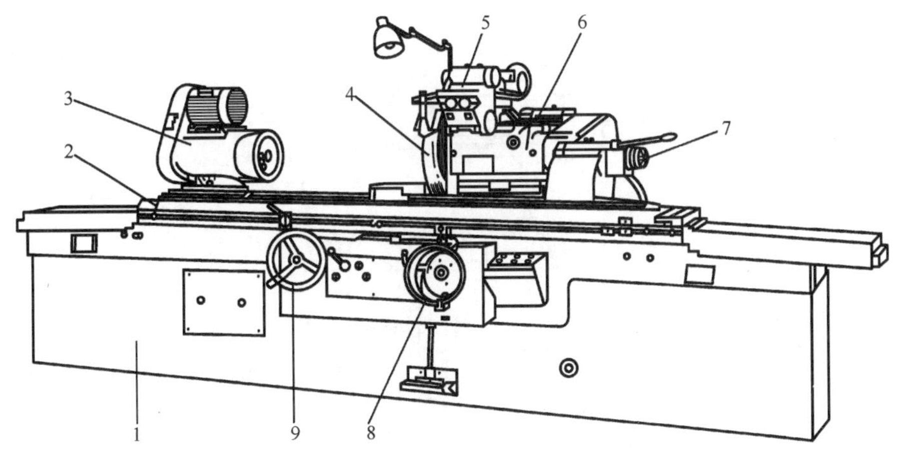


1—床身；2—工作台；3—头架；4—砂轮；5—内圆磨头；6—砂轮架；7—尾座；
8—砂轮横向手动手轮；9—工作台手动手轮。

图 2.81 M1432A 型万能外圆磨床的主要结构

(2) 工作台。工作台有两层，分别称为上工作台和下工作台，上工作台可相对下工作台转动一定角度，以便磨削圆锥面，下工作台沿床身导轨做纵向往复直线运动。

(3) 头架。头架安装在上工作台上。头架上有主轴，主轴端部可安装顶尖、拨盘或卡盘，以便装夹工件并带动其旋转。头架内的双速电动机和变速机构可使工件获得不同的转速。头架可在水平面内偏转一定角度。

(4) 尾座。尾座安装在上工作台上。尾座的套筒内装有顶尖，用来支承细长工件的另一端。尾座在工作台上的位置可根据工件的长度调整，当调整到所需位置时将其紧固。尾座可在工作台上做纵向移动，扳动尾座上的手柄时，套筒可伸出或缩进，以便装卸工件。

(5) 砂轮架。砂轮安装在砂轮架的主轴上，由单独电动机通过 V 带传动带动砂轮高速旋转。砂轮架可在床身后部导轨上做横向移动，移动方式有自动周期进给、快速前进和退出、手动三种，前两种是由液压传动实现的。砂轮架还可绕垂直轴旋转一定角度。

(6) 内圆磨头。内圆磨头用于磨削内圆表面。其主轴可安装内圆磨削砂轮，由另一个电动机带动。内圆磨头可绕支架旋转，使用时翻下，不使用时翻向砂轮架上方。

3) 外圆磨床的传动

因为液压传动具有无级调速、运转平稳、无冲击振动等优点，所以磨床传动广泛采用液压传动。外圆磨床的液压传动系统比较复杂。图 2.82 所示为外圆磨床的液压传动原理。

工作时，液压泵 9 将油从油箱 8 中吸出并转变为高压油，高压油经过转阀 7、节流阀 5 和换向阀 4 流入液压缸 3 的右腔，推动活塞、活塞杆及工作台 2 向左移动。液压缸 3 左腔的油经换向阀 4 流入油箱 8。当工作台 2 移至左侧行程终点时，固定在工作台 2 前侧面右端的挡块 1 推动换向手柄 10 至双点画线位置，高压油流入液压缸 3 的左腔，使工作台 2 向右移动，液压缸 3 右腔的油经换向阀 4 流入油箱 8。如此循环，实现工作台 2 的往复运动。

4) 其他磨床

(1) 内圆磨床。内圆磨床主要用于磨削内圆柱面、内圆锥面、端面等。图 2.83 所示

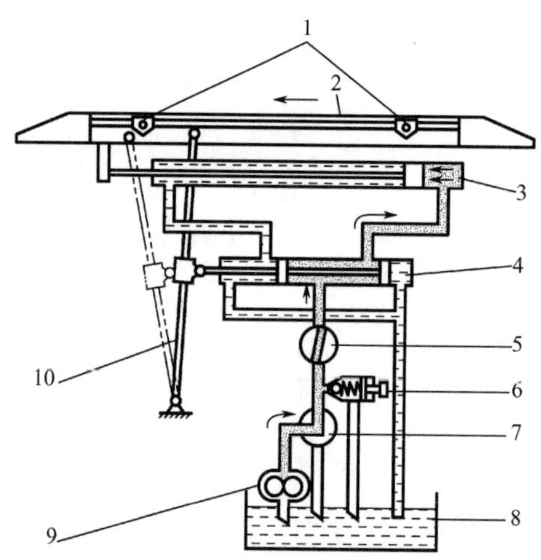


1—挡块；2—工作台；3—液压缸；4—换向阀；5—节流阀；6—溢流阀；7—转阀；8—油箱；9—液压泵；10—换向手柄。

图 2.82 外圆磨床的液压传动原理

为 M2120 型内圆磨床的主要结构。在型号 M2120 中，M 为机床类别代号，表示磨床，读作“磨”；2 和 1 分别为机床组别代号、系别代号，表示内圆磨床；20 为主参数最大磨削孔径的 1/10，即最大磨削孔径为 200mm。

【拓展图文】

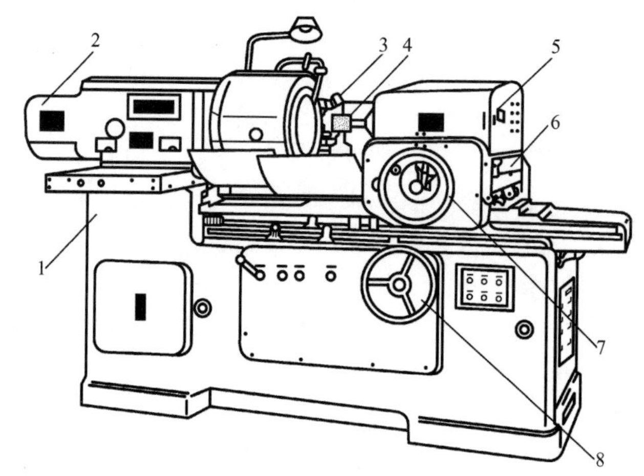


1—床身；2—头架；3—砂轮修整器；4—砂轮；5—砂轮架；6—工作台；7—砂轮横向手动手轮；8—工作台手动手轮。

图 2.83 M2120 型内圆磨床的主要结构

内圆磨床的砂轮转速特别高，为 **10000～20000r/min**，以适应磨削速度的要求。加工时，工件安装在卡盘内，砂轮架 5 安装在工作台 6 上，可绕垂直轴转动一个角度，以便磨削圆锥孔。其磨削运动与外圆磨削基本相同，只是砂轮与工件沿相反方向旋转。

（2）平面磨床。平面磨床主要用于磨削零件上的平面。图 2.84 所示为 M7120A 型平面磨床的主要结构。在型号 M7120 中，M 为机床类别代号，表示磨床，读作“磨”；7 为机床组别代号，表示平面磨床；1为机床系别代号，表示卧轴距台平面磨床；20为主参数工作台面宽度的1/10，即工作台面宽度为200mm。平面磨床与其他磨床不同的是工作台上装有电磁吸盘或其他夹具，用于装夹工件。

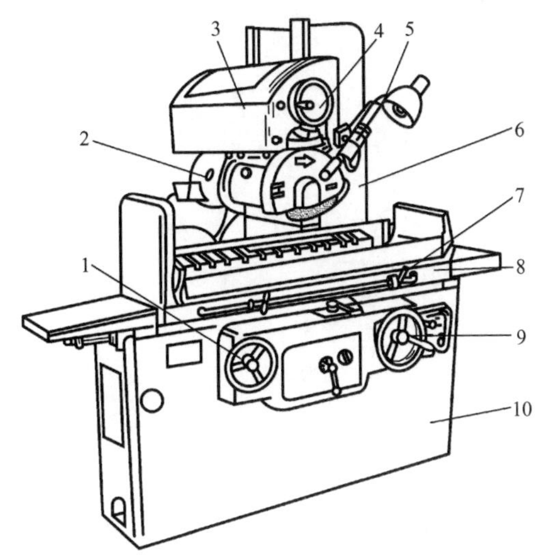

【拓展图文】

1—工作台手动手轮；2—磨头；3—滑板；4—砂轮横向手动手轮；5—砂轮修整器；6—立柱；7—行程挡块；8—工作台；9—砂轮升降手动手轮；10—床身。

图2.84 M7120A型平面磨床的主要结构

工作时，磨头2沿滑板3的水平导轨做横向进给运动，可由液压驱动或砂轮横向手动手轮4操纵。滑板3可沿立柱6的导轨垂直移动，以调整磨头2的位置及完成垂直进给运动，该运动也可操纵砂轮升降手动手轮9实现。砂轮由装在磨头壳体内的电动机直接驱动。

**2. 工件的安装及磨床附件**

在磨床上安装工件的主要附件有顶尖、卡盘、花盘和心轴等。

1）外圆磨削中工件的安装

在外圆磨床上磨削外圆，常采用顶尖安装、卡盘安装和心轴安装三种方式安装工件。

（1）顶尖安装。顶尖安装适用于两端有中心孔的轴类零件。如图2.85所示，工件支承在顶尖之间，其安装方法与车床顶尖安装基本相同，不同点是磨床用顶尖不随工件转动

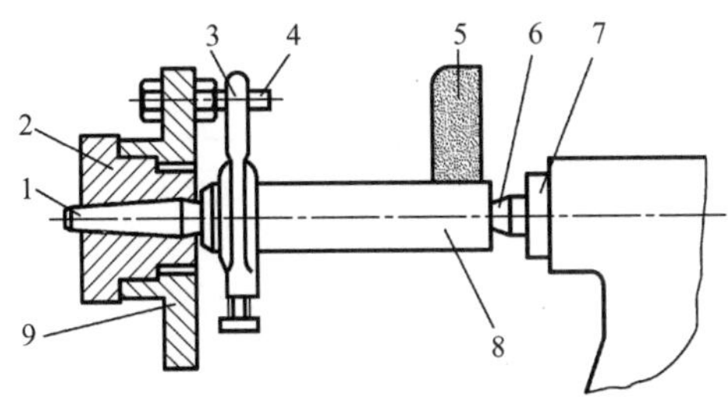


1—前顶尖；2—头架主轴；3—卡箍；4—拨杆；5—砂轮；6—后顶尖；7—尾座套筒；8—工件；9—拨盘。

图2.85 顶尖安装

（称为死顶尖），可以提高加工精度，避免由顶尖转动带来的误差。同时，尾座顶尖靠弹簧推力顶紧工件，自动控制松紧程度，既可以避免工件轴向窜动带来的误差，又可以避免工件因磨削热而产生弯曲变形。

（2）卡盘、花盘安装。磨削短零件上的外圆可视装夹部位形状不同，分别采用自定心卡盘、单动卡盘或花盘安装，其安装方法与车床上安装基本相同。

（3）心轴安装。磨削盘套类空心零件时，常以内孔定位磨削外圆，大多采用心轴安装，如图 2.86 所示。其安装方法与车床心轴安装类似，只是磨削用心轴精度要求更高。

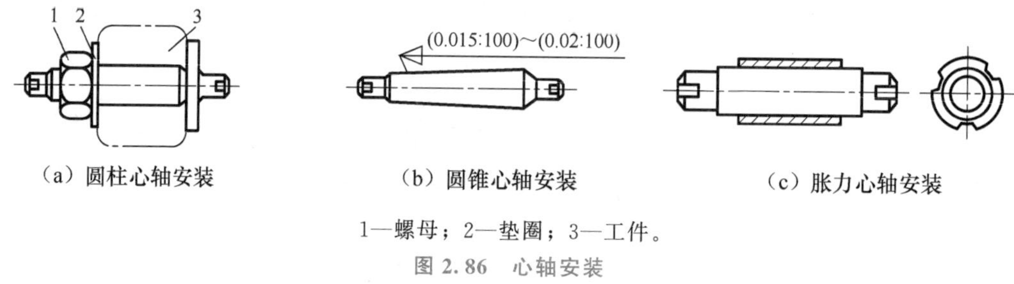


1—螺母；2—垫圈；3—工件。

图 2.86　心轴安装

2）内圆磨削中工件的安装

磨削零件内圆时，大多以外圆和端面为定位基准，通常采用自定心卡盘、单动卡盘、花盘及弯板等安装工件。

3）平面磨削中工件的安装

在平面磨床上磨削平面时，常采用电磁吸盘和精密台虎钳安装工件。

（1）电磁吸盘安装。磨削平面时通常以一个平面为基准磨削另一个平面。若两个平面都需磨削且要求相互平行，则可互为基准、反复磨削。

磨削中、小型零件的平面时，常用电磁吸盘工作台吸住工件。电磁吸盘工作台有长方形和圆形两种，分别用于矩台平面磨床和圆台平面磨床。当磨削键、垫圈、薄壁套等尺寸小且壁较薄的零件时，因工件与工作台的接触面积小、吸力小，故易被磨削力弹出造成事故。安装这类工件时，需用挡铁围住其四周或左右两端，以免工件移动，如图 2.87 所示。

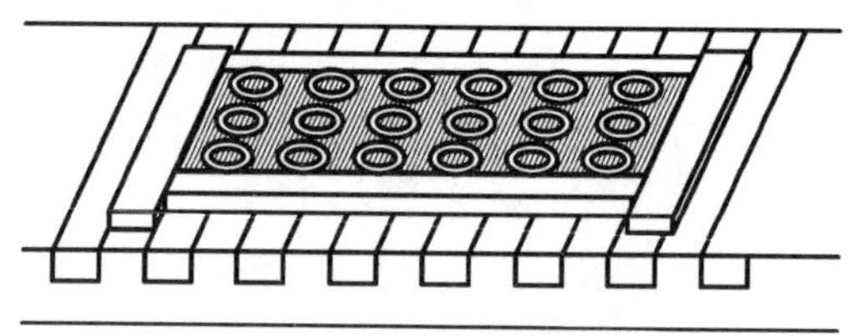

图 2.87　用挡铁围住工件

（2）精密台虎钳安装。电磁吸盘只能安装钢、铸铁等磁性材料的工件，对于由铜及其合金、铝等非磁性材料制成的工件，可在电磁吸盘上安放精密台虎钳以安装工件。精密台虎钳与普通虎钳相似，但精度更高。

**3. 砂轮**

砂轮是磨削的切削工具。磨粒、黏结剂和空隙是构成砂轮的三要素，如图 2.88 所示。

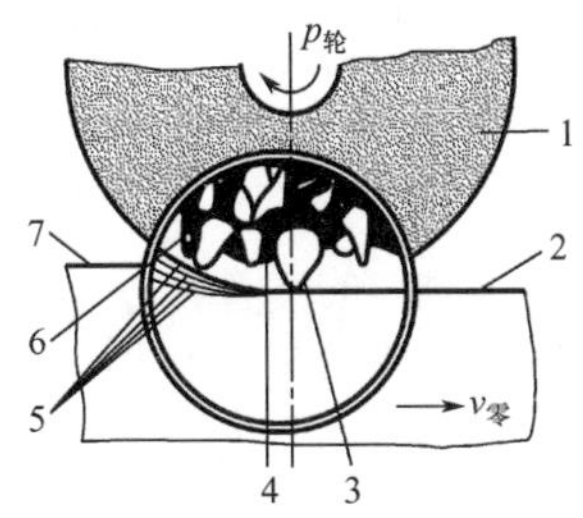


1—砂轮；2—已加工表面；3—磨粒；4—黏结剂；
5—加工表面；6—空隙；7—待加工表面。

图 2.88 砂轮的组成

1）砂轮的特性及其选择

砂轮的特性主要由磨料、粒度、硬度、黏结剂、组织、形状和尺寸等因素决定。

磨料直接担负着切削工作，必须硬度高、耐热性好，还必须有锋利的棱边和一定的强度。常用磨料有刚玉、碳化硅和超硬磨料。常用磨料的代号、特点及用途见表 2-5。

表 2-5 常用磨料的代号、特点及用途

| 磨料名称 | 代 号 | 特 点 | 用 途 |
| --- | --- | --- | --- |
| 棕刚玉 | A | 硬度高，韧性好，价格较低 | 适合磨削碳钢、合金钢和可锻铸铁等 |
| 白刚玉 | WA | 比棕刚玉硬度高，韧性低，价格较高 | 适合磨削淬火钢、高速钢和高碳钢 |
| 黑色碳化硅 | C | 硬度高，具有脆性且锋利，导热性好 | 用于磨削铸铁、青铜等脆性材料及硬质合金刀具 |
| 绿色碳化硅 | GC | 硬度比黑色碳化硅高，导热性好 | 用于磨削硬质合金、宝石、陶瓷和玻璃等 |

粒度是指磨粒颗粒的大小。粒度号越大，磨料越细，颗粒越小，可用筛选法或显微镜测量法区别。粗磨或磨软金属时，用粗磨料；精磨或磨硬金属时，用细磨料。

硬度是指砂轮上磨料在外力作用下脱落的难易程度。磨粒易脱落，表明砂轮硬度低；反之则表明砂轮硬度高。砂轮的硬度与磨料的硬度无关。磨硬金属时，用软砂轮；磨软金属时，用硬砂轮。但有色金属韧性大，不易磨削。

常用黏结剂有陶瓷黏结剂（代号 V）、树脂黏结剂（代号 B）、橡胶黏结剂（代号 R）等。其中陶瓷黏结剂做成的砂轮耐蚀性和耐热性很高，应用广泛。

组织是指砂轮中磨料、黏结剂、空隙体积的比例关系。组织号是由磨料占比确定的。

根据机床结构与磨削加工的需要，将砂轮制成各种形状和尺寸。为方便选用，在砂轮的非工作表面印有特性代号。例如代号 PA60KV6P300×40×75，表示砂轮的磨料为铬刚玉（PA），粒度为 60 号，硬度为中软（K），黏剂为陶瓷（V），组织号为 6 号，为平行砂轮（P），外径为 300mm，厚度为 40mm，内径为 75mm。

2）砂轮的安装与平衡

砂轮因在高速下工作，安装时应先检查外观是否有裂纹，再用木锤轻敲，如果声音嘶哑，则禁止使用，否则砂轮破裂后会飞出伤人。砂轮的安装如图 2.89 所示。

为使砂轮工作平稳，一般要对直径大于 125mm 的砂轮进行平衡试验，如图 2.90 所示。将砂轮装在心轴 2 上，再将心轴放在平衡架 6 的平衡轨道 5 的刃口上。若不平衡，则较重部分总是转到下面，可移动法兰盘端面环槽内的平衡铁 4 调整。经反复平衡试验，直到砂轮可在刃口上任意位置静止，说明砂轮各部分的质量分布均匀。这种方法称为静平衡。

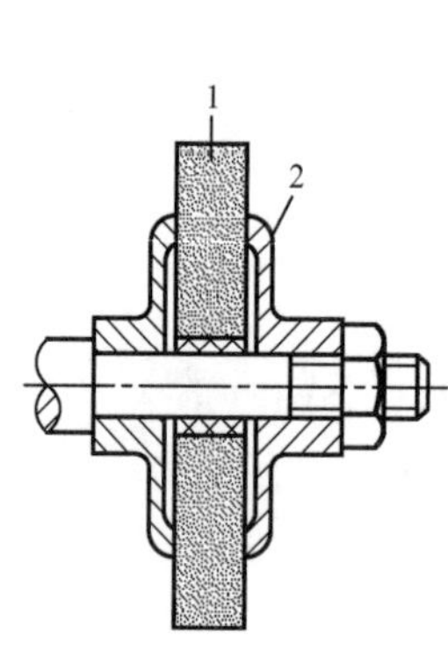


1—砂轮；2—弹性垫板。

图 2.89　砂轮的安装

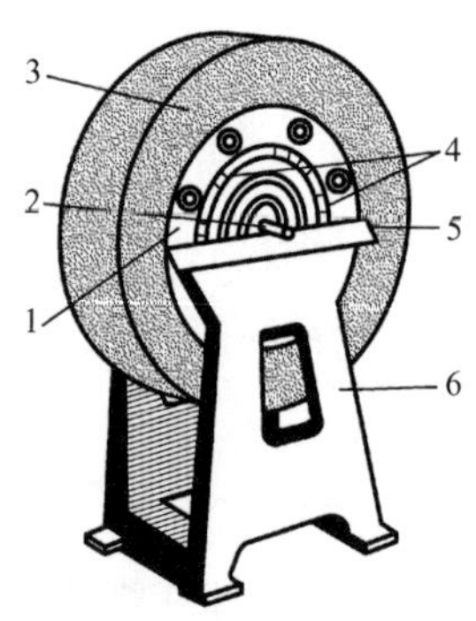


1—砂轮套筒；2—心轴；3—砂轮；4—平衡铁；5—平衡轨道；6—平衡架。

图 2.90　砂轮的平衡试验

3）砂轮的修整

砂轮工作一段时间后，磨粒逐渐变钝、工作表面空隙被堵塞而丧失切削能力。同时，砂轮硬度不均匀及磨粒工作条件不同使砂轮工作表面磨损不均匀，形状被破坏，此时必须修整。常用金刚石笔修整砂轮，如图 2.91 所示。修整时要使用大量的冷却液，以免金刚石因温度急剧升高而破裂。

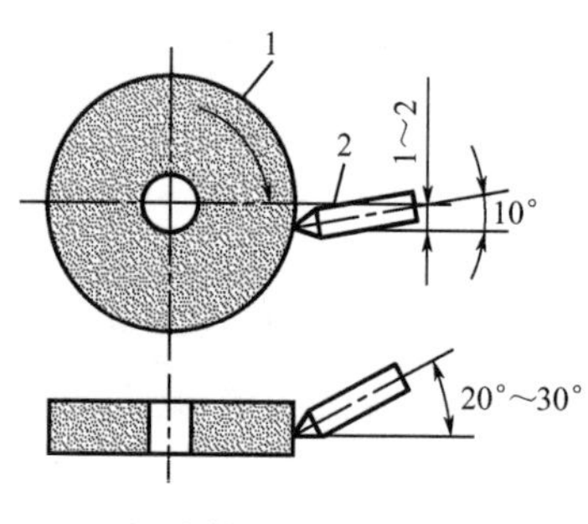


1—砂轮；2—金刚石笔。

图 2.91　砂轮的修整

**4. 磨削工艺**

由于磨削的加工精度高、表面粗糙度低、能磨削高硬脆的材料，因此应用十分广泛。下面仅讨论内外圆柱面、内外圆锥面及平面的磨削工艺。

【拓展视频】

1）外圆磨削

外圆磨削是一种基本的磨削方法，适合轴类及外圆锥零件的外表面磨削。在外圆磨床上，常用纵磨法、横磨法和综合磨法磨削外圆。

(1) 纵磨法（图 2.92）。纵磨削时，砂轮高速旋转起切削作用（主运动），工件转动（圆周进给）并与工作台一起做往复直线运动（纵向进给），当每个纵向行程或往复行程终了时，砂轮做周期性横向进给（背吃刀量）。每次背吃刀量都很小，磨削余量是在多次往复行程中磨去的。将工件加工到接近最终尺寸时，采用无横向进给的多次光磨行程，直至火花消失为止，以提高零件的加工精度。纵向磨削的特点是具有较大适应性，一个砂轮可磨削长度不同、直径不同的各种零件，且加工质量好，但磨削效率较低。在生产中，特别是单件、小批生产及精磨时广泛采用这种方法，尤其适用于细长轴的磨削。

(2) 横磨法（图 2.93）。横磨削时，砂轮的宽度大于工件待加工表面的长度，工件无纵向进给运动，而砂轮以很低的速度连续或断续地向工件做横向进给，直至余量被全部磨掉为止。横磨法的特点是生产率高，但精度及表面质量较低，适合磨削长度较小、刚性较好的工件。将工件磨到所需的尺寸后，如果需要靠磨台肩端面，则将砂轮退出 0.005～0.01mm，手摇工作台纵向移动手轮，使工件的台端面贴靠砂轮，磨平即可。

(3) 综合磨法（图 2.94）。综合磨法的原理是先用横磨法分段粗磨，相邻两段间有 5～15mm 重叠量，再将留下的 0.01～0.03mm 余量用纵磨法磨去。当加工表面的长度为砂轮宽度的 2～3 倍时，可采用综合磨法。综合磨法集纵磨法和横磨法的优点于一身，既能提高生产效率，又能提高磨削质量。

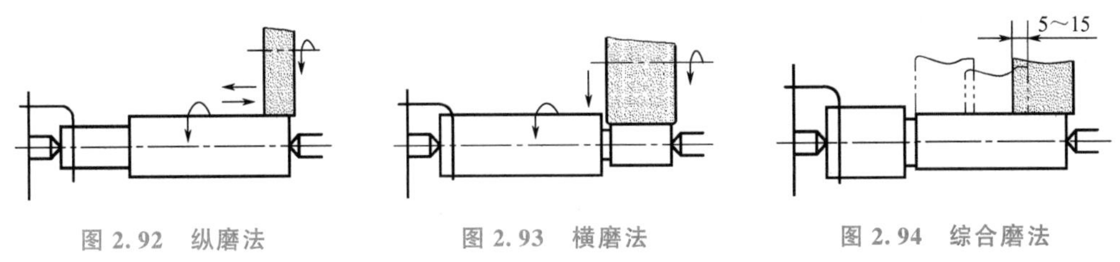


图 2.92 纵磨法　　图 2.93 横磨法　　图 2.94 综合磨法

2) 内圆磨削

内圆磨削与外圆磨削相似，只是砂轮的旋转方向与磨削外圆时相反（图 2.95），磨削方法以纵磨法应用最广，且生产率较低、磨削质量较低。受零件孔径的限制，砂轮直径较小，砂轮圆周速度较低，生产效率较低；并且冷却排屑条件不好，砂轮轴伸出长度较大，不易提高表面质量。但由于磨孔具有万能性，不需要成套刀具，因此在单件、小批生产中应用较多，特别是淬火零件，磨孔仍是精加工孔的主要方法。

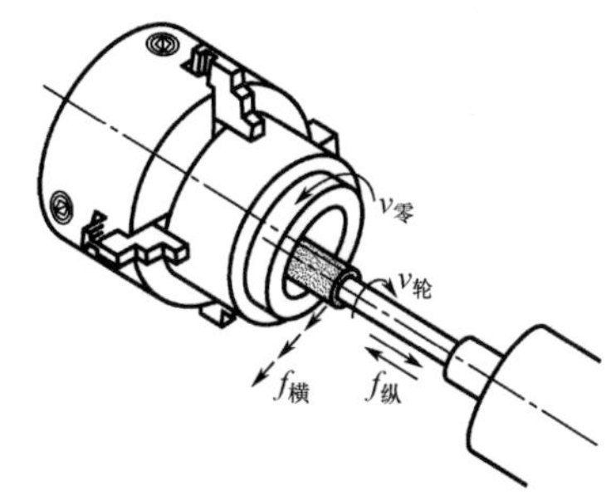


图 2.95 内圆磨削

砂轮在工件孔中的接触位置有两种：一种是与工件孔的后面接触［图 2.96 (a)］，此

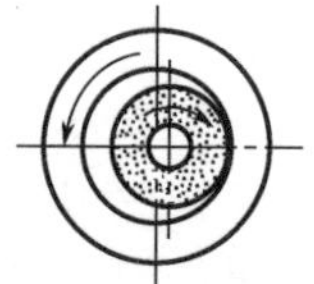
（a）后面接触

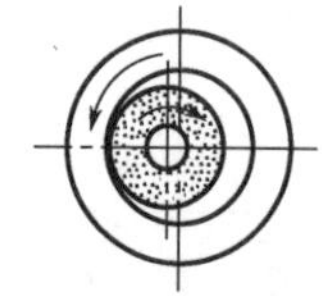
（b）前面接触

图 2.96 砂轮在工件孔中的接触位置

时冷却液和磨屑向下飞溅，不影响操作人员的视线和安全；另一种是与工件孔的前面接触［图 2.96（b）］，情况正好与上述相反。通常，在内圆磨床上采用后面接触；在万能外圆磨床上磨孔时采用前面接触，这样可采用自动横向进给，若采用后面接触，则只能手动横向进给。

3）平面磨削

平面磨削的常用方法有周磨（在卧轴矩形工作台平面磨床上以砂轮圆周表面磨削工件）和端磨（在立轴圆形工作台平面磨床上以砂轮端面磨削工件）两种，见表 2-6。

表 2-6 周磨和端磨的比较

| 分类 | 砂轮与工件的接触面积 | 排屑及冷却条件 | 工件发热变形量 | 加工质量 | 效率 | 适用场合 |
|---|---|---|---|---|---|---|
| 周磨 | 小 | 好 | 小 | 较高 | 低 | 精磨 |
| 端磨 | 大 | 差 | 大 | 低 | 高 | 粗磨 |

4）圆锥面磨削

圆锥面磨削通常有转动工作台法和转动头架法。

（1）转动工作台法（图 2.97）。常采用转动工作台法磨削锥度较小、锥面较长的内外圆锥面。

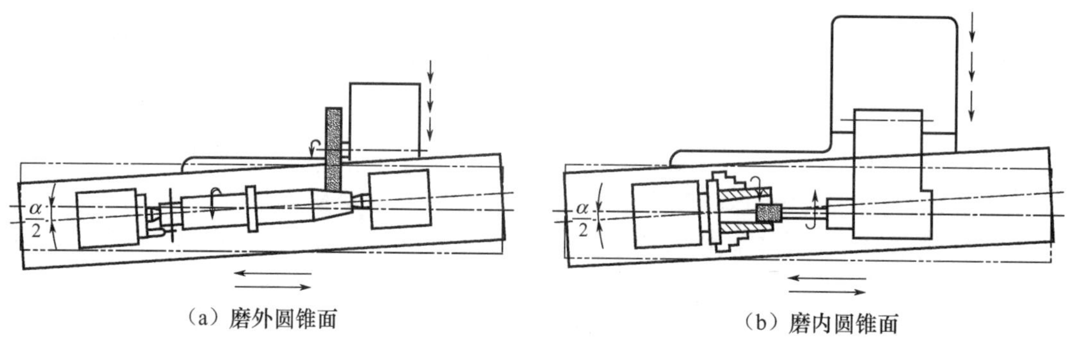


（a）磨外圆锥面　（b）磨内圆锥面

图 2.97 转动工作台法

（2）转动头架法（图 2.98）。常采用转动头架法磨削锥度较大、锥面较短的内外圆锥面。

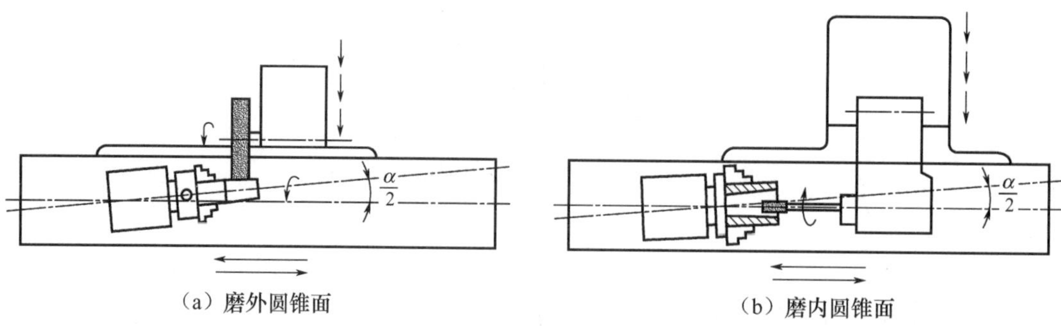


（a）磨外圆锥面　（b）磨内圆锥面

图 2.98 转动头架法

**5. 磨削综合工艺举例**

图 2.99 所示为套类零件，其材料为 38CrMoAl，要求热处理硬度为 900HV，需进行时效处理。

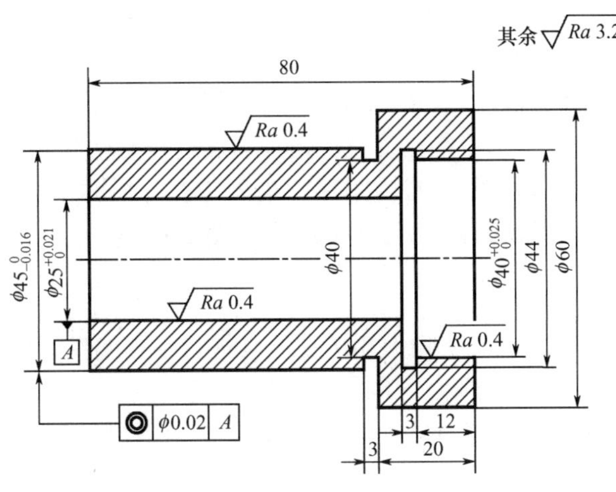


图 2.99 套类零件

套类零件的特点是要求内外圆表面的同轴度。因此，拟定加工步骤时，应尽量采用一次安装加工，以保证上述要求。若不能在一次安装中加工全部表面，则应首先加工孔，然后以孔定位用心轴安装，最后加工外圆表面。套类零件磨削步骤见表 2-7。

表 2-7 套类零件磨削步骤 (单位：mm)

| 工序 | 加工内容 | 砂轮 | 设备 | 装夹方法 |
|---|---|---|---|---|
| 1 | 以 $\phi45_{-0.016}^{0}$ 外圆定位，用百分表找正，粗磨 $\phi25_{0}^{+0.021}$ 内孔，留精磨余量 0.04～0.06 | PA60KV6P20×6×6 | MD1420 型磨床 | 自定心卡盘 |
| 2 | 粗磨 $\phi40_{0}^{+0.025}$ 内孔，留精磨余量 0.04～0.06 | PA60KV6P30×10×10 | | |
| 3 | 氮化 | — | — | — |
| 4 | 精磨 $\phi40_{0}^{+0.025}$ 内孔至尺寸要求 | PA80KV6P30×10×10 | MD1420 型磨床 | 自定心卡盘 |
| 5 | 精磨 $\phi25_{0}^{+0.021}$ 内孔至尺寸要求 | PA80KV6P20×6×6 | | |
| 6 | 以 $\phi25_{0}^{+0.021}$ 内孔定位，粗、精磨 $\phi45_{-0.016}^{0}$ 外圆至尺寸要求 | WA80KV6P300×40×75 | | 心轴 |
| 7 | 按图样要求检验 | — | — | — |

# 2.4 钳　工

## 2.4.1 钳工概述

【拓展图文】

【拓展视频】

钳工训练可以增强学生的实际动手能力，无论将来是否从事相关的工作，其所获得的能力都将终身受益。钳工训练过程是枯燥的，学生需要耐住性子、抗住挫折、开动脑筋、努力学习、集思广益、用心体会技能的增长。梅花香自苦寒来，蓦然回首会发现一切辛苦都是值得的。

**1. 概述**

钳工是主要在台虎钳上用手工工具进行手工操作，从事装配、调试、维修机器及加工零件的工种。钳工的具体工作是完成一些不适合采用机械方法或采用机械方法不能解决的任务。由于钳工要解决机械制造中出现的各种问题，因此钳工又称“万能工种”，是工业生产中不可缺少的工种。钳工很难是全能的，根据岗位的不同有不同的分工，如普通钳工、工具钳工、机修钳工等。钳工要完成本职工作，就要掌握各项基本技能，如划线、錾削、锯割、锉削、孔加工、螺纹加工、刮削、研磨、装配、调试、测量和简单的钣金、热处理等。

【拓展视频】

【拓展图文】

**2. 钳工工具和设备**

钳工工具和设备相对简单，工具主要有划针、划规、样冲、手锤、手锯、锉刀、钻头、丝锥、板牙、刮刀、扳手、螺钉旋具、量具等；设备主要有钳台、台虎钳、砂轮机、钻床、平板等。

（1）钳台。钳台又称钳桌，高度以 800～900mm 为宜，台面安装台虎钳，还用于放置平板、工具等，通常设有抽屉或柜子以规范地放置工量具等。

（2）台虎钳。台虎钳是夹持工件，进行锯、锉等钳加工的主要工具。台虎钳分为固定式台虎钳［图 2.100（a）］和回转式台虎钳［图 2.100（b）］，还有带砧台和不带砧台的形

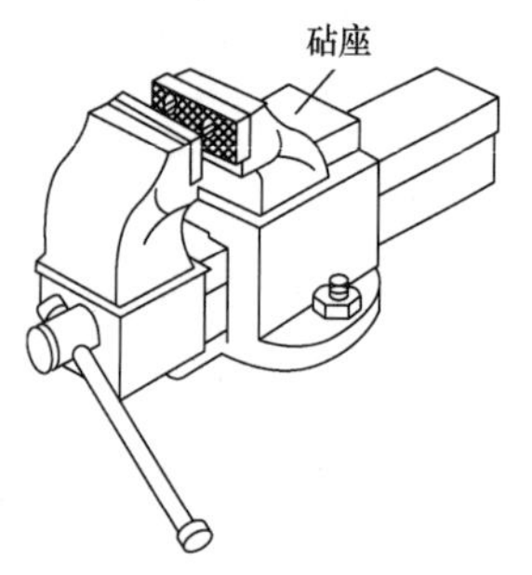


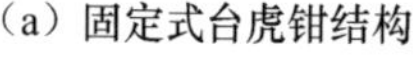
（a）固定式台虎钳结构

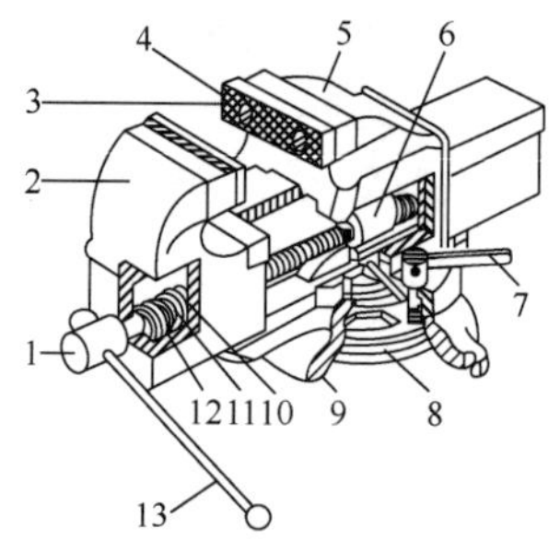

（b）回转式台虎钳结构

（c）带砧台回转式台虎钳处形

1—丝杆；2—活动钳身；3—螺钉；4—钳口铁；5—固定钳身；6—螺母；7—转盘锁紧手柄；8—回转盘；9—底座；10—开口销；11—垫片；12—弹簧；13—手柄。

图 2.100　台虎钳

式，常用的是带砧台回转式台虎钳［图 2.100（c）］。台虎钳的规格用钳口的宽度表示。钳口紧固在虎钳咬口上，由两块经过淬硬的带有斜齿纹的钢材制成，为保护精加工的工件表面，操作时通常在钳口垫上由软材料制成的护铁，以免夹坏工件表面。砧台是用于承受锤击与敲打的。回转式台虎钳的钳身可绕其底座轴心转动，当转到合适的加工方位操作时，一定要扳动螺钉旋紧，使钳身与底座紧固。夹紧工件时只允许依靠手的力量扳紧手柄，不能用手锤敲击手柄或套上长管子扳手柄，以免丝杠、螺母或钳身因受力过大而损坏。在钳台上安装台虎钳时，一定要使固定钳身的工作面处于钳台边缘之外，以便夹持长工件时，不使工件的下端受到钳台边缘的阻碍。在台虎钳上操作的合适高度是台虎钳最高点恰好等高于操作者直立时的手肘。

【拓展视频】

（3）砂轮机。砂轮机用来磨削刀具和工具，由砂轮、电动机、砂轮机座、托架和防护罩等组成。使用时，砂轮的旋转方向应正确，以磨屑向下方飞离砂轮为准；**砂轮起动后，待转速正常时进行磨削；磨削时，操作者应站在砂轮的侧面或斜侧，不要站在砂轮的对面**；磨削时不要施加过大的压力，避免工件对砂轮产生剧烈的撞击致使砂轮碎裂；砂轮机的托架与砂轮间的距离一般小于 3mm，否则容易发生磨削件被轧入的现象，甚至造成砂轮破裂飞出的事故。

（4）钻床。钻床是用于孔加工的一种机械设备，规格用可加工孔的最大直径表示，有台钻、立钻等。钳工常用台钻，不便使用钻床时可用手电钻。

（5）平板（图 2.101）。平板用于划线与测量，由铸铁或花岗岩制成。其上平面经过处理，精度较高，是划线的基准平面。

图 2.101 平板

## 2.4.2 划线、锯割和锉削

划线、锯割和锉削是钳工入门时必须掌握的技能，也是初学者感觉较难的训练项目。

### 1. 划线

根据图样要求或实物尺寸，在工件表面划出加工图形、界线或找正的辅助线的操作称为划线。只需在一个平面或几个相互平行的平面划线，即可明确表示出工件的加工界线的，称为平面划线。只有同时在工件上几个不同方向的表面划线，才能明确表示出工件的加工界线的，称为立体划线。**划线多用于单件、小批量生产。划线的精度较低**，所划线条只是加工的参考依据，最终尺寸要靠量具测量保证。划线的主要作用有确定工件上各加工面的加工位置和加工余量；便于在机床上对工件找正与定位；检查毛坯的形状和尺寸，及时发现与剔除不合格的毛坯；在坯料出现某些缺陷的情况下，可对加工余量进行合理调整分配（采用“借料”方法），使零件加工符合要求。

为使划出的线条清晰可见，通常在零件表面涂上一层薄且均匀的涂料（涂色）。干净的表面常用蓝油（酒精加漆片与紫蓝颜料配成）；毛坯面常用石灰水（由石灰水加牛皮胶调成）；小的毛坯件可用粉笔；含铁的金属可用硫酸铜；铝、铜等有色金属可用紫药水（龙胆紫）或墨汁。

1）划线工具

（1）钢直尺（钢板尺）、划针、划规、直角尺、样冲。

钢直尺（图 2.102）是一种尺面刻有尺寸刻线的简单量具，它是用来量取尺寸、测量工件及与划针配合划直线的导向工具，钳工初级训练时常用于检验平面度。

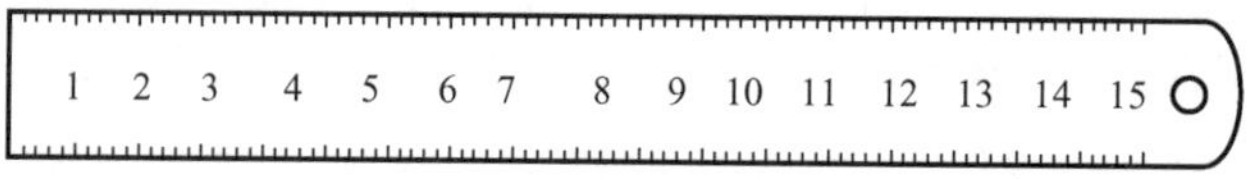

图 2.102 钢直尺

划针是在工件上直接划出线条的工具，形如铅笔，由工具钢尖端淬硬磨锐或焊上硬质合金尖头而成。有的划针带弯，可在一些空间受限的地方划线。用划针和钢直尺连接两点的直线时，首先用划针和钢直尺定好后一点的划线位置，然后调整钢直尺使与前一点的划线位置对准，最后划出两点的连接直线，划线时针尖要紧靠导向尺的边缘，上部向外侧倾斜，同时向划线移动方向倾斜［图 2.103（a）］。划线要做到一次划成，使划出的线条既清晰又准确。图 2.103（b）所示为错误的划针用法。

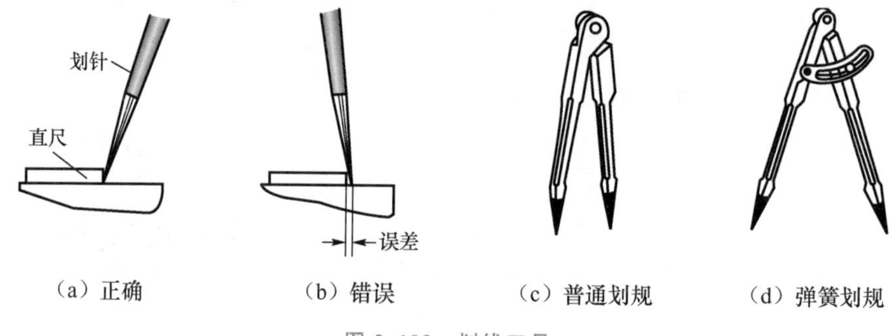


（a）正确　（b）错误　（c）普通划规　（d）弹簧划规

图 2.103 划线工具

划规［图 2.103（c）、图 2.103（d）］是在工件上划圆和圆弧、等分线段、等分角度及量取尺寸等的工具。划规由碳素工具钢制成，划线尖端用高速钢焊接。

直角尺（图 2.104）是划平行线或垂直线的导向工具，也可用来找正工件平面在划线平台上的垂直位置。

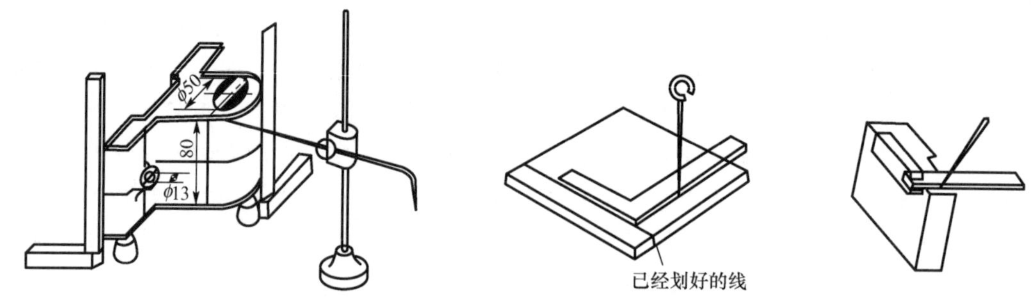


图 2.104 直角尺划线

样冲（图 2.105）是在工件所划线条上冲点做加强界线标志和划圆弧或钻孔定中心的工具，其顶尖角度在用于加强界线标记时约为 40°，在用于钻孔定中心时约为 60°。

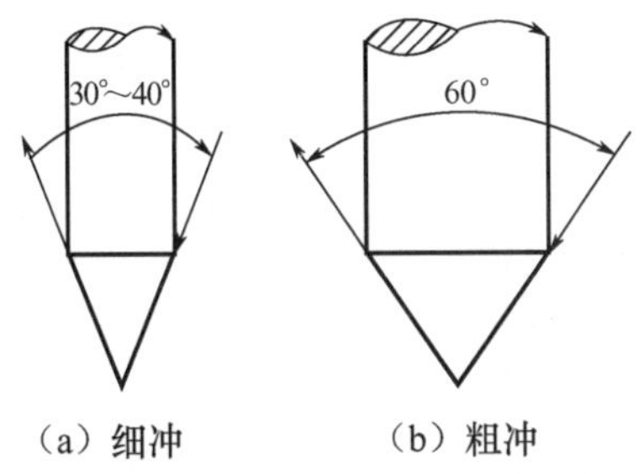

（a）细冲　（b）粗冲

图 2.105　样冲

(2) 划线盘、量高尺、高度游标卡尺、方箱、V 形块、千斤顶。

划线盘［图 2.106 (a)］是带有划针的可调划线工具，用来划与平板平行的直线，主要由底座、立柱、划针和夹紧螺母等组成。划针两端分为直头端和弯头端，直头端用来划线，弯头端用来找正工件的位置。

量高尺［图 2.106 (b)］是校核划线盘划针高度的量具，其实就是使钢直尺的零线紧贴平台并保持钢直尺与平板平面垂直的工具。

高度游标卡尺［图 2.106 (c)］除用来测量工件的高度外，还可用来为半成品划线，其读数精度一般为 0.02mm。它只能用于半成品划线，不允许用于毛坯划线。

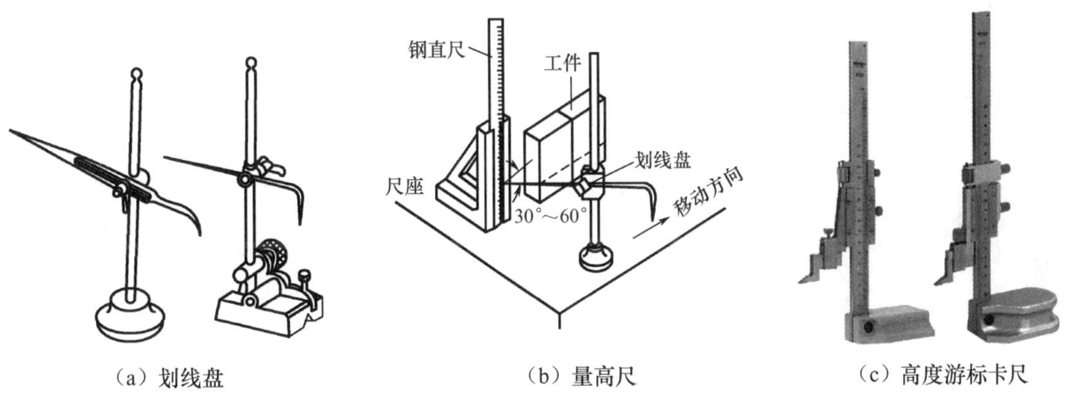

（a）划线盘　（b）量高尺　（c）高度游标卡尺

图 2.106　划线盘、量高尺及高度游标卡尺

方箱［图 2.107 (a)］是由铸铁制成的空心立方体，相邻的两个面均相互垂直。方箱用于夹持、支承尺寸较小且加工面较多的工件。通过翻转方箱，可以在工件的表面上划出相互垂直的线条。

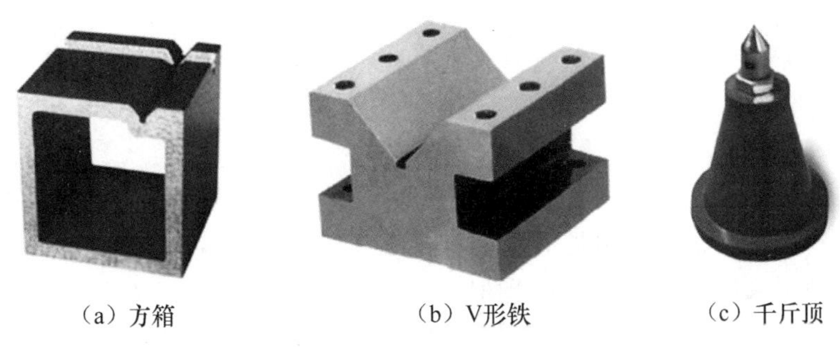
（a）方箱　（b）V形铁　（c）千斤顶

图 2.107　方箱、V 形铁及千斤顶

V形铁［图2.107（b）］用于支承圆柱形工件，使工件轴线与底板平行。

千斤顶［图2.107（c）］用于在平板上支承较大工件及不规则工件，可以调整其高度。通常用三个千斤顶支承工件。

2）划线方法与步骤

（1）划线方法。

划线时要选定划线基准，平面划线的原理是用划线工具将图样按实物大小1∶1划到零件上。一般只要以两根相互垂直的线条为基准，就能确定平面上所有形面的相互关系。立体划线是平面划线的复合运用，划线时选择三条相互垂直的直线作为基准，并要注意找正。

（2）划线步骤。

第一步，清除零件表面的脏物和毛刺，在零件孔中装中心塞块，涂色。

第二步，安放妥当，用相应划线工具划出加工界线（直线、圆及连接圆弧）。

第三步，检验无误后，在划出的线条上打样冲眼。

**2. 锯割**

锯割是用手锯把材料割开或在其上锯出沟槽的操作。手锯由锯弓和锯条组成。

1）锯割工具

（1）手锯。常用的手锯是握把式手锯，用蝶形螺母调整锯条的张紧程度。手锯有固定式手锯［图2.108（a）］和可调式手锯［图2.108（b）］两种。固定式手锯刚性较好，有多种样式。可调式手锯能适应不同长度的锯条，可放入钳工包，携带较为方便，样式较经典。

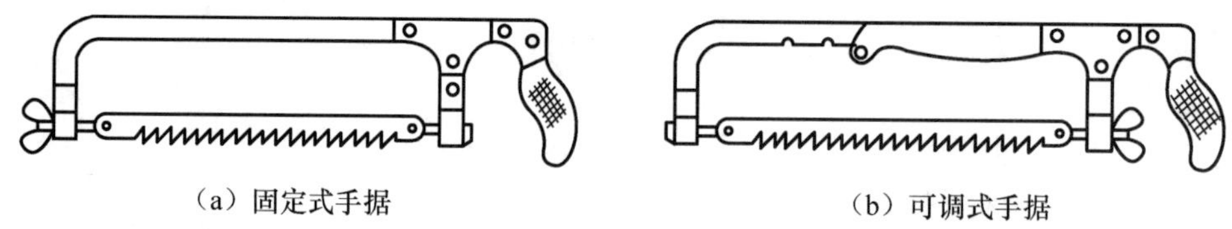

（a）固定式手据　　（b）可调式手据

图2.108　手锯

（2）锯条。锯条一般由工具钢或合金钢制成，有硬质锯条与软质锯条两种。硬质锯条从内到外被硬化；软质锯条的背面是软的，只有锯齿被硬化，可弯曲，使用技巧比硬质锯条要求低。锯条规格以两端安装孔之间的距离表示，锯齿粗细用每25mm（约1in）长度内的齿数表示，有14、18（常用）、24和32等几种。选择锯齿时，应根据加工材料的硬度和厚度选择。锯削铝、铜等软材料或厚材料时，应选用粗齿锯条。锯削硬钢、薄板及薄壁管子时，应该选用细齿锯条。锯削软钢、铸铁及中等厚度的工件时多用中齿锯条。如图2.109所示，制造锯齿时按一定规律错开排列形成锯路，这样锯出的缝大于锯片的厚度，能避免“夹锯”。

2）锯割常识

（1）由于手锯只有在前推时才起切削作用，因此安装锯条时应使齿尖的方向朝前，不宜将锯条调节得太紧或太松，绷紧不易晃动即可。锯弓两端都装有夹头（或称钩子），锯片要放在夹头销子底部平面，平面利于使锯片不歪斜，旋紧活动夹头上的蝶形螺母可将锯条拉紧。

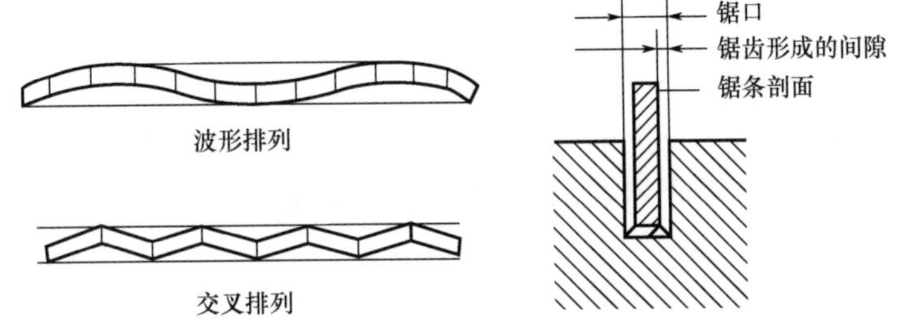


图 2.109　锯路

(2) 锯割是沿线操作，划线对锯割很重要，至少要划三条线，分别位于上表面、靠近操作者面与远离操作者面。

(3) 锯割薄材料时，至少要保证 2～3 个锯齿同时工作，可用其他合适材料垫厚或与工件呈一定角度锯割，使参与切割的锯齿增加。锯割管件或圆棒时，要避免锯齿被钩住而崩断，可分别在锯到内壁或最大直径处时，将工件向推锯方向转过一定角度，不断转锯直到锯断。

【拓展视频】

3) 锯割操作

(1) 握法。一般右手握锯柄，使锯弓在手臂延长线上。

(2) 工件夹持。将工件夹持在台虎钳左侧，使身体与工件间牵绊较少。

(3) 站立姿势。左脚在前，右脚在后，身体与台虎钳中心线约成 45°。左脚位置以是否便于操作者看到远离操作者面为准，两脚间距根据操作者与台虎钳高度自行调整。

(4) 起锯。起锯时，左手拇指（最好是指甲）靠住锯条光滑面进行定位（不要碰到锯齿），定位时要考虑锯缝宽度，理想情况是锯下后，划线时所打的样冲眼半个留在工件上。采用远起锯较好，即手锯前低后高，与工件的夹角约为 15°，夹角太大齿易崩，夹角太小易打滑。因单手持锯，故可将靠近手的锯片的后半部分与工件距操作者较远端接触，可先后拉找下感觉，再前推，数次后将工件表面锯出锯痕。停锯观察无误后，边锯边沿上表面的线条放平手锯，与所划线条吻合，若有偏差则及时修正。

(5) 正常锯割。锯一定深度后，锯片可自行定位，放开定位的左手，并将其“搭”在手锯前端（左手不要紧握锯弓），辅助右手控制方向与施加压力，进行正常锯割。前推时稍加压力，以不将锯片压斜为宜；后拉不加压力，轻快回收，依操作者身体素质自定频率，一般为 40 次/分。锯几下后停止，观察远近两面，依所划线条判定是否锯正，若有偏差，则利用锯缝宽度稍大于锯片本身厚度的特点进行纠偏。

如果工件较高，超出锯弓内部高度，则将锯弓前后两端的夹头旋转 90°或 180°安装，完成锯割。

(6) 收锯。快要锯断时，可右手单手握锯，适当用力锯割，左手扶住将锯掉部分，以免发生意外。

【拓展视频】

4) 锯割要领

(1) 身动带手动。前推时，身体前倾，重心由后往前移，带动手向前移动，在移动整根锯条的过程中，部分由身体移动完成，手的前伸只占部分距离。由于手没有前伸太多，因此可以很容易地将上半身的部分体重转为压力施加于工件上，双手不必为下压而额外用力。

(2) 三点一线法。左手为一个点，右手腕为一个点，右手肘为一个点，三点在锯割时大体保持在一条线上。为做到三点一线，必须身动带手动。

(3) 腿左弓右摆。左腿膝盖可以适当弯曲为弓步，右腿不能弯，在身体移动过程中，左腿膝盖以下和右腿类似于四杆机构的两个摇杆，在操作过程中是一个整体力在工作，不易疲劳。

(4) 自然摆动法。锯割一般采用小幅度上下摆动式运动。前推时，左手高，右手低；回程时，恢复两手大体等高或左手低右手高。由于整个过程还是保持三点一线，这样的运动方式使手臂基本自然地绕肩关节运动，因此称为自然摆动法。若采用直线运动法，则为完成锯割动作，肘关节上下肌肉群要不断收缩，较费体力。同时，采用自然摆动法锯出的锯缝底部呈弧形，锯片与工件的接触面较小，作用力较大；能减少钩齿现象，使一次前推锯的部分更多。但对锯缝底面要求平直的锯割，则必须采用直线运动法。

**3. 锉削**

锉削是用锉刀从工件表面锉掉多余部分，使工件达到图样要求的尺寸、形状和表面粗糙度的操作。锉削的加工范围包括平面、曲面、角度面、内孔、沟槽等。锉削精度为 0.01mm，表面粗糙度 $Ra=0.8\mu m$。

1) 锉削工具

锉刀一般由碳钢经轧制、锻造、退火、磨削、剁齿和淬火等工序加工而成，硬度为 62～64HRC。

锉刀由锉身和锉柄两部分组成，如图 2.110 所示。锉刀面是锉削的主要工作面，锉刀面的前端呈弧形。齿纹有单齿纹和双齿纹两种，单齿纹锉刀的刀齿对轴线倾斜成一个角度，适合加工软质有色金属。常见的锉刀有平锉、方锉、三角锉、半圆锉、圆锉等，其称为普通锉。还有用来锉削零件特殊表面的特种锉。为修整工件上的细小部分，还常用整形锉（也称什锦锉或组锉），它是由不同断面形状组成的一套小锉刀。另外，还有绳锉、电动锉（旋锉、啮合锉）、软锉等新型锉削工具。

【拓展图文】

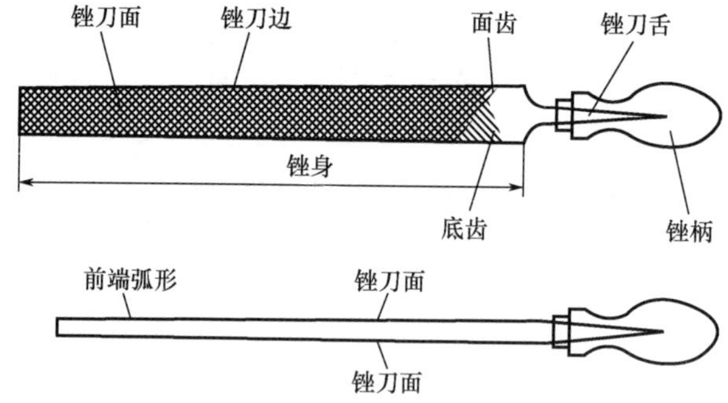


图 2.110　锉刀的组成

锉刀规格可用锉身长度表示，如 100mm（4in）、150mm（6in）等；也可用锉齿粗细表示，锉刀按每 10mm 长度内主锉纹条数分为 1～5 号。其中 1 号为粗齿锉（齿距为 2.3～0.83mm）；2 号为中齿锉（齿距为 0.77～0.42mm）；3 号为细齿锉（齿距为 0.33～

0.25mm)；4 号为双细锉（齿距为 0.25～0.2mm)；5 号为油光锉（齿距为 0.2～0.16mm)。锉刀还可用几何特征表示，如圆锉刀用直径、方锉刀用方形尺寸等。要根据被锉削工件表面形状、大小、工件材料的性质、加工余量、加工精度和表面粗糙度要求等合理选择锉刀。

2）锉削操作

(1) 锉刀握法。锉刀种类、大小、形状、使用场合不同，锉刀的握法也不同，但其原理相通。以大于 250mm 平锉的握法为例，将锉柄斜放于右掌，五指合拢握实，大拇指放于锉刀柄上部，其余四指由下而上握着锉柄，锉刀在手臂延长线上。要领是五指合拢握实，锉柄不露头，前推发力是靠大拇指根部肌肉与手掌另一块对应的大肌肉顶住的，加上手指握力产生的摩擦力共同作用（图 2.111)。左手可以采用掌压、三指压（大拇指、食指、中指）、大拇指压等。

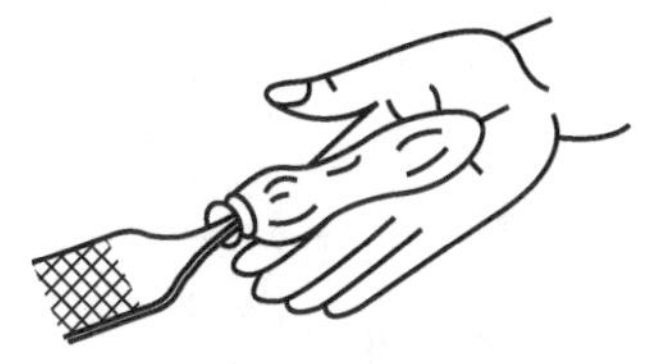

图 2.111 锉刀在右手的部位

(2) 锉削准备。锉削操作的站立姿势、位置及用力要领与锯割相似，也讲究身动带手动、三点一线法、腿左弓右摆，但要注意使锉刀保持直线运动。不同余量阶段的锉刀控制是不一样的，以余量较大时的平面锉削为例，刚开始锉削时试探性锉削，轻轻锉几下，感觉锉刀的锋利程度，通过观察锉痕了解工件是否夹持妥当等；确定手感后，双手臂保持类似三点一线架构，用力压住锉刀，可将上半身体重分担在锉刀上，使其与工件产生一定摩擦力。

(3) 锉削动作。站立位置如图 2.112 (a) 所示。锉削时，身体与锉刀一起向前，右脚伸直并身体稍向前倾，重心在左脚，左膝呈弯曲状态；当锉刀锉至约 3/4 行程时，身体停止前进，两臂继续将锉刀锉到头，左腿自然伸直，随着锉削时的反作用力将身体重心后移，使身体恢复原位，顺势将锉刀收回。当锉刀收回将近结束时，身体又开始先于锉刀前倾，做第二次锉削的向前运动。

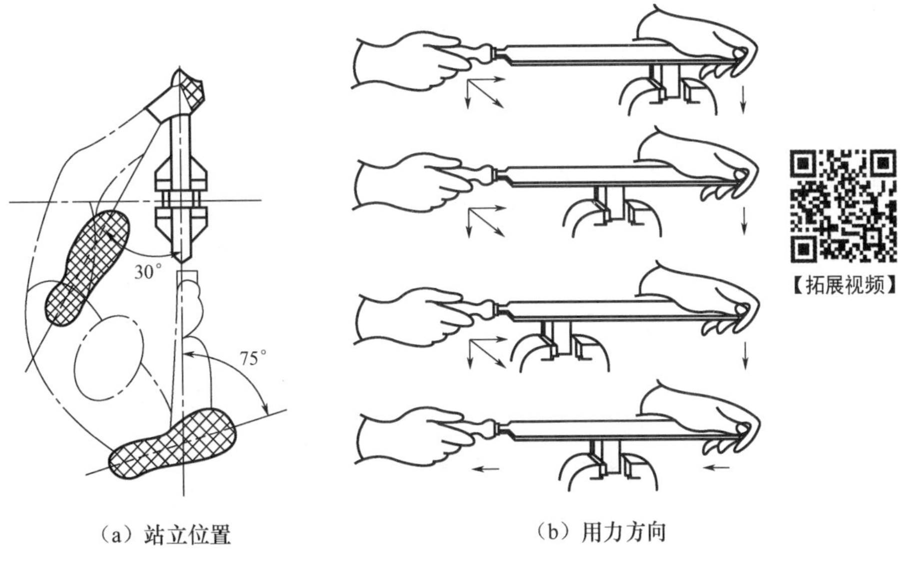


(a) 站立位置　　(b) 用力方向

图 2.112 锉削过程

在锉削过程中，因支点变化，要保持“平”（操作者心中想要达到的平面），两手用力也需变化，用力方向如图 2.112（b）所示。锉削时，右手的压力要随锉刀推动而逐渐增大，左手的压力要随锉刀推动减小，回程时不加压力，可将锉刀略提起，以减少锉齿的磨损，锉削频率约为 40 次/分，推出时稍慢，回程时稍快，动作要自然协调。

3）锉削方法

（1）**锉削平面的方法有顺向锉（纵横两向）、交叉锉（交替斜向）和推锉**，如图 2.113 所示。顺向锉锉痕美观，较易达到精度要求；交叉锉容易观察锉痕，锉削效率较高；推锉能精确控制加工部位，但锉削效率较低。

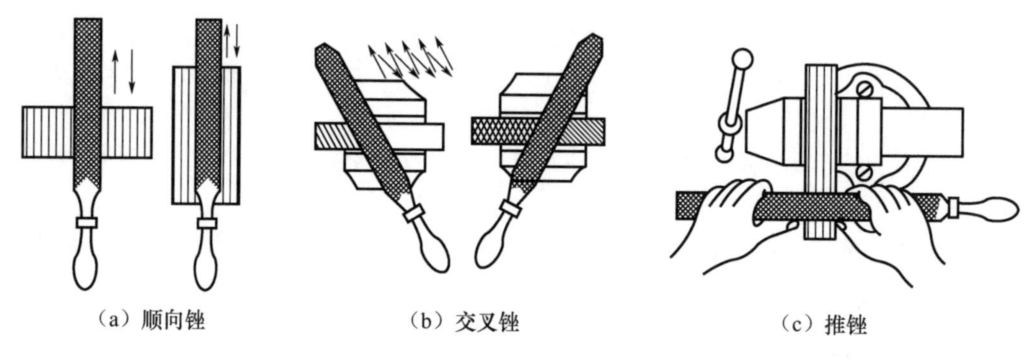

（a）顺向锉　（b）交叉锉　（c）推锉

图 2.113　平面锉削

（2）内外圆弧锉削方法不同，主要有顺锉法［图 2.114（a）］、滚锉法［图 2.114（b）、图 2.114（c）］。外圆弧采用平锉锉削，内圆弧采用曲率半径小于工件圆弧曲率半径的圆锉或半圆锉锉削。顺锉法的原理是横着圆弧方向锉，可锉成接近圆弧的多棱形（适用于曲面的粗加工）。外圆弧滚锉的原理是平锉向前锉削时右手下压，左手随着上提，即锉刀一边前推一边做跷跷板动作，其跷跷板的支点就是被锉削部分。内圆弧滚锉的原理是圆锉向前锉削时，拧腕旋转锉刀，并向左或向右滑动。

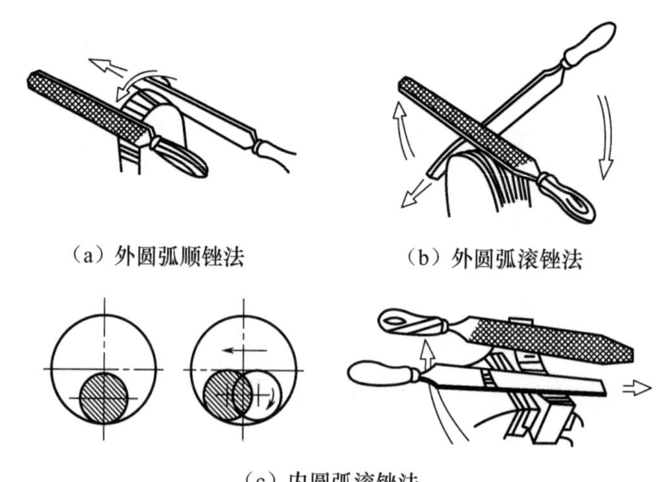

（a）外圆弧顺锉法　（b）外圆弧滚锉法

（c）内圆弧滚锉法

图 2.114　圆弧锉削

4）锉削面的检验

锉削检验工具有刀口直尺、直角尺、游标卡尺、万能量角器、百分表等。

(1) 使用刀口直尺通采用透光法检查平面度。检查时，刀口直尺应垂直放在工件表面上，并在加工面的纵向、横向、对角方向多处逐一检查，以确定各方向的直线度误差。如果刀口直尺在工件平面间透光微弱且均匀，说明该方向是直的；如果透光强弱不均匀，说明该方向是不直的。可用塞尺做塞入检查来确认平面度误差，刀口直尺在被检查面上改变位置时，不能在平面拖动，而应提起后轻放到另一检查位置。

(2) 检查垂直度前，应用锉刀对工件的锐边进行倒棱，将直角尺尺座的测量面紧贴工件基准面，然后从上逐渐向下移动，使直角尺的测量面与工件被测表面接触，眼光平视观察透光情况。换个位置检查时操作相同，不能直接将直角尺拖行。

(3) 用可量尺寸的量具（如游标卡尺）检查尺寸及平行度时，应多测量几处，特别是检查方形工件四个角的尺寸及中间等处。平行度由最大尺寸与最小尺寸的差值确定。通常不对工件边缘一两毫米不影响整体的地方作尺寸要求。

5）锉刀的保养

(1) 锉刀材质脆硬，不可作为撬棒或手锤。

(2) 没有装柄的锉刀或锉柄裂开的锉刀易伤手，不可使用。

(3) 粗锉时，应充分使用锉刀的有效全长，既可提高锉削效率，又可使锉齿避免局部磨损。

(4) 锉刀沾油打滑、沾水生锈，手掌有油脂和汗液，不要用手摸锉刀表面。

(5) 若锉屑嵌入齿缝，则必须用钢丝刷等工具沿着锉齿的纹路将其清除。将粉笔涂到锉刀表面可减少锉屑堵塞。

(6) 不可锉硬皮表面，有需要时可用锉刀有齿的侧面锉削。

(7) 锉齿有方向，不可倒齿使用，特别是将工件在锉刀面上倒齿磨削时锉齿极易受损。

### 2.4.3 钻孔、扩孔和铰孔

零件的孔加工可以由车床、镗床、铣床等完成，但主要由钳工利用钻床和钻孔工具完成。孔加工方法有钻孔、扩孔和铰孔。

**1. 钻孔**

钻孔是用钻头在工件上加工出孔的操作。钳工的钻孔多用于装配和修理，这也是攻螺纹前的准备工作。由于钻头结构上存在缺点，会影响加工质量，因此钻孔尺寸公差等级一般在IT10级以下，表面粗糙度 $Ra\approx 12.5\mu m$，属于粗加工。精度要求较高的孔，经钻孔后还需要扩孔和铰孔。钳工一般在台式钻床或立式钻床上钻孔。若工件笨重且精度要求不高或者钻孔部位受到限制，则常使用手电钻钻孔。

1）台钻

台钻（图2.115）是在工作台上使用的小型钻床，其钻孔直径一般小于12mm，由主轴架、立柱和底座等部分组成。

(1) 主轴架。主轴架前端装主轴，后端装电动机，主轴和电动机之间用V带传动。主

【拓展视频】

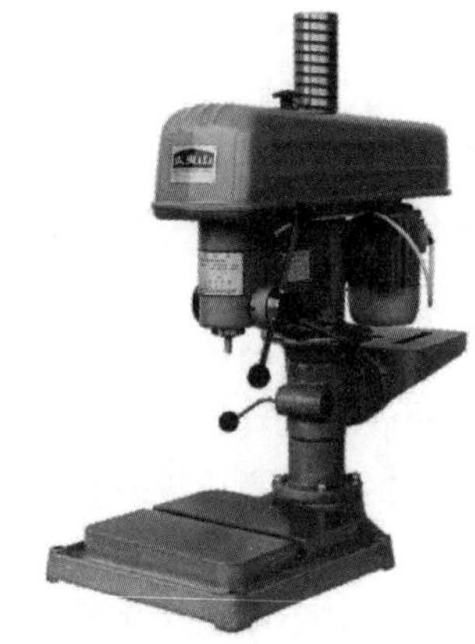

图 2.115　台钻

轴靠手直接改变 V 带在带轮上的位置调节速度，操作不便。扳转进给手柄能使主轴向下移动，实现进给运动。进给手柄根部有限位装置，可控制钻孔深度。

（2）立柱。立柱用以支持主轴架，松开锁紧螺杆（螺旋立柱与光杆立柱松开锁紧螺杆时操作不同），可根据工件孔的位置调整主轴的上下位置。

（3）底座。底座用以支承钻床的所有部件，也是装夹工件的工作台。

立钻刚性好、功率大，能加工直径小于 50mm 的孔，可低速运转，调速较方便，但规模较小的钳工场地可能不配备立钻。

2）钻头

钻头多采用麻花钻（图 2.116），由高速钢制造而成，工作部分经热处理淬硬至 62～65HRC。钻头由柄部（用于夹持）、工作部分（用于切削和导向）组成。柄部有直柄（直径小于 12mm）和锥柄两种。切削部分由两条主切削刃（越靠近轴心越钝）和一条横刃构成。两条主切屑刃夹角为顶角，通常磨成 118°±2°，钻软材料时顶角小些，钻硬材料时顶角大些。横刃切削性能很差，使切削的轴向力增大，通常要进行修磨。导向受钻头本身的刚度与副切削刃的共同作用。副切削刃的作用是引导钻头和修光孔壁。两条对称螺旋槽的作用是排除切屑和输送切削液（冷却液）。

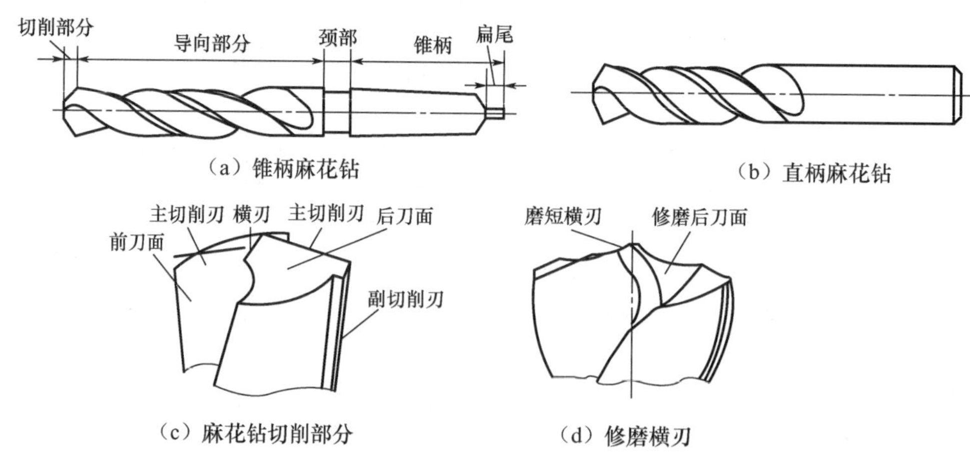


图 2.116　麻花钻

3）钻头夹具

常用的钻头夹具是钻夹头［图 2.117（a）］和钻套［图 2.117（b）］。钻夹头用于装夹直柄钻头。头部三个爪可通过钻夹头钥匙同时张开或合拢。钻套又称过渡套筒，用于装夹锥柄钻头，用锤击楔铁拆卸钻头。

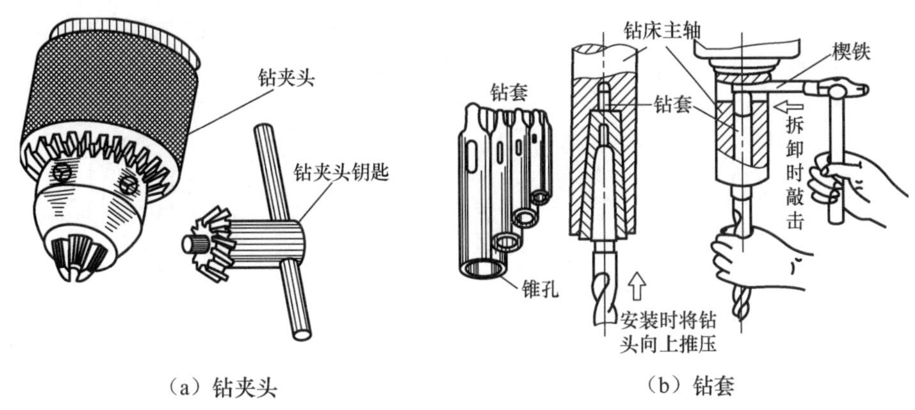


（a）钻夹头　　（b）钻套

图 2.117　钻头夹具

4）工件装夹

常用手虎钳、V 形铁、机用平口虎钳、压板装夹工件，如图 2.118 所示。装夹工件要牢固可靠，但不能将工件夹得过紧而损伤或变形。

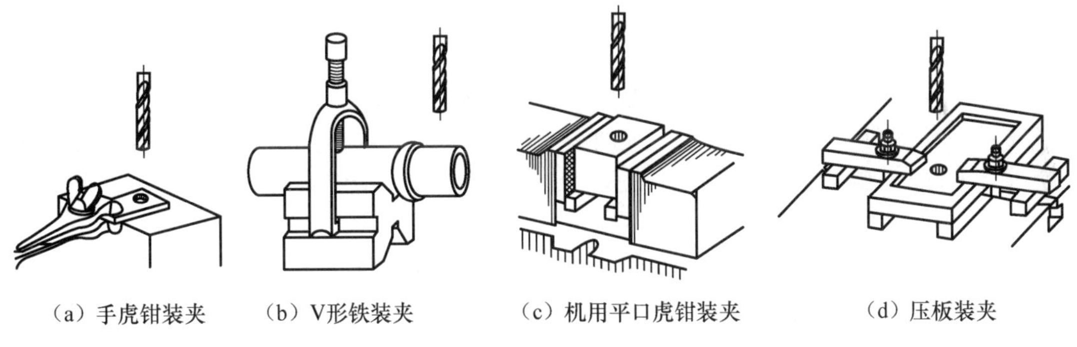

（a）手虎钳装夹　（b）V形铁装夹　（c）机用平口虎钳装夹　（d）压板装夹

图 2.118　工件装夹

5）钻削用量

钻孔时，切削深度由钻头直径确定，只需选择切削速度和进给量即可。切削速度（与转速有关）与进给量（与手柄有关）对钻孔生产效率的影响是相同的；切削速度对钻头耐用度的影响比进给量大；进给量对钻孔表面粗糙度的影响比切削速度大。因此，钻孔时选择切削用量的基本原则如下：在允许范围内，尽量选较大进给量，当进给量受到表面粗糙度和钻头刚度的限制时考虑选较大的切削速度。要求不高时，转速可根据“小孔高速，大孔低速”的经验选择。

6）钻孔操作

（1）如图 2.119（a）、图 2.119（b）所示，钻孔时一般要划十字线与检查线，还要在孔中心用样冲边打边自转法打出较大中心眼（直径约为 2mm）。划检查线的一种方法是用圆规划检查圆（用于精度要求不高时）；另一种方法是用高度游标卡尺划井字线。钻孔前，要将工件夹持牢靠，若使用机用平口虎钳夹持，则要使工件钻孔平面与钳口平齐，以手摸感觉不到高度差异为准，保证工件与钻头的垂直；对上下面平行的工件，也可用标准垫块辅助装夹。

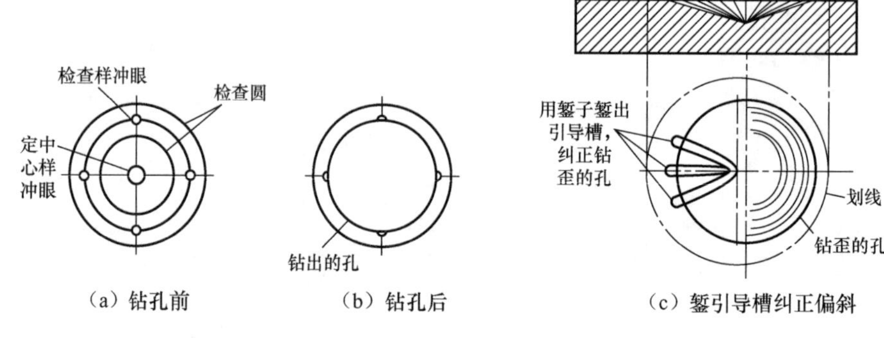


（a）钻孔前　（b）钻孔后　（c）錾引导槽纠正偏斜

图 2.119　钻孔

（2）钻孔时应对正，可用右手扳动进给手柄，使钻头对工件稍加压力，左手沿大拇指指向手动反转钻头，将中心样冲眼光整一遍，观察钻头是否有偏摆现象，确认无误后开动机器，视情况左手扶住夹持工件的夹具，右手操纵进给手柄。

（3）钻一个浅坑，根据检查线判断是否对中。确实有偏差时要进行调整，可用錾子錾出引导槽［图 2.119（c）］，调整工件位置进行纠偏，偏差不大时可不錾引导槽，直接调整工件位置。

（4）在钻削过程中，特别是钻深孔时，要经常退出钻头以排出切屑和进行冷却，否则可能使切屑堵塞或钻头过热磨损甚至折断，并影响加工质量。

（5）钻通孔时，**当孔即将被钻透时减小进刀量，避免钻头在钻穿时瞬间抖动而出现“啃刀”现象**，影响加工质量、损伤钻头，甚至发生事故。初学者要目送钻头伸出工件底部一段距离，避免钻头伸出太长而钻坏夹具。

（6）如果对孔的精度要求较高，就可首先用较小钻头钻出孔，然后用什锦锉修整，最后用较大钻头扩孔。

（7）钻削时需要加切削液以冷却润滑，钻削钢件时常用机油或乳化液；钻削铝件时常用乳化液或煤油；钻削铸铁时不用加切削液或用煤油。

7）钻孔注意事项

（1）保持钻床清洁，避免切屑等影响钻孔精度；注意钻床旁边地面的卫生；锁紧紧定螺钉，保证操纵手柄位置正常；不准在工作台面上放置刀具、量具等其他物品。

（2）操作者要将袖口扎紧，必须用工作帽或发网保护好长头发。

（3）采用正确的工件安装方法，并且必须夹紧工件。

（4）钻孔时严禁戴手套，开机时不许用棉纱、布块等进行加切削液、清理等工作。

（5）清除切屑一般要停车或用毛刷、钩子。不准用手拉或嘴吹清除切屑。

（6）钻头发出“吱吱”声或切屑变色时要考虑刀尖状况、钻床速度是否适当，通常要磨刀、调速或加油冷却。

（7）钻通孔时注意钻头不要钻到夹具等。

（8）机床未停好不许用手捏停夹头。

**2. 扩孔**

扩孔（图 2.120）是用扩孔钻（成批大量生产）或钻头对已有孔（铸、锻或钻出的孔）进行扩大加工。扩孔可以校正孔的轴线偏差，并获得正确的几何形状和较低的表面粗糙度。扩孔钻中心不切削，没有横刃，螺旋槽较浅，可有 3～4 个切削刃，导向性好，钻芯粗实、刚性好，不易变形。**其尺寸公差等级可达 IT10～IT9，表面粗糙度 *Ra*＝6.3～3.2 μm。扩孔可作为孔加工的最后工序，也可作为铰孔前的准备工作。**

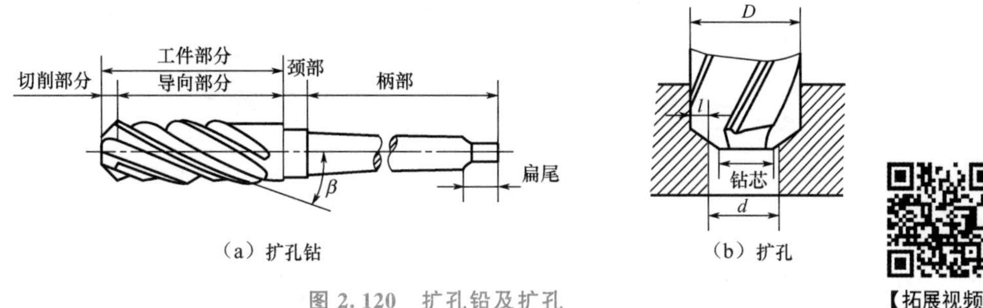


（a）扩孔钻　（b）扩孔

图 2.120　扩孔钻及扩孔

扩孔操作与钻孔类似，也是先对正，再操纵进给手柄使扩孔钻头下降，手动反转进给手柄将已有孔进行光整一遍，观察孔口倒角是否均匀、扩孔钻头是否有偏摆现象，确认无误后开动机器。

**3. 铰孔**

铰孔是用铰刀（图 2.121）从工件壁上切除微量金属层，以提高孔的尺寸精度和表面质量的加工方法。**铰孔是孔的精加工，尺寸公差等级可达 IT8～IT7，表面粗糙度 *Ra*＝1.6μm，精铰加工余量为 0.06～0.25mm。**

铰刀是多刃切削刀具，有 6～12 条切削刃，主要由切削部分（锥形）、校准部分（柱形）、柄部（无齿）组成。**铰刀按使用方法分为手用铰刀和机用铰刀两种。手用铰刀的切削部分比机用铰刀长，手用铰刀的柄为直柄（有的机用铰刀的柄为锥柄）**，柄部端面为方形，便于铰手装夹，端部顶上有一个圆坑，便于顶尖定位。铰削过程实际上是修刮过程。特别是手工铰孔时，切削速度很低，不会受到切削热和振动的影响，孔加工的质量较高。另外，还有可调铰刀、锥孔铰刀、螺旋槽铰刀等。

铰孔操作分为机铰与手铰两种。

（1）机铰。一般在立钻上进行机铰（因台钻最低转速太高铰刀易磨损），钻孔后立即铰孔，此时孔与主轴位置不变。卸下钻头，换成铰刀（主轴架高度要事先调好，否则更换刀具不方便），调整为合适的切削速度，刃口加油，开机进行铰削，铰削完成后不停机抬起手柄，退出铰刀。如停车退刀，孔壁将被拉出痕迹。铰孔进给速度通常是钻孔的 2～3 倍，太高会降低孔的精度，太低铰刀容易磨损。

（2）手铰。手铰的原理是从钻床卸下工件，组装好铰刀与铰手，双手把住铰手柄，按一个方向边转动手柄边向下进给，适当加油润滑，铰孔后，保持原来转动方向边转动边向上取出铰刀。有时为保证同轴，也可在钻完孔后，不移动孔与主轴的相对位置，卸下钻

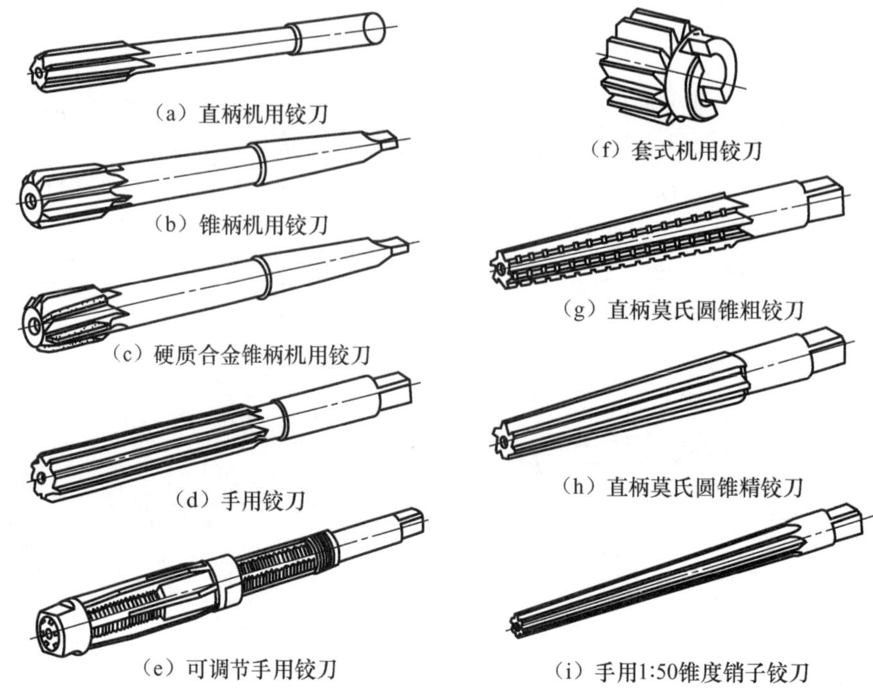


图 2.121 铰刀

头，换成短顶尖，组装好铰刀与铰手，将铰刀切削部分对准孔口，将端部顶上的圆坑对准短顶尖，一只手转动铰手，另一只手转动钻床进给手柄进行铰削。

若铰锥孔，则要分段钻出底孔，铰削时要不时取出用锥销试配。

铰孔时不能倒转铰刀，否则会卡在孔壁和切削刃之间，而使孔壁划伤或切削刃崩裂。铰孔时要用适当的切削液润滑，降低刀具和工件的温度；防止产生切屑瘤；避免使切屑细末黏附在铰刀和孔壁上，从而提高孔的质量。

## 2.4.4 攻螺纹和套螺纹

攻螺纹是用丝锥加工内螺纹的操作。套螺纹是用板牙加工外螺纹的操作。常用的三角形螺纹工件除可采用机械加工外，还可由钳工手工获得。由于连接螺钉和紧定螺钉已经标准化，因此在钳工的螺纹加工中以攻螺纹操作最常见。

**1. 攻螺纹**

1）丝锥及铰手

（1）丝锥（图 2.122）。丝锥是加工较小直径内螺纹的成形刀具，一般由合金工具钢 9SiCr，并经热处理。通常一套 M6～M24 的丝锥有两支，称为头锥和二锥；一套 M6 以下及 M24 以上的丝锥有三支，即头锥、二锥和三锥。机用丝锥有时只有一支。

丝锥由切削部分、校准部分和柄部组成。切削部分（不完整的牙齿部分）是切削螺纹的重要部分，为便于起攻，常将其磨成圆锥形，也能使切削负荷合理分配在几个刀齿上。头锥有 5～7 个不完整的牙齿；二锥有 3～4 个不完整的牙齿。校准部分有完整的牙齿，用

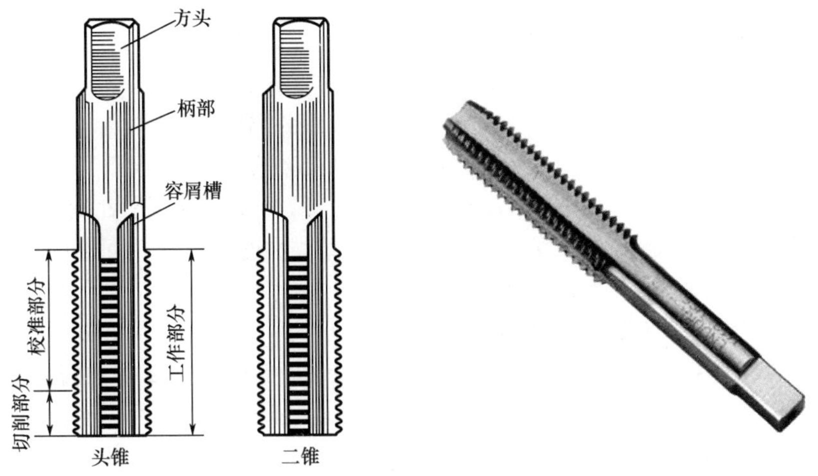

图 2.122 丝锥

于修光螺纹和引导丝锥轴向运动。柄部有方头，其作用是与铰手配合并传递扭矩。轴向有三四条容屑槽，相应地形成几瓣切削刃（刀刃）和前角。

(2) 铰手（铰扛）（图 2.123）。铰手是夹持丝锥的工具（也用于手用铰刀），也称铰杠。常用的铰手是可调式铰手。旋转手柄即可调节方孔尺寸，以便夹持不同尺寸的丝锥。铰手长度应根据丝锥尺寸选择，以便控制攻螺纹时的扭矩，避免丝锥因施力不当而扭断。要注意铰手方孔的深度一般大于丝锥柄部方头的长度，夹持时不要夹在丝锥的圆柱部分。

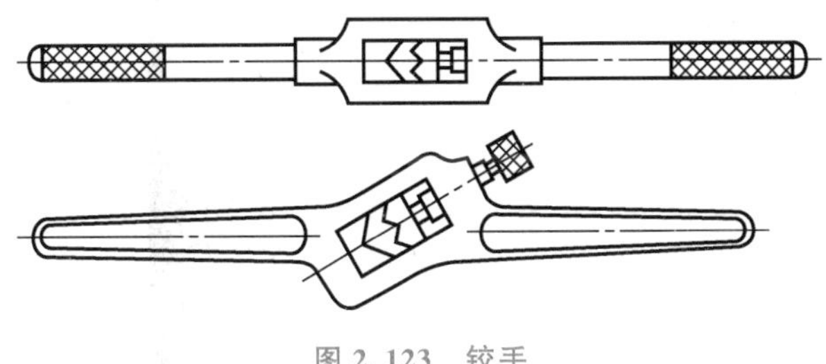
图 2.123 铰手

2) 底孔直径、钻孔深度及孔口倒角的确定

(1) 底孔直径的确定。

丝锥在攻螺纹的过程中，切削刃主要切削金属，但还有挤压金属的作用，造成金属凸起并向牙尖流动的现象。所以，攻螺纹前，铅孔直径（底孔）应大于螺纹内径。底孔直径可查手册或按下面的经验公式计算。

脆性材料（铸铁、青铜等）： $d=D-(1.05\sim1.1)p$ (2-4)

塑性材料（钢、纯铜等）： $d=D-p$ (2-5)

式中：$d$ 为钻孔直径；$D$ 为螺纹外径；$p$ 为螺纹螺距。

(2) 钻孔深度的确定。

攻盲孔（不通孔）的螺纹时，因为丝锥不能攻到底，所以孔的深度要大于螺纹长度。盲孔的深度可按下面的公式计算：

$$盲孔的深度=所需螺纹深度+0.7D$$

（3）孔口倒角的确定。

攻螺纹前，要在钻孔的孔口进行倒角，以利于丝锥的定位和切入。倒角深度应大于螺纹螺距。要求不高时，常省略孔口倒角。

3）攻螺纹的操作方法

（1）用头锥攻螺纹时，先“起攻”，即用一只手盖在铰手中间向下用力，另一只手扶住铰手一端，尽可能保持丝锥垂直，保持两手不动，目视丝锥，操作者握住铰手绕丝锥中心转动（视场地条件确定转动角度）；保持丝锥垂直，手适当放松，回原位，继续上述操作，直到旋入1～2圈。

（2）检查丝锥是否与孔端面垂直（可目测或拿开铰手，用直角尺在相互垂直的两个方向检查）。如果没垂直就要退出，重新加力切削，注意矫正时用力要恰到好处。

（3）如果丝锥与孔端面垂直，就可转为“正常攻螺纹”，以铰手手柄与身体垂直的位置为起点，两手一前一后分别置于铰手手柄两端施加均匀的力转动（只转动不加压，以免丝锥崩牙）。转动半周后换手转动，每转1～2圈应反转至少1/4圈进行“断屑”，以免大或长的切屑堵住容屑槽而发生意外。

（4）若是通孔，则待头锥的切削部分都从底部露出来时反转退出。若是盲孔，则要注意切屑太多时可能顶死丝锥而发生断锥意外，要视情况清理切屑再进行操作。

（5）用二锥或三锥攻螺纹时，前面几圈可轻松拧入，后面可参考攻头锥方法适当操作，有条件的可整根攻入，从底部取出丝锥。

4）攻螺纹的注意事项

（1）根据工件上螺纹孔的规格选择丝锥，先头锥后二锥，不可颠倒使用。

（2）装夹工件时，要使孔中心垂直于钳口。

（3）攻钢件上的内螺纹要加机油润滑，可使螺纹光洁、省力和延长丝锥使用寿命；攻铸铁上的内螺纹可不加润滑剂，或者加煤油；攻铝及铝合金、纯铜上的内螺纹，可加乳化液。

（4）如果丝锥折断，则可以尝试几种方法取出，但有时取不出来或不经济。

**2. 套螺纹**

1）板牙和板牙架

板牙［图2.124（a）］是加工外螺纹的刀具，由合金工具钢9SiCr制成，并经热处理淬硬。其外形像一个圆螺母，上面钻有3～4个排屑孔，并形成刀刃。板牙由切削部分、定位部分和排屑孔组成。圆板牙螺孔的两端有40°锥度部分，是板牙的切削部分。定位部分起修光作用。板牙的外圆有一条深槽和四个锥坑，深槽在必要时可割断以微调板牙，锥

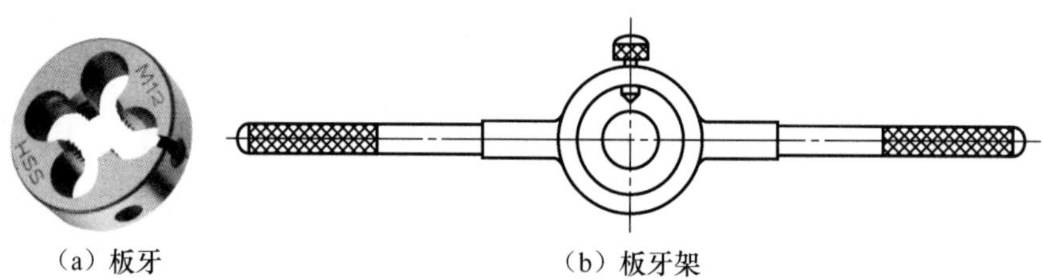

（a）板牙　（b）板牙架

图2.124　板牙及板牙架

坑用于定位和紧固板牙。板牙架［图 2.124（b）］是夹持板牙、传递扭矩的工具。不同外径的板牙，应选用不同的板牙架。

2）套螺纹前圆杆直径的确定和圆杆端部的倒角

（1）圆杆直径的确定。

与攻螺纹相同，套螺纹时有切削作用，也有挤压金属的作用。套螺纹前，必须检查圆杆直径。**圆杆直径应稍小于螺纹的公称尺寸**，可查表或按以下经验公式计算。

$$d=D-(0.13\sim0.2)p \tag{2-6}$$

式中：**$d$ 为圆杆直径；$D$ 为螺纹外径；$p$ 为螺纹螺距。**

（2）圆杆端部的倒角。

套螺纹前圆杆端部应倒角（图 2.125），使板牙易对准工件中心，同时容易切入。倒角长度应大于一个螺纹螺距，倾斜角度为 15°～30°。

3）套螺纹的操作要点和注意事项

（1）每次套螺纹前都应将板牙排屑槽及螺纹内的切屑清除干净。

（2）套螺纹前，要检查圆杆直径和圆杆端部倒角。

（3）套螺纹时切削扭矩很大，易损坏圆杆的已加工面，故应使用硬木制的 V 形槽衬垫或用厚铜板作保护片来夹持工件。在不影响螺纹要求长度的前提下，工件伸出钳口的长度应尽量小。

（4）套螺纹（图 2.126）时，板牙端面应与圆杆垂直，操作时用力均匀。开始转动板牙时要稍加压力，套入 3～4 牙后，可只转动而不加压，并经常反转，以便断屑。

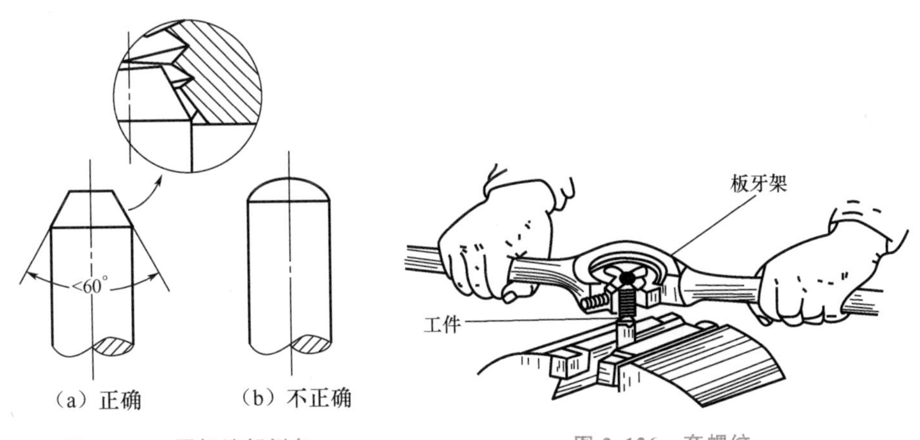


图 2.125　圆杆端部倒角

图 2.126　套螺纹

（5）在钢制圆杆上套螺纹时要加机油润滑。如果螺纹一定要切到轴肩，可取下板牙并把锥形面朝上重新开始，注意不要碰到轴肩，以免板牙损坏。

## 2.4.5 装配

装配是将零件按照产品装配图规定的技术要求组装成合格部件或机器的工艺过程，一般包括装配、调整、检验、试验、涂装和包装等。装配是产品机械制造中的最后一个阶段，也是产品的最终检验环节。装配质量对机器的性能和使用寿命有很大影响。从零件制作到装配完成是工程训练的必要过程。

**1. 装配概述**

1）装配类型

装配可分为组件装配、部件装配和总装配。

（1）组件装配。组件装配是将两个以上零件连接和固定成组件的过程，如曲轴、齿轮等零件组成的一根传动轴系的装配。

（2）部件装配。部件装配是将零件及组件连接和组成独立机构（部件）的过程，如车床主轴箱、进给箱等的装配。

（3）总装配。总装配是将零件、组件和部件连接成整台机器的操作过程。

2）装配过程

机器的装配过程一般由三个阶段组成：一是装配前的准备阶段（了解装配工艺规程、确定装配方法，备齐零件、准备工具，零部件清洗、平衡、涂防护润滑油等）；二是装配阶段（部装和总装）；三是调整、检验及试车阶段。有时还包括喷漆、涂油、装箱等工作。

3）保证装配精度的方法

（1）互换法。装配时，在各类零件中任意取出要装配的零件，不需要任何修配就可以装配，并能完全符合质量要求。互换法对零件的制造精度要求较高，适合高精度组成零件较少或低精度组成零件较多的大批大量生产装配。

（2）分组法（选配法）。将零件的制造公差放大几倍（一般放大 3～4 倍），零件加工后测量分组，并按对应组进行装配，同一组内的零件可以互换。这种方法的缺点是增加了检验工时和管理费用，有些分组可能有多余零件不能进行装配等。如果不进行分组，而在装配时逐个试配。则称为选配法。分组法主要用于组成零件少、装配精度要求较高的成批或大量生产装配。

（3）修配法。当装配精度要求较高且组成零件较多时，可采用修配法。不提高各组成零件的制造精度，而在装配时通过补充机械加工或手工修配的方法改变其中某零件的尺寸，以达到所需装配精度要求。这个预先被规定要修配的零件在装配尺寸链理论中称为“补偿环”。修配法适用于单件小批量生产。

（4）调整法。调整法与修配法基本类似，也是应用补偿件的方法，但装配时不是切除多余金属，而是改变补偿件的位置或更换补偿件来达到所需装配精度要求。调整法比修配法方便，但增加了用于调整的零件，部件结构显得复杂，而且刚性降低。调整法适用于大批大量生产或单件、小批量生产。

4）装配单元系统图

为了直观地表示产品的划分及装配顺序，可绘出装配单元系统图（图 2.127）。通常绘出一条横线，在横线的左端绘出代表基准件的长方格，在横线的右端绘出代表产品的长方格。图中的每个零部件都用长方格表示，可以在方格中注明装配单元的名称、数量和编号。将零件绘在横线上面，套件、组件或部件绘在横线下面。为保证装配质量，指导装配生产，要制定一些工艺文件，统称装配工艺规程。装配单元系统图只是其中之一。

5）装配前的准备工作

（1）研究和熟悉产品图样，了解产品结构及零件作用和相互连接关系，掌握技术要求。

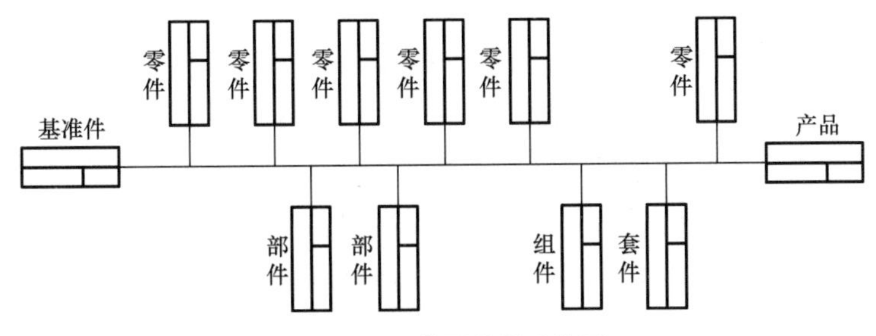


图 2.127 装配单元系统图

(2) 确定装配方法、程序和所需工具。

(3) 备齐零件，并清洗、涂防护润滑油。

**2. 装配中常见的连接形式与装配工具**

1) 常见的连接形式

(1) 螺纹连接是一种可拆的固定连接，具有结构简单、连接可靠、装拆方便等优点，是机械制造中应用广泛的一种连接形式。常见的螺纹连接有螺钉连接、螺栓（与螺母相配）连接、螺柱（两头都是螺纹）连接等。

(2) 键连接用来连接轴和轴上零件。键是用于周向固定以传递扭矩的一种机械零件。常见的键连接有松键（平键、半圆键、导向键、滑键）连接，紧键（普通楔键、钩头楔键）连接和花键（矩形花键、渐开线形花键、三角形花键）连接等。

(3) 销连接在机械中的主要作用是定位、连接或锁定零件，有时还可以作为安全装置中的过载剪断元件。销连接常用圆柱销、圆锥销和开口销。

(4) 过盈连接是依靠包容件（孔）和被包容件（轴）配合后的过盈值达到紧固连接的。连接配合面可为圆柱面、圆锥面或其他形式。

除此以外，还有铆接、焊接、胶合等。

2) 常用的装配工具

(1) 螺钉旋具。螺钉旋具适用于装拆扭力较小的螺纹件，常用的有一字螺钉旋具与十字螺钉旋具两种，根据刀口尺寸与刀体长度有不同规格，适用于不同场合。还有一些特殊形状刀口的螺钉旋具。

使用螺钉旋具的注意事项：要选用合适尺寸的螺钉旋具，太小将损伤螺钉头与螺钉旋具头；不能将螺钉旋具作撬杠、凿子或楔块用；刀头坏掉的螺钉旋具不宜再用。

(2) 扳手。扳手用于装拆扭力较大的螺纹件，有活络扳手、呆扳手（开口扳手）、梅花扳手、套筒扳手、圆螺母扳手、内六角扳手、特种扳手（如棘轮扳手、定扭力扳手）等。

使用扳手的注意事项：扳手与螺母或螺栓的尺寸要配套，开口太大的扳手可能滑出而发生事故；如果扳手有滑出的可能，则“拉”扳手比“推”扳手安全；螺母要完全处于扳手开口中；扳手与螺母或螺栓头要在一个平面中；当拉紧或放松一个螺母时，施加一个突然迅速的拉力比平稳的拉力有效；当装配螺栓或螺母时在螺纹上滴点润滑油，日后拆卸会比较容易。

(3) 钳子。钳子有尖嘴钳、宽口钳、剪线钳等，用于装配时临时夹持与切断细铁丝。

使用钳子的注意事项：不要用钳子代替扳手；不要用钳子剪切大直径材料或硬材料，易损坏钳口；保持钳子干净、润滑。

还有用于锤击的工具（如铝锤、铜棒）、用于测量的工具等。装配中使用的工具多种多样，有时要根据某个特殊零件专门配备。

**3. 典型零件的装配方法（组件装配）**

1）螺纹连接装配

用于连接的螺栓、螺母各贴合表面要求平整、光洁，螺母的端面与螺栓轴线垂直。为提高贴合面质量，可加垫圈。在交变载荷和振动条件下工作的螺纹连接有逐渐自动松开的可能，为防止螺纹连接松动，可用弹簧垫圈、止退垫圈、开口销、止动螺钉等防松。如图 2.128 所示，在旋紧 4 个以上成组螺钉时，应按“先中间后两边、对应交叉”的顺序拧紧，可以首先按顺序用手将每个螺钉旋合进螺纹孔，然后用工具依次预紧，最后依次上紧，这样每个螺钉的受力比较均匀，不会使个别螺钉过载。

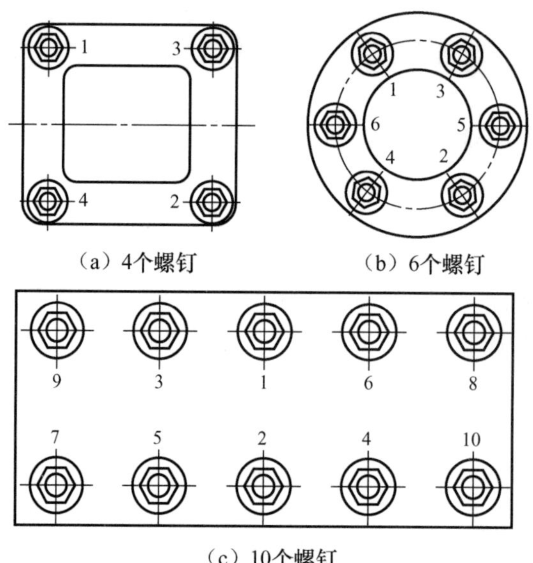

（a）4个螺钉　（b）6个螺钉

（c）10个螺钉

图 2.128　螺钉拧紧顺序

2）键连接装配

采用平键连接（图 2.129），要先对连接的键去毛刺、选配键、洗净加油，再将其轻轻

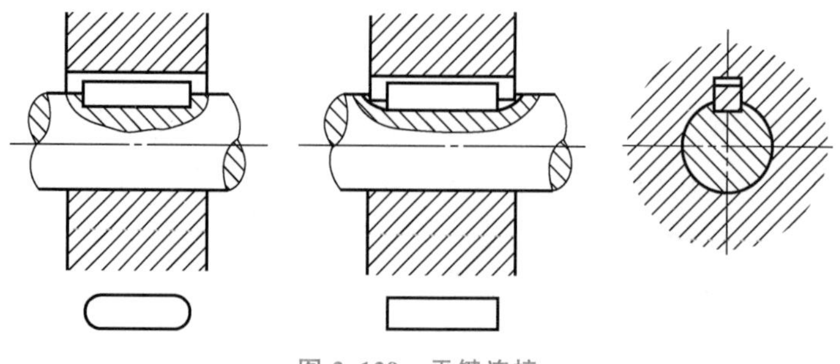

图 2.129　平键连接

地敲入轴槽，可根据声音与手感使键与槽底接触，然后试装轴上零件。若轴上零件的键槽与键配合过紧，则可修键槽，但侧面不能松动。键的顶面应与槽底留有间隙。

3）轴承装配

（1）滑动轴承装配（图 2.130）。

滑动轴承分为整体式（轴套）滑动轴承和对开式（轴瓦）滑动轴承两种。装配前，应对轴承孔和轴颈的棱边去毛刺、洗净加油。装轴套时，根据轴套的尺寸和工作位置，用手锤或压力机将轴套压入轴承座。装轴瓦时，应在轴瓦的对开面垫上木块，然后用手锤轻轻敲打，使它的外表面与轴承座或轴承盖紧密贴合。

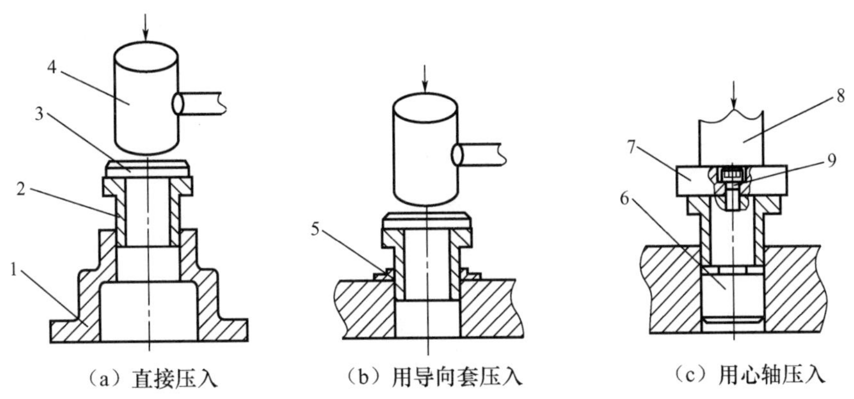


1—轴承座；2—整体式滑动轴承；3—垫板；4—铝锤；5—导向套；6—心轴；7—垫板；8—压力机；9—螺钉。

图 2.130 整体式滑动轴承装配

（2）滚动轴承装配（图 2.131）。

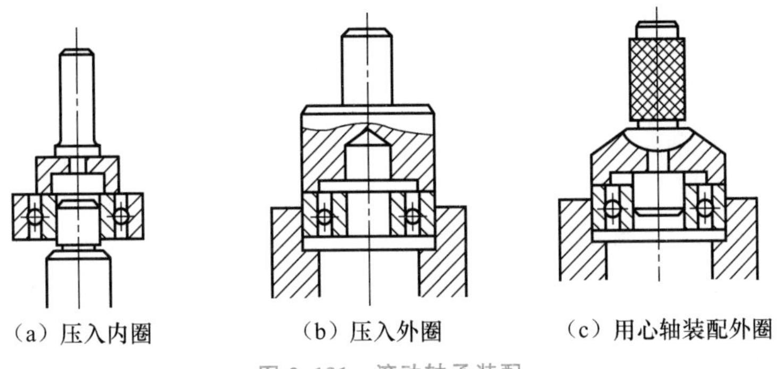


图 2.131 滚动轴承装配

滚动轴承主要由外圈、内圈、滚动体和保持架组成。一般用手锤或压力机压装滚动轴承，装配时的压力应直接加在待配合的套圈端面上，不能通过滚动体传递压力。轴承的类型、结构不同，有不同的装配方法，应使轴承圈上受到均匀的压力，常应用不同结构的芯棒或套筒。当轴承内圈与轴配合的过盈量较大时，可将轴承挂在 80～100℃的机油中加热（轴承不能与油槽底接触，以防过热），然后趁热装入。安装轴承后，检查运转是否平顺。

**4. 部件装配与总装配**

1）部件装配

部件装配基本是按照设计图样划分的部分确定的，即将整台机器上能够分离的整体部分，按图样分别将零件装配成部件，并使之达到装配的技术要求。通常，部件装配是在装配车间的各个工段（或小组）进行的。部件装配是总装配的基础，其质量直接影响总装配和产品的质量。某些部件在装配后，还需单独进行空转试验，发现问题后可及时解决，以免留到总装配时发现，影响装配周期。部件装配的过程包括以下几个阶段。

（1）装配前，按图样检查零件的加工情况，根据需要进行补充加工。

（2）组件的装配和零件相互试配，在这阶段内可用选配法或修配法消除配合缺陷。组件装好后不再分开，以便一起装入部件。相互试配的零件消除缺陷后，仍要分开（因为它们不是属于同一个组件），但分开后必须做好标记，以便重新装配时不会弄错。

（3）部件的装配及调整，即按一定的顺序连接所有组件及零件，同时对某些零件进行调整以正确定位。通过这一阶段，应达到部件的技术要求。

（4）部件的检验，即根据部件的专门用途做工作检验。如要检验水泵的每分钟出水量及水头高度；对齿轮箱进行空载检验及负荷检验；对有密封性要求的部件进行水压（或气压）检验；对高速转动部件进行动平衡检验；等等。只有通过检验确定合格的部件，才可以进入总装配。

2）总装配

总装配是将零件、组件和部件结合成一台完整的机械产品，并达到规定的技术要求和精度标准的过程。总装配过程及注意事项如下。

（1）总装配前，首先了解所装机器的用途、构造、工作原理及与此有关的技术要求；然后确定装配程序和必须检查的项目；最后对总装配后的机器进行检查、调整、试验，直至机器合格。

（2）总装配执行装配工艺规程所规定的操作步骤，采用工艺规程所规定的装配工具，应以不影响下道装配为原则的顺序进行。操作中，不能损伤零件的精度和表面粗糙度，要反复检查重要的、复杂的部分，以免装错、多装、漏装零件。在任何情况下都应保证污物不进入机器的部件、组件或零件。机器总装配后，要在滑动和旋转部分加润滑油，以防运转时出现拉毛、咬住或烧损现象。最后严格按照技术要求，逐项检查。

（3）必须对装配好的机器进行调整和检验。调整的目的是查明机器各部分的相互作用及各个机构工作的协调性；检验的目的是确定机器工作的正确性和可靠性，发现由零件制造的质量、装配或调整的质量问题造成的缺陷。若缺陷小，则可以在检验台上消除；若缺陷大，则应将机器送到原装配处返修。修理后进行第二次检验，直至检验合格。

（4）检验结束后，应对机器进行清洗，随后送修饰部门上防锈漆、涂漆。

钳工主要是手工作业，是机械加工的必要补充。其技术特点是工具简单、工艺复杂、加工灵活、适应面广。随着科技的发展，原来不能用机械完成的工作逐渐可以用机器完成，但这并不意味着钳工的作用日渐减小，恰恰相反，新科技的出现也将伴随着新问题，而钳工就是解决问题的“主力军”。如果用现代战争比喻工业生产，各种机床好比飞机、大炮等，钳工就是特种兵。由于钳工操作要依靠劳动者的自身体力，因此，为了提高劳动生产率和减轻自身劳动强度，钳工要不断地改进工具和加工工艺，他们是机械制造中一个很有活力与创造力的一个群体。钳工不是仅靠好体力就能做好的工作，还需要机械知识与实践经验。在有的地方（如中国台湾），不按工种划分职业，从事机械制造的人统称机械工，要求他们掌握车、铣、刨、磨、钳、数控、热处理等技艺，因此钳工也是一种技艺的名称。每一个运转正常的工厂都至少有一位精通钳工技艺的“镇厂之宝”。

## 2.5 切削加工技术及其发展方向

进入21世纪，人类在百年工业文明的探索和实践中迎来了信息时代的新纪元。制造业也由“高成本、高消耗、低产出、低回报”的粗放式加工方式逐步向智能化制造、网络化制造、绿色制造等方向发展。在这一进程中，高速切削加工及干切削加工技术发挥着关键作用。

### 2.5.1 高速切削加工

关于高速切削加工，一般有以下几种划分方法。有人认为切削速度超过常规切削速度5～10倍为高速切削。有人以主轴的转速为界定高速加工的标准，认为主轴转速高于8000r/min的加工值为高速加工。还有人从机床主轴设计的角度出发，用主轴直径和主轴转速的乘积DN值定义，DN值达到（5～2000）$\times 10^5$mm·r/min的加工为高速加工。在生产实践中，加工方法及材料不同，高速切削速度不同。一般认为车削速度达到700～7000m/min、铣削速度达到300～6000m/min的为高速切削。与常规切削加工相比，高速切削加工具有以下优点。

（1）随着切削速度的大幅度提高，进给速度相应提高5～10倍，单位时间内的材料切除率提高，从而极大地提高了机床的生产率。

（2）切削速度达到一定值后，切削力降低30%以上，特别有利于提高薄壁细肋件等刚性差零件的高速精密加工。

（3）高速切削时，95%～98%以上的切削热来不及传给工件，而快速被切屑带走，工件仍然保持冷态，特别适合加工容易热变形的零件。

（4）高速切削时，机床的激振频率特别高，不属于“机床—刀具—工件”工艺系统的频率范围，工作平稳振动小，可加工出非常精密的零件。

（5）采用高速切削可以加工难加工的材料。例如，航空航天和动力部门大量采用镍基合金和钛合金，材料强度大、硬度高、耐冲击，加工中易硬化，切削温度高，刀具磨损严重，在普通加工中一般采用很低的切削速度。采用高速切削，不但可大幅度提高生产率，而且可提高工件加工表面质量。

（6）采用高速切削可降低加工成本。零件的单件加工时间缩短，可以在同一台机床上，一次装夹中完成零件的粗加工、半精加工和精加工。

高速切削加工不仅切削过程高速，而且工艺过程集成和优化，可谓加工工艺的统一。高速切削加工是在数控装置、机床结构及材料、机床设计、制造工艺、高速主轴系统、快速进给系统、高性能计算机数控（computer numerical control，CNC）系统、高性能刀夹系统、高性能刀具材料及刀具设计制造工艺、高效高精度测量测试工艺、高速切削工艺等技术均成熟后形成的，可谓一个复杂的系统工程。适用于高速切削的刀具主要有立方氮化硼（cubic boron nitride，CBN）刀具、金刚石刀具（polycrystalline diamond cutler，PCD）等。使用高速切削刀具前必须进行动平衡，要求刀柄通过锥部定心，使机床主轴端面紧贴刀柄凸缘端面，在整个转速范围内保持较高的静态刚性和动态刚性。适用于高速切削的高速切削机床主轴最高转速一般大于 10000r/min，有的高达 60000～100000r/min。高速进给系统主要有高速高精度滚珠丝杠传动和直线电动机传动两种方式。高速进给系统必须满足高速度、高加速度、高精度、高可靠性和高安全性的性能要求。高速切削工艺主要包括适合高速切削的加工走刀方式、专门的 CAD/CAM 编程策略、优化的高速加工参数、充分冷却润滑且具有环保特性的冷却方式等。

高速切削加工应用存在一些待解决的问题，如对高硬度材料的切削机理、刀具在载荷变化过程中破损内因的研究，高速切削数据库的建立，适用于高速切削加工状态的监控技术和绿色制造技术的开发等。数控高速切削加工所用的 CNC 机床、刀具和 CAD/CAM 软件等价格高，初期投资较大，在一定程度上也制约了高速切削技术的推广应用。但是，高速切削加工技术是一项先进的、正在发展的综合技术，它会随着 CNC 技术、微电子技术、新材料和新结构等基础技术的发展而迈上更高的台阶，它将朝着安全、清洁生产和降低制造成本的方向继续发展，成为 21 世纪切削技术的主流。

### 2.5.2 干切削加工技术

干切削加工技术相关内容见二维码。

【拓展图文】

## 小　　结

切削加工主要分为机械加工（如车削、铣削、刨削、磨削等）和钳工（锯削、锉削等）。在切削过程中，主运动速度最高，消耗机床的动力最多，一般只有一个主运动，而进给运动可能有一个或多个。切削时，应合理选择切削速度、进给量和背吃刀量。切削离不开刀具，刀具中任何一齿都可看成车刀切削部分的演变及组合，车刀切削部分由“三面、二刃、一尖”组成。选择车刀的几何角度时，粗加工选较小的前角、后角和较大的副偏角，精加工与之相反。制定单件小批量生产中小型零件切削加工步骤时，应注意基准先行、先粗后精、先主后次、先面后孔和“一刀活”的原则。

车削使用的设备是车床。使用的刀具是车刀。零件的形状、尺寸和加工批量不同，安装工件的方法和使用的附件及刀具也不同。选择安装方法时，应注意车床附件的应用场合。由于车削适用范围广、生产成本低、生产效率较高，因此应用十分广泛。车床适合加工各种回转面，如圆柱面、圆锥面及螺纹面等。

铣削是金属切削加工中的常用方法。铣削和刨削可以加工平面、沟槽和成形面，其中铣削也可用来钻孔、扩孔和铰孔等。在切削加工中，铣床的工作量仅次于车床，在成批大量生产中，除加工狭长的平面外，铣削几乎可代替刨削。磨削是机械零件精密加工的主要方法。磨削加工的背吃刀量较小，要求零件在磨削前进行半精加工。磨床可以加工其他机床不能或很难加工的高硬度材料，特别是淬硬零件的精加工。

钳工是手持工具对金属表面进行切削加工的一种方法。钳工的工作特点是灵活、机动、不受进刀方面位置的限制。钳工在机械制造中的作用有生产前的准备；单件、小批量生产中的部分加工；生产工具的调整；设备的维修和产品的装配等。钳工作业一般分为划线、锯削、錾削、锉削、刮削、钻孔、铰孔、攻螺纹、套螺纹、研磨、矫正、弯曲、铆接和装配等。因为钳工主要是手工作业，所以作业的质量和效率在很大程度上取决于操作者的技艺和熟练程度。

【在线答题】

【在线答题】

【在线答题】

【在线答题】

# 第3章 特种加工技术与数控特种加工技术

加工方法对新产品的研制有重大作用。人类发明蒸汽机时，因制造不出高精度的蒸汽机气缸而无法推广应用。直到有人制造并改进了气缸镗床，才使蒸汽机得到广泛应用。我国通过试验设计出低噪声的潜水艇螺旋桨，因没有合适的生产设备而无法量产，直到国内自行研发出五轴联动数控机床才摆脱了受制于人的困境。传统的加工技术是用各种刀具加切削力去除多余金属，使之成为合格产品的。但面对硬质合金、钛合金、金刚石等高硬度、高强度的材料时，难以采用传统加工方法加工。随着生产发展和军事的需要，使用的材料硬度越来越高、零件形状越来越复杂，如果制造业的思想还局限在传统加工方法上就会感到越来越力不从心。方法总比困难多，新的问题必将激发出新的创造。人们不再拘泥于“打铁必须自身硬”的思维，开始探索用软工具加工硬材料的方法。利用其他科技领域的成果，研究新的加工方法，涌现出一些新的技术。

为区别于传统的硬刀具去除软材料的加工技术，将不主要依靠机械能，而采用电、化学、光、声、热等其他能量去除或增加材料的加工技术统称特种加工技术，其种类还在不断增加。本章将以电火花加工、电解加工、激光加工、超声波加工、快速成形制造为例，对特种加工技术进行简单介绍。

对于特种加工来说，数控技术并不特别，它是特殊的加工原理和方法特别。计算机数字控制技术（简称计算机数控）是利用数字化信息控制机床运动及加工过程的技术。装备数控系统的机床称为数控机床。数控系统是数控机床的核心。数控系统的主要控制对象是坐标轴的位移（移动速度、方向、位置等），其控制信息主要来源于数控加工或运动控制程序。

熟悉几种特种加工技术的原理特点及应用；掌握数控编程方法和数控机床（数控车床、数控铣床等）的操作，能够编制简单工件的加工程序，完成数控加工。学生未来从事设计工作或制造零件时，能够应用特种加工方法或数控方法使设计更合理、制造更经济。“纸上得来终觉浅，绝知此事要躬行”，在条件允许的情况下，学生要亲身体验。希望学生跳出传统加工的思维定式，增强对机械加工的认知；打通高科技与实际应用之间的思维屏障，意识到学习知识的必要性与重要性，培养综合利用知识的能力。

## 3.1 电火花加工

人们很早就发现在插头或电器开关的触点开、闭时往往产生火花，导致接触表面烧毛、腐蚀成粗糙的凹坑面并逐渐损坏。长期以来，电腐蚀一直被认为是一种有害的物理现象，人们不断地研究电腐蚀产生的原因，并设法减轻和避免电腐蚀。但任何事物都有两面性，对一个领域有“害”可能对另一个领域有“利”。只要弄清原委并善加利用，就可以化“害”为“利”。1943年，苏联拉扎连科夫妇研究这一现象时闪现灵感：既然电火花的瞬时高温可使局部金属熔化而蚀除，那么利用这一现象会怎么样？能否使工具和工件之间不断产生脉冲性的火花放电，靠放电处局部、瞬时产生的高温将金属蚀除？据此，他们发明了电火花加工，用铜丝在淬火钢上加工出小孔，开创了直接利用电能和热能去除金属的先河，从而获得“以柔克刚”的效果。

电火花加工是利用可控的电腐蚀使零件的尺寸、形状及表面质量满足要求的加工方法。

### 3.1.1 电火花加工原理

【拓展图文】

电火花加工原理是在绝缘的液体介质中将工件和工具电极分别接正、负电极，自动进给调节装置控制两电极接近，并在两电极之间施加脉冲电压，当两电极接近或电压升高到一定程度时，介质被击穿。伴随击穿过程，发生高压放电，两电极间的电阻急剧减小，在放电的微细通道中瞬时集中大量热能，温度超过 $1\times10^4$℃，压力也急剧变化，击穿点表面局部微量的金属材料立刻熔化、气化，并爆炸式地飞溅，瞬时高温使工具电极和工件表面都被蚀除小部分金属，在各自表面留下一个微小的凹坑痕迹。虽然每个脉冲放电蚀除的金属极少，但因每秒有成千上万次脉冲放电作用而能蚀除较多金属，具有一定的生产效率。这样连续不断地放电，一边蚀除金属，一边使工具电极不断地向工件进给，最后便加工出与工具电极形状相对应的零件。电火花加工示意图如图3.1所示。只要改变工具电极的形状，就可加工出所需零件。当然，整个加工表面将由无数个小凹坑组成。

单独一次电腐蚀现象是不能完成加工的，要将工件加工成所需形状，就要不断地产生电腐蚀现象。要不断地产生电腐蚀现象，就要不断地高压放电，因此利用电火花加工要考虑以下问题。

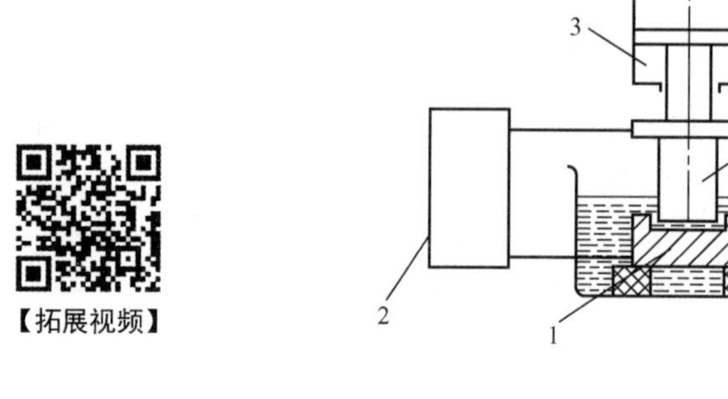


1—工件（+）；2—脉冲电源；3—自动进给调节装置；4—工具（−）；
5—工作液；6—过滤器；7—工作液泵。

**图 3.1　电火花加工示意图**

（1）间隙。电火花加工工具电极和工件之间要保持一定的间隙。如果间隙过大，极间电压就不能击穿极间介质；如果间隙过小，就容易形成短路，同样不能产生火花放电。这一间隙通常为几微米到几百微米。保持间隙是用自动进给调节装置实现的。

（2）电源。电火花加工时，火花通道只有在极短时间后及时熄灭，才可保持火花放电的“冷极”特性（通道能量转换的热能来不及传至电极纵深），使通道能量作用于极小范围。如果击穿后像持续电弧那样放电，放电产生的热量就传导到其余部分，只能使表面烧伤而无法用作尺寸加工，因此要求电压呈周期性升高，可采用脉冲电压实现。

在产生电腐蚀的过程中，阳极（指电源正极）和阴极（指电源负极）的蚀除速度不同，这种现象称为“极效应”。为了减少工具电极的损耗、提高加工精度和生产效率，希望极效应越显著越好，即工件蚀除越快越好，而工具蚀除越慢越好。若采用交流脉冲电源，则工件与工具电极的极性不断改变，总的极效应等于零。因此，电火花加工的电源应为直流脉冲电源。

（3）工作液。电火花加工中的高压放电源于介质被击穿，击穿后又要能迅速复原，因此电火花加工是在有一定绝缘性能的工作液中进行的，较高的绝缘强度（$10^3 \sim 10^7\,\Omega \cdot \mathrm{cm}$）利于产生脉冲性的火花放电。工作液能把电火花表面加工过程中产生的小金属屑、炭黑等电蚀产物从放电间隙中悬浮排除，并且对工具电极和工件表面有较好的冷却作用。常用的工作液是黏度较低、闪点较高、性能稳定的介质，如煤油、去离子水和乳化液等。

（4）工具电极。在电火花加工中，工具电极也有损耗。为保证加工精度，希望工具电极损耗小于工件金属的蚀除量，甚至接近无损耗。由于极效应通常与脉冲宽度、电极材料及单个脉冲能量等因素有关，因此工具电极常用导电性良好、熔点较高、易加工的耐电蚀材料，如铜、石墨、铜钨合金和钼等。

## 3.1.2 电火花加工的工艺特点及应用

### 1. 电火花加工的工艺特点

(1) 可以“以柔克刚”。由于电火花加工直接利用电能和热能去除金属材料，与工件材料的强度和硬度等关系不大，因此工具电极材料无须比工件材料硬，可以用软的工具电极加工硬的工件，实现“以柔克刚”。

(2) 属于无接触加工。由于电火花加工中工具电极和工件不直接接触，没有机械加工的切削力，因此适合加工低刚度工件及进行微细加工。电火花加工不产生毛刺和刀痕沟纹等缺陷；对于形状复杂的型孔及立体曲面型腔的一次成形，可不必考虑加工面积太大而引起切削力过大等问题。

(3) 适合加工难切削的金属材料和导电材料。电火花加工主要用于加工导电材料，在一定条件下也可以加工半导体材料和非导体材料，可以加工任何高强度、高硬度、高韧性、高脆性及高纯度的导电材料。

(4) 可以加工形状复杂的表面。由于可以简单地将工具电极的形状复制到工件上，因此电火花加工特别适用于加工复杂形状零件（如复杂型腔模具）。特别是采用数控技术时，可用简单工具电极加工复杂形状零件，可加工使用普通切削加工方法难以切削的材料和复杂形状零件。

(5) 可以加工有特殊要求的零件。采用电火花加工，可以加工薄壁、弹性、低刚度、微细小孔、异形小孔、深小孔等有特殊要求的零件，也可以在模具上加工细小文字。

(6) 电火花加工的其他工艺特点。电火花加工的脉冲参数可根据需要调节，可在同一台机床上进行粗加工、半精加工和精加工；表面经电火花加工后呈现的凹坑利于储油和降低噪声；因直接使用电能加工，故便于实现自动化；放电过程中的部分能量消耗在工具电极上，导致工具电极有损耗，影响成形精度，对最小角部半径有限制；加工后的表面存在变质层，在工件表面形成重铸层（厚度为1～100μm）和受热影响层（厚度为25～125μm），表面质量降低，在某些应用中需将其去除；对在净化工作液的过程中产生的烟雾污染处理比较麻烦。

### 2. 电火花加工的应用

【拓展视频】

(1) 电火花成形加工。电火花成形加工的原理是通过工具电极相对于工件做进给运动，将工件电极的形状和尺寸复制在工件上，从而加工出所需零件。电火花成形加工包括电火花型腔加工和穿孔加工。

【拓展视频】

(2) 电火花线切割。电火花线切割的原理是利用轴向移动的细金属丝作工具电极，按预定的轨迹进行脉冲放电切割。电火花线切割按金属丝电极移动的速度分为低速走丝线切割和高速走丝线切割。

低速走丝线切割机的电极丝以铜线为工具电极，一般以低于0.2m/s的速度做单向运动，在铜线与工件之间施加60～300V脉冲电压，并保持5～50μm间隙，间隙中充满去离子水等绝缘介质，使电极与工件之间发生火花放电，并彼此被消耗、腐蚀，在工件表面电蚀出无数小坑。通过数控部分的监测和管控，伺服机构运行，使这种放电现象均匀一致，从而加工出符合尺寸要求及形状精度的产品。低速走丝线切割精度可达 0.001mm 级，表面质量也接近磨削水平，但不宜加工大厚度工件。低速走丝线切割时，电极丝不断移动，放电后不再使用。一般采用无电阻防电解电源，其有自动穿丝装置和恒张力装置。由于低速走丝线切割机结构精密、技术含量高、机床价格高，因此使用成本也高。

我国多采用高速走丝线切割机，这是我国独创机种。由于电极丝往复使用，因此高速走丝线切割机也称往复走丝电火花线切割机。高速走丝线切割时，金属丝电极是直径 $\phi$0.02～$\phi$0.3mm 的高强度钼丝，走丝速度为 8～10m/s。由于高速走丝线切割机不能对电极丝实施恒张力控制，因此电极丝抖动大，在加工过程中易断丝（研究表明，线切割放电时工件与电极丝存在“疏松接触”情况，即工件有顶弯电极丝现象，放电可能发生在两者之间的某种绝缘薄膜介质中，也可能是放电时产生的爆炸力将电极丝顶弯，真实情况有待研究）。往复走丝会造成电极丝损耗，加工精度和表面质量降低。

电火花线切割广泛用于加工冲裁模（冲孔和落料用）、样板及形状复杂的型孔、型面、窄缝等。

（3）电火花磨削和镗磨。电火花磨削可在穿孔、成型机床上附加一套磨头来实现，工具电极做旋转运动，若为工件附加一个旋转运动，则磨出的孔更圆。电火花镗磨与磨削不同的是只有工件做旋转运动，工具电极没有转动运动，而是做往复运动和进给运动。

（4）电火花同步共轭回转加工。电火花同步共轭回转加工是用电火花加工内螺纹的一种方法，如图 3.2 所示。加工时，将按精度加工好形状的工具电极穿过工件原有孔（按螺纹内径制作）并保持两者轴线平行，然后使工具电极和工件以相同的方向及转速旋转；同时，工件向工具电极径向切入进给，根据螺距，工具电极还可轴向移动相应距离以保证工件的螺纹加工精度。

【拓展图文】

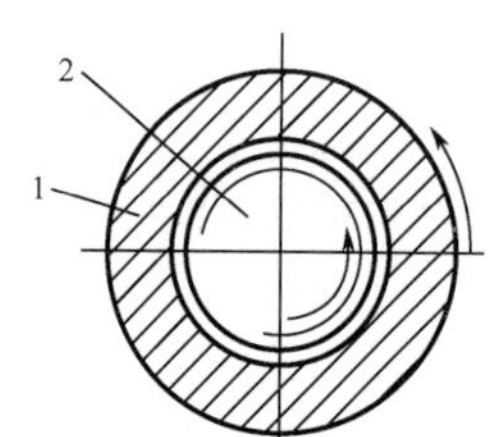


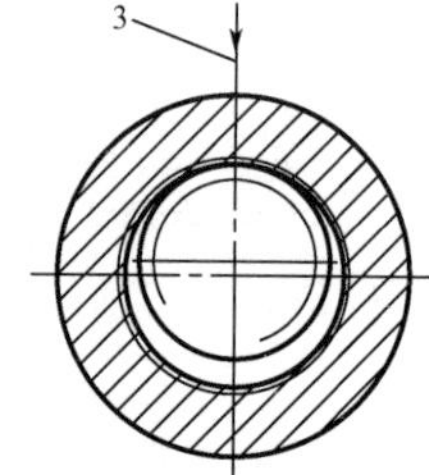


（a）工件与工具电极同向旋转（b）工件向工具电极同向旋转

1—工件；2—工具电极；3—进给方向。

图 3.2　电火花加工内螺纹示意图

（5）非金属电火花加工。例如，加工聚晶金刚石时，聚晶金刚石硬度仅稍低于天然金刚石，天然金刚石几乎不导电，聚晶金刚石是将人造金刚石微粉用铜、铁粉等导电材料做黏结剂，经搅拌、混合后加压烧结而成的，具有一定的导电性能，可用电火花加工。至于是靠放电时的高温将导电的黏结剂熔化、气化蚀除而使金刚石微粒失去支撑自行脱落，还是高温使金刚石瞬间蒸化有待进一步研究。

（6）电火花表面强化。电火花表面强化的原理是采用较硬的材料（如硬质合金）做工具电极，对较软的材料（如 45 钢）进行强化。其电源是直流电或交流电，受振动棒的作用，电极与工件的放电间隙频繁变化，不断产生火花放电以对金属表面进行强化。其过程是工具电极在振动棒的带动下向工件运动，当工具电极与工件的间隙达到某值时，间隙中的空气被击穿，产生火花放电，使工具电极和工件材料局部熔化。工具电极继续接近工件并与工件接触，在接触点流过短路电流，继续对该处加热，并以适当压力压向工件，使熔化的材料相互黏结、扩散而形成熔渗层。工具电极在振动的作用下离开工件，由于工件的热容量比工具电极大，因此靠近工件的熔化层先急剧冷凝，使工具电极的材料黏结、覆盖在工件上。电火花表面强化过程如图 3.3 所示。

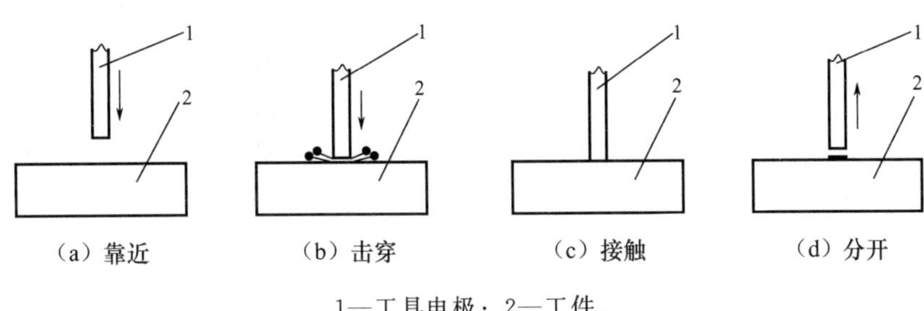


1—工具电极；2—工件。

图 3.3 电火花表面强化过程

## 3.2 电 解 加 工

电解加工是电化学加工的一种，其利用金属在电解液中的“电化学阳极溶解”现象将工件加工成形。

### 3.2.1 电解加工原理

当将两金属片接上电源并插入导电溶液时形成通路，导线和溶液是性质不同的导体。当两类导体构成通路时，在金属片（电极）和溶液的界面上必定发生交换电子的反应，即电化学反应。如果所接的是直流电源，则溶液中的离子做定向移动，正离子移向阴极，在阴极得到电子而进行还原反应；负离子移向阳极，在阳极表面失去电子而进行氧化反应(也可能阳极金属原子失去电子而成为正离子进入溶液)。在阳极和阴极表面发生得失电子的化学反应称为电化学反应，以这种电化学反应为基础对金属进行加工（包括电解和镀覆）的方法即电化学加工。

如果阳极由铁板制成，则在阳极表面，铁原子在外电源的作用下被夺走电子而成为铁离子进入电解液。铁离子在电解液中又变为氢氧化亚铁[$Fe(OH)_2$]等，氢氧化亚铁因在水溶液中的溶解度极小而沉淀，并不断地与电解液及空气中的氧发生反应生成红褐色的氢氧化铁[$Fe(OH)_3$]。总之，在电解过程中，阳极铁不断溶解腐蚀而变成氢氧化铁沉淀；阴极材料不受腐蚀损耗，只是氢气不断从阴极析出，水逐渐消耗，这种现象就是金属的阳极溶解。

如图 3.4 所示，电解加工时，工件接直流电源的正极，为阳极；按所需形状制成的工具接直流电源的负极，为阴极；具有一定压力（0.5～2MPa）的电解液从两极间隙(0.1～1mm)中高速（5～50m/s）流过。当工具向工件进给并保持一定间隙时发生电化学反应，工件表面的金属材料按对应于工具型面的形状不断被溶解到电解液中，电解产物被高速流动的电解液带走，在工件的相应表面就加工出与阴极型面对应的形状。直流电源应具有稳定、可调的电压（6～24V）和高的电流容量（有的高达 $4\times10^4$ A）。

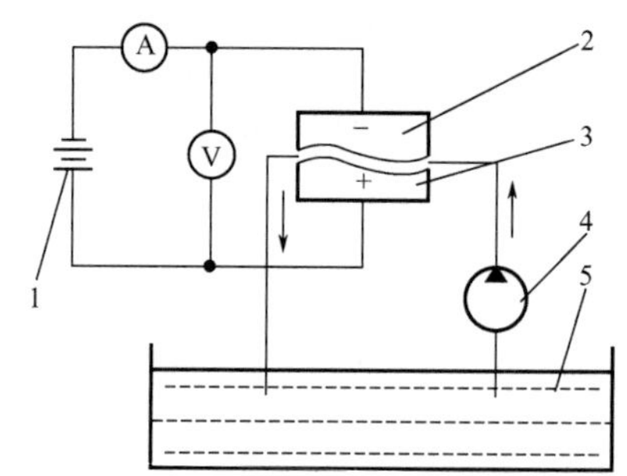


1—直流电源；2—工具（阴极）；3—工件（阳极）；4—电解液泵；5—电解液。

图 3.4　电解加工示意图

## 3.2.2　电解加工的工艺特点及应用

### 1. 电解加工的工艺特点

（1）加工范围广。采用电解加工几乎可以加工所有导电材料，并且不受材料的强度、硬度、韧性等机械性能、物理性能的限制，加工后材料的金相组织基本不发生变化。电解加工常用于加工硬质合金、高温合金、淬火钢、不锈钢、钛合金等高硬度、高强度和高韧性的难加工金属材料，可加工叶片、花键孔、炮管膛线、锻模等复杂的三维型面。

（2）加工生产效率高。采用电解加工能以简单的直线进给运动一次加工出复杂的型腔、型面和型孔，加工速度可以与电流密度成比例地增大，因此生产效率较高，为电火花加工的 5～10 倍。在某些情况下，电解加工比切削加工的生产效率还高，且加工生产效率不直接受加工精度和表面粗糙度的限制，一般适合大批量零件的加工。

（3）无切削力和切削热。在电解加工过程中不受切削力和切削热的作用，不产生由此引起的变形应力和残余应力、加工硬化、毛刺、飞边、刀痕等。在加工后的工件上没有热应力与机械应力，不影响工件现有属性，不会产生微观裂缝、氧化层，工件无须后序加工，适合加工易变形、薄壁或热敏性材料零件。

（4）工具不损耗。在电解加工过程中，因为工具本身不参与电极反应，其表面仅发生析氢反应，而不发生溶解反应，同时工具材料是耐蚀性良好的不锈钢或黄铜等，故**工具在理论上不会耗损，可长期使用。只有在产生火花、短路等异常现象时才会损伤工具。**

（5）加工质量尚可但精度不太高。通常**电解加工可实现表面粗糙度 $Ra=1.25\sim0.20\,\mu m$ 和约±0.1mm 的平均加工精度。**其中，型孔或套料的加工精度为±0.05～±0.03mm，模锻型腔的加工精度为±0.20～±0.05mm；透平叶片型面的加工精度为 0.25～0.18mm。电解微细加工钢材的精度为 70～±10μm。

由于影响电解加工间隙稳定性的参数很多且难以掌握规律，控制比较困难，因此电解加工不易达到较高的加工精度和加工稳定性，且难以加工尖角和窄缝。

（6）很难适用于单件生产。由于工具和夹具的设计、制造及修正较麻烦，周期较长，同时电解加工所需附属设备较多、占地面积较大、投资较高、耗电量大，且机床需要具有一定的刚性和耐蚀性，造价较高。因此，批量越小，单件附加成本越高，电解加工不适合单件生产。

(7) 电解产物的处理和回收困难。电解液对设备、工装有腐蚀作用，需对设备采取防护措施，也需妥善处理电解产物，否则将污染环境。

**2. 电解加工的应用**

电解加工主要用于成批生产时对难加工材料和复杂型面、型腔、异形孔、薄壁零件的加工。

(1) 深孔扩孔加工。深孔扩孔加工按工具的运动形式分为固定式深孔扩孔加工和移动式深孔扩孔加工两种。固定式深孔扩孔加工的原理是用比工件长且满足精度要求的圆棒做工具，伸入待加工的工件原有孔。用一套夹具保持工件和工具同心，并起导电和引进电解液的作用。这种方法操作简单、生产效率高，但所需功率较大。移动式深孔扩孔加工的原理是将工件固定在机床上，工具在机床的带动下在工件内孔做轴向移动。工具较短且容易制造，工件长度不受电源功率的限制，但需要具备有效长度大于工件长度的机床。

(2) 型孔加工。电解加工型孔一般采用端面进给法，为了避免出现锥度，工具侧面必须绝缘。因为电解加工过程中电解液有较大的冲刷力，易把绝缘层冲坏，所以绝缘层要黏结得牢固可靠。工作部分的绝缘层厚度为0.15～0.20mm，非工作部分的绝缘层厚度为0.3～0.5mm。

(3) 型腔加工。因电火花加工精度比电解加工易控制，故多用电火花加工型腔。但其生产效率较低，因此在对精度要求不太高的煤矿机械、拖拉机等制造厂采用电解加工。加工型腔的复杂表面时，电解液流场不易均匀，在流速、流量不足的局部地区电蚀量偏小且容易产生短路，因此要在工具的对应处加开增液孔或增液缝，工具的设计、制作和修复都不太容易。

(4) 套料加工。有些片状零件轮廓复杂且有一定厚度，采用传统方法难以加工，采用电火花线切割的生产效率太低。可将纯铜片等做成对应形状并作为工具，用锡焊固定在相应的阴极体上，组成一个套料工具，类似于采用冲压方式加工。

(5) 叶片加工。叶片型面形状较复杂、精度要求较高，采用机械加工较困难。而采用电解加工不受叶片材料硬度和韧性的限制，可一次加工出复杂的叶片型面，生产效率高，表面粗糙度低。

(6) 电解抛光。电解抛光可以说是电解加工的“鼻祖”，它是最早利用金属在电解液中的电化学阳极溶解对工件表面进行处理的，只处理表面，不对工件进行形状加工和尺寸加工。电解抛光时，工件与工具的间隙较大，有利于表面均匀溶解；电流密度较小；电解液一般不流动，必要时加以搅拌。因此，电解抛光所需设备比较简单。

【拓展图文】

此外，电解加工还有电解倒棱去毛刺、电解刻字等应用。

## 3.3 激光加工

激光器、原子能、半导体和计算机是20世纪的四大发明。激光是一种因受激而产生高亮度、大能量且方向性、单色性、相干性都很好的加强光。激光自问世以来在多领域得到不同的应用。激光加工的原理是利用能量密度极高的激光束照射工件的被加工部位，使其材料瞬间熔化或蒸发，并在冲击波作用下喷射熔融物质，从而对工件进行穿孔、蚀刻、切割等加工；或采用较小能量密度，使加工区域材料熔融黏合或改性，对工件进行焊接或热处理等加工。

## 3.3.1 激光加工原理

**1. 产生激光的原理**

（1）光的能量与频率及光子的关系。按照光的波粒二象性，光既是有一定波长范围的电磁波，且不同光的波长（频率）不同；又是具有一定能量的以光速运动的粒子流，这种粒子就是光子。一束光的强度既与频率有关（频率越高能量越大），又与所含光子数有关（光子越多能量越大）。

（2）光的自发辐射。通常原子是一个中间带正电的原子核，核外有相应数量的电子在一定的轨道上围绕原子核转动，具有一定的“内能”。轨道半径增大，内能也增大，电子只有在自己相应的轨道上转动才是稳定的，称为基态。当用适当的方法（如用光照射或用高温或高压电场激发原子）传给原子一定的能量时，原子吸收、增大内能，特别是最外层电子的轨道半径增大到一定程度，原子被激发到高能级。高能级的原子是很不稳定的，它总是力图回到较低的能级。在基态下，原子可以长时间存在，而在激发状态的各种高能级的原子寿命很短（常为 0.01μs 左右）。但有些原子或离子在高能级或次高能级有较长的寿命，这种寿命较长的较高级称为亚稳态能级。当原子从高能级跃迁回低能级或基态时，常常会以光子的形式辐射出光能量。原子从高能级自发地跃迁到低能级而发光的过程称为自发辐射，日光灯、氙气灯等光源都是因自发辐射而发光。由于自发辐射发生的时间不同，因此辐射出的光子的方向杂乱无章，频率和波长也不同。

（3）光的受激辐射。物质发光，除自发辐射外，还存在一种受激辐射。当一束光（假设这束光里只有一个光子）入射到具有大量激发态原子的系统中，且这个光子途经（以光速）某个处于激发态的原子时，若该光束的频率与该原子的高、低能级差对应（符合某种量子学关系），则激发能级上的原子在这束光的刺激下跃迁到较低能级，同时放出一个新光子，这个新光子与原来入射的光子有着完全相同的特性。受激辐射后，这束光里就有两个频率、相位、偏振态、传播方向都相同的光子，这一现象如同将入射光放大。

【拓展图文】

（4）激光的产生。某些具有亚稳态能级结构的物质（如红宝石）的基本成分是氧化铝，其中掺有约 0.05%（质量分数）的氧化铬，铬离子镶嵌在氧化铝的晶体中。当脉冲氙气灯照射红宝石时，处于基态的大量铬离子受激转为高能级的激发态，由于激发态的寿命短，因此很快跃迁到寿命较长的亚稳态能级。如果照射光足够强，就能够在 0.003s 内把多数原子转为亚稳态能级。假定这块红宝石呈圆柱形，部分原子开始自发辐射后，必有部分光子的辐射方向是与中心轴平行的，其他不平行的光子从红宝石的侧面射出，对激光的产生没有太大影响；平行的光子沿红宝石中心轴方向运动时，将引起路径上高能级原子的受激辐射，产生同向、同频的新光子。新光子与原光子一起激励其他原子，辐射出更多特性相同的光子。光子数由 1 到 2，由 2 到 4，……以光速呈指数规律增长，从而在圆柱形红宝石的端部发出一束频率、相位、传播方向、偏振方向都完全一致的光——激光。从理论上讲，如果红宝石足够长，则无论初始自发辐射的强度多低，最终都可以被放大到一定强度。实际上是在其两端各放一块反射镜，使光在红宝石内来回反射多次而不断放大。由此可见，激光仅在最初极短的时间内依赖自发辐射，此后的过程完全由受激辐射决定。

**2. 激光能量高的原因**

用透镜聚集太阳光能引燃纸张、木材，却无法进行材料加工。由于地面上太阳光的能量密度不高，且太阳光不是单色光，而是多色光，因此聚集后的焦点不在同一平面内，不能实现能量的高密度汇集。激光的以下特性使激光具有很高的功率密度。

(1) 亮度高。激光出众的亮度来源于光能在空间和时间上集中。如果将分散在180°立体角范围内的光能全部压缩到0.18°立体角范围内发射，则在不必增大总发射功率的情况下，发光体在单位立体角内的发射功率可提高100万倍。如果把1s发出的光压缩在亚毫秒数量级的时间内发射形成短脉冲，则在总功率不变的情况下，瞬时脉冲功率可以提高几个数量级，从而提高激光的亮度。据研究，激光的亮度比氙气灯高370亿倍，比太阳表面的亮度高200多亿倍。

(2) 单色性好。在光学领域，“单色”是指光的波长（或者频率）是一个确定的数值。实际上，严格的单色光是不存在的，单色性好是指光谱的谱线宽度很小。在激光之前，单色性最好的光源是氪灯，而激光的单色性比氪灯提高了上万倍。

(3) 方向性好。光束的方向性是用光束的发散角表征的。由于普通光源的各个发光中心独立发光，而且方向各不相同，因此发射的光束是发散的。激光的各个发光中心相互关联地定向发射，可以把激光束压缩在很小的立体角范围内。据研究，激光照射到月球上光束扩散的截面直径不到1km，假设最好的探照灯也能照射到月球，则其光束扩散的截面直径将达几百公里。

受激产生的激光具有很高的能量，其单色性与方向性有助于通过光学系统使它聚焦成一个极小的光斑（直径仅为几微米到几十微米），从而获得极高的功率密度和温度(10000℃以上)。在此高温下，任何坚硬的材料都将瞬时急剧熔化和气化。

**3. 激光加工材料的过程**

【拓展图文】

激光加工是指以激光为热源对材料进行热加工，其加工过程如下：激光束照射材料，材料吸收光能；光能转换为热能，加热材料；通过气化和熔融溅出使材料去除或破坏；等等。

(1) 加工金属。在多个脉冲激光的作用下，首先一个脉冲被材料表面吸收，由于材料表层的温度梯度很陡，表面先产生熔化区域，再产生气化区域，当下一个脉冲来临时，光能量在熔融材料的一定厚度内被吸收，较里层材料的温度比表面气化温度高，使材料内部气化压力增大，促使材料外喷，熔融材料也被喷出。因此，在一般情况下，材料是以蒸气和熔融两种形式去除的。当功率密度更高、脉冲宽度很小时，在局部区域产生过热现象，从而引起爆炸性气化，材料完全以气化的形式去除，而几乎不呈现熔融状态。

(2) 加工非金属。由于一般非金属材料的反射率比金属低得多，因而进入非金属材料内部的激光能量比金属多。加工有机材料（如有机玻璃）时，因其具有较低的熔点或软化点，激光照射部分材料迅速呈气体状态。加工硬塑料和木材、皮革等天然材料时，在激光加工过程中会形成高分子沉积和加工位置边缘碳化。对于无机非金属材料（如陶瓷、玻璃等），在激光的照射下几乎能吸收全部光能，但其导热性很差、加热区很窄、会沿加工路线产生很高的热应力，从而产生无法控制的破碎和裂缝。因此，**材料的热膨胀系数是衡量激光加工可行性的一个重要因素。**

有些激光加工工艺（如激光焊接）对加热温度有一定的限制，但要达到较大熔化深度，应选择较小的功率密度和较长的作用时间。如果参数选择合适，就可使材料达到最大熔化深度。利用激光脉冲焊接时，要增大激光脉冲宽度，同时减小脉冲峰值功率。利用连续激光器焊接时，为了熔透尽可能厚的材料，一般人为减小激光功率密度，使光点聚集于工件表面之外，并选择很低的进给速度。

## 3.3.2 激光加工的工艺特点及应用

**1. 激光加工的工艺特点**

(1) 激光加工的功率密度为 $10^{8}\sim10^{10}\,\mathrm{W/cm^2}$，采用激光加工几乎可以加工任何材料，如耐热合金、陶瓷、石英、金刚石等硬脆材料。

(2) 由于激光光斑可以聚焦到微米级，输出功率可以调节，因此可用以精密微细加工。

(3) 激光加工工具是激光束，属于非接触加工，没有明显的机械力和工具损耗问题，加工速度高（激光切割速度比线切割速度高很多），热影响区小，工件在加工过程中可以运动，容易实现加工过程自动化。

(4) 激光加工不需要任何模具，可立即根据计算机输出的图样加工，既可缩短工艺流程又不受加工数量的限制，小批量生产时采用激光加工更加便宜。

(5) 激光可通过透明体加工，如对真空管内部进行焊接加工等，在大气、真空及其他气氛中加工的制约条件少且不造成化学污染。

(6) 激光加工采用计算机编程，可以对不同形状的产品进行材料的套裁，最大限度地提高材料的利用率，降低加工成本。

【拓展视频】

**2. 激光加工的应用**

1) 激光打孔

激光可以打直径小于0.01mm的孔，深径比可达50∶1，几乎可在任何材料上打微型孔。激光打孔主要应用于航空航天、汽车制造、电子仪表、化工等领域。但是，激光打出的孔呈圆锥形，而不是机械钻孔的圆柱形，在有些情况下不是很方便。

2) 激光切割

激光切割技术广泛应用于金属材料和非金属材料的加工，可节省加工时间、降低加工成本、提高工件质量。与传统的板材加工方法相比，激光切割具有切割质量高（切口宽度小、热影响区小、切口光洁）、切割速度高、柔性高（可切割任意形状）、材料适应性广等优点。

3）激光微调

【拓展图文】

集成电路、传感器中的电阻是一层电阻薄膜，制造误差为15%～20%，只有对其进行修正才能提高高精度器件的成品率。激光微调的原理是利用激光照射电阻膜表面，将部分电阻膜气化去除，精确调整已经制成的电阻膜片阻值。激光的微调精度和速度高，适合大规模生产。利用类似原理，可以修复有缺陷的集成电路的掩膜、修补集成电路存储器以提高成品率，还可以对陀螺进行精确的动平衡调节。

4）激光焊接

【拓展视频】

激光焊接不同于激光打孔，不需要那么高的能量密度使工件材料气化，而只需将工件加工区“烧熔”黏合即可。激光焊接的工作原理见1.4.4部分内容。与其他焊接技术比较，激光焊接的优点如下。

（1）激光焊接速度高、深度大、变形量小，不仅有利于提高生产效率，而且材料不易氧化、热影响区极小，适合焊接热敏感很强的晶体管元件。

（2）激光焊接设备简单，没有焊渣，在空气及某些气体环境下均能施焊，并能通过玻璃或对光束透明的材料进行焊接，易实现激光束按时间与空间分光，能进行多光束同时加工及多工位加工，适合微型焊接。

（3）可焊接难熔材料（如钛、石英等），不仅能焊接同种材料，还能焊接不同材料，甚至可焊接金属材料与非金属材料。

5）激光存储

【拓展视频】

由于激光可以将光束聚焦到微米级，可以在一个很小的区域内做出可辨识的标记，因此可将激光加工应用于数据存储。将影像与声音等模拟信号转换为数字信号，其经过一系列信息处理形成编码而送至激光调制器，产生的激光束可按编码的变化时断时续。将激光照射到一张旋转的表面镀有一层极薄金属膜的玻璃圆盘上会形成一连串凹坑，在玻璃圆盘旋转的同时，激光束沿着玻璃圆盘半径方向缓慢地由内向外移动，在玻璃圆盘上形成一条极细密的螺旋轨迹。由于凹坑的长度与间隔是按编码形成的，因此可以用激光读出头识别，经一系列信息处理还原为原影像与声音。激光存储技术已与我们的现代生活密不可分。

6）激光表面强化

加热能使金属固体内部原子聚集状态发生改变或易发生改变，在不同的冷却速度或外来物质的作用下，其重新变为固态金属且保留新生成的状态。同理，原子的聚集状态不同，金属的性能有所不同。激光因具有高能、可控的特点而适合对工件表面进行加热与冷却处理。因此，激光表面强化技术是激光加工技术中的一个重要方面。

【拓展图文】

（1）激光表面相变硬化（激光表面淬火）。激光表面淬火是以激光为热源的表面热处理，其硬化机制是采用激光扫描零件表面时，激光能量被工件表面吸收后迅速达到极高的温度（升温速度为$10^3$～$10^6$℃/s），此时工件内部仍处于冷态。随着激光束离开工件表面，受热传导作用，表面能量迅速向内部传递，使表层以极高的冷却速度（可达$10^6$℃/s）冷却，故可进行自身淬火，实现工件表面相变硬化。采用激光淬火加热速度高、变形量小、工艺周期短、生产效率高，工艺过程易实现自控和联机操作；淬硬组织细化，硬度比常规淬火高10%～15%，耐磨性和耐蚀性均有较大提高；可对复杂工件和局部位置淬火，如盲孔、小孔、小槽或薄壁零件等；激光可实现自身淬火，不需要处理介质，污染少，且处理后不需要后续工序。对汽车发动机缸体进行激光表面淬火，可使缸体耐磨性提高3倍以上，从而提高发动机大修里程。游标卡尺测量面改为激光淬火后，不仅解决了变形开裂问题、废品率低，而且简化了工序、缩短了生产周期、降低了成本。

【拓展图文】

(2) 激光表面合金化。激光表面合金化即当激光束扫描添加了金属或合金粉末的工件表面时，工件表面和添加元素同时熔化；激光束撤出后，熔池很快凝固而形成一种类似于急冷金属的晶体组织，获得具有某种特殊性能的新的合金层。激光表面合金化所需功率密度（约$10^5 W/cm^2$）比激光相变硬化所需功率密度高得多，激光合金化的深度为0.01～2mm，由激光功率密度和工件移动速度决定。激光表面合金化层与基体之间为冶金结合，具有很强的结合力。激光表面合金化的最大特点是仅在熔化区和很小的影响区成分、组织、性能发生变化，对基体的热效应可减小到最低限度，变形量也极小，既可满足表面的使用需要，又不牺牲结构的整体特性。利用激光表面合金化可在一些表面性能差、价格低的基体金属表面制出耐磨、耐蚀、耐高温的表面合金，取代昂贵的整体合金，节约贵重金属材料和战略材料，使廉价合金获得更广泛的应用，从而大幅度降低成本。

【拓展视频】

(3) 激光表面熔覆。激光表面熔覆也称激光表面包覆，它是利用一定功率密度的激光束照射（扫描）被覆金属表层的外加纯金属或合金，使之完全熔化，而基材金属表层微熔，冷凝后，在基材表面形成低稀释度的包覆层，从而使基材强化的工艺。激光表面熔覆的熔化主要发生在外加纯金属或合金中，基材表层微熔的目的是加强与外加金属的冶金结合，以增强包覆层与基材的结合力，并防止基材元素与包覆元素相互扩散而改变包覆层的成分和性能。激光表面熔覆与激光表面合金化类似，可根据要求在表面性能差的低成本钢上制成耐磨、耐蚀、耐热、耐冲击的高性能表面，以代替昂贵的整体高级合金，节约贵重金属材料。

【拓展图文】

(4) 激光熔凝（激光重熔）。激光熔凝是用激光快速将材料表面加热至熔化状态，不增加任何元素，然后自冷快速凝固，获得较为细化均质的组织（特殊非晶层——金属玻璃）和所需性能的表面改性技术。非晶是一种与晶态相反的亚稳态组织，具有类似于液态的结构。非晶态金属比晶态金属的硬度、耐磨性、耐蚀性高。由于实现非晶化必须满足急热骤冷条件，因此采用的激光束的功率密度为$10^7$～$10^9 W/cm^2$。激光束照射到工件表面，使激光辐射区的金属表面产生厚度为1～10μm的熔化层，并与基体间形成极高的温度梯度。然后，熔化层以$10^6$℃/s的速度冷却，使液态金属来不及形核结晶，从而形成了类似于玻璃状的非晶。激光熔凝的原理是利用高密度激光束，以极高的速度扫描，在金属表面形成薄层熔体，同时冷基体与熔体间有很大的温度梯度，使熔化层的冷却速度超过形成非晶的临界值，而在表面获得非晶层。利用激光非晶化技术，可以使廉价的金属表面非晶化，获得良好的表面性能。与其他制造金属玻璃的方法相比，激光熔凝的优点是高效、易控和冷速范围大等。通过激光熔凝，可以在普通廉价的金属材料表面形成非晶层，既可提高制品的性能和寿命，又可节约贵重金属材料。

(5) 激光冲击硬化。对金属表面反复冲击敲打，可使原子聚集状态改变，从而使材料表面产生应变硬化。激光具有在材料中产生高应力场的能力，激光产生的应力波使金属或合金产生高爆炸性或快速平面冲击产生变形，类似于传统的喷丸强化工艺。当激光脉冲功率足够高时，短时间内金属表面发生气化、膨胀、爆炸，产生的冲击波对金属表面形成很大压力，金属表面形成位错等，能明显提高硬度、屈服强度和抗疲劳性。由于激光冲击的柔性强，因此可处理工件的圆角、拐角等应力集中部位。激光冲击应力波的持续时间极短（微秒级），可有效提高铝合金、碳钢、铁基合金、镍基合金、不锈钢、铸铁等金属材料的硬度和疲劳寿命，如提高成品零件上拐角、孔、槽等局部区域的疲劳寿命。

【拓展图文】

## 3.4 超声波加工

超声波加工也称超声加工，它是利用以超声频做小振幅振动的工具，带动工作液中的悬浮磨粒对工件表面进行撞击抛磨，使其局部材料被蚀除成粉末，以进行穿孔、切割和研磨等，或利用超声波振动使工件相互结合的加工方法。

采用电火花加工和电解加工都不宜加工不导电的非金属材料，然而采用超声波加工不仅能加工硬质合金、淬火钢等脆硬金属材料，而且适合加工玻璃、陶瓷、半导体锗和硅片等不导电的非金属脆硬材料，还可以用于清洗、焊接和探伤等。

人耳的听觉范围为 20～20000Hz。频率低于 20Hz 的振动波称为次声波，频率超过 20000Hz 的振动波称为超声波。超声波加工的超声波频率为 16000～25000Hz。超声波与声波一样，可以在气体介质、液体介质和固体介质中传播，对其传播方向上的障碍物施加压力（声压），因此可用这个压力值表示超声波的强度。由于超声波频率高，能传递很高的能量，因此传播时反射、折射、共振及损耗等现象显著。

### 3.4.1 超声波加工原理

超声波加工原理如图 3.5 所示。超声波发生器将工频交流电能转换为有一定功率输出

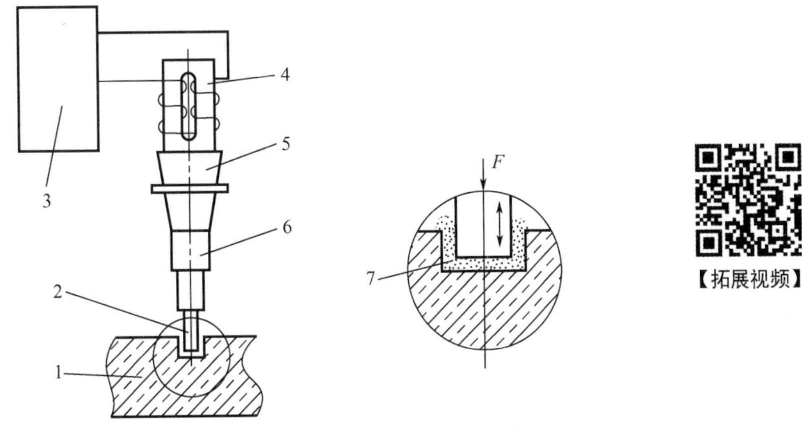


1—工件；2—工具；3—超声波发生器；4—换能器；
5，6—变幅杆；7—工作液。

图 3.5 超声波加工原理

的超声频电振荡，然后通过换能器将此超声频电振荡转换为超声频机械振动，由于其振幅很小（为0.005～0.01mm），因此需要增加一个上粗下细的变幅杆，使振幅增大到0.1～0.15mm。固定在变幅杆端面的工具受迫振动，并迫使工作液中的悬浮磨粒以很高的速度不断撞击、抛磨加工表面，把加工区域的材料粉碎成很细的微粒后打击下来。虽然每次打击下来的材料很少，但由于打击频率高于16000次/秒，因此仍有一定的加工效率。与此同时，工作液受工具端面超声振动作用而产生高频、交变液压正负冲击波和空化作用，促使工作液流入加工表面的微裂缝，加剧了机械破坏作用。空化作用是指当工具端面以很大的加速度离开工件表面时，加工间隙内形成负压和局部真空，在工作液内形成很多微空腔；当工具端面以很大的加速度接近工件表面时空泡闭合，极强的液压冲击波可以强化加工过程。此外，正负交变的液压冲击使工作液在加工间隙中强迫循环，及时更新变钝的磨粒。

由此可见，超声波加工是磨粒在超声振动作用下的机械撞击和抛磨作用以及超声空化作用的综合结果，其中磨粒机械撞击是主要作用。由于超声波加工基于局部撞击作用，因此不难理解**越是脆硬的材料，受撞击作用遭受的破坏越大，越易超声波加工；相反，脆性和硬度不大的韧性材料因受缓冲作用而难以加工**。根据这个道理，人们可以合理选择工具材料，使之既能撞击磨粒又不致使自身受到很大破坏，如用45钢做工具即可满足上述要求。

## 3.4.2 超声波加工的工艺特点及应用

由于超声波加工靠极小的磨料作用，因此加工精度较高（一般为0.02mm），表面粗糙度 $Ra=1.25\sim0.1\mu m$。

超声波加工时，加工表面无残余应力、组织改变及烧伤等现象；由于在加工过程中不需要工具旋转，因此易加工形状复杂的型孔、型腔及成型表面；超声波加工机床的结构比较简单，操作和维修方便，可用较软的材料（如黄铜、45钢、20钢等）制造工具。

### 1. 超声波加工的工艺特点

（1）采用超声波加工适合加工硬脆材料，特别是不导电的非金属材料，如玻璃、陶瓷（氧化铝、氮化硅等）、石英、硅、石墨、玛瑙、宝石、金刚石等；也能加工导电的硬质金属材料（如淬火钢、硬质合金等），但生产效率较低。

（2）由于工具可用较软的材料做成较复杂的形状，不需要使工具和工件做比较复杂的相对运动，因此超声波加工机床的结构比较简单，操作和维修方便。

（3）由于去除加工材料靠极小磨料瞬时局部的撞击作用，因此工件表面的宏观切削力小，切削应力、切削热很小，不会引起变形及烧伤，表面粗糙度较低（$Ra=1\sim0.1\mu m$），加工精度为0.02～0.01mm，而且可以加工薄壁、窄缝、低刚度零件。

### 2. 超声波加工的应用

【拓展视频】

超声波加工主要用于硬脆材料（如玻璃、石英、陶瓷、硅、锗、铁氧体、宝石和玉器等）的打孔（如圆孔、异形孔和弯曲孔等）、切割、开槽、套料、雕刻、成批小型零件去毛刺、模具表面抛光和砂轮修整等。

(1) 型孔、型腔加工。超声波打孔的直径范围是0.1～90mm，加工深度可达100mm以上，孔的精度可达0.05～0.02mm。采用W40碳化硼磨料加工玻璃时的表面粗糙度 $Ra=1.25\sim0.63\mu m$，加工硬质合金时的表面粗糙度 $Ra=0.63\sim0.32\mu m$。

超声波用于型孔、型腔加工的生产效率比电火花加工、电解加工等低，工具磨损大，但其加工精度高、表面粗糙度低。电火花加工后的一些淬火钢、硬质合金冲模、拉丝模、塑料模具，还常用超声波抛磨、光整加工。

(2) 切割加工。用普通机械加工切割脆硬的半导体材料很困难，采用超声波切割较有效。可将多个薄钢片或磷青铜片按一定距离平行焊接在一个变幅杆的端部，可一次切割多片材料，如切割单晶硅片。

【拓展视频】

【拓展视频】

(3) 超声波清洗。超声波在清洗液（如汽油、煤油、酒精、丙酮、水等）中传播时，液体分子往复高频热运动产生正负交变的液压冲击波。当声强达到一定数值时，液体中急剧生长微小空化气泡并瞬时强烈闭合，产生的微冲击波使清洗物表面的污物遭到破坏，并从被清洗表面脱落。即使是清洗物上的窄缝、细小深孔、弯孔中的污物，也易被清洗干净。虽然每个微小空化气泡的作用并不大，但每秒有上亿个微小空化气泡作用，从而具有很好的清洗效果。所以，超声波广泛用于清洗喷油嘴、喷丝板、微型轴承、仪表齿轮、手表机芯、印制电路板、集成电路微电子器件。

(4) 焊接加工。超声波焊接利用超声频振动作用去除工件表面的氧化膜，显露出新的本体表面，在两个工件表面分子的高速振动撞击下摩擦生热并亲和黏结在一起。它不仅可以焊接尼龙、塑料及表面易生成氧化膜的铝制品等，还可以在陶瓷等非金属材料表面挂锡、挂银、涂覆熔化的金属薄层。

此外，还可利用超声波的定向发射、反射等特性测距和探伤等。

## 3.5 快速成形制造

【拓展视频】

快速成形（rapid prototyping，RP）技术又称3D打印技术、增层制造技术、增材制造技术、逐层制造技术、快速原型制造技术。它是由CAD模型直接驱动的快速制造复杂形状的三维实体的技术总称。快速成形技术可以在没有任何刀具、模具及工装夹具的情况下，快速、直接地实现零件的单件生产。它突破了制造业的传统模式，特别适合新产品的开发、具有复杂结构的单件或小批量产品试制以及快速模具制造等。它是机械工程、计算机辅助设计、电子技术、数控技术、激光技术、材料科学等学科相互渗透、交叉融合的产物，可快速、准确地将设计思想转变为具有一定功能的原型或零件，以便进行快速评估、修改及功能测试，从而缩短产品的研制周期、减少开发费用、加快将新产品推向市场的进程。

自1987年推出世界第一台商用快速成形制造设备以来，随着快速成形技术的不断发展，众多快速成形工艺问世。其中陶瓷膏体光固化成形（stereolithography apparatus，SLA）工艺、分层实体制造（laminated object manufaturing，LOM）工艺、激光选区烧结（slective laser sintering，SLS）工艺、熔丝沉积成形（fused deposition modeling，FDM）工艺得到了广泛应用。

## 3.5.1 陶瓷膏体光固化成形工艺

陶瓷膏体光固化成形工艺是1984年由查尔斯·赫尔（Charles Hull）发明的快速成形技术。自1988年3D Systems公司推出SLA商品化快速成形机以来，陶瓷膏体光固化成形工艺成为典型的、广泛应用的快速成形技术。它以光敏树脂、光引发剂、陶瓷粉体、分散剂充分混合得到的陶瓷膏体为打印材料，通过计算机控制紫外光源使其凝固成形。这种方法能简洁、全自动地制造出使用其他加工方法难以制造的复杂立体工件，在加工技术领域具有划时代的意义。

1）陶瓷膏体光固化成形工艺的工作原理

陶瓷膏体光固化成形工艺的工作原理如图3.6所示。激光束在计算机的控制下根据分层数据连续扫描液态光敏树脂表面，利用液态光敏树脂经激光照射凝固的原理层层固化。固化一层后，工作台下移一个精确距离，扫描下一层，并且保证相邻层可靠黏结。如此反复，直至一个完整的零件成形。

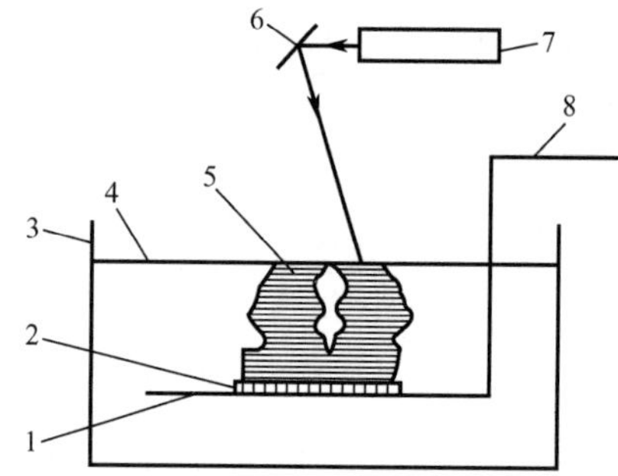


1—工作台；2—支承结构；3—树脂槽；4—树脂；5—数值模拟；
6—扫描振镜；7—激光器；8—升降台。

图3.6 陶瓷膏体光固化成形工艺的工作原理

完成原型后，首先将实体取出，并将多余树脂排净；然后去掉支承结构并进行清洗；最后将原型放在紫外光源下进行整体后固化处理。

树脂材料具有高黏性，在所有层固化后，液面很难在短时间内迅速流平，从而影响实体的精度。采用刮板刮切后，所需数量的树脂便会被十分均匀地涂敷在上一叠层上。激光固化后，可以得到较好的精度，使产品表面更加光滑、平整，并且可以解决残留体积的问题。

2）陶瓷膏体光固化成形工艺的特点及应用

（1）陶瓷膏体光固化成形工艺的特点

陶瓷膏体光固化成形工艺是快速成形技术领域中研究较多的方法，也是技术较成熟的方法，其优点如下。

① 成形过程自动化程度高。陶瓷膏体光固化成形系统非常稳定，开始加工后，成形过程可以完全自动化，直至原型制作完成。

② 尺寸精度高。陶瓷膏体光固化成形原型的尺寸精度小于或等于0.1mm。

③ 表面质量优良。虽然在每层固化时侧面及曲面都可能出现台阶，但制件的上表面

仍可得到玻璃状效果。

④ 可以制作结构十分复杂、尺寸比较精细的模型，尤其是内部结构十分复杂、一般切削刀具难以进入的模型能轻松地一次成形。

⑤ 可以直接制作面向熔模精密铸造的具有中空结构的消失模。

⑥ 制作的原型可以在一定程度上替代塑料件。

陶瓷膏体光固化成形工艺的缺点如下。

① 成形过程中伴随着物理变化和化学变化，制件较易弯曲，需要支承结构，否则会变形。

② 液态树脂固化后的性能不如常用的工业塑料，一般较脆而易断裂。

③ 设备运转成本及维护成本较高。液态树脂材料和激光器的价格较高，并且为了使光学元件处于理想的工作状态，需要定期调整，其费用也较高。

④ 使用的材料种类较少。目前主要材料为具有感光性的液态树脂，并且在大多数情况下不能进行抗力和热量测试。

⑤ 液态树脂具有气味和毒性，并且需要避光保存，以防止提前发生聚合反应，其应用具有局限性。

⑥ 在很多情况下，经陶瓷膏体光固化成形后的原型树脂不完全被激光固化，为提高模型的使用性能和尺寸稳定性，通常需要进行二次固化。

(2) 陶瓷膏体光固化成形工艺的应用

陶瓷膏体光固化成形工艺特别适合新产品开发、不规则或复杂形状零件制造（如具有复杂形面的飞行器模型和风洞模型）、大型零件制造、模具设计与制造、产品设计的外观评估和装配检验、快速反求与复制，也适合难加工材料（如制备碳化硅复合材料构件等）制造。因此，陶瓷膏体光固化成形工艺在航空航天、汽车、电器、消费品、医疗等行业有广泛的应用。

## 3.5.2 分层实体制造工艺

分层实体制造工艺是较成熟的快速成形技术。这种制造方法和设备自 1991 年问世以来得到迅速发展。由于分层实体制造工艺多使用纸材，材料成本低廉，制作过程易控制，原型表面质量好，易进行后续处理，因此受到了广泛关注。分层实体制造工艺的基本原理简单，制造过程涉及计算机造型、激光应用、精密机械传动、控制和材料科学技术等领域。

1) 分层实体制造工艺的工作原理

图 3.7 所示为分层实体制造工艺的工作原理。用 $CO_2$ 激光器在刚黏结的新层上切割出零件截面轮廓和工件外框，并在截面轮廓和工件外框之间的多余区域切割出上下对齐的网格；激光切割完成后，工作台带动成形的工件下降，与带状片材（料带）分离；供料机构转动回收轴和原料供应轴，带动料带移动，使新层移动到加工区域；工作台上升到加工平面，热压辊热压，工件增加一层，高度增大一个料厚，再在新层上切割截面轮廓。如此反复，直至零件的所有截面切割、黏结完，得到三维实体零件。

加工完成后，需采用人工方法从工作台上取下原型件，去掉工件外框后，仔细剥离废料，得到所需原型。然后进行抛光、涂漆，以防零件吸湿变形。

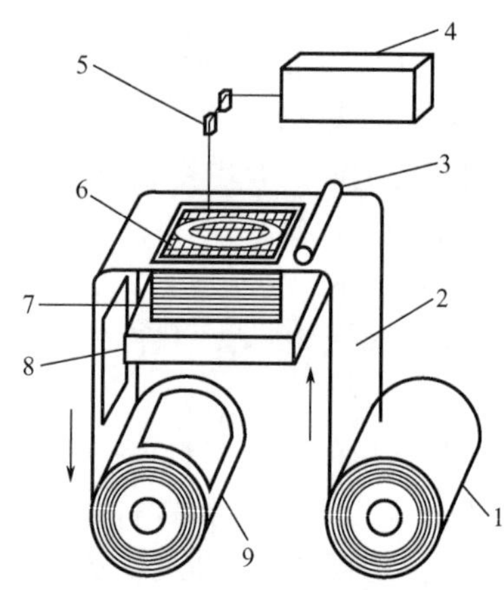


1—原料供应轴；2—原料片；3—热压辊；4—激光器；5—*XY*定位仪器；
6—外型及剖面线；7—制成块；8—平台；9—回收轴。

**图 3.7　分层实体制造工艺的工作原理**

2）分层实体制造工艺的特点及应用

（1）分层实体制造工艺的特点。

分层实体制造方法与其他快速原型制造技术相比，具有制作效率高、速度高、成本低等优点，在我国具有广阔的应用前景。其主要优点如下。

① 原型精度高。

② 制件能承受高达 200℃的温度，具有较高的硬度和较好的机械性能，可进行各种切削加工。

③ 无须进行后固化处理。

④ 无须设计和制作支承结构。

⑤ 废料易剥离。

⑥ 原材料价格和原型制作成本低。

⑦ 制件尺寸大。

⑧ 设备采用高质量的元器件，有完善的安全装置、保护装置，能长时间连续运行，可靠性高，使用寿命长。

⑨ 操作方便。

分层实体制造工艺的缺点如下。

① 不能直接制造塑料工件。

② 工件（特别是薄壁件）的抗拉强度和弹性不高。

③ 工件易吸湿膨胀，成形后应尽快进行表面防潮处理。

④ 工件表面有台阶纹，其高度等于原料片的厚度（通常为 0.1mm），成形后需对表面打磨。

（2）分层实体制造工艺的应用。

由于分层实体制造工艺多使用纸材，成本低廉，制件精度高，而且制造的木质原型外形美观，因此受到了较广泛的关注。其在产品概念设计可视化、造型设计评估、装配检验、熔模铸造型芯、砂型铸造木模、快速制模母模以及直接制模等方面得到了迅速发展。

### 3.5.3 激光选区烧结工艺

激光选区烧结工艺又称选择性激光烧结工艺。该工艺最初是由美国得克萨斯大学奥斯汀分校的卡尔·德卡德（Carl Deckard）于1989年在其硕士论文中提出的，之后组建的DTM公司于1992年开发了基于激光选区烧结工艺的商业成形机——Sinterstation。得克萨斯大学奥斯汀分校和DTM公司在激光选区烧结工艺领域进行了大量的研究工作，在设备研制和工艺、材料开发上取得了丰硕成果。德国EOS公司也在这一领域进行了很多研究工作，并开发了相应的系列成形设备。

国内很多公司[如华中科技大学（武汉滨湖机电技术产业有限公司）、南京航空航天大学、中北大学和北京隆源自动成型系统有限公司等]都对激光选区烧结工艺进行了相关研究工作，并取得了许多重大成果和系列化、商品化设备。

1）激光选区烧结工艺的工作原理

激光选区烧结工艺的工作原理是以$CO_2$激光熔融烧结粉末的方式制造样件，如图3.8所示。工作时，将粉末送进系统且达到工作台面高度以上，铺粉辊在工作台上铺一层新粉末，多余粉末由粉末回收系统回收；$CO_2$激光器发出激光束，计算机控制扫描镜的角度，根据几何形体各层横截面的几何信息扫描粉末，激光扫描处的粉末熔化并凝固，形成工件的一层。然后，工作台下降一层的高度，铺粉辊铺一层粉末并进行激光扫描烧结。如此反复，直至制成所需工件。

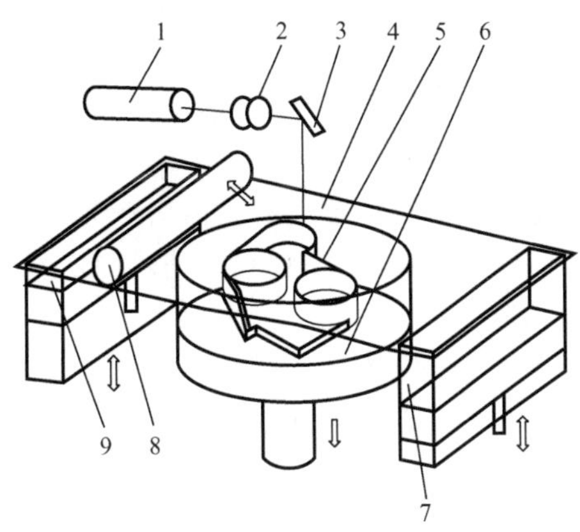


1—$CO_2$激光器；2—光学系统；3—扫描镜；4—未烧结的粉末；
5—工件；6—工作台；7—粉末回收系统；8—铺粉辊；9—粉末送进系统。

图3.8 激光选区烧结工艺的工作原理

2）激光选区烧结工艺的特点及应用

(1) 激光选区烧结工艺的特点。

激光选区烧结工艺与其他快速成形工艺相比，其特点是能够直接制作金属制品。其优点如下。

① 可采用多种材料。从原理上说，激光选区烧结工艺可采用加热时黏度降低的任何粉末材料，通过材料或含黏结剂的涂层颗粒制造出任何造型，适应不同的需要。

② 制造工艺比较简单。由于可用多种材料，因此采用激光选区烧结工艺按原料不同可以直接生产复杂形状的原型、型腔模三维构件或部件及工具，如制造概念原型、可安装为最终产品模型的概念原型、蜡模铸造模型及其他少量母模生产、直接制造金属注塑模等。

③精度高。根据使用的材料种类和粒径、产品的几何形状和复杂程度，激光选区烧结工艺一般能够达到工件整体范围内±（0.05～2.5）mm 的公差。当粉末粒径小于 0.1mm 时，成形后的原型精度为±1%。

④ 无须支承结构。与分层实体制造工艺相同，激光选区烧结工艺也无须支承结构，在分层过程中出现的悬空层面可直接由未烧结的粉末支承。

⑤ 材料利用率高。由于激光选区烧结工艺过程不需要支承结构，也不会出现许多工艺废料、不需要制作基底支承，因此材料利用率较高，几乎可以达到 100%。由于激光选区烧结工艺采用的多数粉末较便宜，因此激光选区烧结模型的成本较低。

激光选区烧结工艺的缺点如下。

① 表面粗糙。由于激光选区烧结工艺的原材料是粉状的，刚制造原型时由材料粉层经过加热熔化而实现逐层黏结，因此，严格来讲，原型表面呈粉粒状，表面质量不高。

② 烧结过程挥发异味气体。激光选区烧结工艺中的粉层黏结时需要激光能源加热而达到熔化状态，高分子材料或者粉粒在激光烧结熔化时挥发异味气体。

③ 有时需要比较复杂的辅助工艺。激光选区烧结工艺因所用材料而异，有时需要比较复杂的辅助工艺。以聚酯粉末烧结为例，为避免激光扫描烧结过程中材料因高温而起火燃烧，必须在机器的工作空间充入阻燃气体（一般为氮气）。为了使粉状材料可靠地烧结，必须预先将机器的整个工作空间内直接参与造型工作的所有机件以及粉状材料加热到规定温度，这个预热过程常需要数小时。造型工作完成后，为了除去工件表面黏结的浮粉，需要使用软刷和压缩空气，且必须在封闭空间中完成，以免造成粉尘污染。

（2）激光选区烧结工艺的应用。

激光选区烧结工艺可快速制造零件原型，并及时对产品进行评价、修正以提高设计质量；可使客户获得直观的零件模型；可制造教学和试验用复杂模型。采用此工艺制造的零件可直接作为模具，如熔模铸造、砂型铸造、注塑模型、高精度形状复杂的金属模型等；也可对成形件进行后处理后作为功能零件。

还可以利用激光选区烧结工艺开发一些新型颗粒以增强复合材料和硬质合金。在医学方面，采用激光选区烧结工艺烧结的零件具有很高的孔隙率，可用于制造人工骨，人工骨的生物相容性良好。

### 3.5.4 熔丝沉积成形工艺

熔丝沉积成形工艺是继陶瓷膏体光固化成形工艺和分层实体制造工艺之后的一种应用比较广泛的快速成形工艺。熔丝沉积成形工艺是一种不以激光为成形能源，而将各种丝材加热熔化或将材料加热熔化、挤压成丝，逐线、逐层沉积的成形方法。此工艺通过熔丝的逐层固化制造三维产品，其产品市场占有率约为 6%。美国 Stratasys 公司开发的熔丝沉积成形工艺制造系统应用较广泛。1993 年该公司开发出第一台 FDM 1650 机型，之后陆续推出 FDM 2000 机型、FDM 3000 机型、FDM 8000 机型及 1998 年推出的引人注目的 FDM Quantum 机型。FDM Quantum 机型的最大成形体积为 600mm×500mm×600mm。此外，该公司推出的 Dimension 系列小型熔丝沉积成形三维打印设备得到了市场的广泛认可。国内清华大学与北京殷华激光快速成形与模具技术有限公司较早研制熔丝沉积成形工艺商品化系统，并推出熔丝挤压制造设备——MEM-250 等。

1）熔丝沉积成形工艺的工作原理

熔丝沉积成形工艺的工作原理如图 3.9 所示。成形材料和支承材料都是将热熔性丝材（如 ABS 等）分别从各自丝盘送入送丝机构，再由送丝机构的一对滚轮送入送丝管的。通过加热器熔化，计算机控制喷嘴挤出熔丝，并按照每层的截面几何信息沉积成一个薄层，由下而上逐层制造实体模型。在沉积过程中，喷嘴在水平面内移动，同时半流动的熔丝被挤压出来。计算机精确控制挤压头孔流出的材料数量和喷嘴的移动速度，当它与上一层黏结时很快固化。整个零件是在一个升降工作台上制造的，制造完一层后，升降工作台下降，为下一层制造留出层厚所需空间。熔丝沉积成形工艺可以使用很多种材料，任何具有热塑性的材料均可作为候选材料。

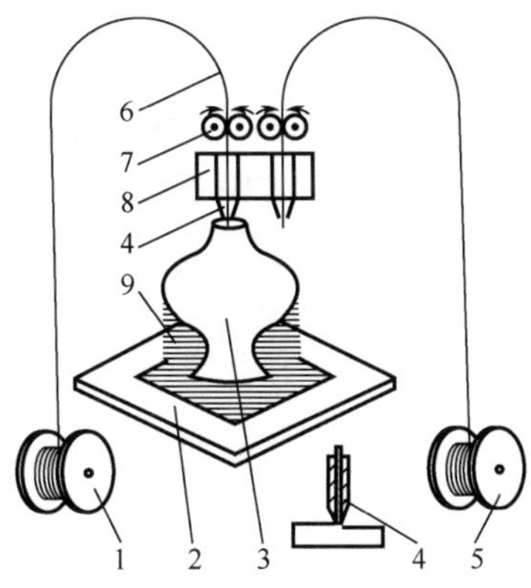


1—成形材料丝盘；2—升降工作台；3—工件；4—喷嘴；5—支承材料丝盘；
6—丝材；7—送丝机构；8—加热单元；9—支承材料。

图 3.9 熔丝沉积成形工艺的工作原理

熔丝沉积成形工艺的关键是保持半流动成形材料的温度刚好在凝固温度点以上，通常控制其比凝固温度高约 1℃。半流动熔丝从喷嘴中挤压出来并很快凝固，形成精确的薄层。每层厚度为 0.25～0.75mm，层层叠加，最后形成原型。

采用熔丝沉积成形工艺制造原型的同时需要制作支承结构。为了降低材料成本和提高沉积效率，新型熔丝沉积成形设备采用双喷嘴，一个喷嘴用于沉积模型材料，另一个喷嘴用于沉积支承材料。

2）熔丝沉积成形工艺的特点及应用

（1）熔丝沉积成形工艺的特点。

熔丝沉积成形工艺之所以应用广泛，是因为它具有如下优点。

① 由于采用热熔挤压头的专利技术，因此整个系统的构造原理和操作简单、维护成本低、系统运行安全。

② 可以使用无毒原材料，可在办公环境中安装和使用系统。

③ 用蜡成形的零件原型可以直接用于失蜡铸造。

④ 可以成形复杂程度不同的零件，常用于成形具有复杂内腔、孔等的零件。

⑤ 原材料在成形过程中无化学变化，制件的翘曲变形量小。

⑥ 原材料利用率高且使用寿命长。

⑦ 去除支承结构简单，无须化学清洗，分离容易。

⑧ 可直接制作彩色原型。

熔丝沉积成形工艺的缺点如下。

① 成形件的表面有较明显的条纹。

② 沿成形轴垂直方向的强度比较低。

③ 需要设计与制作支承结构。

④ 需要对整个截面进行扫描涂覆，成形时间较长。

(2) 熔丝沉积成形工艺的应用。

熔丝沉积成形成形工艺干净、易操作、不产生垃圾，小型系统可用于办公环境，没有产生毒气和化学污染的危险，比较适合家用电器、办公用品及模具行业新产品的开发，以及医疗、考古等基于数字成像技术的三维实体模型的制造。

熔丝沉积成形工艺广泛用于汽车、机械、航空航天、家电、通信、电子、建筑、医学、玩具等产品的设计开发，如产品外观评估、方案选择、装配检查、功能测试、用户看样订货、塑料件开模前校验设计以及少量产品制造等。采用传统方法需几个星期、几个月制造完成的复杂产品原型，采用熔丝沉积成形成形工艺无须任何刀具和模具瞬间便可完成。

快速成形技术包含不同的成形工艺，不同的成形工艺又有各自的成形材料及成形设备。但是它们的成形思想和基本流程都是相同的，快速成形技术的原理是直接根据产品CAD模型数据，用计算机处理数据，将CAD模型转化为许多平面模型的叠加，然后直接通过计算机控制制造一系列平面模型并连接成复杂的三维实体零件，产品的研制周期显著缩短、研制费用降低。图3.10所示为快速成形流程。

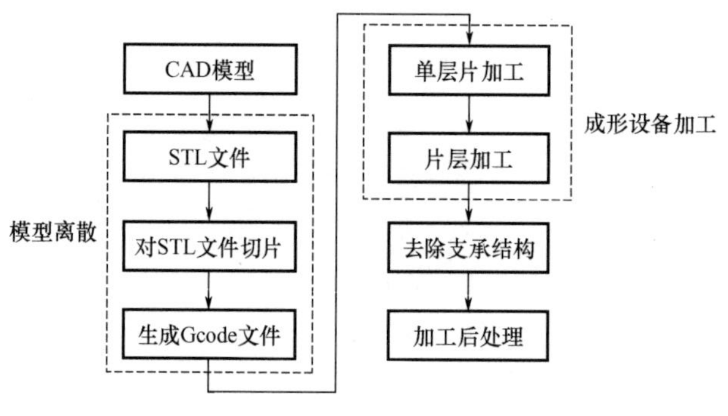


图3.10 快速成形流程

## 3.6 数控机床编程基础

以数控系统能够识别的指令形式将工件的加工工艺要求告知数控系统，使数控机床产生相应的加工运动。这种数控系统能够识别的指令称为程序，制作程序的过程称为编程。

编程方法有手工编程和自动编程两种。手工编程是指编制加工程序的全过程，即图样分析、工艺处理、坐标计算、编制程序单、输入程序直至程序的校验等。

## 3.6.1 数控编程的格式

数控加工程序由若干程序段组成，程序段由若干程序字组成。程序字是编程的基本单元，由地址和数字组成。数控程序遵循一定的格式，用数控系统能够识别的指令代码编写。

在数控编程中，程序号、程序结束标记、程序段是数控程序必须具备的三要素，按一定的格式编写在程序中。

### 1. 程序号

程序号位于程序的开头，是工件加工程序的代号或识别标记，不同程序号代表不同的工件加工程序。程序号必须单独占一个程序段。

程序号为O××××，由大写英文字母O加几位数字组成。有些系统（如SIEMENS 802S系统）以两个或两个以上大写英文字母做程序号，字母后也可加数字，如ABC. MPF、ABC12. MPF。

### 2. 程序结束标记

程序结束标记用M代码（辅助功能代码）表示，必须写在程序最后，单独占用一个程序段，代表一个加工程序结束。程序结束标记为M02或M30，代表工件加工主程序结束。M99（或M17）也可用作程序结束标记，但它们代表子程序结束。

### 3. 程序段

数控程序的主要组成部分是程序段，以N及后缀数字（称为顺序号或程序段号）开头，以程序段结束标记CR（或LF）结束。在实际使用中，用符号“;”做结束标记。

程序段示例如下。

```
O8018;
N10 G90 G01 X100 Y100 F120 S500 M03;
……
N180 M30;
```

### 4. 主程序、子程序

数控程序分为主程序与子程序两种。主程序是工件加工程序的主体部分，它是一个完整的工件加工程序。主程序和被加工工件及加工要求一一对应，不同的工件或不同的加工要求都有唯一的主程序。

为了简化编程，有时将一个程序或多个程序中的重复动作编写为单独程序，并采用程序调用的形式执行这些程序，这种程序称为子程序。

子程序的调用格式：M98 P□□□□。

作用：调用子程序O□□□□一次，如N80 M98 P8101为调用子程序O8101一次。

子程序格式示例如下。

```
O8101;        子程序号
……
M99;          子程序结束
```

子程序结束后，自动返回主程序，执行下一程序段的程序内容。

## 3.6.2 数控系统的指令代码类型

数控系统常用指令代码有准备功能 G 代码、辅助功能 M 代码、进给功能 F 代码、主轴功能 S 代码、刀具功能 T 代码，这些指令代码又可分为模态代码和非模态代码，同类代码分组及开机默认代码等。

### 1. 准备功能 G 代码

G 代码是使机床或数控系统建立起某种加工方式的指令，G 代码由地址码 G 加两位数字组成，有 G00～G99 共 100 种。G 代码分为模态代码（又称续效代码）和非模态代码（又称非续效代码）两类。

模态代码表示该代码在一个程序段被使用后就一直有效，只有出现同组代码中的其他任一 G 代码时才失效。同一组的 G 代码在同一程序段中不能同时出现，同时出现时只有最后一个 G 代码生效。

### 2. 辅助功能 M 代码

M 代码由地址码 M 加两位数字组成，有 M00～M99 共 100 种，大多数为模态代码。

M 代码是控制机床辅助动作的指令，如主轴正反转、停止等。常用辅助功能 M 代码见表 3－1。

表 3－1　常用辅助功能 M 代码

| 代码 | 功　能 | 代码 | 功　能 |
|---|---|---|---|
| M00 | 程序暂停 | M17 | 子程序结束标记（SIEMENS 系统用） |
| M01 | 程序选择暂停 | M19 | 主轴定向准停 |
| M02 | 程序结束标记 | M30 | 程序结束、系统复位 |
| M03 | 主轴正转 | M41 | 主轴变速挡 1（低速） |
| M04 | 主轴反转 | M42 | 主轴变速挡 2（次低速） |
| M05 | 主轴停止 | M43 | 主轴变速挡 3（中速） |
| M06 | 自动换刀 | M44 | 主轴变速挡 4（次高速） |
| M07 | 内冷却开 | M45 | 主轴变速挡 5（高速） |
| M08 | 外冷却开 | M98 | 子程序调用 |
| M09 | 冷却关 | M99 | 子程序结束标记 |

可对 M 代码进行分组，如 M03、M04、M05 为一组；M00、M01 为一组；M07、M08、M09 为一组；程序段结束标记 M02、M30、子程序调用指令 M98，子程序结束标记 M99 等指令应占有单独的程序段进行编程。

**3. 进给功能 F 代码**

F 代码是进给速度功能代码，它是模态代码，用于指定进给速度，单位一般为 mm/min，当进给速度与主轴转速有关（如车螺纹等）时，单位为 mm/r，进给速度的指定方法有 F1 位数法、F2 位数法、直接指令法等。

在 F1 位数法、F2 位数法中，F 后缀数字不代表编程的进给速度，必须通过查表确定进给速度，目前很少使用这两种指令方式。

在直接指令法中，F 后缀数字直接代表编程的进给速度，可以实现任意进给速度，并且指令值和进给速度值直接对应，绝大多数数控系统都采用该方法。

与进给方式有关的准备功能 G 代码如下。

(1) G94 指令，每分进给率，单位为 mm/min。

(2) G95 指令，每转进给率，单位为 mm/r。G94、G95 均为模态代码。

(3) G98 指令，每分进给率，单位为 mm/min。

(4) G99 指令，每转进给率，单位为 mm/r。G98、G99 均为模态代码（G98、G99 为车床用 FANUC 系统 G 代码 A 体系）。

**4. 主轴功能 S 代码**

在数控机床上，控制主轴转速的功能称为主轴功能，即 S 代码，用地址 S 及后缀数字表示，单位为 r/min。主轴转速的指定方法有 S1 位数法、S2 位数法、直接指令法等。其作用与 F 代码相同，绝大多数数控系统采用直接指令法。S 代码是模态代码，S 后缀数字不能为负值。

**5. 刀具功能 T 代码**

在数控机床上，指定或选择刀具的功能称为刀具功能，即 T 代码，用地址 T 及后缀数字表示。刀具功能的指定方法有 T2 位数法、T4 位数法等。采用 T2 位数法，通常只能用来指定刀具；采用 T4 位数法，可以同时指定刀具号和刀具补偿号。绝大多数数控铣床、加工中心都采用 T2 位数法，刀具补偿号由其他代码（如 D 或 H 代码）选择。大多数数控车床采用 T4 位数法，既指定刀具号又指定刀具补偿号。

## 3.6.3 机床坐标系与工件坐标系

一般数控机床的加工和程序编制遵循建立坐标系、选择尺寸单位和编程方式、确定刀具与切削参数、确定刀具运动轨迹等步骤，必须根据数控系统的指令代码编程。

**1. 机床坐标系的建立与选择指令**

1) 坐标系的规定

国家标准规定，数控机床的坐标系采用右手定则的直角坐标系（笛卡儿坐标系），如图 3.11 所示。图中坐标的方向为刀具相对于工件的运动方向，即假设工件不动，刀具相对工件运动的情况。当以刀具为参照物，工件（或工作台）运动时，建立在工件（或工作台）上的坐标轴方向与图示方向相反。

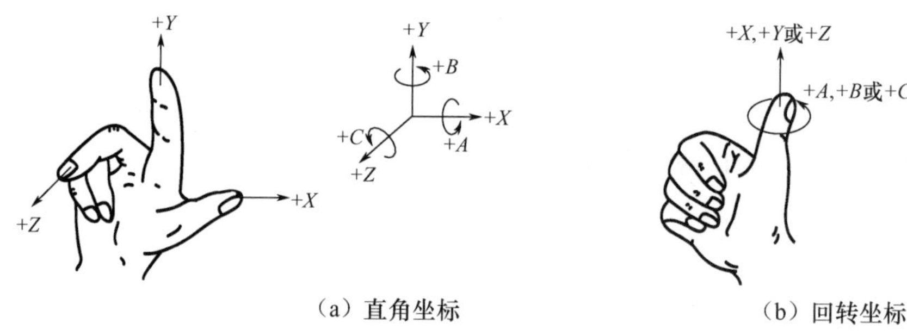

（a）直角坐标　　（b）回转坐标

图 3.11　直角坐标系

2）坐标轴及方向的规定

规定与机床主轴轴线平行的坐标轴为 $Z$ 轴，刀具远离工件的方向为 $Z$ 轴正向。当机床有多根主轴（如龙门式铣床）或没有主轴（如刨床）时，选择垂直于工件装夹表面的轴为 $Z$ 轴，如图 3.12 及图 3.13 所示。

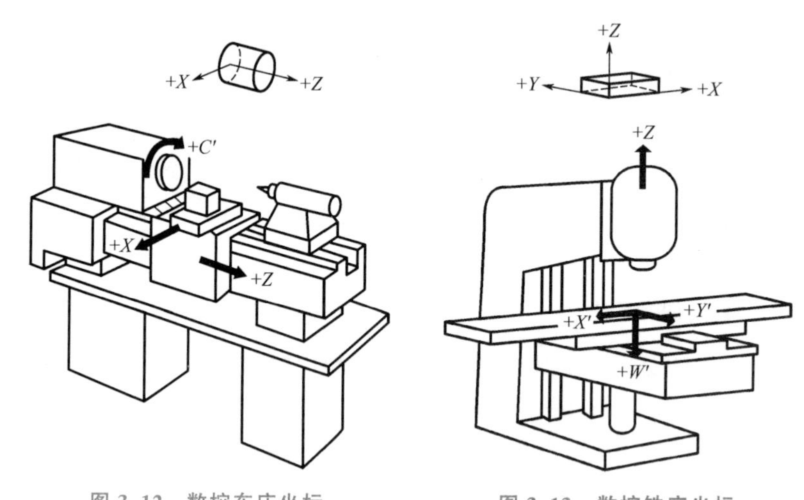

图 3.12　数控车床坐标　　图 3.13　数控铣床坐标

$X$ 轴：刀具在定位平面的主要运动轴，垂直于 $Z$ 轴，平行于工件装夹表面。对于数控车床、磨床等工件旋转类机床，工件的径向为 $X$ 轴，刀具远离工件的方向为 $X$ 轴正向。

$Y$ 轴：确定 $Z$ 轴、$X$ 轴后，通过右手定则确定。

回转轴：绕 $X$ 轴回转的坐标轴为 $A$ 轴；绕 $Y$ 轴回转的坐标轴为 $B$ 轴；绕 $Z$ 轴回转的坐标轴为 $C$ 轴；方向遵循右手定则［图 3.11（b）］。

附加坐标轴：平行于 $X$ 轴的坐标轴为 $U$ 轴；平行于 $Y$ 轴的坐标轴为 $V$ 轴；平行于 $Z$ 轴的坐标轴为 $W$ 轴；其方向与 $X$ 轴、$Y$ 轴、$Z$ 轴相同。

3）机床坐标系原点的建立

机床坐标系原点（又称机床零点）是由机床生产厂家设定的，机床做回参考点（又称回零）运动是建立机床坐标系原点（采用增量测量系统的机床需要做回参考点运动，绝对测量系统不需要做回参考点运动）的唯一方法。

数控机床开机后，第一个任务就是回参考点操作，建立机床坐标系。

参考点是为了建立机床坐标系，在数控机床上专门设置的基准点。在任何情况下，通过回参考点运动都可以使机床各坐标轴运动到参考点并定位，数控系统自动以参考点为基准建立机床坐标系原点，如图 3.14 所示。

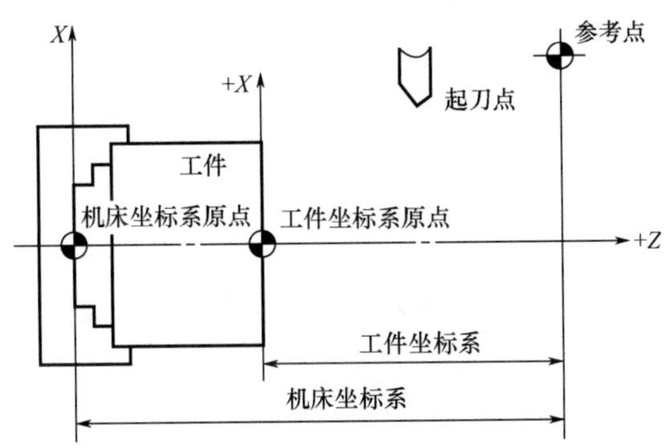


图 3.14 机床坐标系、工件坐标系、参考点

4）自动回参考点及相关指令（G27、G28、G29）

可通过手动回参考点操作使数控机床回参考点，也可以通过指令使机床自动回参考点，二者作用相同。

G27 指令格式为“G27 X x Y y Z z;”。G27 指令用于对定位点进行参考点检测。其中，x、y、z 指定刀具终点坐标值。执行动作是刀具快速向终点坐标运动并定位，完成定位后，对该点进行参考点检测。

G28 指令格式为“G28 X $x_1$ Y $y_1$ Z $z_1$;”。G28 指令用于返回参考点 G 代码。其中，$x_1$、$y_1$、$z_1$ 指定自动回参考点过程中，刀具需要经过中间点坐标定位，然后到参考点定位。指令中间点的目的是规定回参考点运动最后阶段刀具的运动轨迹，防止撞刀。执行 G28 指令将自动撤销刀具补偿。

G29 指令格式为“G29 X $x_2$ Y $y_2$ Z $z_2$;”。G29（从参考点返回）指令与 G28 指令对应。其中，$x_2$、$y_2$、$z_2$ 指定刀具终点坐标值，执行 G29 指令要进行二次定位。其动作是刀具从参考点快速向 G28 指定的中间点（$x_1$，$y_1$，$z_1$）运动并定位，定位完成后，从中间点快速向终点（$x_2$，$y_2$，$z_2$）运动并定位。G29 指令只能在执行 G28 指令之后使用。

G27、G28、G28 都是非模态代码，均为单段有效指令。

5）机床坐标系的选择（G53）

G53 指令格式为“G53 X x Y y Z z;”。通过回参考点运动建立机床坐标系可以由 G53 指令操作例如执行上述 G53 指令可将刀具移动到机床坐标系的（x，y，z）点上。

G53 指令为非模态代码，只是单段有效，且只有在机床进行回参考点运动后才能使用。

**2. 工件坐标系的建立与选择指令**

1）工件坐标系

机床坐标系的建立保证了刀具在机床上的正确运动。为了简化编程，应使坐标系与零件图的尺寸基准一致，因此不能直接使用机床坐标系。工件坐标系就是针对某工件，根据零件图建立的坐标系。

2）建立工件坐标系

为了明确工件坐标系和机床坐标系的关系，保证加工程序正确执行，必须建立工件坐标系。建立工件坐标系的方法如下：采用通过手动操作各坐标轴到某特定基准位置进行定位，通过面板操作，输入不同的“零点偏置”数据，设定G54～G59六个不同的工件坐标系，直接建立工件坐标系。

“零点偏置”值就是工件坐标系原点在机床坐标系中的位置值，修改“零点偏置”值即可改变工件坐标系原点位置。“零点偏置”值一经输入，只要不对其进行修改、删除操作，工件坐标系就可以永久存在。

## 3.6.4 尺寸的米制、英制选择与小数点输入

**1. 米制、英制选择（G70、G71、G20、G21）**

为方便编程，数控机床通常具备米制、英制的选择与转换功能。根据不同的代码体系，可以使用G70/G71或G20/G21指令选择。

G71（或G21）指令，选择米制尺寸，最小单位为0.0001mm。

G70（或G20）指令，选择英制尺寸，最小单位为0.001in。

米制、英制选择指令对旋转轴无效，旋转轴单位总是度（deg）。因为米制、英制选择指令将影响进给速度、刀具补偿、工件坐标系“零点偏置”值等相关尺寸单位，所以应将其编辑在程序的起始程序段中，并且不可以在同一程序中转换。

**2. 小数点输入**

大部分数控机床上的小数点输入法具有特殊作用，它可以改变坐标尺寸、进给速度和时间单位。

通常小数点输入方式：不带小数点的值以数控机床最小设定单位为输入单位，如最小输入单位为0.001mm（0.0001in，0.001deg）的数控机床，输入X10代表0.01mm（0.001in，0.01deg）。带小数点的值以基本单位制单位（米制为mm，英制为in，回转轴为deg）为输入单位，如输入X10.代表10mm（10in，10deg）。

计算机小数点输入方式：不带小数点的值以基本单位制单位（米制为mm，英制为in，回转轴为deg）为输入单位，即**X10.和X10都代表10mm（10in，10deg）**。小数点输入方式可以通过机床参数设定和选择；在编程过程中，带小数点的值和不带小数点的值在程序中可以混用。

为编辑方便，本章全部程序均采用计算机小数点输入方式编写。

## 3.6.5 绝对式编程和增量式编程

数控机床刀具移动量的指定方法有绝对式编程、增量式编程两种，代码体系不同，编程的方法不同。

在用指令编程时，用G90、G91指令选择，其中G90为绝对式编程，G91为增量式编程。绝对式编程是通过坐标值指定位置的编程方法，以坐标原点为基准给出绝对位置值，用G90指令。增量式编程是直接指定刀具移动量的编程方法，它以刀具现在位置为基准，

给出相对移动的位置值，用 G91 指令。

G90、G91 是同组模态代码，可相互取消，在编程过程中可以根据需要随时转换。

在可变地址格式编程（数控车床常用）时，通过改变 X、Z 地址进行编程为绝对式编程。采用 U、W 地址时为增量式编程，二者在编程中可以混用。

## 3.6.6 基本移动指令

**1. 快速定位（G00）**

G00 指令格式为“G00 X x Y y Z z;”。执行 G00 指令，刀具按照数控系统参数设定的快进速度移动到终点（x、y、z），快速定位。G00 为模态代码。G00 的运动速度不能用 F 代码编程，只取决于机床参数。在运动开始阶段和接近终点时，各坐标轴能自动加、减速。

在绝对式编程方式中，x、y、z 代表刀具运动的终点坐标；在增量式编程方式中，x、y、z 代表 *X*、*Y*、*Z* 轴移动的距离。

执行 G00 指令，刀具的移动轨迹有两种定位方式（移动轨迹的定位方式由数控系统或机床参数的设置决定）：① 直线型定位，移动轨迹是连接起点和终点的直线，移动距离最远的坐标轴按快进速度运动，其余坐标轴按移动距离相应减小速度，保证各坐标轴同时到达终点；② 非直线型定位，移动轨迹是一条各坐标轴都快速运动而形成的折线。

**2. 直线插补（G01）**

G01 指令格式为“G01 X x Y y Z z F f;”。G01 为模态代码，进给速度通过 F 代码编程，F 代码也为模态代码，移动速度为机床各坐标轴的合成速度。刀具移动轨迹为连接起点与终点的直线，在运动开始阶段与接近终点时，各坐标轴能自动加、减速。在移动过程中可以进行切削加工。

在绝对式编程方式中，x、y、z 代表刀具运动的终点坐标值；在增量式编程方式中，x、y、z 代表 *X*、*Y*、*Z* 轴移动的距离。

**3. 加工平面的选择（G17、G18、G19）**

在数控加工中，根据工件坐标系选择加工表面。加工表面指令有 G17、G18、G19（G17 为 *XOY* 平面；G18 为 *XOZ* 平面；G19 为 *YOZ* 平面）。

在数控铣床等三坐标机床编程中，G17 为系统默认平面，编程时可以省略 G17 指令；在数控车床编程中，G18 为系统默认平面，编程时可以省略 G18 指令。

**4. 圆弧插补（G02、G03）**

G02 为顺时针圆弧插补指令，G03 为逆时针圆弧插补指令。G02、G03 均为模态代码。

G02 指令格式Ⅰ如下。

G17 G02 X x　Y y　I i　J j　F f;（*XOY* 平面圆弧插补）

G18 G02 X x　Z z　I i　K k　F f;（*XOZ* 平面圆弧插补）

G19 G02 Y y　Z z　J j　K k　F f;（*YOZ* 平面圆弧插补）

G02 指令格式Ⅱ如下。

G17 G02 X x　Y y　R r　F f;（*XOY* 平面圆弧插补）

G18 G02 X x　Z z　R r　F f;（*XOZ* 平面圆弧插补）

G19 G02 Y y　Z z　R r　F f;（*YOZ* 平面圆弧插补）

在采用 SIEMENS 802S 数控系统的车床中，G02 指令格式Ⅱ书写如下。

G17 G02 X x　Y y　CR=r　F f;（*XOY* 平面圆弧插补）

G18 G02 X x　Z z　CR=r　F f;（*XOZ* 平面圆弧插补）

G19 G02 Y y　Z z　CR=r　F f;（*YOZ* 平面圆弧插补）

其中，x、y、z 为圆弧终点（x、y、z）的坐标值。

在 G02 指令格式Ⅰ中，i、j、k 用于指定圆弧插补圆心，无论是绝对式编程还是增量式编程都必须是圆心相对于圆弧起点的增量距离，可能是正值，也可能是负值。

在 G02 指令格式Ⅱ中，r 指定圆弧半径，为了区分不同的圆弧，规定对于小于或等于 180°的圆弧，r 为正值；对于大于 180°的圆弧，r 为负值。

加工整圆（360°）时，采用 G02 指令格式Ⅰ编程。

**5. 程序暂停（G04）**

G04 指令格式为“G04 X x;”。G04 指令可以使程序进入暂停状态，即机床进给运动暂停，其余工作状态（如主轴）保持不变。G04 为非模态代码，只是单程序段有效。暂停时间通过编程设定。G04 指令格式中的 x 指定暂停时间，单位可以使 s 或 ms。使用计算机小数点方式输入 G04 X6 表示暂停 6s，使用通常小数点方式输入 G04 X6 表示暂停 6ms。

G04 指令的应用：沉孔加工、钻中心孔、车退刀槽可以保证孔底和槽底表面光整。

## 3.6.7 刀具补偿指令

**1. 刀具半径补偿指令（G40、G41、G42）**

刀具半径补偿就是根据刀具半径和编程工件轮廓，数控系统自动计算刀具中心点移动轨迹的功能。采用刀具半径补偿功能可简化编程过程中坐标数值计算的工作量。编程时，只按编程零件轮廓（刀具中心轨迹）编程。但实际加工中存在铣刀半径或车刀刀尖圆角半径，只有根据不同的进给方向使刀具中心沿编程轮廓偏置一个半径，才能使实际加工轮廓和编程轨迹一致。通过操作面板事先在数控系统的“刀具偏置值”存储器中输入刀具半径值，编程时通过指定刀具半径补偿号选择。

1）指定刀具半径补偿的方法

编程时，指定刀具补偿号（D 代码）选择“刀具偏置值”存储器，此方法适用所有数控镗床、数控铣床与加工中心；编程时，通过刀具 T 代码指令的附加位选择（如 T0102 中的 02），不需要再选择“刀具偏置值”存储器，此方法适用数控车床。

2）刀具快速移动时进行刀具半径补偿的格式

G00 G41 X□□□□ Y□□□□（D□□）;（数控车床不需要 D 代码）

或 G00 G42 X□□□□ Y□□□□（D□□）;

在切削进给时进行刀具半径补偿的格式：

G01 G41 X□□□□ Y□□□□（D□□）;

或 G01 G42 X□□□□ Y□□□□ (D□□)；

G41、G42 用于选择刀具半径补偿的方向。G41 指令——刀具半径左补偿（图 3.15），即沿刀具移动方向，刀具在工件左侧。G42 指令——刀具半径右补偿（图 3.16），即沿刀具移动方向，刀具在工件右侧。G41、G42 均为模态代码，一旦输入指令就持续有效。G40 指令——刀具半径补偿取消，可以用 G40 指令取消刀具半径补偿指令 G41、G42。

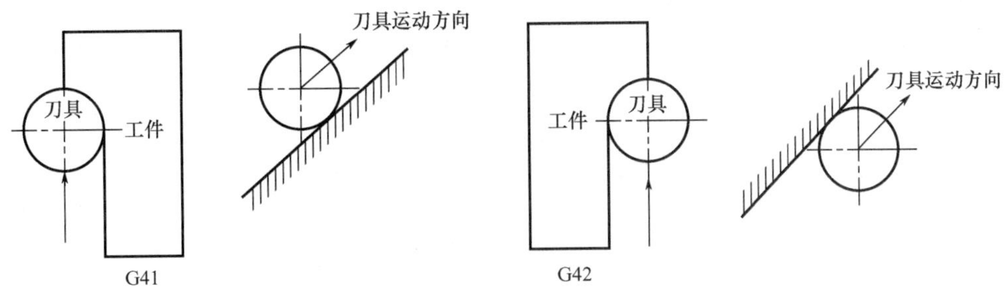


图 3.15 刀具半径左补偿　　图 3.16 刀具半径右补偿

3）使用刀具半径补偿指令的注意事项

使用刀具半径补偿指令可以简化编程，但使用不当会引起刀具干涉、过切、碰撞。

（1）在刀具半径补偿前，应用 G17、G18、G19 指令正确选择刀具半径补偿平面。

（2）在刀具半径补偿生效期间，不允许存在两段以上非补偿平面内移动的程序。

（3）在刀具半径补偿建立、取消程序段中，只能与基本移动指令中的 G00 或 G01 同时编程，当编入其他基本移动指令时数控系统报警。

（4）**为防止在刀具半径建立、取消过程中产生“过切”现象，补偿建立、取消程序段的起始位置和终点位置最好与补偿方向在同一侧。**

**2. 刀具长度补偿指令（G43、G44、G49）**

数控车床的刀尖补偿在输入“刀具偏置值”、选择“刀具偏置”存储器号后即生效；数控铣床的刀具长度补偿需应用 G43、G44、G49 指令。

在数控铣床上，刀具长度补偿是用来补偿实际刀具长度的功能，当实际刀具长度与编程长度不一致时，通过刀具长度补偿功能自动补偿长度差值，确保 $Z$ 向的刀尖位置与编程位置一致。

“刀具偏置值”是刀具实际长度与编程时设置的刀具长度（通常定为“0”）之差。通过操作面板将“刀具偏置值”输入数控系统的“刀具偏置值”存储器，编程时，在执行刀具长度补偿（G43、G44）时指定“刀具偏置值”存储器号（H 代码，如 H01），执行刀具长度补偿指令，系统可以自动对“刀具偏置值”存储器中的值与程序中要求的 $Z$ 轴移动距离进行加、减处理，以确保 $Z$ 向的刀尖位置与编程位置一致。

刀具长度补偿指令格式：G43 Z□□□□ H□□；G44 Z□□□□ H□□；

G43 是选择 $Z$ 向移动距离与“刀具偏置值”相加；G44 是选择 $Z$ 向移动距离与“刀具偏置值”相减。G43、G44 都为模态代码，G49 为取消刀具长度补偿的指令。

# 3.7 数控机床加工

数控机床是集机、电、液、气、光高度一体化的产品。数控机床由输入/输出装置、数控系统、伺服系统、辅助控制装置、反馈系统及机床本体等组成，如图 3.17 所示。数控加工过程包括编写程序、输入程序、程序译码与运算处理、刀具补偿与插补运算、位置控制与机床加工等。

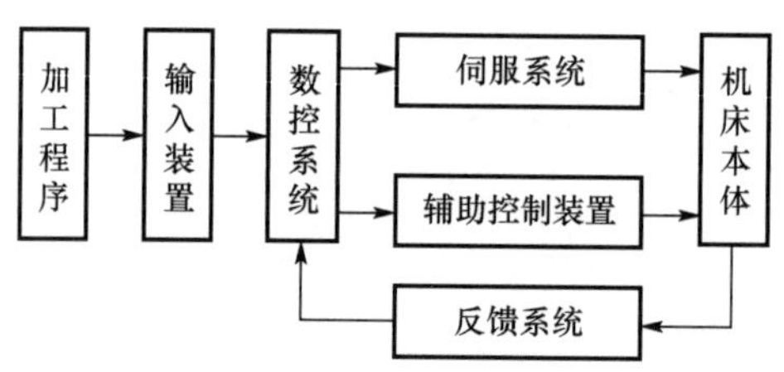


图 3.17 数控机床的组成

## 3.7.1 数控车床加工

【拓展视频】

【拓展图文】

数控车床主要用于加工轴类、盘套类回转体工件。数控车床加工精度高，具有直线和圆弧插补功能，在加工过程中能够自动变速，其加工范围比普通机床大。数控车床能通过数控程序的控制自动完成内外圆柱面、圆锥面、圆弧面、螺纹、切槽、钻孔、扩孔、铰孔和回转曲面等的切削加工。与普通车床相比，数控车床更适宜加工精度要求高、表面轮廓复杂或带一些特殊类型螺纹的工件。

数控车床的主轴箱结构简单、刚度高，由伺服电动机拖动，能实现主轴无级变速。主轴部件传递功率大、刚度高、抗振性好、热变形量小。进给机构由滚珠丝杠螺母副传动，传动链短、间隙小、传动精度高、灵敏度好，由两台电动机分别驱动，实现 $X$、$Z$ 轴方向的移动。刀架在转位电动机驱动下，可以实现数控程序指定刀具的自动换刀动作。常用卧式数控车床的结构布局有平床身-平滑板、平床身-斜滑板、斜床身-平滑板、斜床身-斜滑板、直立床身-直立滑板等形式。

数控车床采用的数控系统种类较多，下面分别介绍 SIEMENS 802S 数控系统、FUNAC 数控系统的车床加工。

【拓展图文】

### 1. SIEMENS 802S 数控系统的车床加工

1）准备功能指令

常用 SIEMENS 802S 数控系统车床加工的准备功能指令见表 3－2。

表 3－2　常用 SIEMENS 802S 数控系统车床加工的准备功能指令

| 代码 | 功　能 | 说　明 | 编程格式 |
|---|---|---|---|
| G00 | 快速移动 | 01 组：运动指令（插补方式）模态有效 | G00 X…Z… |
| G01* | 直线插补 | | G01 X…Z…F… |
| G02 | 顺时针圆弧插补 | | G02 X…Z…I…K…F…；圆心和终点<br>G02 X…Z…CR＝…F…；半径和终点 |
| G03 | 逆时针圆弧插补 | | G03…；其他同 G02 |
| G33 | 恒螺距螺纹切削 | | G33 Z…K…SF＝…；圆柱螺纹<br>G33 X…I…SF＝…；横向螺纹<br>G33 Z…X…K…SF＝…；锥螺纹，*Z* 向位移大于 *X* 向位移<br>G33 X…Z…K…SF＝…；锥螺纹，*X* 向位移大于 *Z* 向位移 |
| G04 | 暂停时间 | 02 组：非模态代码 | G04 F…（暂停时间）或 G04 S…（暂停转数）； |
| G74 | 回参考点 | | G74 X…Z…； |
| G75 | 回固定点 | | G75 X…Z…； |
| G158 | 可编程的偏置 | 03 组：写存储器，非模态代码 | G158 X…Z…； |
| G25 | 主轴转速下限 | | G25 S…； |
| G26 | 主轴转速上限 | | G26 S…； |
| G17 | 加工中心孔时用 | 06 组：平面选择，模态有效 | |
| G18* | *XOZ* 平面 | | |
| G40* | 刀尖半径补偿取消 | 07 组：刀尖半径补偿，模态有效 | |
| G41 | 刀尖半径左补偿 | | |
| G42 | 刀尖半径右补偿 | | |
| G500* | 取消可设定零点偏置 | 08 组：可设定零点偏置，模态有效 | |
| G54 | 第一可设定零点偏置 | | |
| G55 | 第二可设定零点偏置 | | |
| G56 | 第三可设定零点偏置 | | |
| G57 | 第四可设定零点偏置 | | |
| G53 | 按程序段方式取消可设定零点偏置 | 09 组：取消可设定零点偏置，非模态代码 | |
| G60* | 准确定位 | 10 组：定位性能，模态有效 | |
| G64 | 连续路径方式 | | |

续表

| 代码 | 功　能 | 说　明 | 编程格式 |
|---|---|---|---|
| G09 | 准确定位，单程序段有效 | 11组：程序段方式准停，段方式有效 | |
| G70 | 英制尺寸 | 13组：英制/米制尺寸，模态有效 | |
| G71 | 米制尺寸 | | |
| G90* | 绝对尺寸 | 14组：绝对尺寸/相对尺寸，模态有效 | |
| G91 | 相对尺寸 | | |
| G94 | 进给率F，mm/min | 15组：进给/主轴，模态有效 | |
| G95* | 主轴进给率F，mm/r | | |
| G96 | 恒定切削速度（F，mm/r；S，m/min） | | G96 …LIMS=…F …； |
| G97 | 取消恒定切削速度 | | |
| G22 | 半径尺寸编程 | 29组：数据尺寸（半径/直径），模态有效 | |
| G23* | 直径尺寸编程 | | |

注：带＊的功能在程序启动时生效（即开机默认代码）。

数控车床有直径编程和半径编程两种方式，一般采用直径编程方式，在编程中转换绝对尺寸和相对尺寸时，相对尺寸一般采用变地址U、W方式实现。绝对尺寸和相对尺寸在程序中可以混用。

（1）可编程的零点偏置（G158）。

G158指令格式为“G158 X…Z…；”。如果工件在不同的位置有重复出现的形状、结构或者选用新的参考，就需要使用可编程的零点偏置。由此产生一个当前工件坐标系，新输入的尺寸均是该坐标系中的数据尺寸。

G158指令单独占一个程序段。使用G158指令可以将所有坐标轴零点偏移，再编写一个G158指令（后边不跟坐标轴名称）可取消先前的可编程零点偏置；G158 X…始终作为半径数据尺寸处理。

G158指令示例如下。

```
N10…;
N20 G158 X3 Z5;
N30 L10;
……
N70 G158;
```

（2）恒螺距螺纹切削（G33）。

G33指令格式为“G33 Z…K…；”。该格式为圆柱螺纹编程格式，其中K为螺距，单位为mm/r。

使用G33指令可以加工圆柱螺纹、圆锥螺纹、外螺纹/内螺纹、单头螺纹和多头螺纹、多段连续螺纹等恒螺距螺纹。螺纹左旋和右旋分别由主轴转向指令 M03 和 M04 实现。

在多头螺纹加工中，要使用起始点偏移指令 SF=…（绝对位置）。例如加工双头螺纹，起始点偏移 180°，螺纹长度（包括导入空刀量、退出空刀量）为 100mm，螺距为 4mm，右旋螺纹，圆柱表面加工过，其程序如下。

```
AB.MPF;
N10 G54 G00 G90 X50 Z0 M03 S500;
N20 G33 Z=100 K4 SF=0;
N30 G00 X54;
N40 Z0;
N50 X50;
N60 G33 Z-100 K4 SF=180;
N70 G00 X54;
……
N130 M30;
```

(3) 固定循环指令。在 SIEMENS 802S 数控系统中编程时，为简化编程数控系统，厂家将一些复杂、重复的机床动作编写为 LCYC…标准固定循环指令，要求调用标准固定循环指令前 G23（直径编程）指令有效。常用 SIEMENS 802S 数控系统的标准固定循环指令见表 3-3。

表 3-3　常用 SIEMENS 802S 数控系统的标准固定循环指令

| 代码 | 功能 | 说明 | 编程格式 |
| --- | --- | --- | --- |
| LCYC… | 调用标准循环 | 用一个独立的程序段调用标准循环，必须已经为传送参数赋值 | |
| LCYC82 | 钻削，沉孔加工 | R101：退回平面（绝对）<br>R102：安全间隙<br>R103：参考平面（绝对）<br>R104：最终钻削深度（绝对）<br>R105：到达钻削深度停留时间 | N10 R101=…　R102=…<br>……<br>N20 LCYC82；自身程序段 |
| LCYC83 | 深孔钻削 | R101：退回平面（绝对）<br>R102：安全间隙<br>R103：参考平面（绝对）<br>R104：最终钻削深度（绝对）<br>R105：到达钻削深度停留时间<br>R107：钻削进给率<br>R108：第一钻深进给率<br>R109：起始/排屑停留时间<br>R110：第一钻削深度（绝对）<br>R111：递减量<br>R127：加工方式，断屑=0，退刀排屑=1 | N10 R101=…　R102=…<br>……<br>N20 LCYC83；自身程序段 |

续表

| 代　码 | 功　　能 | 说　　明 | 编程格式 |
| --- | --- | --- | --- |
| LCYC93 | 切槽（凹槽循环） | R100：横向轴起始点<br>R101：纵向轴起始点<br>R105：加工方式（1…8）<br>R106：精加工余量<br>R107：切削宽度<br>R108：进刀深度<br>R114：切槽宽度<br>R116：螺纹啮合角<br>R117：槽口倒角<br>R118：槽底倒角<br>R119：槽底停留时间 | N10 R101=…　R102=…<br>……<br>N20 LCYC93；自身程序段 |
| LCYC94 | 凹凸切削（E 型和 F 型）<br>（退刀槽切削循环） | R100：横向轴起始点<br>R101：纵向轴轮廓起始点<br>R105：形状 E=55，形状 F=56<br>R107：刀尖位置（1…4） | N10 R101=…　R102=…<br>……<br>N20 LCYC94；自身程序段 |
| LCYC95 | 切削加工<br>（坯料切削循环） | R105：加工方式（1…12）<br>R106：精加工余量<br>R108：进刀深度<br>R109：粗切削时进刀角度<br>R110：粗切削时退刀量<br>R111：粗切削时进给率<br>R112：精加工时进给率 | N10 R101=…　R102=…<br>……<br>LCYC95；自身程序段 |
| LCYC97 | 车螺纹<br>（螺纹切削循环） | R100：起始处螺纹直径<br>R101：纵向坐标轴起始点<br>R102：终点处螺纹直径<br>R103：纵向坐标轴螺纹终点<br>R104：螺距<br>R105：加工方式（1 和 2）<br>R106：精加工余量<br>R109：导入空刀量<br>R110：退出空刀量<br>R111：螺纹深度<br>R112：起始点偏移量<br>R113：粗切削刀数<br>R114：螺纹线数 | N10 R101=…　R102=…<br>……<br>N20 LCYC97；自身程序段 |

2）SIEMENS 802S 数控车床加工实例

加工图 3.18 所示的工件，毛坯为 $\phi$85mm 棒料，从右向左切削，粗加工每次背吃刀量为 1.0mm，粗加工进给量为 1.2mm/r，精加工进给量为 0.2mm/r。

数控车床加工过程分析：工件原点设在工件右端，换刀点设在工件右上方（120，100）。加工路线是由右向左，即 $R$15mm 圆弧→$\phi$30mm 圆柱面→$\phi$50mm 圆柱面→$\phi$80mm 圆柱面（以上路线粗、精加工相同，采用主子程序加工），再加工 $R$50mm 圆弧→切断工件。外圆加工时选择刀具 T0101，割刀为 T0202。

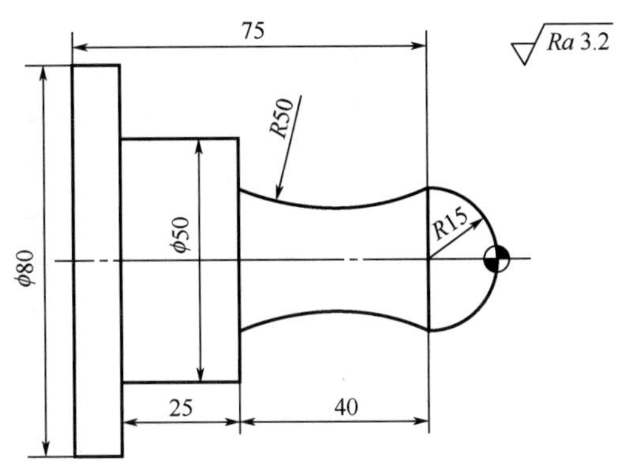


图 3.18 SIEMENS 802S 数控车床加工工件

数控程序如下。

| 程序 | 说明 |
|---|---|
| ZHU. MPF; | 主程序号 |
| N10 G54 G90 G00 X120 Z100; | 刀具移动到换刀点 |
| N20 S500 M03; | 主轴正转,线速度恒为 500m/min |
| N30 M06 T0101; | 换刀 T0101 |
| N40 G01 Z5 X90 F100 M08; | 刀具接近工件,冷却液开 |
| N50 _CNAME="ZI" | 调用子程序 ZI. SPF,工件轮廓粗、精加工循环 |
| R105=9 R106=0.2 R108=1.0 | R105 加工方式 9 为纵向/外部,综合加工 |
| R109=0 R110=2.0 R111=1.2 | |
| R112=0.2 | |
| LCYC95; | |
| N60 G01 X100 F120; | 退刀 |
| N70 Z10; | |
| N80 X30 F50; | |
| N90 Z-15; | |
| N100 G02 X30 Z55 CR=50; | 加工 R50mm 圆弧 |
| N110 G01 X100 F100.; | |
| N120 X120 Z100; | 移动到换刀点 |
| N130 M06 T0202; | 换割刀 T0202 |
| N140 X82 Z-100; | |
| N150 X42 F1.5; | |
| N160 X82 F100; | |
| N170 G00 X100.; | |
| N180 Z-95; | |
| N190 X0 F1.5; | 切断工件 |
| N200 G00 X100; | |
| N210 X120 Z100; | 刀具运动到换刀点 |

```
N220 M09 M05;                冷却液关,主轴停转
N230 M30;                    程序结束
```

子程序

```
ZI.SPF;                      子程序号
N10 G01 Z0;                  车至工件原点
N20 G02 X30 Z-15 CR=15;      车 R15mm 圆弧
N30 Z-55;                    车 φ30mm 圆柱面至 Z-55
N40 X50;                     退刀
N50 Z-80;                    车 φ50mm 圆柱面至 Z-80
N60 X80;                     退刀
N70 Z-102;                   车 φ80mm 圆柱面至 Z-102
N80 X85;                     退刀
N90 M17;                     子程序结束
```

【拓展图文】

**2. FANUC 数控系统的车床加工**

1）准备功能指令

常用 FANUC 数控系统车床加工的准备功能指令见表 3-4。

表 3-4　常用 FANUC 数控系统车床加工的准备功能指令

| 代码 | 功　能 | 说明 | 代码 | 功　能 | 说明 |
|---|---|---|---|---|---|
| G00* | 快速定位 | 01 组 | G50 | 设定坐标系或限制主轴最高转速 | 00 组 |
| G01 | 直线插补 | | | | |
| G02 | 顺时针圆弧插补 | | G54* | 选择工件坐标系 1 | 04 组 |
| G03 | 逆时针圆弧插补 | | G55 | 选择工件坐标系 2 | |
| G04 | 程序暂停 | 00 组 | G56 | 选择工件坐标系 3 | |
| G10 | 通过程序输入数据 | | G57 | 选择工件坐标系 4 | |
| G11 | 取消用程序输入数据 | | G58 | 选择工件坐标系 5 | |
| G20 | 英制尺寸输入 | 06 组 | G59 | 选择工件坐标系 6 | |
| G21* | 米制尺寸输入 | | G65 | 调用宏程序 | 00 组 |
| G27 | 返回参考点的校验 | 00 组 | G66 | 模态调用宏程序 | 12 组 |
| G28 | 自动返回参考点 | | G67 | 取消模态调用宏程序 | |
| G29 | 从参考点返回 | | G96 | 线速度恒定限制生效 | 02 组 |
| G31 | 跳步功能 | | G97 | 线速度恒定限制撤销 | |
| G32 | 螺纹加工功能 | 01 组 | G98 | 每分进给 | 05 组 |
| G40* | 刀尖半径补偿取消 | 07 组 | G99 | 每转进给 | |
| G41 | 刀尖半径左补偿 | | G70 | 精车固定循环 | 00 组 |
| G42 | 刀尖半径右补偿 | | G71 | 粗车外圆固定循环 | |

续表

| 代码 | 功　　能 | 说明 | 代码 | 功　　能 | 说明 |
|---|---|---|---|---|---|
| G72 | 精车端面固定循环 | 00 组 | G90 | 内、外圆车削循环 | 01 组 |
| G73 | 固定形状粗车固定循环 | | G92 | 螺纹切削循环 | |
| G74 | 中心孔加工固定循环 | | G94 | 端面车削循环 | |
| G75 | 精车固定循环 | | | | |
| G76 | 复合型螺纹切削循环 | | | | |

2）螺纹切削指令

螺纹切削指令格式为“G32/G76/G92 F_;”。其中，F_指定螺纹的螺距。

3）单一固定循环指令

单一固定循环利用单一固定循环可以用一个循环指令完成一系列连续动作（如“切入→切削→退刀→返回”）。

单一固定循环指令格式为“G90 /G94 X(U)_ Z(W)_ F_;”。

4）复合循环（G70～G76）

运用复合循环指令，只需指定精车加工路线和粗车加工的背吃刀量，系统即自动计算出粗加工路线和加工次数，可大大简化编程。

(1) 粗车外圆固定循环指令（G71）。

单一固定循环指令格式如下。

G71 U($\Delta d$) R($e$);

G71 P(ns) Q(nf) U($\Delta u$) W($\Delta w$) F(f) S(s) T(t);

其中，$\Delta d$ 为背吃刀量；$e$ 为退刀量；ns 为精加工轮廓程序段中的开始程序段号；nf 为精加工轮廓程序段中的结束程序段号；$\Delta u$ 为 $X$ 轴方向精加工余量；$\Delta w$ 为 $Z$ 轴方向精加工余量；f、s、t 为 F、S、T 指令值。

如果给出图 3.19 所示的加工路线 $A\to A'\to B$ 及背吃刀量，就会进行平行于 $Z$ 轴的多次切削，再按留有精加工余量 $\Delta u/2$ 和 $\Delta w$ 之后的精加工形状加工，适合需多次走刀切削的工件轮廓粗加工。

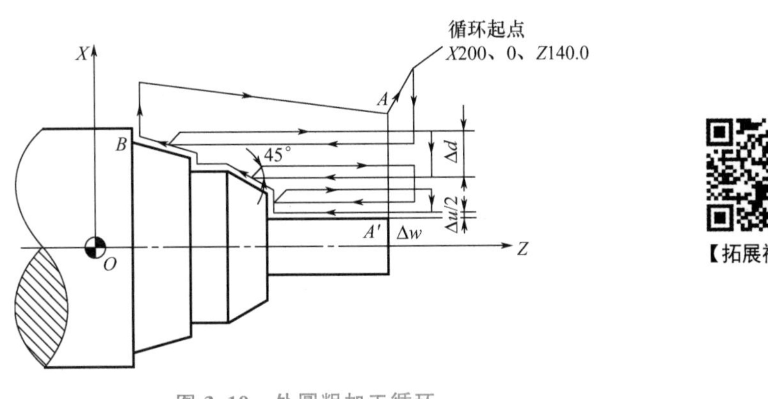


图 3.19　外圆粗加工循环

使用 G71 指令进行粗加工循环时，只有在 G71 程序段中的 F、S、T 功能才有效，而在 ns→nf 精加工程序段中的 F、S、T 指令对粗车循环无效。

零件轮廓必须符合 *X* 轴、*Z* 轴方向都单调增大或单调减小。

（2）精车固定循环指令（G70）。

G70 指令格式为“G70 P（ns）Q（nf）;”。

其中，ns 为精加工轮廓程序段中的开始程序段号；nf 为精加工轮廓程序段中的结束程序段号。

5）FANUC 系统数控车床的编程实例

加工图 3.20 所示的工件，毛坯为 $\phi$45mm 棒料，从右至左轴向走刀切削，粗加工每次背吃刀量为 1.5mm，粗加工进给量为 0.12mm/r，精加工进给量为 0.05mm/r，精加工余量为 0.4mm。

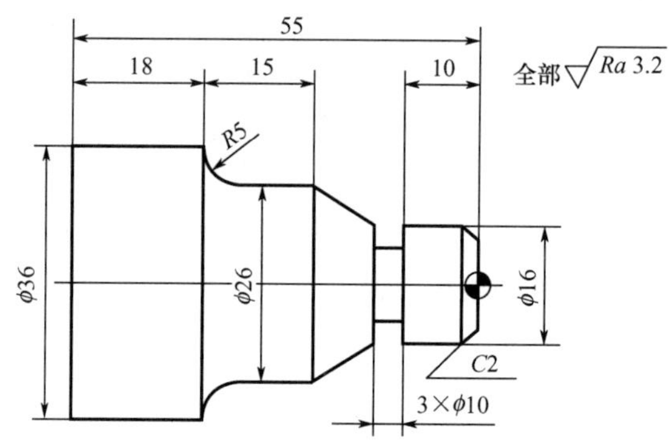


图 3.20 FANUC 系统数控车床加工工件

数控车床加工过程如下。

（1）设工件坐标系原点和换刀点。工件坐标系原点设在工件的右端面，如图 3.20 所示，换刀点（刀具起点）设在工件的右上方（120，100）点。

（2）确定刀具加工工艺路线。先从右向左车削外轮廓面。粗加工外圆采用外圆车刀 T0101，精加工外圆采用外圆车刀 T0202，加工退刀槽与切断工件采用割刀 T0303。其路线为车倒角 *C*2mm→车 $\phi$16mm 圆柱面→车圆锥面→车 $\phi$26mm 圆柱面→倒 *R*5mm 圆角→车 $\phi$36mm 圆柱面，最后用割刀车 3mm 宽退刀槽。

（3）数控编程。使用粗、精加工固定循环指令 G71、G70 编写数控程序，具体如下。

| 程　序 | 说　明 |
| --- | --- |
| O8001; | 程序号 |
| N10 G50 X120 Z100 S100 M03; | 设工件换刀，主轴正转 |
| N20 M06 T0101; | 换粗车外圆车刀 T0101 |
| N30 G00 X46 Z10; | 刀具快速移至粗车循环点 |
| N40 G71 U1.5 R1; | 调用粗加工固定循环指令 G71 |
| N50 G71 P60 Q140 U0.4 W0.2 F0.12; | 设定粗加工固定循环参数 |
| N60 G01 X46 ZO F0.05; | 精加工起始程序段 |
| N70 X0; | 车右端面 |
| N80 X12; | 退刀 |

```
N90 X16 Z-2;                 倒角 C2mm
N100 Z-13;                   车 φ16mm 圆柱面至 Z-13
N110 X26 Z-22;               车圆锥面
N120 Z-32;                   车 φ26mm 圆柱面至 Z-32
N130 G02 X36 Z-37 R5;        车圆角 R5mm
N140 Z-60;                   车 φ36mm 圆柱面至 Z-60
N150 G00 X120 Z100;          回到换刀点
N160 M06 T0202;              换外圆精车刀 T0202
N170 G00 X46 Z10;            移动到精加工起始点
N180 G70 P60 Q140;           调用精车固定循环指令 G70
N190 G00 X120 Z100;          回到换刀点
N200 M06 T0303;              换割刀 T0303
N210 G00 X18 Z-13;           刀具定位
N220 G01 X10 F0.2;           车退刀槽
N230 G00 X40;                退刀
N240 Z-58;                   移动到工件切断点至 Z-58
N250 G01 X0 F0.2;            切断工件
N260 G00 X120 Z100;          回到换刀点
N270 M05;                    主轴停
N280 M30;                    程序结束
```

## 3.7.2 数控铣床加工

数控铣床在机械加工中占有重要地位，是一种使用较广泛的数控机床，具有一般功能和特殊功能。一般功能是指为数控铣床具有的点位控制功能、连续轮廓控制功能、刀具自动补偿功能、镜像加工功能、固定循环功能等。特殊功能是指为数控铣床增加特殊装置或附件后具有的靠模加工功能、自动变换工作台功能、自适应功能、数据采集功能等。数控铣床能通过控制数控程序，自动完成铣削、镗削、钻孔、扩孔、铰孔、攻螺纹等加工，并高精度、高效地完成平面内具有复杂曲线的凸轮、样板、弧形槽及形状复杂的曲面模具的自动加工。数控铣床主要用来铣削加工，更适宜加工平面类工件、曲面类工件、变斜角类工件。

【拓展视频】

数控铣床的结构上比普通铣床复杂。与数控车床等相比，数控铣床能实现多坐标联动，控制刀具按数控程序规定的平面或空间轨迹运动，实现复杂轮廓工件的连续加工。数控铣床主轴部件具有自动紧刀、松刀装置，能快速装卸刀具，主轴部件刚度高、能传递较大扭矩，带动刀具旋转。多坐标数控铣床还具有回转、分度及绕 $X$ 轴、$Y$ 轴或 $Z$ 轴摆动一定角度的功能，增大了数控铣床的加工范围。

数控铣床采用的数控系统种类较多，下面介绍 BEIJING FANUC Oi－MC 数控系统的数控铣床加工。

**1. 准备功能指令**

常用 FANUC 数控系统铣床加工的准备功能指令见表 3－5。

**表 3－5　常用 FANUC 数控系统铣床加工的准备功能指令**

| 代码 | 功　能 | 说明 |
| --- | --- | --- |
| G00 | 快速点定位 | 01 组 |
| G01* | 直线插补 | |
| G02 | 顺时针圆弧（螺旋线）插补 | |
| G03 | 逆时针圆弧（螺旋线）插补 | |
| G04 | 程序暂停 | 00 组 |
| G15* | 取消极坐标编程 | 17 组 |
| G16 | 极坐标编程 | |
| G17* | 选择 *XOY* 平面 | 02 组 |
| G18 | 选择 *XOZ* 平面 | |
| G19 | 选择 *YOZ* 平面 | |
| G20 | 英制尺寸输入 | 06 组 |
| G21 | 米制尺寸输入 | |
| G27 | 返回参考点的校验 | 00 组 |
| G28 | 自动返回参考点 | |
| G29 | 从参考点返回 | |
| G40* | 刀具半径补偿取消 | 07 组 |
| G41 | 刀具半径左补偿 | |
| G42 | 刀具半径右补偿 | |
| G43 | 正向长度补偿 | 08 组 |
| G44 | 负向长度补偿 | |
| G49* | 取消长度补偿 | |
| G50 | 比例缩放撤销 | 01 组 |
| G51 | 比例缩放生效 | |
| G53 | 机床坐标系 | 00 组 |
| G54 | 工件坐标系 1 | 14 组 |
| G55 | 工件坐标系 2 | |
| G56 | 工件坐标系 3 | |
| G57 | 工件坐标系 4 | |
| G58 | 工件坐标系 5 | |
| G59 | 工件坐标系 6 | |
| G65 | 调用宏程序 | 12 组 |
| G66 | 模态调用宏程序 | |
| G67 | 取消模态调用宏程序 | |
| G68 | 图形旋转生效 | 16 组 |
| G69 | 图形旋转撤销 | |
| G73 | 钻深孔循环 | 09 组 |
| G74 | 左旋攻螺纹循环 | |
| G76 | 精镗循环 | |
| G80* | 固定循环注销 | |
| G81 | 钻孔循环（点钻循环） | |
| G82 | 钻孔循环（镗阶梯孔循环） | |
| G83 | 钻深孔循环 | |
| G84 | 攻螺纹循环 | |
| G85 | 镗孔循环 | |
| G86 | 钻孔循环 | |
| G87 | 反镗孔循环 | |
| G88 | 镗孔循环 | |
| G89 | 镗孔循环 | |
| G90* | 绝对尺寸 | 03 组 |
| G91 | 增量尺寸 | |
| G92 | 坐标系设定 | 00 组 |
| G94 | 每分进给 | 05 组 |
| G95* | 每转进给 | |
| G98 | 在固定循环中返回初始平面 | 00 组 |
| G99 | 返回到 *R* 点（在固定循环中） | |

**2. 孔加工固定循环指令**

固定循环通常是用含有 G 功能的一个程序段完成用多个程序段指令才能完成的加工动作，可以简化程序。固定循环常用参数的含义见表 3-6。

表 3-6 固定循环常用参数的含义

| 指定内容 | 地 址 | 说 明 |
| --- | --- | --- |
| 孔加工方式 | G | |
| 孔位置数据 | X、Y | 指定孔中心在 *XY* 平面上的位置，定位方式与 G00 相同 |
| 孔加工数据 | Z | 孔底部位置（最终孔深），可以用增量式编程或绝对式编程 |
| | R | 孔切削加工开始位置（*R* 点），可以用增量式编程或绝对式编程 |
| | Q | 指定 G73、G83 深孔加工每次切入量或者 G76、G87 中偏移量 |
| | P | 指定在孔底部的暂停时间 |
| | F | 指定切削速度 |

1）孔加工固定循环的动作

孔加工固定循环常由 6 个动作顺序组成，如图 3.21 所示。

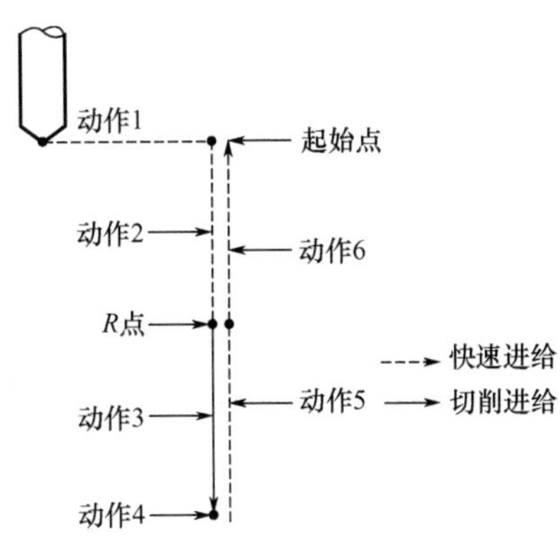


图 3.21 孔加工固定循环的动作

（1）*X*、*Y* 平面快速定位。

（2）*Z* 向快速进给到 *R* 点。

（3）*Z* 轴切削进给加工孔。

（4）孔底的动作。

（5）*Z* 轴退刀。

（6）*Z* 轴快速回起始位置。

2）孔加工固定循环编程格式

指令格式：G90/G91 G99/G98 G□□ X_ Y_ Z_ R_ Q_ P_ F_ K_；

G99、G98 为返回点平面指令，G99 指令返回到 *R* 点平面，G98 指令返回到初始点平面，如图 3.22 所示。

G90/G91 用绝对值或增量值指定孔的位置，刀具以快速进给方式到达（*X*，*Y*）点。

$Z$ 为孔加工轴方向切削进给最终位置坐标值，采用 G90 绝对值方式时，$Z$ 值为孔底坐标值；采用 G91 增量值方式时，$Z$ 值规定为 $R$ 点平面到孔底的增量距离，如图 3.23 所示。

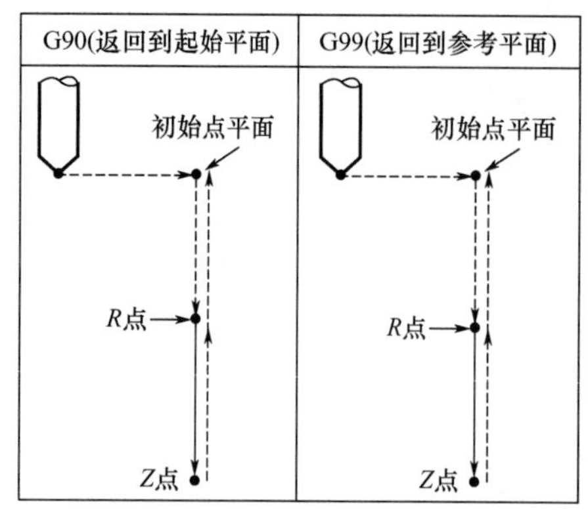


图 3.22　返回初始平面和参考平面

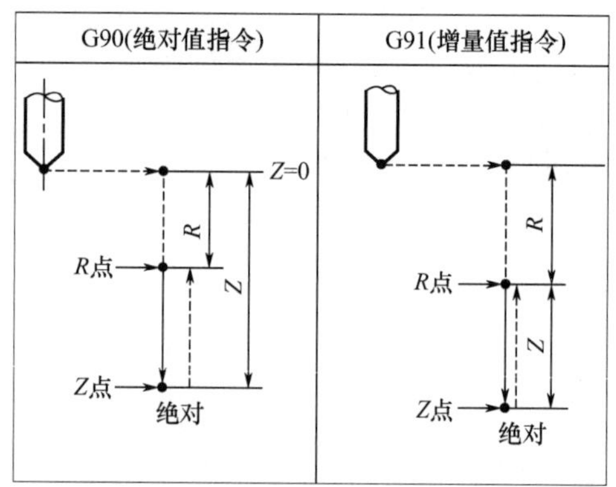


图 3.23　固定循环的绝对值指令和增量值指令

（1）点钻循环指令（G81）。

点钻循环指令格式为“G81 X_Y_Z_R_F_;”。点钻循环如图 3.24 所示。

（2）深孔钻削循环指令（G83）。

深孔钻削循环指令格式为“G83 X_Y_Z_R_Q_F_;”。深孔钻削循环如图 3.25 所示。

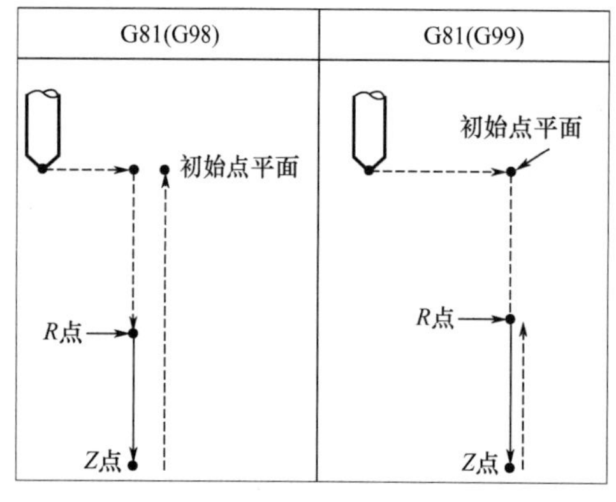


图 3.24　点钻循环

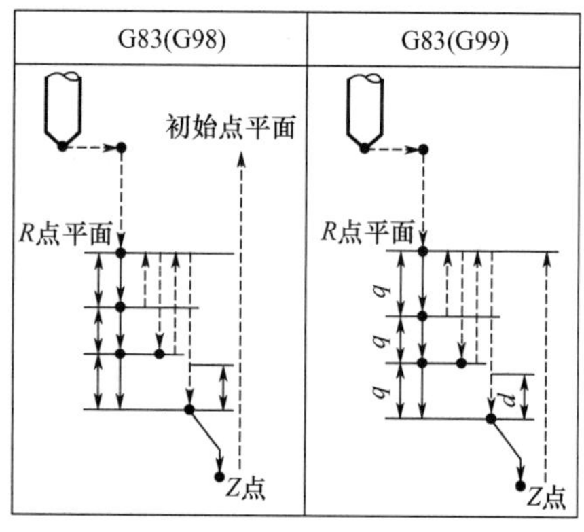


图 3.25　深孔钻削循环

采用深孔钻削循环（也称啄式钻孔循环）指令 G83，$Z$ 轴方向为分级、间歇进给，每次分级进给都使 $Z$ 轴退到切削加工初始点（参考平面），使深孔加工的排屑性能更好。

$Q$ 为每次切入量，第二次以后切入时，先快速进给上次加工到达的底部位置，再变为切削进给。钻削到要求孔深度的最后一次进刀量是进刀若干 $Q$ 之后的剩余量，它小于或等于 $Q$。$Q$ 用增量值指令，必须是正值，即使指令了负值，符号也无效。$d$ 用系统参数设定，不必单独指令。

**3. 数控铣床的加工实例**

图 3.26 所示为数控铣床加工工件。

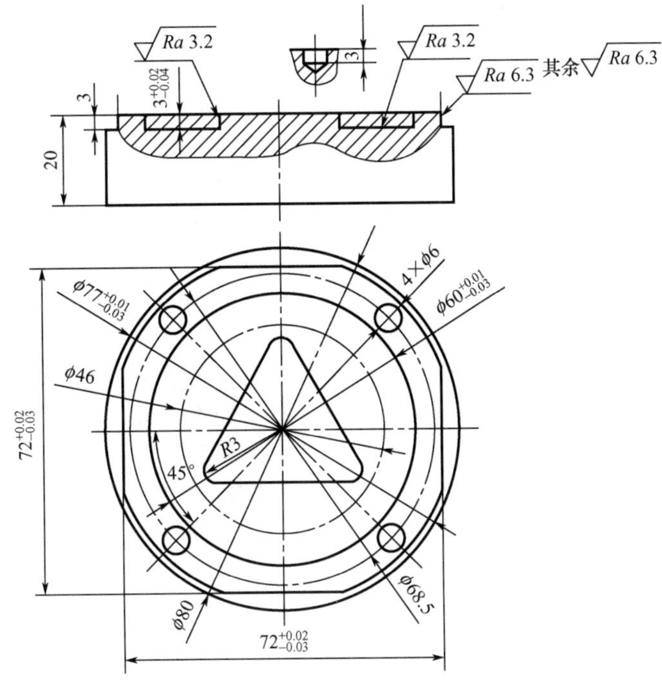


图 3.26　数控铣床加工工件

1）工艺分析

从图 3.26 可知，工件外轮廓由相距 72mm 的两直线与 φ77mm 圆弧组成，内轮廓由 φ60mm 内圆槽及带 $R$3mm 圆弧的三角形凸台和 4 个均布的 φ6mm 孔组成。工件毛坯为 φ80mm×20mm 圆柱，设计基准与工艺基准为圆心。内、外轮廓用立铣刀加工，孔用 φ6mm 钻头钻削。

2）确定走刀路线与工件坐标系

走刀路线安排：用立铣刀加工相距 72mm 的直线与 φ77mm 圆弧组成的外轮廓，用立铣刀斜切下刀铣 φ60mm 内圆槽，铣三角形凸台，铣多余金属，用钻头钻 φ6mm 的孔。

采用试切法对刀，工件坐标系原点在圆心上，$Z$ 轴原点在工件上表面，设置工件坐标系 G54。

编写如下数控程序。

| 程序 | 说明 |
|---|---|
| O3010; | 主程序号 |
| N10 G54 G90 G40 G00 X-40 Y-40 Z20 M03 S600; | 调用工件坐标系，主轴转动 |
| N20 Z5 M08; | 快速下刀至工件表面上 5mm |
| N30 G41 G01 Z-36 Y-20 Z-2.8 D01 H01 F100; | 刀具补偿 D01=4.2mm，H01 |
| N40 M98 P3666; | 调用子程序 O3666，粗加工外轮廓 |
| N50 G00 Z50; | 提刀 |
| N60 G40 G00 X-40 Y-40; | 取消刀具补偿，移动到方便测量的点 |
| N70 M00; | 暂停，测尺寸，调整刀具补偿值 |
| N80 Z5; | 下刀到 Z5 |

```
N90 G41 G01 X-36 Y-20 Z-3 D02;          螺旋下刀到 Z-3，刀具补偿 D02=4mm
N100 M98 P3666;                          调子程序 O3666，精加工外轮廓
N110 G00 Z5;                             提刀 Z5
N120 G01 X0 Y0;                          移动到坐标原点
N130 G01 X-10 Y-20 D03;                  刀具补偿 D03=4.2mm
N140 G03 X0 Y-30 R10 Z-2.8;              螺旋下刀到 Z-2.8
N150 M98 P3366;                          调子程序 O3366，粗加工内轮廓
N160 G00 Z50;                            提刀，移动到方便测量点
N170 M00;                                暂停，测尺寸，调整刀具补偿值
N180 G01 X-10 Y-20 Z2 D04;               下刀，刀具补偿 D04=4mm
N190 G03 X0 Y-30 R10 Z-3;                螺旋下刀到 Z-3
N200 M98 P3366;                          调子程序 O3366，精加工内轮廓
N210 G00 X0 Y0 Z200 G40;                 取消刀补，移动到换刀点
N220 M00;                                暂停，换钻头
N230 GOO Z50 H02;                        下刀，调刀具长度补偿 H02
N240 M98 P3100;                          调子程序 O3100，钻孔
N250 M05 M09;                            主轴停转，冷却液关
N260 M30;                                程序结束
```

子程序一

```
O3666;                                   子程序号(铣外轮廓)
N10 G01 X-36 Y13.65;                     切直线
N20 G02 X-13.65 Y36 R38.5;               切圆弧
N30 G01 X13.65 Y36;                      切直线
N40 G02 X36 Y13.65 R38.5;                切圆弧
N50 G01 X36 Y-13.65 ;                    切直线
N60 G02 X13.65 Y-36 R38.5;               切圆弧
N70 G01 X-13.65 Y-36;                    切圆弧，切出工件
N80 G02 X-38.5 Y0 R 38.5;                返回加工坐标系原点，程序结束
N90 M99;                                 子程序结束
```

子程序二

```
O3366;                                   子程序号(铣内轮廓及三角形)
N10 G03 X0 Y-30 I0 J30;                  切 φ60mm 内圆
N20 G03 X0 Y-11.5 R9.25;                 切出圆弧，切入三角形底线中点
N30 G01 X-14.72 Y-11.5 ;                 切到三角形底线左端
N40 G02 X-17.32 Y-7 R3;                  切三角形左端圆角
N50 G01 X-2.6 Y18.5;                     切三角形左斜线
N60 G02 X2.6 Y 18.5 R3;                  切三角形上端圆角
N70 G01 X17.32 Y-7;                      切三角形右斜线
N80 G02 X14.72 Y-11.5 R3;                切三角形右端圆角
N90 G01 X0 Y-11.5;                       切到三角形底线中点
N100 G03 X0 Y- 24.5 R6.5;                走半圆切出三角形
N110 G01 X7.79 Y- 24.5 ;                 切出右下方多余金属
```

```
N120 G03 X25.11 Y5.5 R20;            切出右圆角处多余金属
N130 G01 X17.32 Y19 ;                切出右上方多余金属
N140 G03 X-17.32 Y19 R20;            切出上端圆角处多余金属
N150 G01 X-25.11 Y5.5 ;              切出左上方多余金属
N160 G03 X-7.79 Y-24.5 R20;          切出右圆角处多余金属
N170 G01 X2 Y-24.5;                  切出左下方多余金属
N180 M99;                            子程序结束
```

子程序三

```
O3100;                               子程序号(钻 φ6mm 孔)
N10 G81 G99 X24.218 Y24.218 F20;     钻右上方孔
N20 X-24.218 Y24.218;                钻左上方孔
N30 X-24.218 Y-24.218;               钻左下方孔
N40 G98 X24.218 Y-24.218;            钻右下方孔
N50 G80 X0 Y0 Z250;                  取消钻孔固定循环
N60 M99;                             子程序结束
```

### 3.7.3 数控铣削加工中心加工

加工中心是一种装备刀库并能自动更换刀具对工件进行多工序加工的数控机床。加工中心是典型的集高新技术于一体的机械加工设备，已经成为现代数控机床的主流发展方向。应用加工中心加工工件可减少工件装夹、测量和机床调整时间，具有较好的加工一致性和质量稳定性、较高的生产效率。加工中心适宜加工形状复杂、加工工序内容多、精度要求高的工件，以及在普通加工中需采用多台机床和多种刀具、夹具，并经多次装夹和调整的工件。铣削加工中心在工件一次装夹后，可按数控程序自动对工件进行铣削、镗削、钻孔、扩孔、铰孔、攻螺纹等的加工。加工中心最适合加工箱体类工件、复杂曲面类工件、外形不规则类工件、模具，以及多孔的盘类工件、套类工件、板类工件。

加工中心在数控机床的基础上增加自动换刀装置和刀库，可实现自动换刀。一般加工中心带有自动分度回转工作台或主轴箱可自动改变角度，使工件一次装夹后，按数控程序完成多个平面或多个角度的多工序加工。带有交换工作台的加工中心，在加工位置的工作台上加工工件的同时，可在装卸位置工作台上装卸工件，生产效率高。

**1. 数控铣削加工中心编程特点**

由于加工中心装备了自动换刀装置和刀库，因此可实现自动换刀，编程中可以使用M06指令换刀，采用主程序、子程序编程。在编程中，执行M00暂停指令测量工件粗、精加工尺寸，便于实时调整刀具补偿值，保证加工精度。

**2. 宏程序编程**

宏程序是FANUC数控系统及相似产品中的特殊编程功能。宏程序的实质与子程序相似，也是把一组实现某种特殊功能的指令以子程序的形式事先存储在系统存储器中，通过宏程序调用指令G65或M98执行这一功能。

普通加工程序直接用数值指定G代码和移动距离，如G01和X100.0。宏程序最大的特点就是用变量＃进行编程，并且可以用这些指令对变量进行赋值、运算等处理。

1）变量＃的类型

计算机允许使用变量名，而宏程序不允许。变量用变量符号（＃）和后面的变量号指定，如＃1，表达式可以用于指定变量号。此时，表达式必须封闭在括号中，如＃［＃1＋＃2－12］。

变量根据变量号可以分成以下 4 种。

（1）空变量。＃0，空变量总是空，没有值能赋给该变量。

（2）局部变量。＃1－＃33，局部变量只能用于在宏程序中存储数据，如运算结果。当断电时，局部变量被初始化为空，调用宏程序时，自变量对局部变量赋值。

（3）公共变量。＃100－＃199、＃500－＃999，公共变量在不同宏程序中的意义相同。当断电时，变量＃100－＃199 初始化为空。变量＃500－＃999 的数据保存，即使断电也不丢失。

（4）系统变量。＃1000，系统变量用于读和写 CNC 运行时数据的变化，如刀具的当前位置和补偿值。

当在程序中定义变量值时，小数点可以省略。例如，当定义＃1＝123 时，变量＃1 的实际值是 123.000。

当用表达式指定变量时，要把表达式放在括号中。例如，G01X［＃1＋＃2］F＃3，被引用变量的值根据地址的最小设定单位自动舍入。

说明：程序号、顺序号和任选程序段跳转号不能使用变量。O＃1、/＃2G00X100.0、N＃3Y200.0 都是变量使用的错误用法。

2）变量＃的运算

宏程序常用的运算表达式见表 3－7。运算可以在变量中执行，运算符右边的表达式可包含常量和/或由函数或运算符组成的变量。表达式中的变量＃j 和＃k 可以用常数赋值，左边的表达式也可以用表达式赋值。

表 3－7　宏程序常用的运算表达式

| 功　能 | 运算表达式 | 备　注 |
| --- | --- | --- |
| 赋值 | ＃i＝＃j | |
| 加法 | ＃i＝＃j＋＃k | |
| 减法 | ＃i＝＃j－＃k | |
| 乘法 | ＃i＝＃j＊＃k | |
| 除法 | ＃i＝＃j/＃k | |
| 正弦 | ＃i＝SIN［＃j］ | 角度以度数指定，90°30′表示为 90.5° |
| 反正弦 | ＃i＝ASIN［＃j］ | |
| 余弦 | ＃i＝COS［＃j］ | |
| 反余弦 | ＃i＝ACOS［＃j］ | |
| 正切 | ＃i＝TAN［＃j］ | |
| 反正切 | ＃i＝ATAN［＃j］ | |

续表

| 功　能 | 运算表达式 | 备　注 |
|---|---|---|
| 平方根 | #i=SQRT [#j] | |
| 绝对值 | #i=ABS [#j] | |
| 舍　入 | #i=ROUNND [#j] | |
| 自然对数 | #i=LN [#j] | |
| 指数对数 | #i=EXP [#j] | |

3）宏程序语句和 NC 语句

宏程序语句为包含算术或逻辑运算的程序段、包含控制语句的程序段、包含宏程序调用指令的程序段。在宏程序语句中有以下 4 种语句。

(1) 无条件转移（GOTO 语句）：转移到标有顺序号 n 的程序段，可用表达式指定顺序号，如 GOTOn。

(2) 条件转移（IF 语句）表达式：IF [<条件表达式>] GOTOn，如果条件表达式满足，就转移到标顺序号 n 的程序段；如果指定条件表达式不满足，就执行下一个程序段。

(3) IF [<条件表达式>] THEN，如果条件表达式满足，就执行预先决定的宏程序语句，只执行一个程序语句。

条件表达式必须包括运算符，运算符插在两个变量中间或变量与常数中间，并且用（[,]）封闭，表达式可以替代变量。常用运算符见表 3－8。

表 3－8　常用运算符

| 运算符 | 含　义 |
|---|---|
| EQ | 等于（=） |
| NE | 不等于（≠） |
| GT | 大于（>） |
| GE | 大于等于（≥） |
| LT | 小于（<） |
| LE | 小于等于（≤） |

(4) 循环（WHILE 语句）：在 WHILE 后指定一个条件表达式，当条件满足时，执行从 DO 到 END 之间的程序；否则，执行 END 后面的程序。

4）宏程序编程实例

用宏程序加工长轴长度为 96mm、短轴长度为 72mm、高度为 5mm 的椭圆柱体的程序如下。

```
O9832;
N10 G54 G90 S1500 M03;
N20 G00 X48 Y-12 Z1 G41 D01;
```

```
N30 G01 Z-5 F150;
N40 G02X36 Y0 R12;
N50 #101= 0;
N60 WHILE [#101 LE 360 ] DO1;
N70 #102=36*cos[#101];
N80 #103=48*sin[#101];
N90 #101=#101+0.1;(角度变化量)
N100 G01 X#102 Y#103;
N110 END1;
N120 G02 X48 Y12 R12;
N130 G00 X100 Y100 Z200 G40;
N140 M05;
N150 M30;
```

**3. 数控铣削加工中心的加工实例**

用数控铣削加工中心加工图 3.27 所示的工件。

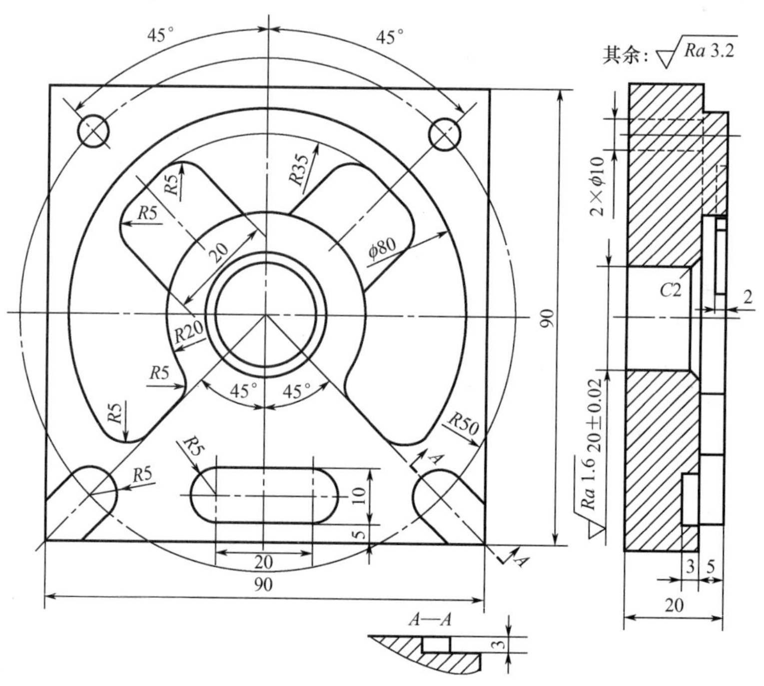


图 3.27　数控铣削加工中心加工工件

1）工艺分析

工件毛坯尺寸为 90mm×90mm×20mm，其图形由 5mm 高的圆环凸台、2 个 2mm 深的凹台、2 个 $\phi$10mm 通孔、一个需倒角的 $\phi$20mm 通孔和 3 个键槽组成，需要进行铣削、钻削、倒角、铰孔等工序。

2）工序顺序与工件坐标系确定

工件的加工顺序为用 $\phi$20mm 立铣刀铣削加工圆环凸台，用 $\phi$9.8mm 钻头钻削 3 个孔，

用 $\phi$20mm 扩孔钻扩孔，用 $\phi$8mm 立铣刀铣凹台，用 $\phi$8mm 键槽铣刀倒 $\phi$20mm 的 C2mm 角（使用宏程序），用 $\phi$10mm 键槽铣刀铣 3 个键槽。

工件坐标系原点选在工件上表面中心，设为坐标系 G54。

编写如下数控程序。

```
O6001;                                  主程序号
N10 G54 G90 G40 M06 T01 H01;            工件坐标系,换 φ20mm 立铣刀,H01
N20 M03 S500 G00 X80 Y-80 Z-4.8;        快速下刀 Z=-4.8mm,主轴正转
N30 G01 G41 Y-27 D01 F200;              左刀具补偿 D01=10.2mm
N40 M98 P6101;                          调用子程序 O6101,粗加工圆环凸台
N50 G00 Z50;                            提刀
N60 G40 G00 X-80 Y-80;                  取消刀具补偿,移动到方便测量点
N70 M00;                                暂停,测尺寸,调整刀具补偿值
N80 Z5;                                 下刀到 Z5
N90 G01 G41 Y-27 Z-5 D02;               下刀到 Z-5,刀具补偿 D02=10mm
N100 M98 P6101;                         调子程序 O6101,精加工圆环凸台
N110 G00 Z200;                          提刀
N120 M06 T02 G43 H02;                   换 φ9.8mm 钻头 T02,H02
N130 G00 X0 Y0 Z30 S500;                快速下刀,移动到孔中心坐标
N140 M98 P6201;                         调子程序 O6201,钻 3 个孔
N150 M06 T03 G43 H03;                   换 φ20mm 钻头 T03,H03
N160 G00 Z30;                           下刀
N170 M98 P6301;                         调子程序 O6301,钻孔至 φ20mm
N180 M06 T04 G43 H04;                   换 φ8mm 立铣刀
N190 G00 X0 Y0 Z-1.8;                   下刀
N200 G01 G41 X12.73 Y0 D03 F150;        建立刀具补偿 D03=4.2mm
N210 M98 P6401;                         调子程序 O6401,粗加工 2 个凹台
N220 M00;                               测量工件,调整刀具半径补偿值
N230 G00 X0 Y0 Z-1.8;                   下刀
N240 G01 G41 X12.73 Y0 D04 F150;        建立刀具补偿 D03=4.0mm
N250 M98 P6301;                         调子程序 O6301,精加工 2 个凹台
N260 M06 T05 H05;                       换 φ8mm 键槽铣刀,H05
N270 G00 X0 Y0 Z-2;                     下刀
N280 M98 P6501;                         调用倒角子程序 O6501
N290 M06 T06 ;                          换 φ10mm 键槽铣刀
N300 M98 P6601;                         调用 O6601 子程序,铣 3 个键槽
N310 M06 T07;                           换铰刀
N320 98 P6701;                          调用子程序 O6701
N330 M30;                               程序结束
```

子程序一

```
O6101;                                  子程序号(铣圆环凸台)
N10 X-41;                               铣下方直线,去除多余金属
```

| | |
|---|---|
| N20 Y23.5; | 铣左方直线，去除多余金属 |
| N30 X-23.5 Y41; | 铣左上方直线，去除多余金属 |
| N40 X23.5; | 铣上方直线，去除多余金属 |
| N50 X41 Y23.5; | 铣上方直线，去除多余金属 |
| N60 Y-41; | 铣右方直线，去除多余金属 |
| N70 X17.32 Y-17.32; | 铣凸台斜线 |
| N80 G02 X16.68 Y-11.03 R5; | 铣角 |
| N90 G03 X-16.68 Y-11.03 R-20; | 铣凸台内圆 |
| N100 G02 X-17.32 Y-17.32 R5; | 铣圆角 |
| N110 G01 X-24.49 Y-24.49; | 铣凸台斜线 |
| N120 G02 X-32.03 Y-23.95 R5; | 铣圆角 |
| N130 X32.03 Y-23.95 R-40; | 铣凸台外圆 |
| N140 X24.49 Y-24.49 R5; | 铣圆角 |
| N150 G01 X10 Y-10; | 铣出凸台 |
| N160 Z50; | 提刀 |
| N170 G00 G40 X0 Y0; | 回原点，取消刀具补偿 |
| N180 M99; | 子程序结束 |

子程序二

| | |
|---|---|
| O6201; | 子程序号（钻 3 个 $\phi$10mm 孔） |
| N10 G99 G73 X0 Y0 Z-24 R10 Q4 F60; | 钻中圆孔 |
| N20 X35.36 Y35.36; | 钻右上方圆孔 |
| N30 X-35.36; | 钻左上方圆孔 |
| N40 G80 G00 Z30; | 取消钻孔循环 |
| N50 M99; | 子程序结束 |

子程序三

| | |
|---|---|
| O6301; | 子程序号（钻 $\phi$20mm 孔） |
| N10 G81 Z-25 F20; | 钻 $\phi$20mm 孔 |
| N20 G80 Z50 F400; | 取消钻孔循环 |
| N30 M99; | 子程序结束 |

子程序四

| | |
|---|---|
| O6401; | 子程序号（铣 2 个凹台） |
| N10 X27.39 Y14.66; | 铣右凹台右直面 |
| N20 G03 X27.83 Y21.23 R5; | 铣圆角 |
| N30 X21.23 Y27.83 R35; | 铣凹台大圆角 |
| N40 X14.66 Y27.39 R5; | 铣圆角 |
| N50 G01 X0 Y12.73; | 铣右凹台左侧直面 |
| N60 X-14.66 Y27.39; | 铣左凹台右直面 |
| N70 G03 X-21.23 Y27.83 R5; | 铣圆角 |
| N80 X-27.83 Y21.23 R35; | 铣凹台大圆角 |
| N90 X-27.39 Y14.66 R5; | 铣左凹台左直面 |

```
N100 G01 X-12.73 Y0;                    铣出凹台
N110 G01 G40 X0;                        取消刀具补偿
N120 X18 Y18;                           铣右凹台中间多余金属
N130 X0 Y0;                             退刀
N140 X-18 Y18;                          铣左凹台中间多余金属
N150 X0 Y0;                             退刀
N160 Z100;                              提刀
N170 M99;                               子程序结束
```

子程序五

```
O6501;                                  子程序号(铣φ20mm孔的C2mm倒角)
N10 #101=10;                            中心孔半径
N20 #102=2;                             倒角Z向深度
N30 #103=45;                            倒角线与垂直线夹角
N40 #104=0;                             深度循环变量
N50 #105=4;                             刀具半径
N60 #108=0.1;                           每次高度递增0.1mm
N70 #107=#101-#105;                     第一层切到工件时刀具中心与孔中心的距离
N80 WHILE[#104 LE #102]DO1;
N90 #106=#104*TAN[#103];                倒角X向偏移量
N100 G01X[#107+#106-#105]Y-#105F400;    每层初始切入点X、Y坐标
N110 G01Z[-#102+#104];                  每层初始切入点Z坐标
N120 G03X[#107+#106]Y0R#105;            1/4圆弧切入
N130 G03I-[#107+#106] ;                 每层整圆加工
N140 G03X[#107+#106-#105]Y#105R#105;    1/4圆弧切出
N150  #104=#104+#108;                   循环变量递增
N160 END1;
N170 G00 Z50;                           提刀
N180 M99;                               子程序结束
```

子程序六

```
O6601;                                  子程序号(铣键槽)
N10 G40 G43 H06 G00 X60 Y-60 Z50;       下刀点
N20 G01 Z-8 F50;                        下刀
N30 G01 X35.36 Y-35.36;                 铣右键槽
N40 Z5;                                 提刀
N50 G00 X10 Y-35;                       中间键槽下刀点
N60 G01 Z-8;                            下刀
N70 X-10;                               铣槽
N80 Z5;                                 提刀
N90 G00 X-35.36 Y-35.36;                左键槽下刀点
N100 G01 Z-8;                           下刀
N110 X-60 Y-60;                         铣槽
```

```
N120 G00 Z50;                              提刀
N130 G00 X0 Y0;                            回原点
N140 M99;                                  子程序结束
```

子程序七

```
O6701;                                     子程序号(铰 2 个 φ10mm 孔)
N10 G40 G43 H07 G00 X35.36 Y35.36 Z50;     下刀点
N20 G99 G81 Z-22 R5 F50;                   铰右孔
N30 X-35.36;                               铰左孔
N40 G80 G00 Z50;                           取消固定循环
N60 M99;                                   子程序结束
```

# 3.8 数控特种加工技术

【拓展视频】

数控特种加工技术包括数控电火花成形加工、数控电火花线切割加工、数控电化学加工、数控激光加工、数控射流加工等，本节主要介绍数控电火花加工机床及数控电火花线切割加工工艺及编程。

## 3.8.1 数控电火花加工机床的组成

电火花加工的原理及应用见 3.1 节。数控电火花加工机床在提高精度和自动化程度的同时，向小型化发展。能提高零件加工精度，类似于加工中心的精密多功能微细电火花加工机床，可实现电火花电极磨削加工、电火花复杂形状微细孔加工及电火花铣削加工等功能，并向实现微细电火花三维形体加工发展。

为提高自动化程度，多轴联动数控电火花加工机床的发展趋势是集多功能（如旋转分度、自动交换电极、自动放电间隙补偿、电流自适应控制及加工规准的实时智能选择等）于一体，实现从加工规准的选择到零件的加工全过程自动化。

**1. 数控电火花成形加工机床的组成**

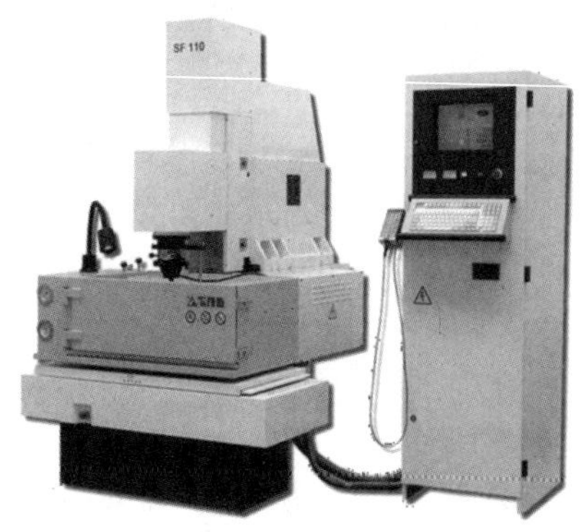

图 3.28　数控电火花成形加工机床

数控电火花成形加工机床如图 3.28 所示，其包括机床本体、脉冲电源和数控系统、伺服进给系统、工作液循环过滤系统四大部分。

1）机床本体

机床本体由床身和立柱、工作台、控制工件与工具电极之间的放电间隙的主轴头组成。主轴头是关键部件，由伺服进给机构、导向机构、辅助机构三部分组成。

2）脉冲电源和数控系统

脉冲电源的作用是把工频交流电转换成一定频率的单向脉冲电源，以供给火花放电间隙能量来蚀除金属。数控系统是核心部分，根据数控程序中的指令完成电火花成形加工和机床辅助动作。

3）伺服进给系统

伺服进给系统与数控机床的伺服进给系统类似。

4）工作液循环过滤系统

工作液循环过滤系统包括工作液泵、容器、过滤器及管道、管接头等，使工作液（主要是煤油）循环并起过滤作用。

**2. 数控电火花线切割加工机床的组成**

数控电火花线切割机床由机床本体、脉冲电源、工作液循环系统、数控系统等组成，根据电极丝的运动速度可以分为高速（7～10m/s）走丝（快走丝）电火花线切割机床和低速（低于0.2m/s）走丝（慢走丝）电火花切割机床。

1）机床本体

机床本体由床身、坐标工作台、运丝机构、丝架、工作液箱、附件和夹具等组成。

床身是机床的基础件，决定机床的基础精度。坐标工作台由 $X$、$Y$ 向组成的十字拖板，滚动导轨，丝杠传动副组成，在伺服电动机驱动下完成由 $X$、$Y$ 坐标组成的平面图形。

运丝机构的作用：在高速走丝电火花线切割机床上，将电极丝卷绕在储丝筒上，采用恒张力装置控制电极丝张力，同时控制机床加工一段时间后电极丝伸长的变化。储丝筒通过联轴节与驱动电动机相连。为往复使用一段电极丝，驱动电动机由换向机构控制正反转。在运动过程中，电极丝由丝架支承，并依靠上、下导轮保证电极丝与工作台垂直或倾斜的角度（锥度切割）。

进行模具锥度加工时，下丝架固定不动，上丝架沿 $X$、$Y$ 轴移动一定距离，形成 $U$、$V$ 轴。

2）脉冲电源

因为数控电火花线切割机床的脉冲电源的脉冲宽度较窄（2～60μs），单个脉冲能量下的平均峰值仅为1～5A，所以一般采用正极加工。

3）数控系统

数控系统是数控电火花线切割机床的控制核心，由运算器、数控装置、译码器及输入/输出线路组成。低速走丝电火花线切割机床采用伺服电动机闭环控制系统，高速走丝电火花线切割机床多采用步进电动机开环控制系统。数控系统主要实现运动轨迹控制与加工过程控制。

4）工作液循环系统

工作液的作用是冷却电极、工件，排除电蚀产物。低速走丝电火花线切割机床大多采用去离子水作为工作液，高速走丝电火花线切割机床大多采用线切割专用乳化液作为工作液。

## 3.8.2 数控线电火花线切割加工工艺

数控线切割加工工艺内容有零件图的工艺分析、工艺准备。工艺准备包括工件准备、线电极准备、工作液选配、工艺参数选择等内容。

**1. 零件图的工艺分析**

1）分析零件图样

根据数控电火花线切割加工过程中的工艺要求，选择电火花线切割加工可以加工的零件，即能够满足的零件形状结构、尺寸精度和表面粗糙度，重点分析凹角、尖角及过渡圆角半径。

2）编制数控程序

根据加工工艺，同时考虑工件精度和提高生产效率确定切割路线，外轮廓宜采用顺时针切割方向，工件上的孔等内轮廓宜采用逆时针切割方向。计算相关偏移量，确定过渡圆角半径，根据数控编程指令编制数控程序。

**2. 工件加工准备**

工件加工准备包括确定工件作为电源正极进行切割加工；对工件进行热处理，消除内部残余应力，并进行去磁处理；合理装夹工件，避免电极丝碰到工作台，并对工件进行基准校准；合理选择穿丝孔位置，一般选在容易修磨的凸尖位置。

**3. 线电极准备**

1）线电极材料的选择

常用的线电极材料有钼丝、钨丝、黄铜丝等。常用线电极特点见表3－9。

表3－9　常用线电极特点

| 材料 | 线电极直径/mm | 特　点 |
|---|---|---|
| 纯铜 | 0.1～0.25 | 适用于切割速度要求不高或精加工场合。丝不易卷曲，抗拉强度低，容易断丝 |
| 黄铜 | 0.1～0.3 | 适用于高速加工场合，加工面的蚀屑附着少，表面粗糙度较低，加工面的平直度比较好 |
| 专用黄铜 | 0.05～0.35 | 适用于高速、高精度和理想的表面粗糙度加工及自动穿丝场合，但价格高 |
| 钼 | 0.06～0.25 | 由于抗拉强度高，因此一般用于高速走丝，在进行微细、窄缝加工时也可用于低速走丝 |
| 钨 | 0.03～0.10 | 由于抗拉强度高，因此用于窄缝的微细加工，但价格高 |

2）线电极直径的选择

应根据工件加工的切缝宽窄、工件厚度及拐角尺寸等选择线电极直径，如加工带尖角、窄缝的小型模具宜选用较细的电极丝；加工厚度大的工件或进行大电流切割应选用较粗的电极丝。线电极直径与拐角极限和工件厚度的关系见表3－10。

表3－10　线电极直径与拐角极限和工件厚度的关系　（单位：mm）

| 线电极直径 | 拐角极限 | 工件厚度 |
|---|---|---|
| 钨0.05 | 0.04～0.07 | 0～0.10 |

续表

| 线电极直径 | 拐角极限 | 工件厚度 |
|---|---|---|
| 钨 0.07 | 0.05～0.10 | 0～0.20 |
| 钨 0.10 | 0.07～0.12 | 0～0.30 |
| 黄铜 0.15 | 0.10～0.16 | 0～0.50 |
| 黄铜 0.20 | 0.12～0.20 | 0～100 |
| 黄铜 0.25 | 0.15～0.22 | 0～100 |

**4. 工作液选配**

工作液对切割速度、表面粗糙度、加工精度等有较大影响，应合理选择。常用工作液有乳化液和去离子水。高速走丝加工常用乳化液，工件厚大时，乳化液浓度应降低，增强工作液的流动性；工件较薄时，乳化液浓度应适当提高。乳化液是由乳化油和工作介质（浓度为5%～10%）配制而成的。工作介质可用自来水、高纯水和磁化水。低速走丝使用去离子水。为了提高切割速度，在加工时要加入提高切割速度的导电液以增大工作液的电阻率。加工淬火钢时，电阻率约为 $2\times10^4\Omega\cdot cm$；加工硬质合金时，电阻率约为 $3\times10^5\Omega\cdot cm$。

**5. 工艺参数选择**

电火花线切割工艺参数包括脉冲参数、线电极张力及走丝速度，工作台的进给速度及工作液的电阻率（或浓度）、流量及压力等。

脉冲参数主要有脉冲宽度、电流峰值、脉冲间隔、空载电压等。选择原则如下：如果要获得好的表面粗糙度，选用的电参数要小；如果要求较高的切割速度，选用的电参数要大一些，但加工电流受排屑条件和电极丝截面面积的限制，应防止断丝。高速走丝线切割加工脉冲参数的选择见表 3-11。

表 3-11 高速走丝线切割加工脉冲参数的选择

| 应　用 | 脉冲宽度 $t_i$/μs | 电流峰值/A | 脉冲间隔 $t_0$/μs | 空载电压/V |
|---|---|---|---|---|
| 高速切割加工 | 20～40 | >12 | 为实现稳定加工，一般选择 $t_0/t_i$ = 3～4 | 70～90 |
| 半精加工 $Ra$=2.5～1.25μm | 6～20 | 6～12 | | |
| 精加工 $Ra$<1.25μm | 2～6 | <4.8 | | |

多次切割加工电参数的选择见表 3-12。

表 3-12 多次切割加工电参数的选择

| 条　件 | 薄工件 | 厚工件 |
|---|---|---|
| 空载电压/V | 80～100 | |
| 峰值电流/A | 1～5 | 3～10 |
| 脉冲宽度/脉冲间隔 | 2/5 | |
| 电容量/μF | 0.02～0.05 | 0.04～0.20 |

续表

| 条　件 | | 薄工件 | 厚工件 |
|---|---|---|---|
| 进给速度/（mm/min） | | 2～6 | |
| 线电极张力/N | | 8～9 | |
| 偏移量增范围/min | 开阔面加工 | 0.02～0.03 | 0.02～0.06 |
| | 切槽中加工 | 0.02～0.04 | 0.02～0.06 |

## 3.8.3 数控电火花线切割编程指令与加工实例

**1. 数控电火花线切割电火花线切割编程指令**

1）标准 ISO 数控电火花线切割编程指令

常用数控电火花线切割加工指令见表 3-13。

表 3-13　常用数控电火花线切割加工指令

| 代　码 | 功　能 | 代　码 | 功　能 |
|---|---|---|---|
| G00 | 快速定位 | G55 | 加工坐标系 2 |
| G01 | 直线插补 | G56 | 加工坐标系 3 |
| G02 | 顺圆插补 | G57 | 加工坐标系 4 |
| G03 | 逆圆插补 | G58 | 加工坐标系 5 |
| G05 | *X* 轴镜像 | G59 | 加工坐标系 6 |
| G06 | *Y* 轴镜像 | G80 | 接触感知 |
| G07 | *X*、*Y* 轴交换 | G82 | 半程移动 |
| G08 | *X* 轴镜像，*Y* 轴镜像 | G84 | 微弱放电找正 |
| G09 | *X* 轴镜像，*X*、*Y* 轴交换 | G90 | 绝对尺寸 |
| G10 | *Y* 轴镜像，*X*、*Y* 轴交换 | G91 | 相对尺寸 |
| G11 | *Y* 轴镜像，*X* 轴镜像，*X*、*Y* 轴交换 | G92 | 定起点 |
| G12 | 取消镜像 | M00 | 程序暂停 |
| G40 | 取消间隙补偿 | M02 | 程序结束 |
| G41 | 左偏间隙补偿 | M05 | 接触感知解除 |
| G42 | 右偏间隙补偿 | M96 | 主程序调用文件程序 |
| G50 | 取消锥度 | M97 | 主程序调用文件结束 |
| G51 | 锥度左偏 | W | 下导轮到工作台面高度 |
| G52 | 锥度右偏 | H | 工件厚度 |
| G54 | 加工坐标系 1 | S | 工作台面到上导轮高度 |

完整的ISO格式加工程序由程序名、程序主体（若干程序段）指令和程序结束指令组成，示例如下。

```
K55;
N10 G92 X0 Y0;
N20 G01 X1000 Y1000;
N30 G01 X8000 Y5000;
N40 G01 X2500 Y2500;
N50 G01 X0 Y0;
N60 M02;
```

程序名—由文件名和扩展名组成。K55为程序文件名。扩展名最多有3个字母，如K55. ISO。

X1000为移动距离，单位为μm，代表 *X* 轴移动1mm，如X10代表 *X* 轴移动10mm。G92 X0 Y0用于确定加工起点坐标位置。

2）3B编程格式

3B/4B编程格式是我国独创的一种编程格式，其中3B编程格式常用于高速走丝电火花线切割机床，而4B格式多用于低速走丝电火花线切割机床。下面主要介绍3B编程格式。

3B程序格式：B X B Y B J G Z；
其中：B为分隔符，因该程序格式中出现了3个B，故称为3B格式；X、Y为相对坐标；J为加工线段的计数长度；G为加工线段的计数方向；Z为加工指令；

例：B3000 B1000 B3000 GX L1；

（1）坐标系和 *X*、*Y* 坐标的确定方法。数控电火花线切割加工属于平面加工，可将工作台面作为坐标平面。面向机床，左、右为 *X* 坐标，右为正向；前、后为 *Y* 坐标，前为正向。

编程采用相对坐标系，即加工原点随程序移动。加工直线时，坐标原点为加工线段起点，*X*、*Y* 坐标是线段终点坐标；加工圆弧时，坐标原点为圆弧的圆心坐标，*X*、*Y* 坐标是圆弧的起点坐标。*X*、*Y* 坐标的单位为微米（μm），坐标值的负号不写。

（2）计数方向G的确定方法。加工直线时，终点靠近 *X* 轴，计数方向就取 *X* 轴，记作GX，反之记作GY；如果加工直线与坐标轴成45°，则取 *X* 轴或 *Y* 轴均可。加工圆弧时，终点靠近 *X* 轴，计数方向就取 *Y* 轴，反之取 *X* 轴；若加工圆弧的终点坐标与坐标轴成45°，则取 *X* 轴或 *Y* 轴均可。

（3）计数长度J的确定方法。计数长度是被加工线段或圆弧在计数方向坐标轴上的投影的绝对值总和，单位为微米（μm）。

（4）加工指令Z的确定方法。加工直线时有4种指令：L1、L2、同理得L3、L4，如图3.29所示。当直线在第Ⅰ象限（包括 *X* 轴正方向而不包括 *Y* 轴）时，加工指令记作L1；当直线在第Ⅱ象限（包括 *Y* 轴而不包括 *X* 轴负向）时，加工指令记作L2；同理得L3、L4。

加工顺时针圆弧时有4种加工指令：SR1、SR2、SR3、SR4，如图3.30所示。当圆弧起点在第Ⅰ象限（包括 *Y* 轴而不包括 *X* 轴正方向）时，加工指令记作SR1；当圆弧起点在第Ⅱ象限（包括 $X$ 轴而不包括 $Y$ 轴正方向）时，加工指令记作 SR2；同理得 SR3、SR4。

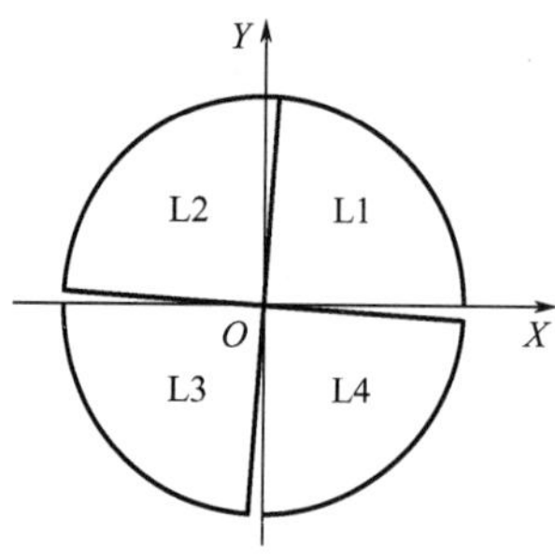


图 3.29　加工直线的指令

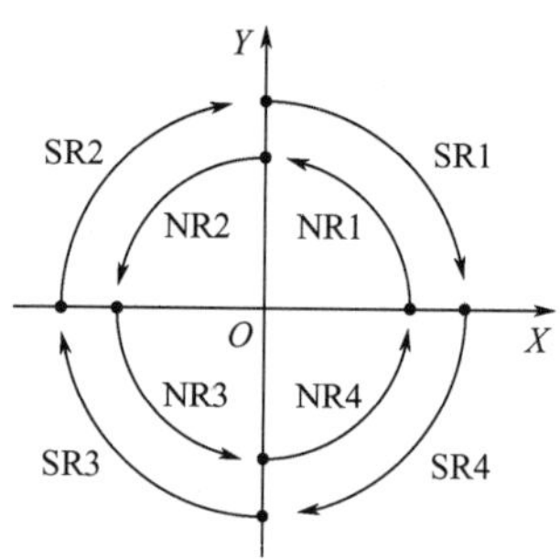


图 3.30　加工圆弧的指令

加工逆时针圆弧时有 4 种加工指令：NR1、NR2、NR3、NR4，如图 3.30 所示。当圆弧起点在第Ⅰ象限（包括 $X$ 轴而不包括 $Y$ 轴正方向）时，加工指令记作 NR1；当圆弧起点在第Ⅱ象限（包括 $Y$ 轴而不包括 $X$ 轴负方向）时，加工指令记作 NR2；同理得 NR3、NR4。

**2. 数控电火花线切割加工实例**

1）加工工艺性分析

图 3.31 所示为数控电火花线切割加工工件。工件尺寸为 75mm×70mm×1.2mm，毛坯尺寸为 85mm×80mm。对刀位置必须设在工件外，以点 $G$（−35，−15）为起刀点，以点 $A$（−20，−15）为起割点，为使计算编程时不考虑钼丝直径，走刀顺序为逆时针方向。

【拓展图文】

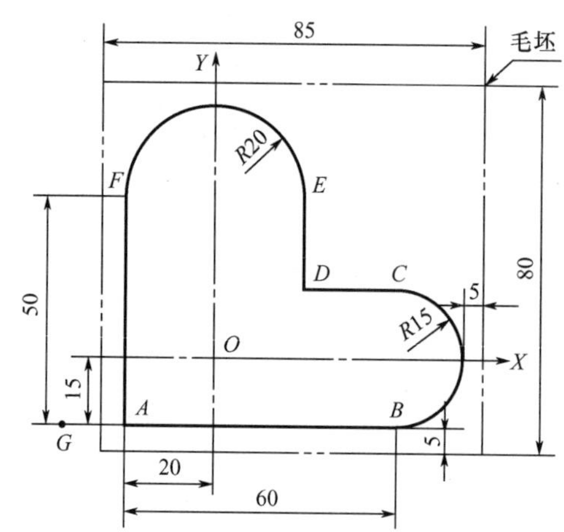


图 3.31　数控电火花线切割加工工件

2）编制加工程序

数控电火花线切割加工程序（ISO 编程指令）如下。

```
G92 X-20000 Y-1500;
```
以 O 点为原点建立工件坐标系的起刀点坐标

```
G01 X15000 Y0;                    从 G点走到 A 点,A 点为起割点
G01 X60000 Y0;                    从 A 点到 B 点
G03 X0 Y30000 I0 J15000;          从 B 点到 C 点
G01 X-20000 Y0;                   从 C 点到 D 点
G01 X0 Y20000;                    从 D 点到 E 点
G03 X-20000 Y0 I-20000 J0;        从 E 点到 F 点
G01 X0 Y-50000;                   从 F 点到 A 点
G01 Z-1.1;                        加工方向为 Z 向,加工深度为 1.1mm
G01 X-15000 Y0;                   从 A 点回到起刀点 G
M00;                              程序结束
```

## 3.9 特种加工技术与数控加工技术的发展趋势

特种加工技术与数控加工技术的发展趋势相关内容见二维码。

【拓展图文】

## 小　　结

本章简单介绍了几种有一定代表性的特种加工技术及数控加工技术。特种加工是一个宽泛的概念，本身还在不断发展中，不能简单地说包含几种加工模式；对于工程训练或金工实习，数控加工实习是其重要内容，可为以后走上工作岗位做准备。因此，数控加工的基础知识及编制简单的数控车削、铣削及电火花加工程序是本章重点内容。

囿于现有技术只会使人故步自封，有志于从事机械制造的学生不要因从事机械而变得头脑“机械”，要知其然，更要知其所以然。在学校只能学到现有技术的皮毛，掌握真正的技术要投身于实际生产中，更多的知识与技术有待有志者发现与创新。

在未来人人都会计算机操作的时代，现在热门的只要一台计算机与互联网连接就有望成功的信息业，以及其他四肢不勤、学习成本较低的行业将成为门槛较低的行业，竞争是可以想象的激烈。而在未来讲究精细化的机械制造业，不再是人们心目中的只要四肢健全、稍有文化的普通人就能从事的低门槛行业。在需要专业知识、设备实体、经验、技术的行业里，如果不接触实际设备，不从实践中获取经验，就很难学有所成。

【在线答题】

【在线答题】

# 第4章 综合与创新训练

综合是指把分析过程的对象或现象的各部分、各属性联合成一个统一的整体，或把不同种类、不同性质的事物按一定的规律有机组合。创新是把知识感悟和技术转化为能够创造新的价值、驱动经济增长和提高生活标准的新的产品、新的过程与方法和新的服务。创新是一个创造性过程，也是开发一种新事物的过程。创新包括技术创新、工艺创新和组织管理上的创新。创新不一定是全新的事物，旧的事物以新的形式出现也是创新，模仿提高也是创新。总之，能够提高资源配置效率的新活动都是创新。本章旨在通过创新思维方法，培养学生综合运用各工种比较零散的、难以掌握的冷热加工工艺，将知识系统化、一体化，并为培养学生独立思考能力、综合运用知识能力、分析问题和解决问题能力及创新能力打下良好的基础。

本章要求学生了解综合与创新训练的内容和意义，熟悉毛坯与加工方法的选择，掌握典型零件的综合工艺过程。通过综合与创新训练，培养学生的创新思维能力和创新精神，使其养成勤于思考、勤于实践的好习惯。

# 4.1 综合与创新训练概述

“工程训练”是一门实践性很强的技术基础课，也是机械类专业学生学习机械制造的基本工艺方法，还是培养学生工程素质和创新精神的重要必修课。通过工程训练，学生可初步具备工艺分析和选择加工方法的能力，在主要工种上具有独立加工简单零件的实践能力。在此基础上，学生通过综合与创新训练，进一步建立安全、质量、环保、群体、责任、管理、经济、竞争、市场及创新等工程意识，具备初步的工艺创新能力。

## 4.1.1 综合与创新训练简介

【拓展视频】

工程训练是涉及面很广的复杂的教学过程，具有实践性强、与工程实际联系紧密等特点，在培养创新思维能力方面有着其他课程不可替代的作用。因此，工程训练适合培养学生的创新能力。在工程训练中进行综合与创新训练，就是通过有组织、有计划的训练形式，在训练过程中构建具有创造性、实践性的学生主体活动形式，学生通过主动参与、主动实践、主动思考、主动探索及主动创造树立创新意识。

传统的金工实习模式是围绕各实习工种展开的，且以教师为主体，学生被动按照他人设计的零件和工艺进行加工，在学生大脑中形成的是孤立、分散的机械加工工艺知识。他们无法对机械加工工艺过程形成系统的、整体的印象，也就难以灵活地将工艺知识运用到生产实践中去解决实际问题。

综合与创新训练是一个全方位培养学生工程素质及创新意识的教学环节，它是将所学知识应用于工艺综合分析、工艺设计和制造过程的一个重要实践环节，也是学生获取分析问题和解决问题能力、创新思维能力、工程指挥和组织能力的重要途径，还是以学生为主体，学生变被动为主动，按照自己的意愿设计产品，确定加工工艺，通过教师的引导与提示完成一件产品的设计与制造过程。教师起到引导制订方案、审核图样资料、协助设计工装及提供安全服务的作用。

综合与创新训练的过程主要有市场调研、设计产品方案、设计产品图样、设计加工工艺、加工产品零件和组装成品等环节，要求在教学目的、内容、工程训练报告等工程训练全过程贯彻创新思维的理念。

## 4.1.2 综合与创新训练的意义

“创新是一个民族进步的灵魂，是一个国家兴旺发达的不竭动力”。高校是我国培养人才的重要场所，培养创新人才的工作已经起步并取得了一定的成果。尤其是以清华大学傅水根教授为首的同仁经过多年实践证明，在工程训练中进行综合与创新训练，对培养基础宽、能力强、素质高、富有创新精神的工程技术人才和管理人才有重要的作用。

(1) 可以锻炼学生的工程实践能力。提高质量、成本、效益和安全等工程素质，培养学生刻苦钻研、一丝不苟、团结协作等优良品质和工作作风，有利于锻炼学生在实践中获取知识的能力，有利于培养高素质的工程技术人才。

(2) 可以激发学生的创新思维，培养学生创造性地解决工程实践问题的能力。学生在掌握的工艺基础知识和操作技能的基础上，按照工程训练动员中教师布置的创新性训练题目，在教师的启发及引导下，灵活运用所学知识，提高分析问题和解决工程实践问题的能力，建立与生产实践的密切关联。

（3）可以激发学生的工程训练兴趣和创造热情，培养学生的创新能力。在工程训练中，要求学生独立完成的创新产品外形美观、工艺合理、经济适用。在完成创新产品的过程中，学生既可采用普通的切削加工技术又可采用现代加工技术，开阔了学生的视野，培养了学生的创新能力，提高了学生参与工程训练的积极性和主动性。

综合与创新训练计划还为学生创造了与教师密切联系、平等交流与合作的机会和有利条件，在培养高素质的工程技术人才的过程中具有重要作用。

## 4.2 毛坯与加工方法的选择

毛坯是指根据零件（或产品）所需形状和工艺尺寸等要素制造的为进一步加工做准备的加工对象。多数机械零件是通过铸、锻、焊和冲压等方法把原材料制成毛坯，再经切削加工制成合格的零件，并装配成机器。为了减小机械加工余量、降低机械加工成本，如果对选择的毛坯质量要求过高，就会使毛坯的制造成本提高。因此，毛坯的种类和制造方法与机械加工是相互影响的，应合理选择毛坯的种类和机械加工方法。

### 4.2.1 毛坯的选择

【拓展图文】

**1. 毛坯的种类**

在机械加工中，毛坯的种类很多，如型材、铸件、锻件、焊接件等。

（1）型材。机械制造用型材按截面形状分为圆钢、方钢、六角钢、扁钢、角钢、工字钢、槽钢和其他特殊截面的型材；按成形方法分为热轧型材和冷拉型材。轧制型材组织致密、力学性能较好。热轧型材尺寸较大、精度较低，多用于一般零件的毛坯；冷拉型材尺寸较小、精度较高、易实现自动送料，适用于对毛坯精度要求较高的中、小型零件。

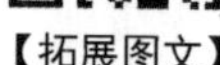

【拓展图文】

（2）铸件。受力不大或以承受压应力为主的形状复杂的零件毛坯宜采用铸造方法制造。生产中的大多数铸件都是用砂型铸造的，少数尺寸较小和精度较高的铸件可以采用特种铸造。砂型铸造的铸件精度较低，机械加工余量较大。砂型铸造对金属材料没有限制，其中应用最多的是铸铁。

【拓展图文】

（3）锻件。受重载荷、动载荷及复杂载荷的重要零件毛坯宜采用锻件。锻件有自由锻件和模锻件两种。自由锻件精度低、机械加工余量大，多用于形状简单的毛坯。模锻件的精度及表面质量比自由锻件好，形状也复杂一些，机械加工余量较小。

【拓展图文】

（4）焊接件。焊接件也称组合毛坯，是用焊接方法将型材或经过局部加工的半成品连接的一个整体。焊接件的尺寸、形状一般不受限制，制造周期也比锻件和铸件短得多。

**2. 毛坯的选择**

选择毛坯时，应在满足使用要求的前提下，尽量降低生产成本，并全面考虑下列因素。

（1）零件材料及力学性能要求。受力较简单、以承受压力为主及形状较复杂的零件毛坯选择铸件；受力较大、承受较复杂载荷、工况条件较差及形状较简单的重要毛坯选择锻件；连接成形的零件毛坯选择焊接件。例如，采用铸铁、铸造青铜等脆性材料的零件无法锻造，只能铸造；承受交变载荷和冲击载荷的轴类零件应该选用锻件，因为金属坯料经过锻造加工后金属组织致密，可提高金属材料的力学性能。

从零件的工作条件中找出对材料力学性能的要求是选择毛坯的基本出发点。零件的工作条件包括零件工作空间、与其他零件的位置关系、工作时的受力情况、工作温度和接触介质等。

（2）零件的结构和外形尺寸。零件的结构和外形尺寸是影响毛坯种类的重要因素。例如，对于阶梯轴，若各台阶直径相差不大，则可直接选用型材（圆棒料）；若各台阶直径相差较大，则为了节约材料和减小切削加工工作量，宜选用锻造毛坯；大型零件一般采用砂型铸件、自由锻件或焊接件；中、小型零件采用模锻件或特种铸造件；形状简单的一般零件宜采用型材，以节省费用；套筒类零件（如油缸）可选用无缝钢管；结构复杂的箱体类零件多选用铸件。

（3）零件的生产类型和生产条件。零件的生产类型不同，毛坯的制造方法也不同。常见制坯方法及其特性见表 4-1。

## 4.2.2 加工方法选择及经济性分析

合理的加工方法必须满足优质、高产、低耗及安全的要求，即选择加工方法时，应在保证产品全部技术要求的前提下，选择生产效率最高、加工成本最低及工人有良好劳动条件的加工方法，做出合理的技术经济分析。

加工方法的选择实际上是对常见零件表面（如外圆、内孔及平面等）加工方法的选择。各表面的作用不同，其技术要求不同，采用的加工方案也不同。

**1. 外圆表面加工方案选择**

1）外圆表面的种类

根据在零件上的组合方式，外圆表面可分为如下两大类。

（1）单一轴线的外圆表面组合。轴类零件、盘套类零件大多具有外圆表面组合。这些零件按长径比（长度 $L$ 与直径 $D$ 的比）分为刚性轴（$0<L/D\leqslant12$）和柔性轴（$L/D>12$）。车削柔性轴时，由于其刚度差、易产生变形，因此应采用中心架或跟刀架。大批量的光轴还可采用冷拔成形。

（2）多轴线的外圆表面组合。根据轴线之间的位置关系，多轴线的外圆表面组合可分为轴线相互平行的外圆表面组合（如曲轴、偏心轮等）和轴线相互垂直的外圆表面组合（如十字轴等），这类零件的刚度一般都较差。

2）外圆表面的技术要求

外圆表面的技术要求包括尺寸精度（直径和长度的尺寸精度）、形状精度（外圆表面的圆度、圆柱度）、位置精度（如与其他外圆表面或孔的同轴度、与端面的垂直度等）和表面质量（如表面粗糙度、表层硬度、残余应力和显微组织等）。

表 4-1　常见制坯方法及其特性

| 制坯方法 | | 尺寸或质量 | | 形状复杂程度 | 毛坯精度/mm | 表面质量 | 材料 | 生产类型 |
|---|---|---|---|---|---|---|---|---|
| 类别 | 种类 | 最大 | 最小 | | | | | |
| 型材 | 棒料分割 | 随棒料规格 | 随棒料规格 | 简单 | 0.5～0.6（取决于尺寸和分割方法） | 粗 | 不限 | 不限 |
| 铸造 | 砂型铸造 | 通常 100t | 壁厚 3～5mm | 极复杂 | 1～10（取决于尺寸） | 极粗 | 不限 | 单件、小批量 |
| | 金属型铸造 | 通常 100kg | 20～30g，有色金属壁厚为 1.5mm | 简单和中等（取决于铸件能否从铸型中取出） | 0.5～1 | 光 | 以有色金属为主 | 中批、大量 |
| | 压力铸造 | 10～16kg | 壁厚：锌为 0.5mm，其他合金为 1.0mm | 只受铸型制造的影响 | 0.05～0.2，在分型方向上还要小一些 | 极光 | 以有色金属为主 | 大批、大量 |
| | 熔模铸造 | 通常 5kg | 壁厚 0.8mm | 极复杂 | 0.05～0.15 | 极光 | 特别适用于难切削的材料 | 多用于中批、大量 |
| | 离心铸造 | 通常 200kg | 壁厚 3～5mm | 多为旋转体 | 1～8 | 光 | 不限 | 中批、大量 |
| 锻压 | 自由锻造 | 通常 200t | — | 简单 | 1.5～25 | 极粗 | 碳钢、合金钢和有色合金 | 单件、小批量 |
| | 锤上锻造 | 通常 100kg | 壁厚 2.5mm | 受模具制造的限制 | 0.4～3.0，在垂直分模线方向上还要小一些 | 粗 | 碳钢、合金钢和有色合金 | 中批、大量 |
| | 曲柄压力机模锻 | 通常 100kg | 壁厚 1.5mm | 受模具制造的限制 | 0.4～1.8 | 光 | 碳钢、合金钢和有色合金 | 大批、大量 |

续表

| 制坯方法 | | 尺寸或质量 | | 形状复杂程度 | 毛坯精度/mm | 表面质量 | 材料 | 生产类型 |
|---|---|---|---|---|---|---|---|---|
| 类别 | 种类 | 最大 | 最小 | | | | | |
| 锻压 | 挤压 | 直径约200mm | 铝合金壁厚为1.5mm | 简单 | 0.2～0.5 | 光 | 碳钢、合金钢和有色合金 | 大批、大量 |
| | 辊锻 | 通常50kg | 铝合金壁厚为1.5mm | 简单 | 0.1～2.5 | 粗 | 碳钢、合金钢和有色合金 | 大批、大量 |
| | 冷热精压 | 通常100kg | 壁厚1.5mm | 受模具制造的限制 | 0.05～0.10 | 极光 | 碳钢、合金钢和有色合金 | 大批、大量 |
| 冷压 | 冷镦 | 直径5mm | 直径3.0mm | 简单 | 0.1～0.25 | 光 | 钢和其他塑性材料 | 大批、大量 |
| | 板料冲裁 | 厚度25mm | 厚度0.1mm | 复杂 | 0.05～0.5 | 光 | 板料 | 大批、大量 |
| 压制 | 粉末金属和石墨的压制 | 横截面面积100cm² | 壁厚2.0mm | 简单，受模具形状及在凸模行程方向上压力的限制 | 在凸模行程方向0.1～0.25，在与此垂直方向0.25 | 极光 | 金属和石墨 | 大批、大量 |
| | 塑料压制 | 壁厚8mm | 壁厚0.8mm | 受压型能否制造的限制 | 0.05～0.25 | 极光 | 含纤维状和粉状填充剂的塑料 | 大批、大量 |
| 焊接 | 略 | | | | | | | |

3）外圆表面加工方案分析

外圆表面是轴类零件、盘套类零件等的主要表面，其往往有不同的技术要求，需要结合具体的生产条件拟定合理的加工方案。常见的外圆表面加工方案见表 4－2。

表 4－2　常见的外圆表面加工方案

| 序号 | 加工方法 | 经济精度 IT | 表面粗糙度 $Ra/\mu m$ | 适用范围 |
|---|---|---|---|---|
| 1 | 粗车 | 13～11 | 25～6.3 | 加工淬火钢以外的金属 |
| 2 | 粗车→半精车 | 10～8 | 6.3～3.2 | |
| 3 | 粗车→半精车→精车 | 8～7 | 1.6～0.8 | |
| 4 | 粗车→半精车→精车→滚压（或抛光） | 8～6 | 0.2～0.025 | |
| 5 | 粗车→半精车→磨削 | 8～7 | 0.8～0.4 | 主要加工淬火钢，也可加工未淬火钢，但不宜加工有色金属 |
| 6 | 粗车→半精车→粗磨→精磨 | 7～6 | 0.4～0.1 | |
| 7 | 粗车→半精车→粗磨→精磨→超精加工 | 6～5 | 0.1～0.012 | |
| 8 | 粗车→半精车→粗磨→精磨→研磨 | 5 及以上 | 0.1 | |
| 9 | 粗车→半精车→粗磨→磨→镜面磨 | 5 及以上 | 0.05 | |
| 10 | 粗车→半精车→精车→金刚石车 | 6～5 | 0.2～0.025 | 主要加工要求较高的有色金属 |

注：有色金属不适合磨削。

为了使加工工艺合理而提高生产效率，加工外圆表面时，应合理选择机床。对精度要求较高的试制产品，可选用数控机床；对一般精度的小尺寸零件，可选用仪表车床；对直径大、长度小的大型零件，可选用立式车床；对单件、小批量生产的轴类零件、盘套类零件，可选用卧式车床；对成批生产的盘套类零件，可选用回轮车床或转塔车床；对成批生产套的轴类零件，可选用仿形车床或多刀车床；对大量生产的轴类零件、盘套类零件，可选用自动、半自动车床或无心磨床。

【拓展图文】

【拓展视频】

**2. 孔加工方案选择**

1）孔的种类及技术要求

孔是组成零件的基本表面，零件上有多种孔，常见的孔如下。

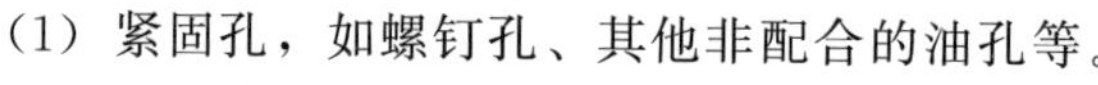

（1）紧固孔，如螺钉孔、其他非配合的油孔等。

（2）回转体零件上的孔，如套筒、法兰盘及齿轮上的孔。

（3）箱体类零件的孔系，如主轴箱箱体上的主轴孔和传动轴承孔等。

（4）深孔（$5<L/D<10$ 的孔），如车床主轴上的轴向通孔等。

（5）圆锥孔，如车床主轴前端的锥孔及装配用的定位销孔等。

孔的技术要求与外圆表面相似，此处不再赘述。

2）孔加工方案分析

通常在车床上加工轴类零件中间部位的孔较方便；对于支架类零件、箱体类零件上的轴承孔，可根据零件结构形状、尺寸等，采用车床、铣床、卧式镗床或者加工中心加工；对于盘套类零件或支架类零件、箱体类零件上的螺纹底孔、螺栓孔等，可在钻床上加工；对于盘类零件中间轴线上的孔，为保证其与外圆、端面的位置精度，一般在车床上与外圆和端面在一次装夹中加工；大量生产时，可以采用拉床加工孔。常用的孔加工方案见表 4-3。

表 4-3 常用的孔加工方案

<table>
<tr><th>序号</th><th>加工方法</th><th>经济精度 IT</th><th>表面粗糙度 Ra/μm</th><th>适用范围</th></tr>
<tr><td>1</td><td>钻</td><td>13～11</td><td>12.5</td><td rowspan="7">加工未淬火钢及铸铁的实心毛坯，也可加工有色金属</td></tr>
<tr><td>2</td><td>钻→铰</td><td>9～8</td><td>3.2～1.6</td></tr>
<tr><td>3</td><td>钻→粗铰→精铰</td><td>8～7</td><td>1.6～0.8</td></tr>
<tr><td>4</td><td>钻→扩</td><td>11～10</td><td>12.5～6.3</td></tr>
<tr><td>5</td><td>钻→扩→铰</td><td>9～8</td><td>3.2～1.6</td></tr>
<tr><td>6</td><td>钻→扩→粗铰→精铰</td><td>8～7</td><td>1.6～0.8</td></tr>
<tr><td>7</td><td>钻→扩→机铰→手铰</td><td>7～6</td><td>0.4～0.2</td></tr>
<tr><td>8</td><td>钻→扩→拉</td><td>9～7</td><td>1.6～0.1</td><td>大批量生产，精度由拉刀决定</td></tr>
<tr><td>9</td><td>粗车（扩）</td><td>13～11</td><td>12.5～6.3</td><td rowspan="4">加工未淬火钢及铸件，毛坯有铸孔或锻孔</td></tr>
<tr><td>10</td><td>粗车（粗扩）→半精车（精扩）</td><td>10～9</td><td>3.2～1.6</td></tr>
<tr><td>11</td><td>粗车（粗扩）→半精车（精扩）→精车（铰）</td><td>8～7</td><td>1.6～0.8</td></tr>
<tr><td>12</td><td>粗车（粗扩）→半精车（精扩）→精车→浮动车刀车</td><td>7～6</td><td>0.8～0.4</td></tr>
<tr><td>13</td><td>粗车（扩）→半精车→磨</td><td>8～7</td><td>0.8～0.2</td><td rowspan="2">主要加工淬火钢，也可加工未淬火钢，但不宜加工有色金属</td></tr>
<tr><td>14</td><td>粗车（扩）→半精车→粗磨→精磨</td><td>7～6</td><td>0.2～0.1</td></tr>
<tr><td>15</td><td>粗车→半精车→精车→金刚石车</td><td>7～6</td><td>0.4～0.05</td><td>主要加工精度要求高的有色金属</td></tr>
<tr><td>16</td><td>钻（扩）→粗铰→精铰→珩磨（研磨）</td><td>7～6</td><td>0.2～0.025</td><td rowspan="3">加工精度要求高的黑色金属的大孔</td></tr>
<tr><td>17</td><td>钻（扩）→拉→珩磨（研磨）</td><td>7～6</td><td>0.2～0.025</td></tr>
<tr><td>18</td><td>粗车（扩）→半精车→精车→珩磨（研磨）</td><td>7～6</td><td>0.2～0.025</td></tr>
</table>

注：有色金属不适合磨削。

### 3. 平面加工方案选择

1）平面的种类及技术要求

平面是盘类零件、板类零件和箱体类零件的主要表面。根据作用的不同，平面可分为

【拓展视频】

以下4种。

(1) 非结合面：属于低精度平面，只有在对外观或防腐蚀有要求时才加工。

(2) 结合面和重要结合面：属于中等精度平面，如零部件的固定连接平面等。

(3) 导向平面：属于精密平面，如机床的导轨面等。

(4) 精密测量工具的工作面等：属于精密平面。

平面的技术要求与外圆表面相似，此处不再赘述。

2) 平面加工方案分析

除回转体零件上的端面采用车削加工外，铣削、刨削和磨削是平面加工的主要方法。常用的平面加工方案见表4-4，表中公差等级是指平行平面间距离尺寸的公差等级。

表4-4　常用的平面加工方案

| 序号 | 加工方法 | 经济精度 IT | 表面粗糙度 Ra/μm | 适用范围 |
| --- | --- | --- | --- | --- |
| 1 | 粗车 | 13～11 | 25～6.3 | 用于未淬火钢、铸铁及有色金属的端面加工 |
| 2 | 粗车→半精车 | 10～8 | 6.3～3.2 | |
| 3 | 粗车→半精车→精车 | 8～7 | 1.6～0.8 | |
| 4 | 粗车→半精车→磨 | 8～6 | 0.8～0.4 | 用于钢、铸铁的端面加工 |
| 5 | 粗刨（粗铣） | 13～11 | 25～6.3 | 一般用于未淬火的平面加工 |
| 6 | 粗刨（粗铣）→半精刨（半精铣） | 10～8 | 6.3～3.2 | |
| 7 | 粗刨（粗铣）→半精刨（半精铣）→精刨（精铣） | 8～7 | 3.2～1.6 | |
| 8 | 粗刨（粗铣）→半精刨（半精铣）→精刨（精铣）→刮研 | 6～5 | 0.8～0.1 | 用于对精度要求较高的平面加工 |
| 9 | 粗刨（粗铣）→半精刨（半精铣）→精刨（精铣）→宽刃刀低速精刨 | 5 | 0.8～0.2 | |
| 10 | 粗刨（粗铣）→半精刨（半精铣）→精刨（精铣）→磨削 | 6～5 | 0.4～0.2 | |
| 11 | 粗铣→精铣→磨削→研磨 | 5级以上 | ＜0.1 | |
| 12 | 粗铣→拉 | 9～7 | 0.8～0.2 | 用于大批量生产的未淬火小平面加工 |

注：有色金属不适合磨削。

#### 4. 技术经济分析

在生产中，人们总是希望以较低的成本生产更多、更好的产品来满足社会需求。技术经济分析就是从经济的角度研究技术问题，对生产中实施的技术方案的经济效果进行分析、比较，以达到先进技术与合理经济的最佳结合，取得较好的经济效益和优化的资源配置。在机械制造业，需要考虑和解决相同问题。

技术经济分析的主要参数是成本。零件的实际生产成本是制造支出的总费用。工艺成本是指与加工工艺过程有关的费用，其占零件生产成本的70%～75%。因此，对机械制造工艺过程而言，技术经济分析只对加工工艺成本进行分析、比较。技术经济分析涉及的因素较多。例如，可用铸造、锻造、型材切削加工或粉末冶金方法制造小套筒零件，需要根据零件的结构、性能、生产批量和企业生产条件制订工艺方案。但是，不同的加工工艺方案取得的经济效果不同，应在现有生产条件下结合最佳技术方案和最佳经济效果。

## 4.3 典型零件的综合工艺过程

常见的零件按形状和用途分为轴类零件、盘套类零件、箱体类零件等。零件的结构特征、工作条件和受力状态不同，加工方法也不同。

### 4.3.1 轴类零件

轴类零件主要用来支承传动零件和传递扭矩。轴类零件的结构特点是轴向尺寸远大于径向尺寸。轴类零件的轴颈（与轴承配合的轴段）、安装传动件的外圆、装配定位用的轴肩等尺寸精度、形位精度和表面粗糙度等是要解决的主要工艺问题。

#### 1. 材料与毛坯

【拓展视频】

轴类零件大多承受交变载荷，工作时处于复杂应力状态，其材料应具有良好的综合力学性能，常选用45钢、40Cr和低合金结构钢等。

光轴毛坯一般选用热轧圆钢或冷轧圆钢。阶梯轴毛坯可选用热轧圆钢、冷轧圆钢、锻件。产量越大，直径相差越大，采用锻件越有利。当要求轴具有较高的力学性能时，应采用锻件。单件、小批量生产采用自由锻，成批生产采用模锻。某些大型、结构复杂的轴可采用铸件，如曲轴及机床主轴可用铸钢或球墨铸铁制作毛坯。在有些情况下，可选用铸-焊或锻-焊方法制造轴类零件毛坯。

#### 2. 加工工艺过程

加工轴类零件时，常以两端中心孔或外圆面定位，以顶尖或卡盘装夹。在加工过程中，应体现“基准先行”和“粗精分开”原则。

轴类零件的主要组成表面有外圆表面、轴肩、螺纹和沟槽等。外圆用于安装轴承、齿轮和带轮等；轴肩用于轴本身或在轴上安装零件时定位；螺纹用于安装锁紧螺母或调整螺母；沟槽是指键槽或退刀槽等。一般在轴的两端钻出中心孔，在轴肩及端面倒角。

图4.1所示为传动轴，其材料为45钢。传动轴单件、小批量生产加工工艺过程见表4-5。

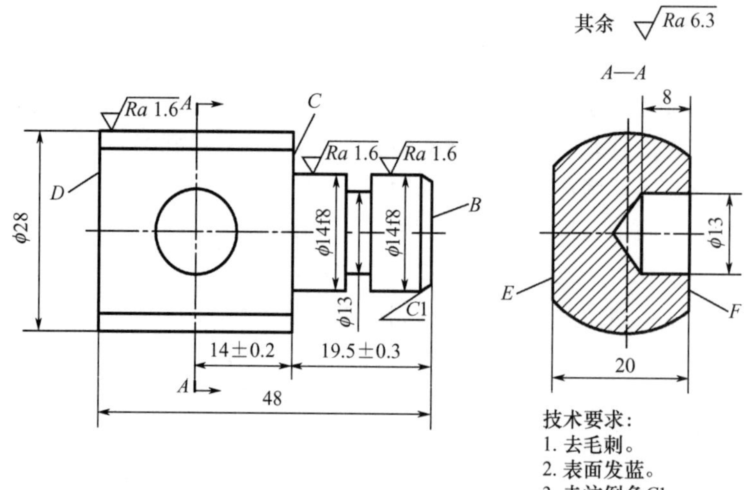


图 4.1 传动轴

表 4-5 传动轴单件、小批量生产加工工艺过程 （单位：mm）

| 工序号 | 工序名称 | 工序内容 | 设 备 |
|---|---|---|---|
| 1 | 下料 | φ35×55 | G7106 型锯床 |
| 2 | 车 | （1）用自定心卡盘装夹 φ28 外圆左端，粗车、半精车端面 B | C6132 型卧式车床 |
| | | （2）粗车 φ14 外圆，长度大于 20，直径留余量 2 | |
| | | （3）粗车、精车 φ14f8 外圆至尺寸 | |
| | | （4）车 φ13 外圆至尺寸 | |
| | | （5）车端面 C，保证尺寸 19.5±0.3 | |
| | | （6）倒角 C1 | |
| | | （7）掉头车 φ28 外圆至尺寸，车端面 D，保证尺寸 48 | |
| 3 | 铣 | 铣削平面 E、F | X6132 型卧式万能升降台铣床 |
| 4 | 划线 | 划 φ13 孔的中心线 | 划线平台 |
| 5 | 钻 | 钻、扩 φ13 孔至尺寸，去毛刺 | Z5025 型立式钻床 |
| 6 | 热处理 | 表面发蓝 | |
| 7 | 检验 | 按图样要求检验 | |

表 4-5 属单件、小批量生产，遵循“工序集中”原则。其特点是工序少、工序内容复杂、工件安装次数少、生产设备少、易生产组织管理，但生产准备工作量大。相反，大批、大量生产时遵循“工序分散”原则，以便组织流水线生产。传动轴大批、大量生产加工工艺过程见表 4-6。

表 4-6　传动轴大批、大量生产加工工艺过程　　（单位：mm）

| 工序号 | 工序名称 | 工序内容 | 设　备 |
|---|---|---|---|
| 1 | 下料 | $\phi$35×55 | G7125 型锯床 |
| 2 | 车 | (1) 用自定心卡盘夹 $\phi$28 外圆左端，粗车、半精车端面 $B$ | C6132 型卧式车床 |
|  |  | (2) 粗车 $\phi$14 外圆，长度大于 20，直径留余量 2 |  |
|  |  | (3) 粗车、精车 $\phi$14f8 外圆至尺寸 |  |
|  |  | (4) 车 $\phi$13 外圆至尺寸 |  |
|  |  | (5) 车端面 $C$，保证尺寸 19.5±0.3 |  |
|  |  | (6) 倒角 $C1$ |  |
| 3 | 车 | 掉头车 $\phi$28 外圆至尺寸，车端面 $D$，保证尺寸 48 | C6132 型卧式车床 |
| 4 | 铣 | 铣削平面 $E$ | X6132 型卧式万能升降台铣床 |
| 5 | 铣 | 铣削平面 $F$ | X6132 型卧式万能升降台铣床 |
| 6 | 钻 | 钻、扩 $\phi$13 孔至尺寸 | Z5025 型立式钻床 |
| 7 | 钳工 | 去毛刺 | 钳工台 |
| 8 | 热处理 | 表面发蓝 |  |
| 9 | 检验 | 按图样要求检验 |  |

## 4.3.2 盘套类零件

盘套类零件的结构特点是纵向尺寸与横向尺寸相差不大（零件的直径一般大于长度）、形状各异，主要用于配合轴类零件传递运动和扭矩。这类零件在各种机械中的工作条件和使用要求差异很大。其主要组成表面有内圆表面、外圆表面、端面和沟槽等。

盘套类零件的重要表面为内、外旋转表面，零件壁较薄、易变形。盘套类零件的内孔表面和外圆表面有尺寸精度要求，对于较长的套还有圆度和圆柱度的要求，而且外圆表面与孔有同轴度要求。若以端面为定位基准，则孔的轴线与端面有垂直度要求。

【拓展图文】

### 1. 材料与毛坯

一般选用钢、青铜或黄铜等材料制造盘套类零件。有些滑动轴承采用双金属结构，即用离心铸造法在钢套或铸铁套的内壁浇注巴氏合金等轴承材料，既可节省贵重的有色金属又能提高轴承的寿命。

盘套类零件毛坯的选择与材料、零件结构和尺寸等有关。当孔径小于 $\phi$20mm 时，一般选用热轧或冷拉棒料，也可用实心铸件。当孔径较大时，常采用无缝钢管或带孔的铸件及锻件。大量生产时，可采用冷挤压和粉末冶金等先进的毛坯制造工艺，以提高生产效率、节约金属材料。

**2. 加工工艺过程**

图 4.2 所示为轴承套，其材料为 HT200。轴承套单件、小批量生产加工工艺过程见表 4－7。

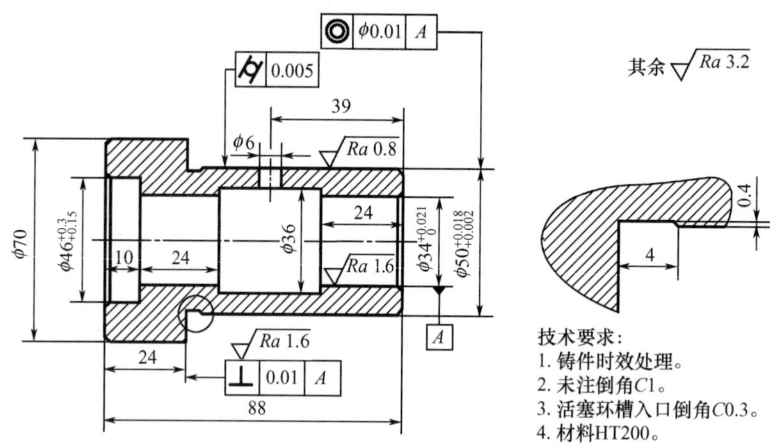


图 4.2　轴承套

表 4－7　轴承套单件、小批量生产加工工艺过程　（单位：mm）

| 工序号 | 工序名称 | 工序内容 | 设备 |
|---|---|---|---|
| 1 | 铸造 | 铸造，清理 | |
| 2 | 车 | （1）用自定心卡盘装夹 $\phi50^{+0.018}_{+0.002}$ 外圆，车左端面 | C6132 型卧式车床 |
| | | （2）粗车、精车 $\phi70$ 外圆至尺寸 | |
| | | （3）钻孔至 $\phi28$ | |
| | | （4）车 $\phi34^{+0.021}_{0}$ 孔至尺寸 | |
| | | （5）车 $\phi36$ 沉孔至尺寸，长度至 30，且控制沉孔左端面与轴承套左端面的距离为 34 | |
| | | （6）车 $\phi46^{+0.3}_{+0.15}$ 台阶孔至尺寸，长度至 10 | |
| | | （7）掉头，上心轴，车右端面，保证总长 88±0.2 | |
| | | （8）粗车、半精车、精车 $\phi50^{+0.018}_{+0.002}$ 外圆及 $\phi70$ 外圆右端面，并保证 $\phi70$ 外圆长度为 24 | |
| 3 | 钳 | 划 $\phi6$ 孔的加工线 | |
| 4 | 钻 | 钻 $\phi6$ 孔 | Z512 型台式钻床 |
| 5 | 检验 | 按图样要求检验 | |

## 4.3.3 箱体类零件

箱体类零件是机械的基础零件，它将一些轴、套和齿轮等零件组装在一起，使它们保持正确的位置关系，并按照一定的传动关系协调地运动，构成机械的一个重要部件。

箱体的加工质量对机械精度、性能和使用寿命有直接影响。箱体结构的共同特点有尺

【拓展视频】

寸较大、形状较复杂、壁薄且不均匀、内部呈腔形，加工前需要进行时效处理；在箱壁上需要加工许多精度较高的轴承支承孔和平面，而且对主要孔的尺寸精度和形状精度、主要平面的平面度和表面粗糙度、孔与孔的同轴度、孔与孔的轴间距误差、平行孔轴线的平行度、孔与平面的位置精度等有要求；需要加工许多精度较低的紧固孔、螺纹孔、检查孔和出油孔等。

**1. 材料和毛坯**

箱体类零件起支承及封闭作用，形状复杂，但承受载荷一般不大，多选用灰铸铁件毛坯，其材料根据需要可选用 HT100～HT350。有些承受较大载荷的箱体，可采用球墨铸铁件或铸钢件毛坯。只有在单件、小批量生产时，为缩短毛坯制造周期才采用钢板焊接。航空发动机或仪器仪表的箱体零件常用铝镁合金精密压铸，以减轻质量。

**2. 加工工艺分析**

对于箱体类零件，在单件、小批量生产中要安排划线工序。划线可以合理分配各加工表面的机械加工余量，调整加工表面与非加工表面的位置关系，并且提供定位依据。在加工箱体类零件的过程中，定位方法有如下两种：一是以一个平面和该平面上的两个孔定位，称为一面两孔定位；二是以装配基准定位，即以机架箱体的底面和导向面定位。箱体类零件在单件、小批量生产中常由螺栓、压板等直接装夹在机床工作台上；在大批量生产中多采用专用夹具装夹。

箱体类零件的机械加工主要是加工平面和孔。箱体类零件平面的粗加工、半精加工主要采用刨削和铣削，一般铣削的生产效率比刨削高，在成批、大量生产中多采用铣削。对于箱体类零件平面的精加工，单件、小批量生产时，除一些高精度的箱体类零件需要采用手工刮研外，一般用精刨代替手工刮研；当生产批量大且对精度要求较高时多采用磨削。常用镗削加工箱体类零件的重要孔，小孔多用钻—扩—铰方法加工。加工时，通常遵循“先面后孔”原则，安排时效处理以消除内应力，常采用通用的设备和工装。

## 4.4 工程训练全过程创新训练

在工程训练中进行创新训练，要求教师不再照本宣科，而是在训练学生基本功的同时指导学生获取知识的渠道、掌握获取知识的能力和方法，引导学生认识未来。教师要有创新精神、创新观念，以培养出具有创新精神的学生。其应改变传统的教学方法，改变“要有一桶水才能倒给学生一瓶水”的传统教学观念，要从一个“送水的人”转变成“帮助学生找水的引路人”。将“教育是有组织地和持续不断地传授知识的工作”的观念转变为“教育是导致学习的、有组织的及持续的交流活动”的观念，从知识的传授者、教学的组织领导者转变为学习过程中的咨询者、指导者和合作伙伴。

### 4.4.1 思维方式及其创造性

思维是运用大脑分析、解决问题或得出结论的过程，也是人们对事物的理性认识活动。教师要善于引导学生在工程训练过程中深度思考，了解各类思维形式及其创造性，以便更好地在工程训练过程中运用。

（1）发散思维。发散思维是以某个问题为中心点出发，寻找多种方法向四面八方展开，既不受方向和范围的限制，又不受任何条件的约束，在广阔的领域里探索问题新答案的一种开放性思维活动。应用发散思维时，注意防止思维过度发散、停留于表面而一事无成，应与集中思维有机结合。

（2）集中思维。集中思维是指人们在寻求某个问题的答案时，以该问题为研究中心，从不同方面、不同角度反复探讨这个问题，以揭示其本质属性和规律的思维活动。当问题一直得不到解决时，集中思维应与发散思维有机结合，避免过度集中而使思维僵化。

（3）系统思维。系统思维是指把事物作为一个多元素和多层次相互作用、相互依赖的统一有机体而进行思考的活动。系统思维在一些科学工程项目中是绝对不可缺少的一环。

（4）直觉思维。直觉思维是直接领悟的思维活动，或者说是通过直觉作出猜测、设想或顿悟的思维活动。这里的顿悟是事先未经准备的、不含有逻辑推理的活动，但在一瞬间理性活动和抽象化的形象交叉进行。在一些情况下，直觉对创新活动有一定作用。顿悟不会凭空产生，只有在思维活动积累到一定程度的情况下才会产生。

【拓展图文】

（5）形象思维。形象思维是人们凭借对事物的具体形象和表象进行联想的思维活动。其作用是使深奥的理论变得简明，有助于产生联想，促进创新思维进程。

（6）灵感思维。灵感思维是用已知的知识探索未知的答案，在构思中产生的超智力的思维活动。因为灵感在创新者的头脑里停留的时间极短，所以当创新者获得灵感时应立即把它记录下来，否则会很快消失。

（7）逆向思维。逆向思维是跳出束缚人们思路的习惯性思维，用挑剔的眼光多问几个问题，甚至颠倒问题后反向探求，这是倒转思考的一种思维方式。逆向思维有时可能会有意想不到的收获。

（8）“两面神”思维。“两面神”思维是人们在进行创新活动时同时构思出多个并存的、起作用（或同样正确）的、相反（或对立）的概念（或思想或形象）的思维活动。运用“两面神”思维不是一件易事，但它蕴藏着巨大的创造力，已成为创新的主要思维方式。

（9）想象式思维。想象式思维是人脑中储存信息之间的联系，经过重新加工、排列和组合而形成新的联系的过程。

### 4.4.2 工程训练全过程创新训练过程

每名学生都具有创新的潜质和潜力，为发掘其潜质、释放其潜力，**应该在工程训练过程中贯穿创新思维培养、参与创新训练，具体体现在工程训练动员创新、工程训练内容创新、工程训练方法创新、工程训练报告创新等方面。**

（1）工程训练动员创新。好的开端等于成功的一半，如果工程训练动员引人入胜，那么工程训练成功了一半。生动的工程训练动员能使学生在疑问、好奇、兴奋和快乐中度过。

针对一些学生不愿意参加热加工训练的现状，可以利用集中思维方式教育学生，列举下列事实。在河北藁城出土的商朝铁刃铜钺是我国发现的最早锻件，这证明3000多年前我国就掌握了锻造技术。同时，我国是应用铸造技术最早的国家，在1939年河南安阳出土的青铜祭器——后母戊鼎便是在3000多年前的商朝冶铸的。其质量为875kg、体积庞大、花纹精巧。这些事实证明，我国古代在热加工工艺方面的科学技术远远超过同时代的欧洲。如今，我国成功实现了490t耗钢水的轧钢机架铸造、锻造能力达1.2万吨水压机的生产及5万吨远洋油轮的焊接。从上面的热加工工艺史可知“热加工工艺”是在实践中发展起来的一门学科，作为一名工程技术人员，掌握一定的热加工工艺和毛坯的生产知识对今后的工作非常有必要。

在工程训练动员时，还应给学生讲解创新训练的意义及方法，并且布置创新性训练题目，如要求制作的产品美观、经济、适用。从资料检索，工程训练作品的构思、设计、制图，毛坯选择，零部件加工制作到整体装配，要求学生独立完成或以组为单位协作完成。

在工程训练动员中，要求学生不但动手实践，而且积极开动脑筋，细致观察机床、工具、夹具、量具及工艺过程的每一个细节，发现问题、提出问题，在工程训练结束后提交一份创新思维报告。

(2) 工程训练内容创新。在工程训练内容方面，不仅要注重系统传授冷热加工工艺内容、“无探索性”问题和智力因素的培养，而且要注重灵活施教，重视“有探索性”问题和非智力因素的培养。工程训练内容的新颖绝不等于工程训练内容的创新，应该偏重思维能力的训练，强化智力开发，挖掘大脑潜能，而不应该偏重系统传授知识，强化记忆力，对大脑功能不开发或开发较少。

例如，在学习电火花加工时，可以利用逆向思维方法探索创造性加工的问题：机床(母机)的精度要比被加工零件的精度高，这一规律称为“蜕化”原则或“母性”原则。精密加工和超精密加工对被加工零件的精度要求很高，可否利用精度低于零件精度要求的机床和设备呢？如果用了，就与传统的机械加工格格不入。将学生的思维调动起来之后，可以接着学习电火花加工，电火花加工能借助工艺手段和特殊工具，直接加工出精度高于母机的零件，这是直接的“进化”加工。用较低精度的机床和工具制造出加工精度比母机精度高的机床和工具（第二代母机和工具），用第二代母机加工高精度工件为间接式的“进化”加工，称为创造性加工。

又如，学习确定刀具角度的几个辅助平面时，可以采用形象思维方法，用学生比较熟悉的墙壁做比喻，前面的墙相当于主剖面，侧面的墙相当于切削平面，水平的地面相当于基面，这三面墙在空中无论怎样旋转都是相互垂直相交的。同理，确定刀具角度的几个辅助平面无论在空中怎样旋转也都是相互垂直相交的。当刀具的主偏角为90°时，三个辅助平面的位置和前面的墙、侧面的墙、地面的位置一致。通过这种形象思维方法，学生可以很快掌握这一难点内容，既传授了知识，又培养了学生的思维能力。

**在工程训练内容方面，不断充实探索性问题，可以使工程训练获得事半功倍的效果。**

(3) 工程训练方法创新。

因为工程训练的目的不仅是掌握知识、提高知识水平，还是活学活用知识、发现新知识。掌握知识、提高知识水平固然重要，但更重要的是活学活用所学知识，发挥其应有的作用。因此，应注重激发学生的思维能力，教会学生创新方法，而不只是灌输知识，完成教学任务。单纯地灌输知识、培养学生运用知识解决问题的能力固然重要，但更重要的是培养学生的思维能力。思维能力人人都有，关键在于如何激发。在教学中，教师应注重教学活动的均衡性，要避免重逻辑思维能力而轻创新思维能力培养的倾向。要克服从众心理，培养学生独立思考的习惯；克服凡事都运用正向思维、定向思维的习惯，培养学生的逆向思维、侧向思维、立体思维、发散思维等。

在工程训练过程中，除了考核学生对基本加工工艺、装夹方式、刀具与量具的使用及设备的操作技能等问题的掌握程度，教师还可引导学生采用不同的材料、不同的切削用量、不同的工艺路线等加工同一零件，分析零件存在质量差异的原因，以增强学生的工艺分析能力。

例如，车工训练前为学生布置设计任务，让他们设计出一个综合件，要求只采用车工工艺（因为还没有学习其他工艺）。在车工训练中，学生边学习车工工艺知识边进行综合件的设计（如蜡台、火炬、运载火箭、组合手柄等）。学习车工工艺后，教师检查各组学生的综合件图纸及工艺，合格后，学生加工成产品，这种设计活动培养了学生的创新意识和创新能力，提高了工程训练质量。

又如，在钳工训练时，可以增加一项由学生自行设计并制造完成的创新项目，要求学生自行完成选材、结构设计、毛坯制作、加工路线安排及成品的加工制作。在创新项目完成的过程中，教师根据出现的不同问题及时启发学生，让学生查阅书籍、资料来解决问题，如可以设计学校的校徽、各部门的标志、食品的商标、测量用的多功能卡钳及多功能直尺等。在这个过程中，学生进行了材料选用、零件结构设计、技术参数确定和加工工艺选择的综合演练，使理论与实践很好地结合，学生会对工程训练产生浓厚的兴趣。这种工程训练模式提高了学生的创新意识和积极性，使其变被动为主动，由“要我训练”转变为“我要训练”。

**在工程训练中，应该教育学生大胆怀疑，敢于与教师争论，敢于向学术权威挑战。**在过去相当长的一段时间内，人们认为知识是人类经验的积累和升华，在教学过程中掌握知识是最重要的。而现代知识观认为知识具有主观性、相对性，知识是对现实的一种假设、一种解释，反对“惟师是从”、墨守成规、循规蹈矩、恭顺温驯和迷信学术权威。教师对待学生应该宽宏大量，允许学生标新立异。教师可根据教学内容，利用发散性思维、逆向思维等激发学生的想象力。知识是有限的，而想象力是无限的。想象力推动社会进步，成为知识进化的源泉。

（4）工程训练报告创新。

工程训练创新应该注重多出创新成果，不但要鼓励已转化为生产力的创新成果，而且要鼓励没有转化为生产力的创新成果，如一个创新的设计、一个创新的思想、一个创新的小产品等。在工程训练效果方面不能忽视创新思想，如果没有创新思想，就不可能有将来转化为生产力的创新成果。创新思想是孕育创新成果的“胚芽”。在工程训练过程中，随着学生机械加工工艺知识的不断积累，他们的构思不断成熟。当完成基本功训练并进入设计制作阶段时，大部分学生已经完成自己的设计。教师检查无误后，学生可以进行创新制作。在检查过程中，教师引导学生独立思考，学生勇于发表不同的意见，并与教师探讨其他设计方案，从中选择最合理的方案。在工程训练结束时，根据工程训练动员的要求，每名学生都要交一份创新思维报告。1999 年傅水根教授提出并率先在清华大学实施创新思维报告。在该报告中，应对工程训练中所用的机床、工具、夹具、量具等一两个具体问题提出改进思路，也可以是日常生活中的新思路、新想法，甚至是对制造行业现状和发展的思考。由于创新思维报告可以促使学生更加热爱制造业、激发学生工程训练积极性和创造热情，因此被一些院校借鉴使用。

创新思维的创造力量是巨大的，难以用公式定量地描述；工程训练的创新形式是多种多样的，难以定性地说明。每种创新思维都有各自的应用场合。教师应将创新思想融入工程训练等每个教学环节。

# 4.5 创新实例

创新包括技术创新、工艺创新和组织管理上的创新。本节主要介绍结合工程训练进行的单工种工艺创新和多工种工艺创新训练实例。

## 4.5.1 结合工程训练进行综合创新训练过程

在工程训练中进行创新训练，可以综合单工种的工艺或多工种的工艺，主要包括以下几个方面。

(1) 学习各类思维方法，熟悉各类思维及其在创造中带来的启发。

(2) 学生根据创新设计任务检索并搜集资料，独立制订一种或多种设计方案。

(3) 教师审核设计方案，并与学生共同分析零件的结构工艺性和技术要求的合理性，如外形和内腔结构的复杂程度、装配和定位的难度、零件的尺寸精度和表面粗糙度及生产批量等。教师在审核方案的过程中，引导学生确定结构合理、技术可行、经济适用及外形美观的零件为最终设计方案。

(4) 学生根据零件的结构工艺性和技术要求选择合适的材料及制造方法。分析材料的铸造性、锻造性、焊接性、切削加工性及冲压性能，以确定合适的材料成形和机械加工方法。

(5) 编制工艺卡片或数控程序。

(6) 加工、装配和调试。按照相关工艺卡片或数控加工程序加工，测量零件的尺寸精度、形状精度、位置精度和表面粗糙度，选购相关标准件对零件进行装配和调试。

(7) 零部件的质量分析及创新思维报告。对零部件的内部质量、外观质量、尺寸精度、位置精度和表面粗糙度进行综合分析，对不足之处提出创新方案，并撰写创新思维报告。

(8) 收获及体会。说明自己通过创新训练在创新思想、动手能力、实践技术、获得知识的能力、分析问题和解决问题的能力等方面的收获与体会，并对训练作出评价、提出建议。

## 4.5.2 单工种综合创新训练实例

工程训练的每个工种（如车工、铣工、刨工及磨工等）都可以进行综合创新训练。下面举几个单工种综合创新训练实例。

### 1. 车工综合创新训练实例

在车床上能加工外圆表面、端面及内孔等，这些都是回转体表面，能否加工非回转体表面呢？例如，能否加工椭圆呢？

如果用习惯性思维方法，车床主轴带动工件的回转运动为主运动，刀具的纵向移动或横向移动为进给运动，采用这种运动方式肯定无法加工出非回转体表面。

下面我们用逆向思维方法，改变工件和刀具的位置，得出的结果却大不一样。如图 4.3 所示，工件 4 装在中滑板上，其可以随中滑板做纵向进给或横向进给。联轴器 6 一端与自定心卡盘相连，另一端与刀杆 2 相连。刀杆 2 由支架 1 和支架 5 支承，且与工件轴向间夹角为 $\varphi$。镗刀 3 装在刀杆 2 上。主轴旋转时带动刀杆 2 旋转，刀杆 2 又带动镗刀 3 旋转，实现了刀具的旋转运动为主运动。镗刀 3 做旋转运动，工件 4 纵向进给，便可车出椭圆。

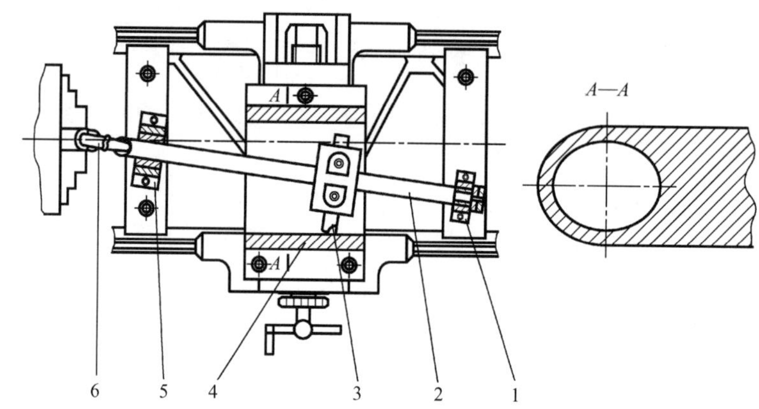

【拓展视频】

1，5—支架；2—刀杆；3—镗刀；4—工件；6—联轴器。

图 4.3　车椭圆

为了车出符合要求的椭圆，应注意以下两点。

（1）保证镗刀 3 的刀体与刀杆 2 垂直，且镗刀 3 的刀体与工件 4 的径向成夹角 $\varphi$。

（2）镗刀 3 的刀体与工件 4 的径向夹角 $\varphi$

$$\varphi = b/a$$

式中：$\varphi$ 为镗刀刀体与工件径向的夹角（°）；$a$ 为椭圆长轴长度（mm）；$b$ 为椭圆短轴长度（mm）。

### 2. 铣工综合创新训练实例

在铣床上可以加工沟槽，如果要求在某轴的两侧铣键槽，那么如何保证键槽的对称度呢？

如果用习惯思维方法就只能选用标准 V 形块，但加工完一侧键槽后，无法保证另一侧键槽的位置精度。

如果用发散思维方法，以保证键槽对称度为中心点，寻找多种方法，不受标准 V 形块的约束，可以设计非标准 V 形块。这种开放性的思维活动满足了保证键槽对称度的要求。如图 4.4 所示，在自行设计的非标准 V 形块 1 的中部有一个圆柱孔，从而与圆柱销 4 配合。加工轴上一侧键槽时，不插入圆柱销 4。加工轴上另一侧键槽时，将圆柱销 4 的一侧插入非标准 V 形块 1 的中部孔，圆柱销 4 的另一侧对加工完的键槽起定位作用，以保证另一侧键槽的对称度。

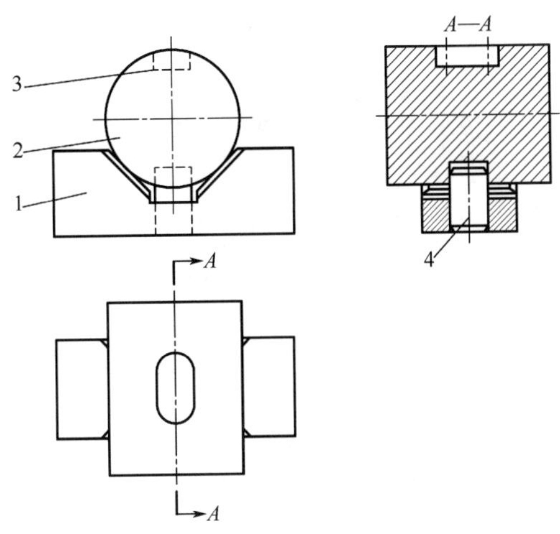


1—非标准 V 形块；2—工件；3—键槽；4—圆柱销。

图 4.4 铣轴两侧键槽

### 3. 刨工综合创新训练实例

在刨床上可以加工 V 形槽、燕尾槽等沟槽，如何大批量刨削尺寸较大的凸圆弧面呢？

我们可以结合逆向思维、发散思维和集中思维来解决该问题。用集中思维方法的目的是避免思维过度发散而远离要求的结果，避免加工质量达不到要求。分析思路如下。

(1) 用现有设备及机床附件加工。如果凸圆弧面尺寸较小就可以用成形刨刀加工；如果凸圆弧面尺寸较大就可以结合刀架的垂直进给和工作台的间歇横向进给，用尖头（圆头）刨刀加工。但这两种方法的生产效率都较低，只适合单件、小批量生产，而题目要求大批量生产。此方法行不通，需要考虑其他方法。

(2) 联想车床加工成形面采用的靠模法。此方法可行，可以设计靠模。

(3) 设计靠模结构。图 4.5 所示为用靠模刨凸圆弧面。靠模 8 中间一段圆弧面和加工后的工件 3 的圆弧面是一对形状相反的圆弧面。拆下工作台 6 的垂直丝杠，下边装上滚轮 7。受工作台的自重作用，滚轮 7 支承在靠模上，当工作台纵向间歇进给时，滚轮沿靠模面滚动，带动工作台上面的工件对刨刀做曲线运动，刨出与靠模 8 形状相反的圆弧面。

### 4. 磨工综合创新训练实例

材料为 W18Cr4V、硬度为 66 HRC 的某长方体板，其长度为 200mm、宽度为 60mm，要求磨削该板的上、下两平面，尺寸为 $7^{+0.01}_{-0.01}$mm，平行度公差为 0.01mm，表面粗糙度 $Ra=0.4\mu m$。分析思路如下。

1) 常规磨削工艺

(1) 合理选择和修整砂轮。选择磨料为白刚玉的砂轮，由于材料硬、磨削力大，因此应选择粗粒度大、硬度低的砂轮。为了分散磨削时的磨削力，将砂轮修整成台阶状。

【拓展图文】

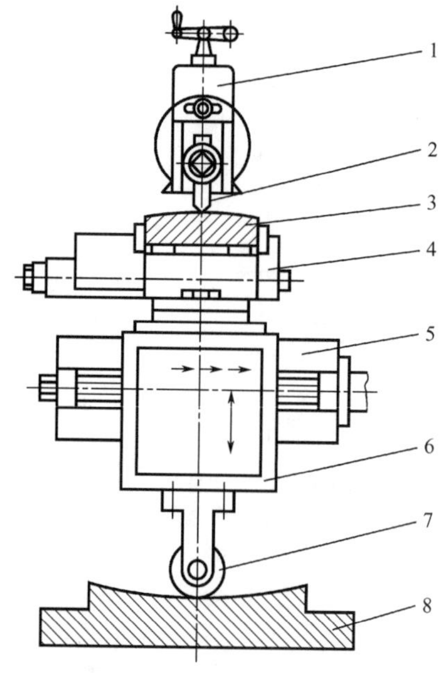


1—刀架；2—刨刀；3—工件；4—机用平口虎钳；5—横梁；
6—工作台；7—滚轮；8—靠模。

图 4.5 用靠模刨凸圆弧面

（2）将工件装夹在电磁吸盘上。

（3）粗磨和精磨分开进行。

（4）用乳化液降低磨削区温度。

但是，检查采用常规磨削工艺的工件后发现平行度公差超过 0.01mm。

2）改进磨削工艺

（1）分析出现质量问题的原因。工件比较薄，当工件被电磁吸盘吸紧时产生弹性变形，磨削后取下工件，由于弹性恢复，因此磨平的表面又产生翘曲。

（2）在工件和电磁吸盘间垫入一层厚度小于 0.5mm 的橡胶皮或纸片，以减小电磁吸盘的吸力，减小工件的弹性变形，但此方法适合磨削力较小的场合。

由于本工件较硬、磨削力较大，因此不适合采用上述方法。

（3）跳出常规装夹工件的思维方式，将夹紧力改变 90°，采用压板螺栓从侧面夹紧，如图 4.6 所示。由于工件宽度方向的刚度较大，因此夹紧变形量较小。磨平一个平面后，

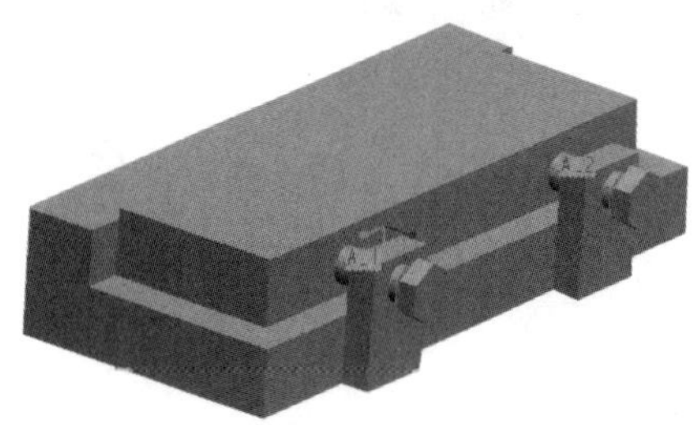

图 4.6 磨薄板时工件的安装

将工件吸在电磁吸盘上磨削。

改变夹紧力的方向后，工件的平行度公差符合要求。

### 4.5.3 多工种综合创新训练实例

在学习完各工种的基本工艺知识和操作技能后，结合多个工种进行综合创新训练，教师的任务是引导学生制订设计方案并允许学生犯错误，审核设计图纸并引导学生思考加工中会遇到的问题，准备制作过程中所用的工具、夹具及量具，在学生进行零件加工或装配的过程中做必要的协助，提供工程训练安全保障。

**1. 车工、磨工、热处理与钳工综合创新训练实例**

某工厂生产的液压泵经常发生漏油现象，且密封圈磨损严重、使用寿命低。经检查发现，主要是活塞杆的制造工艺存在问题。图 4.7 所示为活塞杆零件图，材料为 40Cr，热处理要求为 24～28HRC，试编制活塞杆制造工艺。

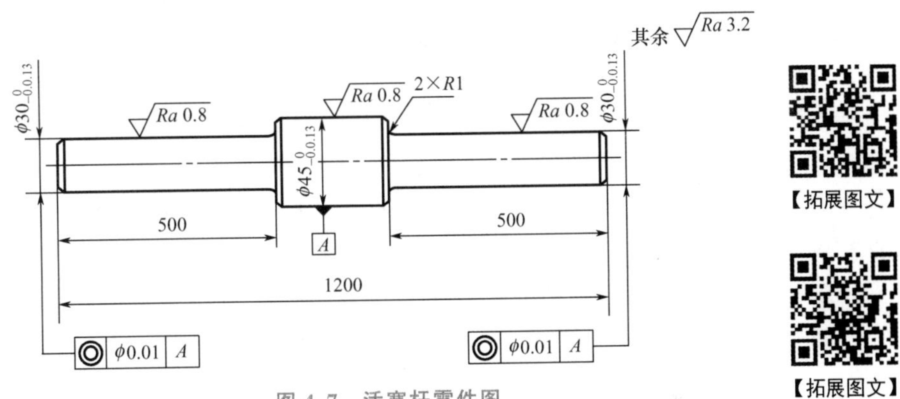


图 4.7 活塞杆零件图

活塞杆的制造工艺如下。

工序 1 下料：φ50mm×1205mm。

工序 2 车：粗车、半精车外圆及端面至 φ48mm×1202mm。

工序 3 检验：超声探伤。

工序 4 车：按工序图一（图 4.8）粗车、半精车工件各段外圆及端面，倒圆角 $R1$，锐边倒角 $C1$。

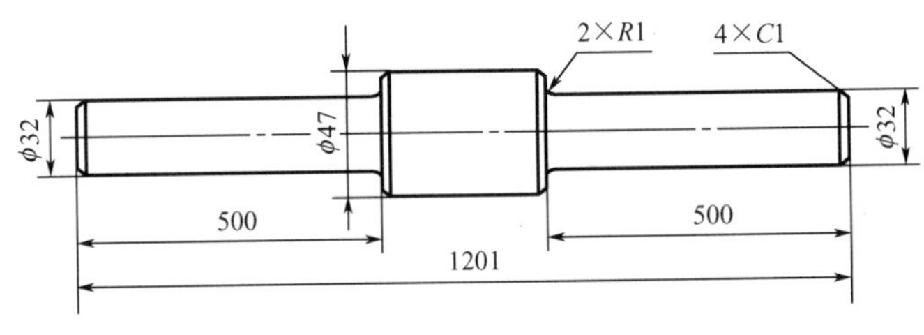


图 4.8 工序图一

工序 5 热处理：调质 24～28 HRC。

工序 6 车：按工序图二（图 4.9）粗车、半精车各尺寸，打两端中心孔 A3。

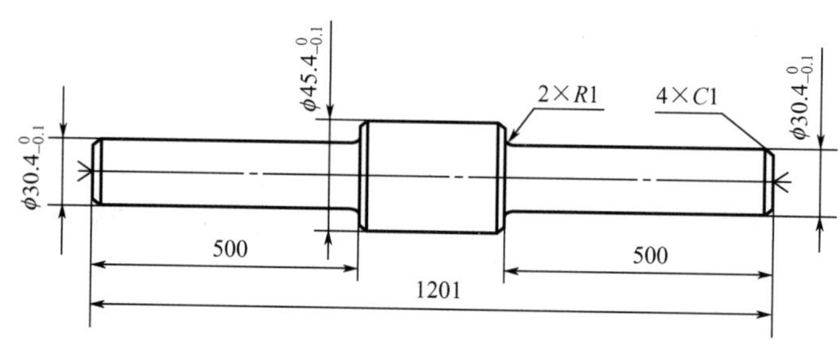


图 4.9　工序图二

工序 7　磨：磨 $\phi45^{\ 0}_{-0.013}$ mm、$\phi30^{\ 0}_{-0.013}$ mm 外圆至尺寸。

工序 8　检验：表面探伤。

工序 9　检验：终检合格后，油封入库。

由以上加工工艺过程可见，活塞杆的最后一道机械加工工序是磨外圆。将磨削后的外圆表面的微观几何形状放大，可以观察到外圆表面轮廓存在凸凹不平现象。在液压泵工作时，活塞杆沿轴线做直线往复运动，运动会对固定的橡胶密封圈造成很大的磨损以致漏油。

如何改变上述状况呢？首先想到的是采用精密磨削提高活塞杆的表面质量，降低其表面粗糙度，但会增大加工难度，尤其是细长杆的加工成本很高。因此，应采用一种既经济又简单的工艺方法解决以上问题。经试验，采用以下方法：活塞杆外圆表面经过磨削后，增加一道钳工工序，即用金相砂纸沿轴向抛光，以改变活塞杆外圆表面加工纹理的方向，使之与轴向及运动方向一致，既解决了漏油问题又解决了密封圈寿命低的问题。

**2. 车工、钳工、数控加工综合创新训练实例**

（1）已知锤柄零件图，设计锤头零件图。

图 4.10 所示为设计好的锤柄。请学生根据图 4.10，采用想象式思维加工出自己设计的锤头零件，要求锤头零件与图 4.10 中的锤柄配合。

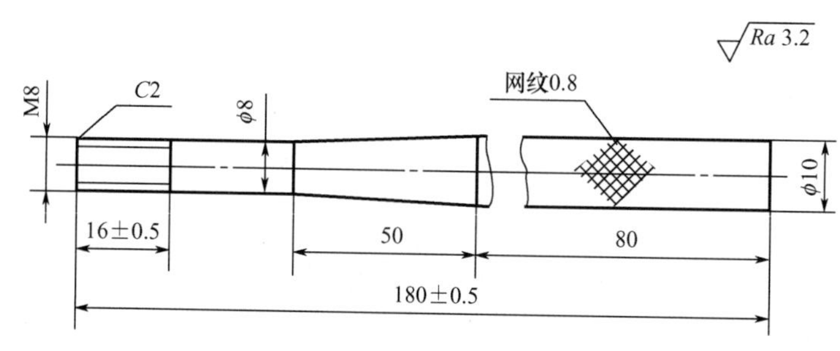


图 4.10　锤柄

学生按照自己的意愿设计出与锤柄配合的锤头工件，图 4.11 至图 4.13 所示为三种锤头。

（2）制订图 4.11 所示的锤头 1 的钳工加工工艺。

（3）制订图 4.12 所示的锤头 2 的普通车削加工工艺。

（4）制订图 4.13 所示的锤头 3 的数控车削加工工艺，并编制数控车削加工程序。

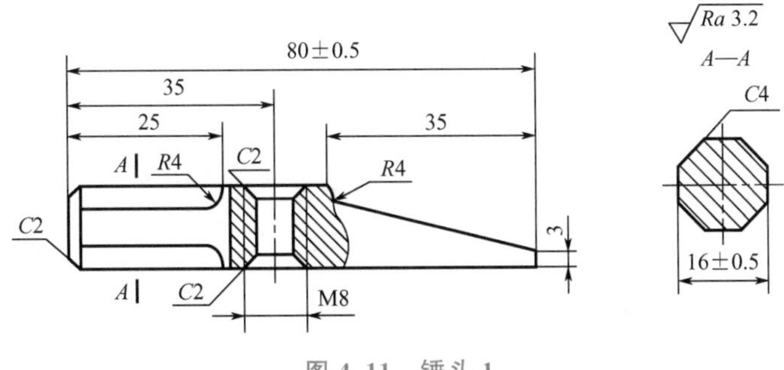


图 4.11 锤头 1

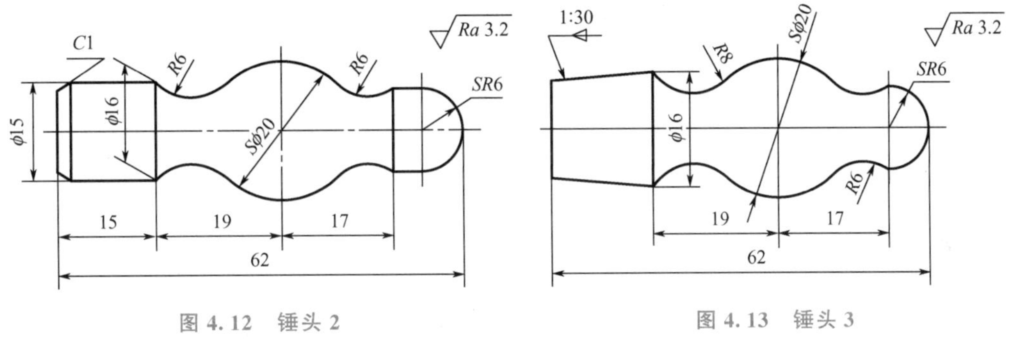


图 4.12 锤头 2

图 4.13 锤头 3

(5) 加工制造，分析采用不同加工工艺加工的锤头质量。

(6) 提出改进及创新方案。

**3. 设计、锻造、热处理综合创新训练实例**

Cr12MoV 钢制冷挤模的寿命为 4000～6000 件，但有时达到 1000 多件甚至几百件就破裂失效。采用下列措施可把模具寿命提高到 28000～43000 件。

(1) 改进模具圆角 $R$。将图 4.14 中的 $R1$ 改为 $R2.5$，可避免产生应力集中和开裂。

(2) 改进模具锻造工艺。采用模锻方法细化碳化物和改善碳化物分布状态，提高模具的韧性。

(3) 改进淬火工艺。加热保温模具后，先进行 5～10s 的空冷（图 4.15），再进行油淬，并将回火后的硬度控制为 59～61HRC，可得到良好的强韧性。

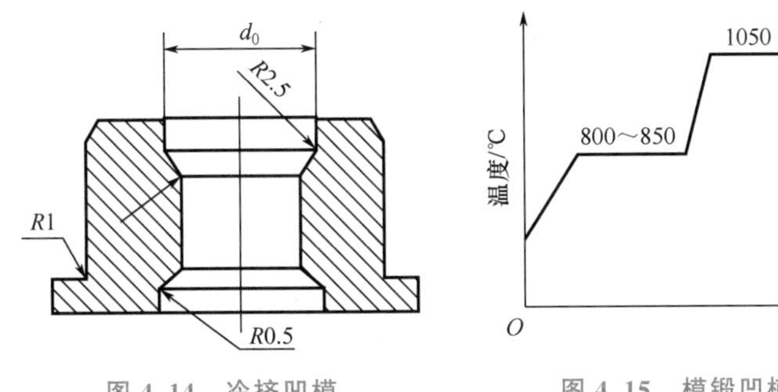


图 4.14 冷挤凹模

图 4.15 模锻凹模淬火预冷处理曲线

### 4.5.4 机械产品创新设计实例分析

机械产品创新设计应该具有以下特性：①独创性和新颖性；②实用性，纸上谈兵无法体现真正的创新；③在多方案中选优，机械创新设计涉及多种学科，如机械、液压、电力、气动、热力、电子、光电、电磁及控制等学科的交叉、渗透与融合。下面以熔敷金属力学性能测试用试板的焊接工装设计为例进行分析。

**1. 设计目的**

焊接变形一直是焊接生产中需要面对和解决的问题。由于焊接变形使焊接工件尺寸难以满足设计要求，造成安装困难或影响产品美观，因此生产上有时采用夹紧防变形的方式，然而这种方式将产生较大的焊接应力。焊接熔敷金属力学性能测试用试板时同样会产生较大的变形应力或焊接应力，有必要设计一种熔敷金属力学性能测试用试板焊接工装，以减小焊接应力，快速、准确定位工件，防止不同角度变形，减轻工人劳动强度。

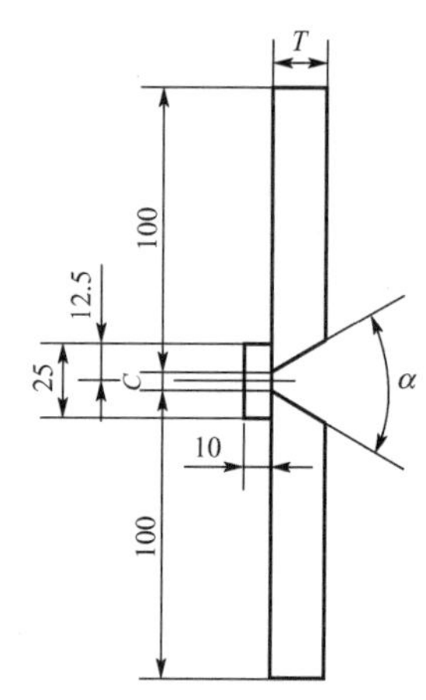

图 4.16　试板的形状及尺寸

**2. 设计方案**

熔敷金属力学性能测试用，试板按 GB/T 25774.1—2023《焊接材料的检验　第 1 部分：钢、镍及镍合金熔敷金属力学性能试样的制备》制备，其规定在焊接试板前将其反变形或约束，以防止角变形。试板的形状及尺寸如图 4.16 所示。焊条直径不同，最小试板厚度 $t$、坡口面角度 $\alpha$ 及根部尺寸 $C$ 也不同。GB/T 25774.1—2023 中还规定，焊接的层数根据焊条直径最少是 5～7 层、最多是 10～12 层，每层都有两道焊道。当焊工焊接完一道焊道时，需搬动工件，使工件旋转 180°进行下一道焊道的焊接，增大了工人的劳动强度。因此，当焊接的材料和厚度不同时，发生的角变形不同（一般变形角度小于 30°），反变形的工装也不同。另外，如果焊接前对工件进行约束，则将工件产生较大的应力，影响焊接质量，需设计一种不对工件进行约束的工装，使工件自由变形。

1）方案一

方案是通过刻度盘、托板等零件的配合，在一套工装上完成多种变形角度的对接接头装配。将夹具体放到焊接工位上，当焊工焊接完一道焊道时，搬动工件，使工件在夹具体上转动 180°进行下一道焊道的焊接。此方案夹具结构简单、保证了焊接质量；但工人的劳动强度大，而且搬动工件时防护不当手易被烫伤。刻度盘及铰链轴上没有护板，容易进溅上焊瘤，需要及时清理焊瘤，清理不当会影响焊接装配精度。

2）方案二

方案二是通过刻度盘、托板等零件的配合，在一套工装上完成多种变形角度的对接接头装配。在刻度盘及铰链轴上增设护板，提高了刻度盘及铰链轴的使用寿命，但焊接完一道焊道后仍然需要手工搬动工件，工人的劳动强度并没有降低。

3）方案三

方案三是通过刻度盘、托板等零件的配合，在一套工装上完成多种变形角度的对接接头装配。夹具体不与焊接工位接触，与焊接工位中间有夹具体相连的底座。夹具体可以在水平面旋转 180°并被快速夹紧。刻度盘上有刻度盘护板，铰链轴上有铰链轴护板，且护板便于拆卸。该方案克服了方案一和方案二的缺点，而且有不同尺寸的可换挡板，适合不同焊接工件的快速装配。因此，选择方案三作为设计方案。

**3. 焊接工装结构及夹具工作原理**

焊接工装是焊接工艺的重要组成部分，随着计算机软硬件技术的日益完善，计算机辅助工装设计成为主流，应用数字化技术开展焊装过程的模拟是预先发现焊装过程中存在问题的有效方法。

图 4.17 所示为熔敷金属力学性能测试用试板焊接工装结构图。支架 14 安装在夹具 1 上，铰链轴 12 穿过托板 5 的两个孔，托板的一端安装到支架上，另一端在支承 10 的作用下可以绕着铰链轴转动 30°以内的任意角度。刻度盘安装在夹具体 1 上，刻度盘上的刻度分布中心与托板安装工件用的上表面的回转中心同轴，可以通过刻度盘读出托板上工件的安装角度。将托板调整到所需角度，在调整垫块 7 下方塞入一定尺寸的塞尺，使工件和垫板接触，以保证焊缝成形和防止烧穿。当焊接完一道焊道时，抽出后小星形把手 18，使与其相连的斜楔 19 也被抽出。将夹具体通过法兰盘 4 绕丝杠 6 顺时针（或逆时针）转动 180°，插入前小星形把手 17，与其相连的斜楔被夹紧，使夹具体固定不动，以方便下一道焊道的焊接。焊接完之后，抽出前小星形把手，再逆时针（或顺时针）转动夹具体 180°，插入后小星形把手进行焊接。如此往复，直到焊接完毕。为了防止焊接火花迸溅，还安装了铰链轴护板 13 以保护铰链轴，以及刻度盘护板 3 以保护刻度盘。为了适应不同试板的根部间隙，设计了不同尺寸的可换挡板 11。

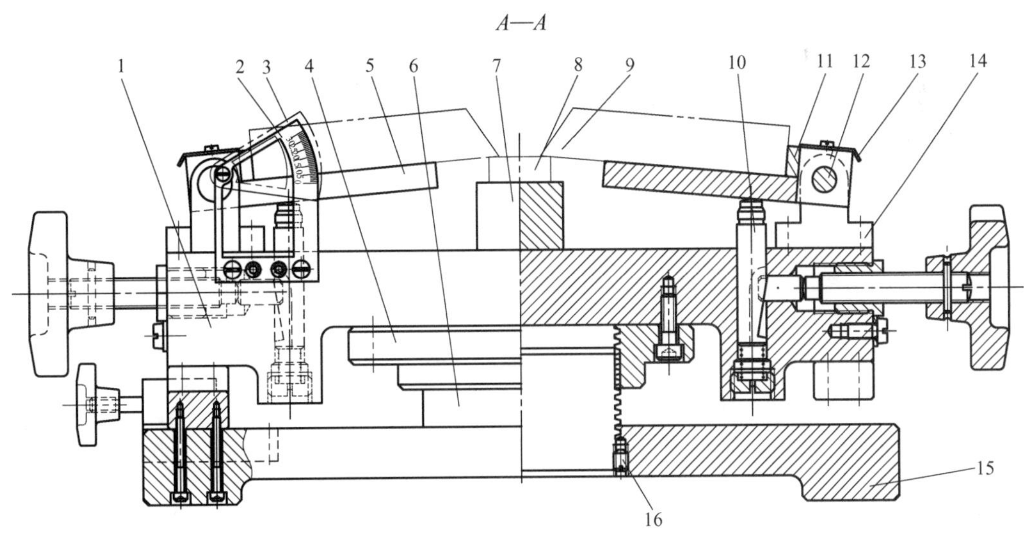


1—夹具；2—刻度盘；3—刻度盘护板；4—法兰盘；5—托板；6—丝杠；
7—调整垫块；8—垫板；9—工件；10—支承；11—可换挡板；12—铰链轴；13—铰链轴护板；
14—支架；15—底座；16—紧定螺钉；

**图 4.17 熔敷金属力学性能测试用试板焊接工装结构图**

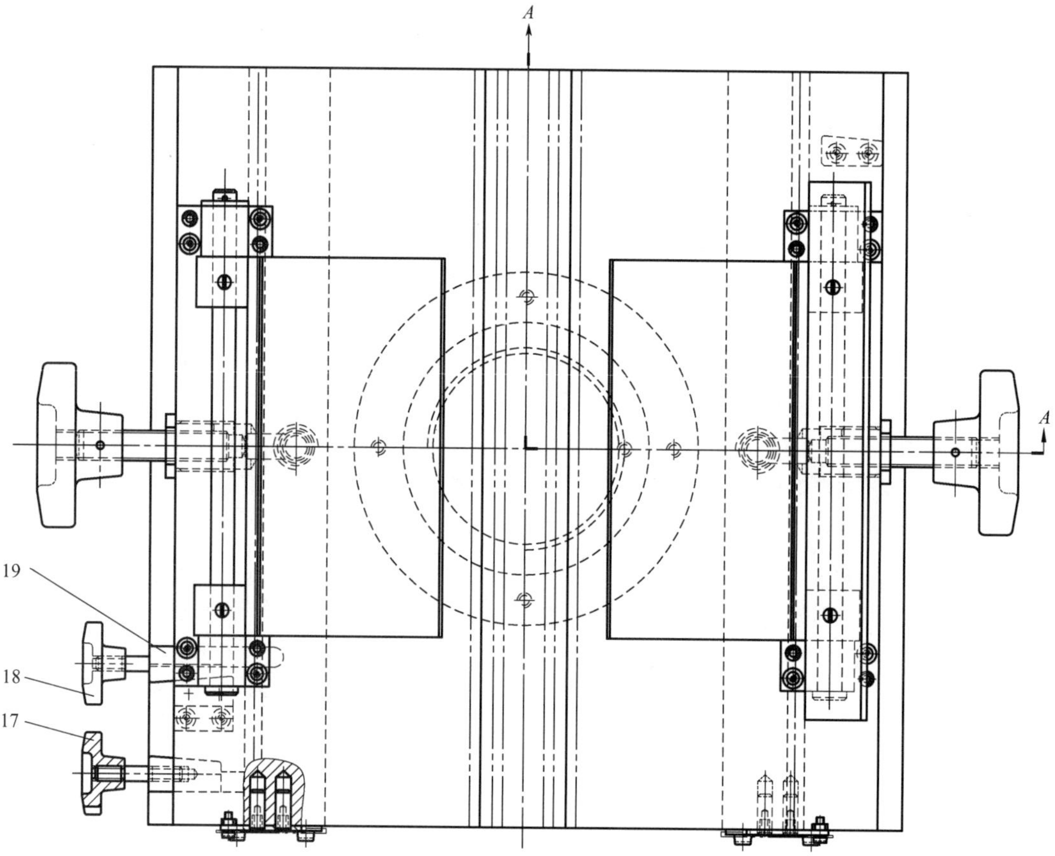

17—前小星形把手；18—后小星形把手；19—斜楔。

图 4.17　熔敷金属力学性能测试用试板焊接工装结构图（续）

【拓展视频】

### 4. 焊接工装三维装配图

利用 UG NX 7.0 的装配模块对焊接工装进行三维装配设计，将零部件按照一定的约束关系组合，检查零件间的间隙及配合。经分析，各零部件之间不存在工艺中的结构性和空间性的干涉情况。焊接工装的三维装配图如图 4.18 所示。

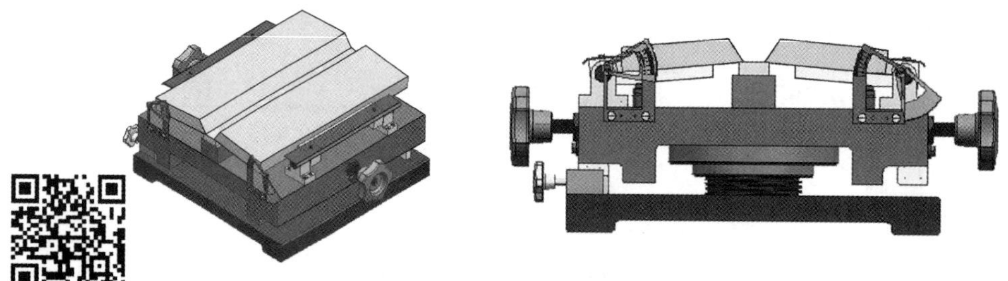

【拓展图文】

图 4.18　焊接工装的三维装配图

为了更明确地表示装配关系，对装配图进行爆炸处理。焊接工装的爆炸图如图 4.19 所示。

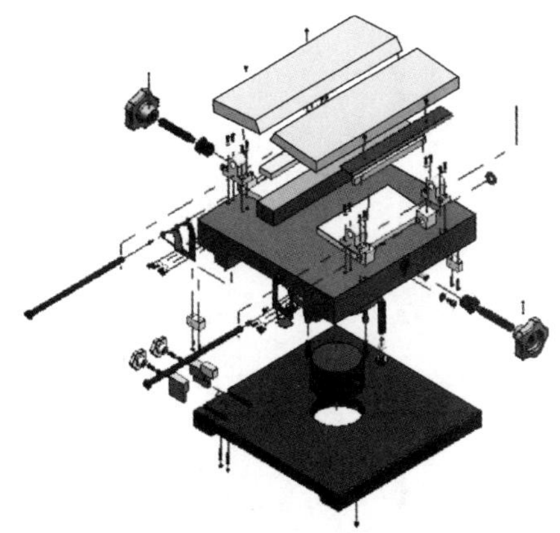

【拓展图文】

图 4.19 焊接工装的爆炸图

**5. 焊接工装结构特点分析**

熔敷金属力学性能测试用试板焊接工装的特点如下。

(1) 夹具体不与焊接工位接触，底座直接放在焊接工位上。夹具体可以绕丝杠在水平面旋转 180°并被快速夹紧。

(2) 刻度盘上有刻度盘护板，铰链轴上有铰链轴护板，护板便于拆卸。

(3) 设计了不同尺寸的可换挡板，以适合不同焊接工件的快速装配。

(4) 丝杠在底座中由紧定螺钉固定，保证了丝杠的稳定性。

**6. 结论**

(1) 通过刻度盘、托板等零件的配合，在一套工装上完成多种变形角度的对接接头装配避免了一种变形角度需要一种工装的现象。

(2) 夹具能带动工件在水平面内旋转和快速定位，提高了生产效率，减小了工人的劳动强度。

(3) 焊接火花无法迸溅到刻度盘及铰链轴上，提高了焊接工装的使用寿命。

(4) 设计了不同尺寸的可换挡板，以满足不同焊接根部间隙的装配要求，避免了需要设计不同工装的现象，降低了生产成本。

## 小　　结

综合与创新训练是一个全方位培养和提高学生工程素质及创新意识的教学环节。它是将所学知识应用于工艺综合分析、工艺设计和制造过程的一个重要实践环节，也是学生获得分析问题和解决问题能力、创新思维能力、工程指挥和组织能力的重要途径。

【在线答题】

思维是运用大脑寻找问题解决思路或得出结论的过程，也是人们对事物的理性认识活动。各种思维方法都具有创造性。每个工种（如车工、铣工、刨工、磨工等）都可以运用各种思维方法进行综合创新训练，以提高学生的创新能力。

# 附录

## 附录 1　工程训练报告

限于篇幅，工程训练报告作为链接资源出现，请下载学习。

【拓展图文】

## 附录 2　正弦规在钳工中的使用

正弦规在钳工中的使用相关内容见二维码。

【拓展图文】

# 参考文献


[1] 傅水根．探索工程实践教育［M］．北京：清华大学出版社，2007.

[2] 张学政，李家枢主编；清华大学金属工艺学教研室编．金属工艺学实习教材［M］.3 版．北京：高等教育出版社，2003.

[3] 李喜桥．创新思维与工程训练［M］．北京：北京航空航天大学出版社，2005.

[4] 郭永环，姜银方．工程训练［M］.4 版．北京：北京大学出版社，2017.

[5] 郭永环，姜银方．金工实习［M］．北京：中国林业出版社，2006.

[6] 吴鹏，迟剑锋．工程训练［M］．北京：机械工业出版社，2005.

[7] 朱江峰，肖元福．金工实训教程［M］．北京：清华大学出版社，2004.

[8] 朱世范．机械工程训练［M］．哈尔滨：哈尔滨工程大学出版社，2003.

[9] 刘舜尧，李燕，邓曦明．制造工程工艺基础［M］．长沙：中南大学出版社，2010.

[10] 魏华胜．铸造工程基础［M］．北京：机械工业出版社，2002.

[11] 王文清，李魁盛．铸造工艺学［M］．北京：机械工业出版社，2002.

[12] 尹海洁，黄鹰航．中国古代青铜器焊接技术的历史演进［J］．自然辩证法通讯，2019，41（8）：57－61.

[13] 机械工业技师考评培训教材编审委员会．铸造工技师培训教材［M］．北京：机械工业出版社，2001.

[14] 杜西灵，杜磊．袖珍铸造工艺手册［M］．北京：机械工业出版社，2000.

[15] 罗敬堂．铸造工实用技术［M］．沈阳：辽宁科学技术出版社，2004.

[16] 黄纯颖主编；唐进元等编著．机械创新设计［M］．北京：高等教育出版社，2000.

[17] 陈君若．制造技术工程实训［M］．北京：机械工业出版社，2003.

[18] 盛定高，郑晓峰．现代制造技术概论［M］．北京：机械工业出版社，2003.

[19] 卢小平．现代制造技术［M］.3 版．北京：清华大学出版社，2018.

[20] 张宝忠．现代机械制造技术基础实训教程［M］．北京：清华大学出版社，2004.

[21] 陈培里．工程材料及热加工［M］．北京：高等教育出版社，2007.

[22] 龚仲华．数控技术［M］.2 版．北京：机械工业出版社，2010.

[23] 邓三鹏．数控机床机械结构及维修［M］．北京：国防工业出版社，2008.

[24] 罗春华，曾珍，周中民．数控加工工艺简明教程［M］.2 版．北京：北京理工大学出版社，2010.

[25] 朱晓春．数控技术［M］.3 版．北京：机械工业出版社，2019.

[26] 陈宏钧．典型零件机械加工生产实例［M］.3 版．北京：机械工业出版社，2015.

[27] 机械工业技师考评培训教材编审委员会．车工技师培训教材［M］．北京：机械工业出版社，2001.

[28] 机械工业职业技能鉴定指导中心．高级刨、插工技术［M］．北京：机械工业出版社，1999.

[29] 殷作禄，陆根奎．切削加工操作技巧与禁忌［M］．北京：机械工业出版社，2007.

[30] 梁炳文．机械加工工艺与窍门精选：第 3 集［M］．北京：机械工业出版社，2004.

[31] 范希营．谈高校教师教学方法的创新［J］．教育探索，2003(8)：12.

[32] 郭永环．高校理论课创新教法研究［J］．教育探索，2003(9)：7－8.

[33] 郭永环．课堂教学导语的创新模式［J］．黑龙江高教研究，2004(5)：94-96.

[34] 郭永环，李青山，闻全意．金工实习中创新能力的培养［J］．发明与革新，2001(6)：28.

[35] 郭永环，祖斌，李青山．创造学引入金工教学的实践［J］．发明与革新，1999(5)：30.

[36] 葛霆．要准确理解“创新”的概念及其本质［J］．中国科学院院刊，2005，20(6)：515-516.

[37] 张武城．铸造熔炼技术［M］．北京：机械工业出版社，2004.

[38] 熊守美，许庆彦，康进武．铸造过程模拟仿真技术［M］．北京：机械工业出版社，2004.

[39] 任正义．材料成形工艺基础［M］．哈尔滨：哈尔滨工程大学出版社，2004.

[40] 王宗杰．熔焊方法及设备［M］．2版．北京：机械工业出版社，2016.

[41] 中国机械工程学会焊接学会．焊接手册：第1卷 焊接方法及设备［M］．2版．北京：机械工业出版社，2001.

[42] 柳秉毅．金工实习：上册 热加工［M］．3版．北京：机械工业出版社，2015.

[43] 赵熹华，冯吉才，赵贺．压焊方法及设备［M］．2版．北京：机械工业出版社，2019.

[44] 任家列，吴爱萍．先进材料的连接［M］．北京：机械工业出版社，2000.

[45] 栾国红，关桥．高效、固相焊接新技术：搅拌摩擦焊［J］．电焊机，2005，35 (9)：8-13.

[46] 杨光．焊接自动化技术的现状与展望［J］．现代制造，2004(11)：36-37.

[47] 许凌云．高速切削加工技术及应用［C］．“绿色制造 质量管理”：海南省机械工程学会、海南省机械工业质量管理协会2011年会论文集，2011：Ⅱ-140-143.

[48] 李金富，薛志馨，王天彬，等．干切削加工技术应用探究［J］．中国科技信息，2012(15)：82.

[49] 吕雅妍．试论数控高速切削加工技术的发展与应用研究［J］．中国新技术新产品，2013(6)：14.

[50] 范希营，郭永环，刘海宽，等．一种试板焊接工装：201310403020.9［P］．2013-09-06.

[51] 张远明，陈君若，梁延德．工程实践教育探索与创新［M］．南京：东南大学出版社，2007.

[52] FITZPATRICK. 机械加工技术［M］．卜迟武，唐庆菊，岳雅璠，等译．北京：科学出版社，2009.

[53] 张力重，王志奎．图解金工实训［M］．武汉：华中科技大学出版社，2008.

[54] 刘世平，贝恩海．工程训练：制造技术实习部分［M］．武汉：华中科技大学出版社，2008.

[55] 贺小涛，曾去疾，汤小红．机械制造工程训练［M］．长沙：中南大学出版社，2003.

[56] 庄品，周根然，张明宝．现代制造系统［M］．北京：科学出版社，2005.

[57] 冯之敬．制造工程与技术原理［M］．北京：清华大学出版社，2004.

[58] KRAR，GILL，SMID. 机械加工设备及应用：第6版［M］．段振云，张幼军，于慎波，等译．北京：科学出版社，2009.